DESIGN OF WOVEN FABRICS

机织物设计

◎ 谢光银　主　编
◎ 卓清良　副主编

东华大学出版社
·上海·

内 容 提 要

本书从纺织品的发展入手,介绍纺织品的起源、分类、特点及与纺织品相关的文化知识,分析纺织品未来的发展方向,阐述纺织品设计中较基础的几何结构设计理论和机织物规格设计中常用的方法。重点对棉及棉型织物、色织物、毛及毛型织物、丝织物、麻织物、化纤织物的品种、规格、花色设计及工艺计算进行深入系统的分析。同时每章设置了一定数量的实例,且章后附有思考题,更便于学习者进一步理解和掌握。

本书除了用作高等纺织院校的本科教材外,也可作为纺织工程专业和相关专业技术人员的自学用书及纺织类高职高专院校的参考用书和提高教材。

图书在版编目(CIP)数据

机织物设计/谢光银主编. —上海:东华大学出版社,2020.11

ISBN 978-7-5669-1691-4

Ⅰ.①机… Ⅱ.①谢… Ⅲ.①机织物—织物结构—设计 Ⅳ.①TS105.1

中国版本图书馆 CIP 数据核字(2020)第 197500 号

责任编辑:张　静

封面设计:魏依东

出　　　版:东华大学出版社(上海市延安西路 1882 号,200051)

出版社官网:http://dhupress.dhu.edu.cn

天猫旗舰店:http://dhdx.tmall.com

出版社邮箱:dhupress@dhu.edu.cn

营 销 中 心:021-62193056　62373056　62379558

印　　　刷:句容市排印厂

开　　　本:787 mm×1092 mm　1/16

印　　　张:16.25

字　　　数:427 千字

版　　　次:2020 年 11 月第 1 版

印　　　次:2023 年 7 月第 2 次印刷

书　　　号:ISBN 978-7-5669-1691-4

定　　　价:69.00 元

前　言

　　《机织物设计》是全国纺织服装类普通高校"十一五"部委级规划教材《机织物设计基础学》的修订版。随着国家高等教育改革的深化，为了适应新形势下纺织类普通高校的教学现状，体现国际"工程教育认证"的现代先进教育理念，即以学生为中心—结果为导向—持续改进，明确课程教学目标，培养学生解决复杂工程问题的能力，教材与教育层次更加吻合，组织和编写了本教材。《机织物设计》将《机织物设计基础学》中过多的理论推导和过深的研究外延压缩，体现了好学、易懂的特点。《机织物设计》的编写人员主要是来自普通高等院校的教学经验丰富的教师，以及来自纺织企业的生产经验丰富的技术人员，同时兼顾在高职高专院校长期从事纺织工程专业教学的教师，以期获得不同层次的知识结构，使教材的理论性与实用性充分结合，能更适合普通本科高等院校工科类应用型专业的教学特点。本书主要涵盖了纺织品设计的基本理论、按原料类别的纺织产品设计，内容较完整、详实，有良好的系统性。本书除作为普通高等院校的教材外，还可作为高职高专学生自学的提高教材，也可作为纺织行业相关技术人员的自学用书。

　　本书由谢光银任主编，卓清良任副主编。第一～三章由西安工程大学谢光银编写，第四章及第五章第四节由厦门夏纺纺织有限公司卓清良编写，第五章第一节及第六章第一、二、四节由西安工程大学沈兰萍编写，第五章第二、三节及第六章第三、五节由广西科技大学蒋芳编写，第五章第五节由西安工程大学黎云玉编写，第七章由苏州经贸职业技术学院蒋秀翔编写，第八章由辽东学院张萍编写，第九章由江西工业职业技术学院陈小青编写。全书由谢光银统稿。

　　本书在编写过程中得到了各参与院校领导及老师的大力支持。另外，书的最后只列出了部分参考文献，有些文献也作为参考资料，但未列出。在此一并对相关作者表示衷心感谢。感谢东华大学出版社为本书出版所做的辛苦工作。

　　由于编者水平有限，书中难免存在错误与不足之处，敬请读者批评、指正。

编　者

2020 年 4 月

目录

第一章

机织物设计概述

第一节　纺织品分类与机织物品种

一、纺织品分类

纺织品的种类繁多,可以按生产方法、所处的生产工序状态、用途、原料组成、原料及加工工艺、织物的组织结构等方法分别进行分类。现将这些分类方法归并整理如下。

(一) 按生产方法分

1. 机织物

由长纤维或纱线,经过整经排纱工序形成经纱系统和经过卷绕等工序形成纬纱系统,经、纬纱系统相互垂直或呈一定角度交错交织而形成的,具有包缠、包裹、披覆能力的片状物。机织物是具有悠久历史的纺织品生产方式,广泛应用于人们生活的各个领域,如服用织物、家纺装饰织物、产业织物等。

2. 针织物

由纤维纺成纱或无限长的纤维单根成圈嵌套或多根平行纱成圈互相嵌套而成的纺织品。针织物的历史虽没有机织物那么长,但其优良的特性已广泛应用于人们生产生活的各个领域,特别是服装领域。

3. 非织造织物

只经过纺织的梳理工序但不在织机上(机织织机、针织机、编结机)进行织布而采用其他方法(黏合、熔喷、针刺、水刺、簇绒等工艺)而形成的织物。

4. 复合织物

由两种或两种以上的生产方法联合形成的织物,或由不同的原料形成的织物的再组合,或由织物与其他片状物进行黏结、贴合等组成具有特殊外观、用途、功能、能力的纺织品。

(二) 按所处的生产工序状态分

1. 原材料

未经过加工或只经过简单粗加工和只经过采摘、分类分级、手工挑选等步骤,后再经过进一步的加工才能应用的纺织品原料,如原棉、原麻、原毛、合纤丝等。这些纺织品未进入纺织生产工序的处理。

2. 半制品

半制品是指已经过一定的加工工序,将前工序的产品经过处理形成一定规格的产品供下道工序继续使用的产品。半制品的范畴最广,从进入第一道工序到生产成品完成前,各道工序的产品都是半制品。有的半制品可经加工后应用,也可不经加工就应用,后者却已是成品。因此,对于不同的使用者而言,半制品的概念具有一定的相对性。纱线、白坯布等是半制品;漂白布具有双重性,直接应用的是制成品,如要进行印花、染色等加工的就成为半制品。

3. 制成品

制成品是指经过各道工序加工后,可以直接进入最终消费市场的纺织品或纺织制品。制成品将所在劳动的价值和材料的价值综合地以价格的形式呈现出来。如面料、服装就是纺织制成品,其中面料是纺织品,服装是纺织制成品。

(三) 按用途分

1. 服用织物

服用织物是指用于服装与服饰的纺织品。服用织物的生产历史最长,已形成一个完整、独立的体系。服用织物的品种最全,花色最丰富,外观质地多样。可以毫不夸张地说:你想到的有,你没有想到的也有。当然,服用织物具有非常强的时效性。

2. 装饰用织物

装饰用织物是指用于美化、改善人们生活或工作环境的纺织品,具有某些特种功能。用于人们家居、室内的纺织品称为家居纺织品,用于室外、公共场所、娱乐场所的纺织品称为装饰纺织品。装饰纺织品品种较为丰富,一般都具有显著的功能特征,如装饰美化功能、吸尘防尘功能、抗噪隔声功能、抗菌除菌功能、提醒警示功能、励志勉励功能、情绪引导功能等。这些功能更有效地让人们的精神与环境融为一体,更有利于人们的身心健康。

3. 产业用织物

产业用织物是指协作现代科学技术和生产行业用的纺织品。这些纺织品多以生产资料的形式出现,在协作现代科技中多以中间件或预制件的形式出现。它不以外观和舒适性作为主要目标,而是以满足一种或几种功能为目的的纺织品。产业用纺织品的发展越来越迅速,已形成自己的产业化体系,在纺织品中的比例逐渐提高。它会与服用织物、装饰用织物逐渐三分天下,在现代科学技术中的地位也更加重要。

(四) 按原料组成分

1. 纯纺织物

由单一原料的短纤维或长丝制织而成(含机织物、针织物、非织造织物等)的纺织品称为纯纺织物,如纯棉织物、纯毛织物、纯麻织物、纯化纤织物等。

2. 混纺织物

由两种或两种以上不同原料混合制成的纺织品称为混纺织物(含机织物、针织物、非织造织物等),如涤棉织物、毛涤织物、毛麻织物、麻涤织物、绢麻织物等。

3. 交织物

经、纬纱分别采用不同的单一原料的短纤维或长丝制织而成的织物称为交织物。交织物一般都是机织物,因为只有机织物才同时存在经、纬纱两个系统。其他织物,如针织物、非织造织物,都不同时存在经、纬纱两个系统,所以没有交织物。

4. 混交织物

经、纬纱同时为混纺纱或其中一个为混纺纱,但混纺所用原料,经、纬纱中至少有一种不同,制织而成的织物称为混交织物。如经纱为棉纱,纬纱为涤棉纱;经纱为涤棉纱,纬纱为涤麻纱;经纱为涤棉纱,纬纱为合纤或其他长丝;经纱为毛涤纱,纬纱为麻涤纱等这样的织物都是混交织物。

5. 交并织物

由单一原料成分各自纺成纱线,然后与不同种类的纱线或无限长的纤维(丝)并合,再制织而成的织物称为交并织物。如涤纶长丝与纯棉纱并合作为经纬纱制织而成的织物,麻纱与毛纱并合作为经纬纱制织而成的织物,蚕丝与毛纱并合作为经纬纱制织而成的织物等,都称为交并织物。交并织物有时又称为合捻织物。

6. 混并织物

由两种或两种以上的原料混合纺成纱线,再与其他不同原料的混纺纱或无限长的纤维并合,同时作为经纬纱制织而成的织物称为混并织物。如涤棉纱与麻纱并合,同时作为经纬纱制织而成的织物;毛麻混纺纱与涤纶丝并合,同时作为经纬纱制织而成的织物;涤棉纱与毛纱并合,同时作为经纬纱制织而成的织物;涤棉纱与毛涤纱并合,同时作为经纬纱制织而成的织物等,都是混并织物。

7. 混并交织物

经纱和纬纱分别由不同的原料纺纱,再与其他不同原料的纱线或无限长的纤维并合而制织而成的织物。或经纱与纬纱至少有一种不同原料纺成的纱或并合的纱,当然经纱与纬纱的混并纱成分也可完全不相同。如涤棉混纺纱与麻纱并合作经纱,毛涤纱与麻纱并合作纬纱;涤棉混纺纱与涤纶丝并合作经纱,毛麻混纺纱与蚕丝并合作纬纱等这种类型的经、纬纱组合而成的织物称为混并交织物。

8. 包芯、包覆、包缠纱织物

采用包芯纱、包覆纱或包缠纱为原料的经、纬纱线制织而成的织物称为包芯、包覆、包缠纱织物。包芯纱一般是用一种纱线或无限长的纤维去包旋在另一纱或无限长的纤维的外面,包旋纱在芯纱周围以螺旋线的形式对芯纱进行包裹;包覆纱是在纱线的外面用另一种纤维(并未纺成纱)均匀分布在纱线外面,将芯线覆盖而形成的一种新的纱线;包缠纱是指在一种纱线中,一种纱线或无限长的纤维(丝)包绕在另一种纤维条(粗纱、纱线)的外层而形成的纱线。

(五) 按原料及加工工艺分

1. 棉织物

纺织品按加工工艺分为白坯织物、练漂织物、碱缩织物、丝光织物、染色布、色织物、普梳织物、精梳织物、大整理织物和特种整理织物等九种。

白坯织物是由原棉纺成纱后织布,不经过其他整理的织物;练漂织物是对白坯织物进行煮练漂白后的织物;碱缩织物是将纤维素纤维织物在无张力状态下于浓碱液中处理后的纺织品;丝光织物是将纤维素纤维织物在强张力状态下于浓碱液中处理后的纺织品;染色布是对织物进行煮练漂白后进行染色的纺织品;色织物是对纱线进行练漂染色后,采用织物组织与色纱的排列组合形成的具有色彩外观的织物。纺纱时没有经过精梳工序的织物称为普梳织物,经过精梳工序的织物称为精梳织物。经过丝光整理的织物称为大整理织物,含丝光的整理称为大整理。特种整理织物是指织物除进行常规整理后对织物进行抗皱防缩、加香抗菌、保健防污等这一类型整理的织物。

2. 毛织物

纺织品按加工工序分为精梳毛织物、半精梳毛织物和粗梳毛织物三种。

精梳毛织物是在毛纱的纺纱工序中经过精梳工序后纺成纱而制织成的毛织物;半精梳毛织物是在毛纱的纺纱工序中不经过精梳工序而经过针梳工序后,纺成纱而制织成的毛织物;粗梳毛织物是在毛纱的纺纱工序中既不经过精梳工序也不经过针梳工序纺成纱而制织成的毛织物。

精梳毛织物、半精梳毛织物和粗梳毛织物都有各自的生产线及工序配置。

3. 丝织物

纺织品按加工工序分为生织丝织物、半生织丝织物和熟织丝织物三种。

生织丝织物是由不经过煮练的厂丝制织而成的丝织物。厂丝是生丝的一种,它是由蚕茧缫出的优质丝,未经任何加工,供后道工序使用。

半生织丝织物是经纱系统或纬纱系统的某一部分或全部为生丝制织而成的丝织物。一般多体现在丝与其他原料的交织物上。

熟织丝织物是丝经过漂或练漂染色后进行织造加工而形成的丝织物。

绢织物是长丝的下脚料经过绢纺系统加工或纺成绢丝后制织而成的织物,绢织物分为生绢织物和熟绢织物两种。

䌷丝织物是绢丝的下脚料经过䌷丝纺系统加工成䌷丝后制织而成的织物,䌷丝织物也分为生䌷织物与熟䌷织物两种。

4. 麻织物

按生产工艺分麻织物一般是仿照棉织物按生产工艺分类的方法。麻织物生产的长麻纺系统是按绢纺系统或精梳毛纺系统进行的;短麻纺系统是按䌷丝纺或棉纺系统进行的。由此可见,麻纺织系统的相对独立性较差,所以其分类方式也受到生产工艺的影响,较多采用棉织物的分类方式,当然这还有麻纤维和棉纤维都是植物纤维素纤维的缘故。

5. 化纤织物

化纤织物按生产工艺分与其他方法分类有较大差异。化纤织物总是以不同方法来仿制天然纤维织物,因此化纤织物按生产工艺的分类是依据其所应用的那类纤维的生产工艺的分类方法来进行的。

6. 矿物纤维织物

矿物纤维织物是指由矿物质加工而成的纤维或纤维经过矿物化过程加工而成的矿物纤维制织而成的织物,如石绵纤维织物、金属纤维织物、碳纤维织物、石墨纤维织物、玻璃纤维织物、云母纤维织物和石英纤维织物等。

矿物纤维织物一般多用于特种行业或特种装备。

(六) 按织物的组织结构分

1. 原组织织物

由原组织制织而成的织物称为原组织织物。如平纹织物、斜纹织物、缎织(贡缎)织物。

2. 变化组织织物

由变化组织制织而成的织物称为变化组织织物。如方平织物、双面华达呢、精纺女式呢(绉组织)、海力蒙(破斜纹组织)、板司呢(配色模纹组织)、马裤呢(急斜纹组织)、巧克丁(复合斜纹组织)、贡呢(缎纹变化组织)等都是变化组织织物。

3. 联合组织织物

由几种组织联合起来制织而成的织物称为联合组织织物。如缎条府绸(由平纹与斜纹或缎纹构成的条子织物)、和服绸(绉组织)、纬长丝织物(平地小提花组织)。

4. 重组织织物

由经重组织或纬重组织制织而成的织物。如提花线毯、提花棉线纱发布(经二重组织);提花毛毯、童毯(纬二重或纬三重组织)。

5. 双(多)层组织织物

由双层组织制织而成的织物称为双(多)层组织织物。如水龙带(管状组织)、牙签呢(表里交换组织)、袋织高花织物(表里换层组织)。

6. 3-D立体织物

三维立体织物由多维度的纱线系统织成,在长、宽、高三个方向都有显著可见尺寸和应用意义。如三维正交织物、三维角链锁织物、三维中空织物,主要在增强复合材料基布上应用。

7. 起绒组织织物

由起绒组织与经纬纱的配合制织而成的织物称为起绒组织织物。如灯芯绒(灯芯绒组织)、长毛绒(长毛绒组织)。

8. 毛巾组织织物

毛巾组织织物是由毛巾组织配合合理的机械运动方式及经纬纱配合制织而成的。它的表面有毛圈或毛绒(毛圈被割开)织物。

9. 纱罗组织织物

纱罗组织织物是由纱罗组织制织而成的表面有横向、纵向、满地纱孔的透明或半透明织物。

二、机织物品种

(一) 传统品种

传统品种是人们在长期的生产生活和技术开发中形成的具有特定外观、特性、用途且深受广大人民群众喜爱的,长期被人们接受并应用的产品品种。传统品种是生产者智慧的结晶,它技术成熟,生产工艺及参数已经过众多生产企业的应用和改进,易应用于实际生产,群众基础好。因此,传统品种是生产企业较易接受的产品。但是,传统产品由于使用时间长、产品花色不丰富,故显得不够新颖活泼,难以起到先锋产品的市场开拓作用。同时它也不易形成较有规模的流行。

1. 棉织物

棉织物如府绸、平布、斜纹布、棉哔叽、卡其、贡缎、线呢、线毯、条绒、平绒等都是典型的棉织物传统品种。而贡缎、线呢、线毯等品种由于比其他棉织物更新颖、更舒适、更美观,故它们的出现取代了其原有的功能,且目前已较少有企业生产。

2. 精梳毛织物

精梳毛织物的传统品种有十多个,且都具有各自典型结构特征、外观特征及性能特征。如华达呢、哔叽、驼丝锦、贡呢、马裤呢、板司呢、牙签呢等都是广泛流行过的产品。它们一般会相隔一定时期再次流行,很受人们欢迎。

3. 粗梳毛织物

粗梳毛织物的传统品种有十多个。如麦尔登、大衣呢、拷花呢、维罗呢、法兰绒等都是最具特色的传统产品,也是过去人们秋冬季节的主要大衣用料。但是由于新材料及新的工艺出现,传统的粗纺毛织物的传统产品已失去了往日风采,现已被其他更新的粗纺服装面料所取代。

4. 丝织物

丝织物起源于中国,至今已有二千多年的历史。在悠久的历史中,劳动人民形成了关于丝织物传统的十四大类,它们包括不同季节、不同用途的产品。因此,丝织物的传统产品一直被生产者和消费者重视着,目前市场上仍然是这些传统产品的天下。绫、罗、绸、缎、锦、绢纺、绉等,都是典型的丝织物传统品种。

(二) 改进品种

改进品种是在传统品种的基础上,由于生产设备、纤维材料、生产工艺的进步与发展,而取得的新产品。改进产品由于具有良好的外观、服用性能、特别的舒适性与功能性深受人们喜爱。它形成了自己固有的风格及工艺结构参数,在产品的生产和开发中具有重要地位。

1. 棉织物

棉织物的改进品种(如烂花织物)采用不同种类的纤维对不同药品的耐受力的差异形成对某种纤维的溶解,进而形成立体感强的花纹。纬长丝织物采用异形涤纶丝光泽明丽的特点,在织物表面形成明亮的几何小花纹。闪光条绒、平绒织物都是改进品种。

2. 精梳毛织物

精梳毛织物改进品种贡丝锦是对贡呢的改进品种,华丝锦是华达呢的改进品种,包缠纱是在派立司的基础上发展起来的。很多产品都是在传统产品的生产过程中改进取得的。目前花呢类中很多都是改进品种。

3. 粗梳毛织物

粗梳毛织物由于近年来其他产品的兴起和替代,其发展受到限制,生产和消费有所减少。因此,改进产品较少,大多在原料组合上下功夫。如羊驼绒大衣呢因采用了羊驼的绒而得名,羊绒短顺毛是顺毛大衣呢的改进品种。

4. 丝织物

丝织物改进品种主要在绸类产品中体现。改进的主要对象是丝织物的原料、丝织物的外观。有丝织物仿其他纤维织物的现象,如丝哔叽、丝贡丝锦等丝呢类织物。

(三) 新产品

新产品是不同于传统产品,具有新的外观、用途、原料、技术、工艺流程的产品。新产品的生产历史不长,其生产工艺及参数还不太为人所知或还未形成固定的模式,但因其产品新颖独特而倍受人们喜爱。但由于新产品开发出后无法给人以确定的定位,所以同原料类别的产品多分在"大杂类"产品中,如毛织物的"花呢"、丝织物的"绸"类。当这些新产品的生产技术和工艺逐渐成熟且被广大消费者熟知并接受,进而形成人们喜爱的产品后,即可成为某大类的"名品"。牙签呢、海力蒙、贡丝锦等,都是花呢大类中的名品,这些产品成熟,形成了独特的外观及组织结构。

化纤织物没有传统产品,因此只能仿传统产品。再如仿毛、仿丝、仿麻等的传统产品或开发自身的新产品。再如中长织物虽称为仿毛织物,其实质是新产品的一大类别,因为在此之前没有"中长"这一纺织名词。

(四) 新产品的发展方向

新产品的发展是随着科学技术的发展和人类文明的进步而不断发展的。随着科学技术的进步,社会财富的增加,物质文明的提高,人们就需要更多更舒适、美观、实用的产品。而精神文明是物质文明伴随下的一种更高境界,人们的审美意识和社会形态具有强烈的时代特征,所以人们更需要与时代精神相吻合的新产品。纺织品是人们生活中最直接、最外展露且使用最多的生活品之一,更能体现个体、群体和社会的物质、精神生活状态。因此,纺织品的发展与社会物质文明和精神文明的同步是发展的必然趋势。

纺织新产品的发展总趋势是更舒适化、高档化、美观化和功能化的,但不同类型的纺织新产品的发展又有各自的特色。

1. 棉织物的发展方向

由于纺纱技术和织造设备的进步及后整理技术的完善,棉纺织产品与过去相比出现了许多新的特征。

　　在织物规格上,出现了宽幅和特宽幅织物,织物幅宽在 320 cm 及以上。这类织物减少了在服装裁剪时由于拼幅拼花的损耗,使用效果更高,节约了原材料。

　　另在织物结构基本参数上也有明显变化,纱线线密度比传统产品小很多。目前主打产品的纱线线密度已低于 9.7 tex,也有的达到 4.8 tex 甚至更低,但是其经、纬纱密度却很高。如用传统织机是不可能实现的,而新型织造技术则为开发高密薄爽的织物提供了最基本的条件。低线密度高经、纬密织物与传统产品相比,其外观光泽明丽,表面平整干净,手感柔滑舒适。其印花织物的花纹细腻真实感很强,已广泛用于高档服装、高档家纺装饰等织物中。

　　后整理助剂的发展使织物经过整理后具有了更优良的使用性能。洗可穿的抗皱免烫整理使棉织物不再像过去那样洗涤后产生皱缩和折痕,它能很好地保持服装的美观。除此以外进行的阻燃、抗菌、加香、防污等整理,也使棉纺织品的功能更符合人们的需要。

2. 毛纺织品的发展方向

　　毛纺织品分为精梳、半精梳和粗梳毛纺织品。在新产品开发上有几个共同的特点:轻薄型、低线密度型、原料高档化、档次提升化。毛纺织品强调织物细腻平整、光洁柔滑的外观及舒适的触感,同时又具有防虫防污、易于保存、尺寸稳定、洗可穿和保形性等优良特点。有的产品甚至可采用洗衣机进行机洗,给消费者带来了前所未有的方便。

　　毛纤维可分为毛发纤维和绒纤维。精纺呢绒织物对羊毛的长度和细度要求较高,细度细、长度长的纤维有利于提高纤维的可纺性和织物的外观及手感。但是现有羊毛的细度往往令人满意的不多,而绒毛纤维产量低,长度较短,且强度也不够理想,故不能大规模地应用在精纺呢绒生产上。于是,人们采用对羊毛纤维进行牵伸后再应用。牵伸后的羊毛细度变细,长度变长,又有毛纤维原有的特性,这样使毛织物在外观、性能及手感上都有一定的改进。精纺毛织物正在大比例采用牵伸羊毛。随着羊毛牵伸技术及助剂的发展,牵伸型毛织物也将越来越大地占有精纺呢绒的市场份额。

　　在采用新工艺改进羊毛结构与性能的同时,也采用一些新型纺织纤维来改善精纺呢绒织物的外观、手感和服用性能。例如采用羊毛与大豆蛋白纤维混纺,使得羊毛织物具有羊绒的手感和丝织物的外观,织物光泽明丽,手感柔滑,具备了普通毛织物无法比拟的优良品质。

　　半精梳毛织物由于只经过针梳而不经过精梳,纤维在纱线中的伸直状态和有序性介于精梳纱与粗梳纱之间。纱线蓬松性好,外观略显粗犷,在中高档休闲装和商务装中应用较广,消费群体也在不断扩大。

　　粗纺毛织物主要是在羊毛中混入一定比例的羊绒、羊驼绒而制成的,产品手感有较大改善,外观光泽也更自然,一般都用于制作顺毛类大衣呢。这类呢绒质量轻、手感极好,外观表现出较高的档次,深受消费者喜爱,已广泛应用于男女各式秋冬装中。

3. 丝织物的发展方向

　　真丝织物正在由传统品种向开发新品种方面转变。过去单纯丝织物以其独特的外观和手感深受人们欢迎,其传统品种也长盛不衰。近年来,随着人们审美观的变化和社会文化的发展,丝织物也放下过去高高在上、固步自封的荣贵状态,开始主动模仿其他产品的品种及风格,拓宽自身产品市场,给自己寻找新的出路。丝织物已开发出哔叽、华达呢、精梳花呢等仿毛型产品,其外观特征虽与毛哔叽、毛华达呢、毛花呢有较大差异,但因其光泽良好、手感柔润光滑、质感轻盈飘逸而深受人们喜爱。

4. 化学纤维产品的发展方向

　　化学纤维的历史并不算长,但从它诞生的那一刻开始,人们就以很大精力关注它,所以人们对其优点和缺点都了如指掌。人们在不断开拓新纤维品种的同时,也在不断改进和完善已有纤维的性能。化学纤维不同于天然纤维,后者的产量和质量都受自然条件的限制。化学纤维的产量和质量是由人决定的,相对稳定,故作为纺织原料的重要组成部分也越来越被关注。

再生纤维素纤维也在不断发展,最早的黏胶纤维已进行多样的改性,性能有了很大提高。在此基础上,人们又开发了天丝、莫代尔等性能更加优良也更加环保的再生纤维素纤维,均已大规模运用于生产。

在其他再生纤维方面,不断出现新的品种,以蛋白纤维为主的再生纤维发展迅速。大豆蛋白纤维以优良的手感和外观及良好的可纺纱性能,从正式以商品化的形式出现到大规模的应用只有十年左右的时间。它具有羊绒般的手感、丝纤维的外观、丙纶纤维的导湿性,是我国拥有独立知识产权的一种再生蛋白纤维,目前已广泛应用于棉纺、毛纺行业。这对提高商品质量、改善传统产品的手感和外观具有重要作用。另外,牛奶蛋白纤维也已出现并应用于高档内衣领域,玉米蛋白纤维也已研制成功。这些纤维都有一个共同点,那就是以蛋白质为基本成分。它们在生产中几乎无残留有害助剂,其蛋白质与人体蛋白也有很好的亲和性,因此称为环保、健康纤维。这一类型的蛋白纤维新品种还在不断涌现,为制造出更好更具有保健功能的纺织品打下基础。

在合成纤维方面,人们更是在不断开发超细、异形、抗静电等新型纤维,以此来改善纤维特性。多组分皮芯结构、海岛结构的纤维为开发新的纺织面料打下了坚实的基础。鹿绒织物、仿麂皮织物的广泛出现,就是海岛纤维的功劳。改性合成纤维及织物的发展较快,变形丝已广泛应用于服装和家用装饰织物,其在家纺织物上的应用更加广泛,如沙发布、椅套罩等,具有粗纺毛织物的外观,有坚牢耐用、不霉不蛀、易于洗涤等特点。

5. 麻织物的发展方向

麻纤维虽然应用很早,但那时的麻纤维几乎没经过任何处理即用于织布,织物脆硬、触感刺痒,是较低档的织物,一般由穷人穿用,因此称为"布衣"。这就是"布衣"与"绸衣"的区别,也是穷人与富人的区别。现代意义的麻织物已不再是"粗硬"的外观和手感,相反,它代表着舒适与高贵。随着化学与后整理技术的进步,麻织物的手感与外观甚至可以超过棉织物,再加上其优良的导湿性和天然抗菌性,麻织物已成为高档的夏用面料之一。过去人们多用苎麻,而现在则以亚麻为主,近年发现了大麻纤维的优良特性,如天然的抗菌性。因此,大麻纤维逐渐被纺织行业重视起来,开发了不少新品种。同时,野生荨麻的利用也已进入纺织行业的研究视野。麻织物除了过去常用品种以外,开发了众多新品种。麻纤维虽有很多优良特性,但也有一些缺点,如抗皱性、耐磨性较差。因此,麻纤维广泛与其他纤维混纺而制织成混纺织品,这样既有利于降低成本,也有利于改善自身缺陷。麻纤维的应用还有更大的发展空间。

(五) 产品属性的发展方向

纺织品过去是人们基本的生活用品。现代的纺织品除了满足基本功能外,被赋予了更多的其他功能,以满足消费者更高的需求。

1. 产品的美观性

现代纺织品要求产品更美观,也更符合人们的时代审美特征,具有很强的时代感和节奏感,在充分体现个性的同时还要兼顾群体的特征,既独立于群体,又融合于群体。在美感上要跟上现代科技中的发展和变化,在变化中求静逸,在喧嚣中求幽静。

2. 产品的舒适性

舒适是人们的第一需要,人们生活水平提高的标志之一就是学会享受舒适,不会再像过去那样,为了美观而牺牲舒适性。舒适性这种心理和生理的双重感受对人们的健康具有非常明显的影响。纺织品与人体是密切接触的,所以纺织品的舒适性是人们达到小康生活的基本要求。

3. 纺织品的功能性

纺织品在满足人们基本生活要求的同时,被赋予一种或几种特殊功能的情况越来越多。最常见的是免烫、抗静电、阻燃等功能,其次是防污、抗菌等功能。随着纳米技术及材料的发展,人们对纺织品进行纳米微粒处理,织物会具有更好的表面特性功能,如自洁、拒油、拒水等功能。

保健整理是纺织品发展的重要方向,可以使织物具有一种或几种保健功能。如远红外保健功能是在纺织品材料中加入远红外陶瓷粉末,在红外线的作用下产生合理热辐射,获得红外热敷功能。药整功能是针对不同的疾病状况,在纺织品整理剂中加入相应药物,在人们穿着过程中,药物透过皮肤吸收而达到治疗病兆的效果。加香整理是在纺织品中加入天然香料,从而获得宜人的清爽感。

4. 纺织品的组合性

纺织品采用多种原料的组合应用,在发挥各种原料优点的同时,避免各种原料的缺点,使其使用性能更优良。涤棉混纺织品是最早的原料组合型应用实例。近年来,由于新纤维的不断应用,组合型原料的纺织品出现增多。麻和毛的组合、麻和涤纶纤维的组合、棉与蛋白纤维的组合、天丝与棉纤维的组合、莫代尔与涤纶纤维的组合、竹纤维与棉纤维的组合、丝与麻纤维的组合、大豆蛋白纤维与羊绒的组合等,均已被广泛采用。另外,在多纤维的组合上,三种或三种以上纤维的组合应用已屡见不鲜,这些对开发新型纺织产品都有很大的促进作用。

第二节 织物设计方法

织物设计是指将纺织原料通过纺、织、染、整等加工手段,运用合理的工艺、操作技术,根据市场所需或合同的具体要求,制订相应的产品设计方案,提出工艺措施,以保证设计意图的实现。

织物设计是纺织生产的重要环节,亦是生产优质产品的基础,它是决定工厂品种方向和能否合理组织生产,以及是否可以达到企业经济效益提高目标的关键。

织物设计由于要求不同,可分为民用织物设计与技术织物设计两种。民用织物设计根据生产行业的不同可分为本色棉布与色织布设计、色织手帕设计、巾被设计、毛、麻、丝绸织物设计等数种。由于各种产品的特点不同,因而设计方法、内容和项目也有所差别。

织物设计方法可分为仿制设计、改进设计和创新设计三种。

一、仿制设计

仿制设计一般是按客户提供的样品进行的。它包括来样分析、织物工艺设计、先锋试织、正式投产等几个步骤。

(一)来样分析

1. 技术规格分析

对来样进行纱线线密度、织物密度、原料构成的分析。

2. 组织花纹分析

分析来样的组织及色纱配合。通过分析,估计产品的用综数,确定是否需用双轴织造等生产技术条件。

(二) 织物工艺设计

根据来样的分析结果,同时可以参考同类产品,确定该产品的生产工艺流程及各工艺流程的主要参数。

(三) 先锋试织

确定好产品工艺之后,可以进行小批量生产。首先需要检查设计的技术规格、花纹图案、色泽、风格等是否和来样相同,如发现问题,应及时分析原因,进行改进。由此最终制订该产品的工艺条件和措施,达到来样的要求,避免生产事故的发生。

(四) 正式投产

当试织产品和来样完全相符时,就可以大批量投产了。

比较传统的仿制设计都是由客户提供布样,而现在仿制产品的形式也比较多样。比如客户提供了织物的原料、组织规格及花纹纸样后,设计人员就要根据客户织物的经纬密度及纸样的花型尺寸确定色纱排列,再根据同类产品确定该产品工艺,然后打小样或试织,试织出产品后再返回客户,得到客户的认可,就可进行大批量生产。

二、改进设计

改进设计是对现有产品的一些不足进行改进,可以是改进织物外观的风格、某项性能,也可以是降低产品成本。改进产品的方法多种多样,主要改进内容有以下几点:

(一) 经纬密度的改变

经纬密度几乎影响到织物所有的力学性能。当纬密不变、经密增加时,织物的经向强力及纬向强力都会增大。当经密不变、纬密增加时,则织物经向强力下降,纬向强力增加。再者,当一个方向的密度增加时,相应系统的纱线屈曲波高也增加,该系统纱线在织物表面更为显露,受到外界摩擦时,这个系统纱线就更有机会受到磨损,而另一系统纱线则会受到保护。当织物紧度较大时,织物手感较硬,悬垂性差,但可以通过改变经纬紧度比来改变悬垂性。当经纬紧度比增加时,有利于改善悬垂性,但同时要考虑纬向强力应满足使用的需要。

总之,当织物的某一性能不理想时,如果是经纬密配置不合理造成的,就可以经根据经纬密对该性能的影响,调整经纬密。

织物设计中的相似织物设计属于此类改进设计。所谓相似织物是指改进后的织物和样品原料品种相同,手感、外观等风格相似。但它们质量不同,可以根据原织物的规格计算出新织物的规格。

(二) 经纬纱线密度的改变

经纬纱线线密度会影响织物的外观、强度、耐磨性、抗皱性、悬垂性及手感等。如果织物的强度不足,可以采用增加纱线线密度的方法来解决。若想使织物的悬垂性好一些,手感也更柔软,可以采用较细的纱线,但同时应适当增加密度。若织物的耐平磨性差,可以考虑增加纱线线密度;若织物的耐曲磨性差,则要降低纱线线密度。

捻度及捻向对织物的风格及性能也起着举足轻重的作用。如夏季服装面料一般紧度较小,容易发软,没有身骨。如果出现这种情况,则要适当增加纱线捻度。如果是股线,要用同捻线,经纬采用同捻向配置,使交织处纱线互相啮合,织物就会显得薄、挺、爽。

(三) 原料的改变及搭配

原料关系到织物的成本和性能,要想降低织物成本,可以混入一部分廉价的原料。如在毛织物中加入化学纤维，能起到降低成本的作用。

传统的涤棉衬衣面料一般采用涤/棉(65/35)的配置。它的抗皱性较好，但吸湿、透湿性较差，穿着时有闷热的感觉。若想改善穿着的舒适性，则可增加棉的比例。如采用棉/涤(65/35)、棉/涤(80/20)等高比例棉的配置方法做衬衣，则会大大提高衬衣穿着的舒适性，再对其进行抗皱整理，更易受到消费者的青睐。

(四) 组织的改变

有时，为了提高织物的某一性能，则需要对织物进行组织改变的设计。如毛织物中的相似结构设计就属于此类改进设计。新织物与原织物的原料、纱线纱密度相同，手感、身骨相似，若仅改变织物组织，则可利用织物几何结构估算出新织物的密度。当织物紧度较小时，可通过降低纱线浮长来改善织物的耐用性；当织物紧度较大时，可通过增加纱线浮长来改善织物的耐磨性。

在配色模纹中，也可以进行一些组织改变，但花纹图案并不发生改变。

在改进设计中，由于新产品和附样在纱线线密度、织物密度、原料、组织等方面的变化较大，所以此类仿制产品的难度也较大。首先，要对附样进行认真的分析，掌握它的技术规格，搞清楚需要改进的方面，掌握影响因素；其次，要研究采用的改进措施，掌握新织物和附样在技术规格上的差异；最后，要从实际的生产条件出发，既要保证仿制产品的质量，又要兼顾生产的可能性和生产是否能顺利进行，同时确定新织物的技术规格，进行产品设计工作。

三、创新设计

在商品生产不断发展的今天，企业能否以高科学技术为本，研究出新的优质产品并占领市场是决定企业成败的关键之一。因此，世界各地企业界，为了在激烈的商品竞争中脱颖而出，都十分重视新产品的研究与开发工作。据有关资料介绍，日本已经生产和待开发的差别化纤维、新合纤、高性能纤维有数百种之多。纺织材料、纺织产品所涉及的科学技术及其应用范围日益扩大，向着空间、海洋、生物等领域飞速发展。特别是在空间、生物领域用的高新技术纺织品，对促进国力有着巨大的作用。

新产品可以大幅度降低材料、能源消耗成本，增加产品的功能性和附加值，进而产生巨大的经济效益。产品是一个企业的命脉，只有不断推出新产品，企业才能长久的发展。所以有实力的企业都很注重新产品的开发和研究，而不是一味地跟在别人后面进行仿样设计。

(一) 新产品的定义

有专家把新产品定义为具有新的原理、构思和设计，具有新的材料或元件，具有新的性能特点，具有新的功能，以及具有以上某项或多项特征的产品。总之，有关新产品的含义十分广泛，而且是一个相对的概念。一方面，新产品与老产品相比，其原理、性能、用途、结构、材质、技术等特征有显著的提高和改进，且具有独创、先进、实用和明显的经济效益与推广价值。另一方面，凡产品的整体含义中某一部分有创新和改进，也属于新产品的范畴。此外，我国还规定，在某个省、市、自治区范围内第一次试制成功的产品，经鉴定确认的，也算作新产品。对新产品的设计工作就是创新设计。

(二) 创新设计途径

1. 原材料途径

(1) 合理使用普通合成纤维和天然纤维。不同的纤维各有优缺点，设计时要充分发挥各纤维的特点。如将天然纤维和合成纤维以不同品种、比例混纺、交织又可使两类纤维取长补短，相得益彰。

（2）对普通纤维材料的精工细作。毛纺产品粗毛细作、细毛精作的思路可使产品的档次和附加值提高。低线密度产品、单纱产品、精经粗纬、粗经精纬产品和薄型产品，既减少了原料的消耗，又提高了产品的档次。

（3）对普通纤维材料的改性处理。针对羊毛的毡缩、虫蛀、变形，涤纶的难染、静电、不吸湿、不透气，麻类的粗糙、刺痒，棉类的易皱等特点，经过一定的改性和加工，则可弥补其不足。其中，对羊毛进行脱鳞片处理，则可大大改善其毡缩性，增加其吸湿性与放湿性，并可让纤维变细，手感变软。若将细羊毛进行脱鳞片处理，可接近山羊绒的细度，部分混入而代替羊绒的作用，使其身价倍增。涤纶的碱减量、涤纶与锦纶的接枝改性，均可使其缺点得以纠正。

（4）开发新合纤和仿真纤维，如仿麻型涤纶、黏合丝（也称仿麻丝）、仿真丝涤纶、新品种腈纶等。这些新原料可以开发出仿毛织物、仿麻织物、仿真丝织物等多个品种。性能优良，不少品种综合性能超过天然纤维织物。

（5）特殊功能纤维材料。高性能纤维及特殊功能纤维可用于空间、化工、医疗、海洋及生物等领域，如医疗上使用的抗菌、理疗、止血、人体可吸收的纤维及其制品。

（6）特殊的纱线、长丝。通过改变纱线和长丝的性能、结构、材料、花色、风格及功能，可设计出各种各样的新型织物。

（7）后整理。用化学纤维材料纺织品的风格、一般功能和特殊功能，都可以采用化学整理剂，经一定的整理加工来实现。

2. 加工技术途径

指采用新设备、新技术、新工艺而改变产品的品质、风格和功能的产品设计途径。

（1）化纤生产技术。新型的纺丝技术可以纺制出异形截面、中空、超细、特细、复合纤维，也可以纺制出预取向丝和全拉伸丝。另外，还有无捻丝、强捻丝等若干不同的纤维新产品。

（2）纺纱技术。传统的环锭纺纱技术，不仅可纺制出不同捻度、细度的纱，还可通过不同材料的混入、控制纺纱机构的运动状态及包缠的方法，纺制各种非常规纱线，如混纺纱、多色纱、彩点纱、粗细节纱、包芯纱和圈圈纱等。利用新型纺纱技术（如转杯纺纱、尘笼纺纱、涡流纺纱）及新型捻纱技术，可纺制出高蓬松度纱、毛羽纱、竹节纱和结子纱等新型纱线产品，由此可织造各种风格和功能的纺织品。

（3）织造技术。采用改变织物的结构、紧度、厚度和密度的方法，也可采用交织的方法织造各种不同风格的织物。采用新型的织机和新型的织造技术，可织造超薄、超密、多层、立体、异形等类型的织物，这些都是独具特色和功能的新型产品。

（4）后整理技术。后整理技术可赋予纺织品实用功能和美学特征，体现其品质和风格。运用好后整理技术，可使纺织品的附加值显著提高。通过染色、印花，除了使纺织品获得各种不同的花纹和色彩外，还可通过印染技术使纺织品具有闪光、变色的功能。可以使其具有夜光、荧光及金属般的光泽，通过机械和化学的整理加工，使纺织品产生丝光、闪光、皱缩、绒毛、凹凸的表面效果，既可以使纺织品变得滑糯、柔软、挺括、悬垂，又可以使之变得硬挺、坚实、厚重。此外，通过后整理技术，还可以赋予纺织品防污、防水、吸湿、防风、防缩、防虫蛀、防蚊虫、防霉、抗菌、防起毛起球、防辐射、防化学侵蚀、防臭、隐形、过滤、吸尘等特殊功能。

（5）高新技术。现代高新技术包括生物工程、原子核能、空间科学、新材料与材料科学、信息技术、微电子激光技术等。它们都与纺织品有着密切的关系。

人们应用遗传特性可培育优质的棉、麻纺织品等材料，也可培育出品质优良的动物毛、蚕丝。目前，已培育出具有天然色彩的棉、毛纺织材料，这些均为新型纺织品的开发提供了前所未有的条件,其产品独具一格。另外,生物酶在纺织工业中的应用,也为新产品的开发提供了新的天地,如采用纤维素酶对牛仔布进行处理,可以取得类似砂洗石磨的效果,而且手感滑糯柔软,强力损伤度低。以酶对麻进行脱胶处理,既提高了麻纤维的质量,又减少了环境的污染;以酶对羊毛进行脱鳞片处理,一方面大大降低了羊毛的毡缩,另一方面可使羊毛纤维变细、手感改善,具有羊绒风格。

低温等离子体可通过电晕放电、微波放电等不同方式获得。低温等离子体在纺织中的应用,因可以引起纺织材料结构和性能的变化,可大大改善其服用性能与风格,这种技术已成功应用在涤纶等合成纤维的改性及羊毛和兔毛的改性中。

随着科学技术的发展,如高效高功能整理剂的应用、高效能表面活性剂的应用和新型整理技术的应用等,必将给纺织新产品的开发拓展远大的前景。

3. 产品开发的功能路径

新产品与其他产品一样,具有一定的功能性。以服用纺织品为例,主要有生理卫生功能、气候适应功能、防护功能、装饰功能、保健运动功能及其他特殊功能。产业用纺织品主要有耐化学功能、耐高温高压功能、耐油耐火功能、防辐射功能等。所谓功能路径,就是以功能为出发点进行纺织品新产品的构思、设计与开发,然后通过选材和选择技术路线,完成产品的开发。比如防静电产品可以选用防静电纤维,可以采用导电纤维混入或交织,也可以通过防静电后整理技术来实现这一功能目标。再如表面具有绉效应的织物,可以采用以下方法:

(1)利用织物组织,采用不同长度的经纬浮长,在纵横方向错综排列,形成织物表面分散且规律不明显的小颗粒状外观,具有绉的效应。

(2)采用平纹组织,利用不同捻向的强捻纱织造,通过后整理形成绉的效应,如双绉、顺纤绉和乔其纱。

(3)用不同捻度、不同线密度的纱线进行织造,因纱的缩率不同,经后整理,会出现凹凸效果。

(4)采用不同张力的经纱织造,因后整理缩率不同而出现凹凸效果。

(5)在织物中织入弹性较强的丝或纱,如氨纶丝、橡皮筋,下机后则自然成凹凸状。

(6)在印花机上局部施加氢氧化钠液,因纤维素受到碱的作用而发生局部收缩,使织物呈凹凸状;对于化纤类织物(如锦纶),可印制含有苯酚的印浆,使锦纶收缩而出现凹凸状。

总之,要想使织物表面产生绉效应,可以采用不同的方式作为实现这一审美功能的路径,完成产品开发。

实际上,在开发新产品时,有时要把几种路径结合起来。要使所开发的产品得到脱胎换骨的改造,必须按照系统工程的原则,从材料的选择与创新,到新技术、新设备和新工艺的开发与应用,围绕最终制品的实用功能和审美功能,进行统筹设计、全面改革与创新。

第三节 织物设计内容

设计人员在对市场调研的基础上,了解用户的需求,同时结合本企业的生产、技术、设备、人员及原料的实际情况,作为产品方向的决策依据。

织物设计内容包括原料设计、纱线设计、织物结构设计、织物经纬密度设计和后整理工艺设计。

一、原料设计

不同原料有不同的性能特点，所形成织物也具有不同的性能和外观。纤维对织物服用性能的影响，有的起决定性作用，有的起重要作用。那些与物质本身有关的性能，如耐酸、耐碱、耐化学品等化学性能；防霉、防虫等生物性能，几乎完全决定于纤维的性能。织物的大部分物理力学性能，如强伸性、耐磨性、吸湿性、易干性、热性能和电性能等，纤维对其的影响则是主要的。而对许多结构和形态方面的性能，纤维同样有着不容忽视的影响。

织物美观方面的许多内容，如悬垂性、抗皱性、抗起毛起球性、挺括性和尺寸稳定性等有关的物理力学性能，纤维对其有重要影响。另外，如色泽、光泽和质感之类的外观，纤维也与之有密切的关系。

目前，一般织物的原料成本占70%以上。并且，纺、织、染整加工所需的费用与原料也是密切相关的。因为原料决定着加工系统、产品质量以及销售利润。另外不同原料的加工特点和对设备的要求也不同。所以在原料选择时要充分考虑所设计产品的用途、性能要求和风格特点，结合工厂的实际技术条件及设备状态。若为混纺产品，不仅要考虑混纺组分，混纺的比例也同样重要。

二、纱线设计

一般会按照织物品种及风格要求，确定纱线的线密度、捻系数和捻向及纺纱工艺条件。

(一) 纱线线密度

纱线的细度对产品的外观、手感、质量和力学性能均有影响。在织物组织和紧密度相同的情况下，纱线线密度较低的织物比线密度高的织物的表面细腻、紧密。如果织物要求表面细腻，同时又比较厚重，则要选择纱线线密度较低的纱线，织物的厚重可以通过采用多重或多层组织来实现。

(二) 纱线捻系数与捻向

纱线的捻系数对织物的手感、弹性、耐磨、强力、起球及光泽都有影响。在选择捻系数时一般要考虑纺纱过程能否顺利进行，即使使用了股线，也应使单纱具有一定的强力，以减少纺制过程中的断头。在织造过程中，经纱反复承受较大的张力和摩擦，应采用较大捻系数，而纬纱所受张力小，宜采用较低捻系数。要求薄爽风格的织物捻系数适应加大，手感柔软丰满的织物要采用较低捻系数。同时利用不同捻向的经纬纱和不同织物组织的配合，可以生产出具有不同外观效应的织物，并对织物的手感、光泽及对织物纹路清晰度有显著的影响。

(三) 纱线纺制工艺

不同的纱线纺制工艺，影响到纱线的性能，进一步影响织物的性能。如传统的环锭纺纱线强力高。气流纺纱线的强力偏低，但条干和蓬松度好，弹性优于环锭纺纱线且更耐磨。因此，可以根据不同织物的要求选择合适的纱线纺制方法。

三、织物结构设计

选择织物组织时要考虑织物的使用要求、品种风格、织机允许的最大用综数等方面内容。如果在一种织物上使用两个及两个以上的组织，则要考虑组织之间的相互配合关系。如果采用单轴生产，则要求在一个组织循环内，经纱平均浮长相差不要太大，以免造成经纱的织缩不一，使织缩小的经纱在梭口满开时由于松弛而下沉，这会导致停经片下落、产生织疵及空关车等弊病。

　　组织的选择也包括布边组织的选择。织物布边的好坏,对它的服用性能虽无多大影响,但在消费者看来,布边的好坏也是衡量其质量高低的一个因素,同样会影响到产品的销售。布边设计得合理与否,对织造和后整理加工的效率有很大的影响。对于异面效应的斜纹或缎纹组织等织物,为了防止后整理加工中的卷边现象,常常需要采用不同于布身的边组织。因此,布边设计是织物设计和工艺设计中较为重要的一项。

　　布边组织的设计要点使布边与布身具有相同的平挺程度,在后整加工过程中不产生卷边现象。因此,在选用布边组织时,应首先采用织物正反面经、纬浮点相同的同面组织。如 2/2 纬重平、2/2 经重平、2/2 方平或变化纬重平组织。

四、织物密度设计

　　织物密度是织物结构参数的重要项目,直接关系到织物的使用性能、风格及成本。在概算织物密度时,可以根据所设计织物的风格或要求,选择比较恰当的经纬向紧度,再根据紧度与纱线线密度及织物密度的关系,概算得到织物的经纬密度,再经过试生产与试销售,最后定出织物的经纬密度。

五、后整理工艺设计

　　后整理加工是纺织品生产的重要工序,它可改善纺织品的外观和服用性能,或赋予纺织品特殊功能,提高纺织品的附加价值,满足人们对纺织品性能上的要求。所以后整理设计也是机织物设计的一项重要内容。

　　后整理工艺设计是按照产品设计意图及风格要求,制订后整理工艺路线及各工艺要求。不同品种的纺织品,其后整理工艺有较大的差异,在设计时要具体对待。

思考题:

　　1. 织物的分类方法有哪些?

　　2. 纺织品发展的原因是什么?

　　3. 什么是新产品?新产品有什么特点?

　　4. 如何理解纺织品的品种发展方向?

　　5. 创新设计的途径有哪些?

　　6. 织物设计包括哪些方法?仿制产品包括哪几个步骤?

　　7. 产品设计包括哪些内容?

实训题:

　　选读纺织品发展类史书,理解纺织品发展简况。

第二章 织物结构

第一节 织物结构基础

一、织物中纱线几何形态

纱线在织物中不是呈直线状态,而是呈弯曲状态。由于织物生产过程中的外力作用,纱线截面形状并非圆形,而是以其他形状出现在织物中。

(一)织物中纱线截面形状的描述

1. 圆形

这种形状在织物中极为少见,是纱线截面形状的理想状态,是纱线的理论计算形状,又称为工艺计算形状。织物中有些纱线截面形状可近似于圆形。

2. 椭圆形

一种较有规则的形状,纱线在截面变形后,长直径与短直径及外轮廓符合椭圆形的结构特征。这种形状的近似状态比圆形要多见一些。

3. 跑道形

纱线截面在外力作用下变形后,呈现出两个半圆与一个矩形构成的跑道形状。这种形状在织物中不多见,但其近似状态较多,也较易研究。

4. 凸透镜形

织物中纱线在外力的作用下,截面形状类似于凸透镜,这种形状在织物中近似形态很多。

5. 不规则形

织物中纱线在外力的作用下,其截面形状呈无规则状态,这种描述纱线形状的方式最多,与实际状态较为相合。但是有很多不规则形可以近似修正为规则形,且不规则形状给研究带来极大的麻烦,一般都以不规则形的近似规则形来进行研究。

(二)影响织物中纱线截面形状的因素

1. 纤维材料

纤维材料硬度较高,受外力作用时其截面形状不易发生变化。特别是单丝类纤维材料,如单根合成纤维丝、矿物纤维丝和金属丝等。

2. 纱线结构参数

主要指纱线捻系数。纱线捻系数大时,纱线中纤维抱合紧密,不易受外力作用而发生形变。合股线的变形能力比单纱小,单纤维长丝的变形能力比复丝小。纺纱方法不同,纱线的变形能力也不同。在环锭纱中,纤维伸直度高,纱线结构紧密,纤维抱合力大,抵抗变形的能力好,而新型纺纱方法纺制的纱线由于纤维伸直度较差,其抵抗变形的能力较弱。

3. 织物组织

织物组织的松紧、平均浮长、经纬纱交叉等情况,都会影响织物中纱线截面形状。当织物组织交叉次数多时,织物中纱线可移动形变能力差,在外力作用下,不易产生形变,抗压能力强。

4. 织物密度

当织物密度较小时,织物中纱线之间的空隙大,即几何密度大,织物中纱线受外力挤压时易产生形变;当织物密度太大时,纱线间相互挤压严重而变形;当织物密度适中时,纱线间挤压程度合适,能抵消一些外力导致的形变,纱线截面不易变形。

5. 织物织造参数

主要指织物织造时的工艺参数,如上机张力、经纱位置线等。上机张力较大时,易产生纱线截面受压变形的现象,易被压偏。经纱位置线是决定经纱张力的一个重要因素,会影响到织物的外观状态。同时,机构运动状态的配合关系,也会影响到织物中纱线截面形态的压扁变形。

6. 后整理工艺

织物的后整理方法和工艺参数严重影响织物中纱线的压偏变形程度。在后整理工艺中,织物的张力大,织物中纱线的压偏变形程度就大。反之,像松式超喂整理则会使纱线的受压变形程度低。经过涂层整理、硬挺整理的织物,纱线的外力压扁变形程度就会较轻。

(三) 描述织物中纱线截面形变的参数

1. 压偏系数

指织物中纱线受到外力挤压时,纱线截面会由圆或近似圆形变为非圆形的描述参数。纱线由圆形或近似圆形压偏成非圆形时,纱线截面会出现一个大直径和一个小直径。小直径与理论直径(圆直径)之比,则为压偏系数,用 μ_b 表示。$\mu_b =$ 纱线截面小直径 / 理论直径。

2. 延宽系数

纱线截面由圆形或近似圆形变为非圆形时形成的大直径与理论直径(圆直径)之比,称为延宽系数,用 μ_K 表示。$\mu_K =$ 纱线截面大直径 / 理论直径。

(四) 纱线的理论参数

1. 纱线理论直径

根据纱线的线密度计算出纱线理论直径,此时的纱线截面被认为是理想的规则圆形。纱线理论直径 $d = K_d \sqrt{N_t}$,其中 K_d 为常数,N_t 为纱线的线密度。表 2-1 是常见纱线的 K_d 值。

2. 纱线理论截面积(S)

$S = \pi d^2 / 4$,其中 d 为纱线理论直径。也可写成 $S = \pi \cdot K_d^2 \cdot N_t / 4$。

表 2-1 部分纱线的 K_d 值

纱线种类	K_d	纱线种类	K_d
粗梳棉纱(粗号)	0.0410~0.0417	精梳毛纱	0.0426~0.0670
粗梳棉纱(中号)	0.0382~0.0407	精梳毛纱	0.0399~0.0412
精梳棉纱(细号)	0.0400~0.0407	芝麻纱	0.0362~0.0372
精梳棉纱(中号)	0.0391~0.0401	生丝	0.0366~0.0339
精梳棉纱(细号)	0.0384~0.0405	桑蚕绢纺纱	0.0404~0.0412
精梳棉纱(特细号)	0.0375~0.0412	黏纤纱	0.0387~0.0392
涤/棉(65/35)纱	0.036~0.039	锦纶长丝(复丝)	0.0369~0.0381
涤/棉(65/35)双股线	0.039~0.041	涤纶长丝(复丝)	0.0350~0.0378
涤/黏(65/35)纱	0.039~0.040	黏胶长丝(复丝)	0.037~0.038
涤/黏(65/35)双股线	0.041~0.043	亚麻湿纺纱	0.0348~0.0376

（五）织物中纱线的曲屈形态

1. 织物中纱线的曲屈

织物中的纱线不是呈直线形而是弯曲的曲线形，这种弯曲称为曲屈。无论经纬纱，都是如此，只是其弯曲程度有所不同。经纱与纬纱的弯屈形态是相互影响的，也存在相关的空间弯曲和配合关系。图 2-1 中，(a)所示为织物经向切片后呈现的经纬纱的弯曲及相互关系，(b)所示为织物纬向切片后呈现的经纬纱的弯曲及相互关系。

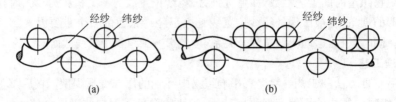

图 2-1 织物中经纬纱的弯曲及相互关系

2. 纱线曲屈形态的构成

织物中，经纬纱线的曲屈形态及相互配合关系可以通过织物切片获得。一个纱线系统的整个曲屈状态由两部分构成：交叉部分和无交叉部分。图 2-1 中，(a)是平纹织物的经向剖面图，可以看出只有交叉部分；(b)为 3/1 斜纹织物的纬向剖面图，其曲屈形态中既有交叉部分又有非交叉的直段部分。任何组织的织物中纱线的曲屈形态均由这两部分构成，只是有的组织非交叉部分长，有的短，只有平纹组织没有非交叉部分。

二、织物的几何结构

（一）织物几何结构的概念

织物中经纬纱的空间结构形态和相互配合的关系，称为织物的几何结构。由于纱线原料、纱线线密度、纱线捻向和捻度、织物密度及织物组织结构等元素的不同，纱线的空间配合关系非常复杂。因此，研究织物的几何结构都会在一定的假设条件下进行。

（二）织物中纱线的曲屈波及曲屈波高

1. 纱线的曲屈波

纱线在织物中所呈现的几何空间形态，类似于一种类型的机械波，将这种波称为织物中纱线的曲屈波，简称曲屈波。织物中纱线的结构形态经过一定的假设条件简化后，纱线的曲屈波是三角函数正（余）弦波类及其复合形态。

2. 纱线的曲屈波高

纱线在织物中弯曲形成曲屈波，其波峰与波谷的垂直距离称为织物中纱线的曲屈波高。曲屈波高分为经纱曲屈波高(h_j)和纬纱曲屈波高(h_w)。经纱曲屈波高的变化量与纬纱曲屈波高的变化量相等，一个纱线系统曲屈波高的增加量就是另一纱线系统曲屈波高的减少量。经、纬纱的曲屈波高是等量互动的。$h_{w1}-h_{w2}=h_{j2}-h_{j1}$，$h_{j1}+h_{w1}=h_{j2}+h_{w2}$。织物的经纬纱曲屈波高之和恒等于其经纬纱直径之和，即 $h_j+h_w\equiv d_j+d_w$。

3. 织物中纱线曲屈波的连续性质

织物中纱线的曲屈形态是任意变化的，即纱线可以由完全伸直到完全弯曲，在这个变化过程中，没有不可能的状态。因此，织物中纱线的曲屈波状态是连续变化的无限变化。$h_j+h_w=d_j+d_w$，可见织物中经、纬纱的曲屈波是在一定范围内的连续变化。

实际上,纱线在织物中不可能不产生弯曲,不弯曲的状态是一个假设的临界状态,从这个状态开始,织物中的纱线可以呈现任何状态的弯曲,直到另一纱线系统完全伸直的临界状态,其变化状态见图 2-2 所示。

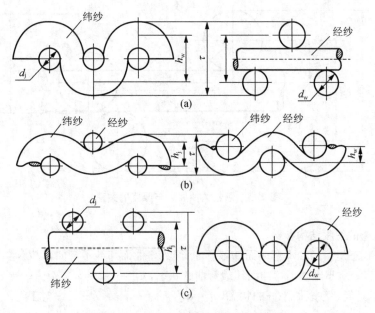

图 2-2　织物三种结构状态的剖面图

图 2-2(a)为经纱不弯曲,纬纱弯曲的结构状态。这一状态过后,经、纬纱都要弯曲,最后过渡到经纱弯曲,纬纱不弯曲的结构状态。这之间还要经过经、纬纱的表面平齐的经、纬纱结构弯曲状态,如图 2-2(b)(c)所示。这三种曲屈状态,也是织物几何结构状态的三个特殊的结构状态。

(三) 织物厚度

1. 织物厚度

织物厚度是指织物正、反面之间的垂直距离,用 τ 表示。织物厚度的测量方法不同于常规刚体尺寸的测量,因为织物是柔性的,所以测量时应使用专用测量仪器进行测量才能准确无误。

2. 织物厚度与曲屈波的关系

织物的经、纬曲屈波之和是织物经、纬纱直径之和,即 $h_j + h_w = d_j + d_w$。当 $h_j = 0$ 时, $h_w = d_j + d_w$,此种状态是经纱不弯曲,纬纱弯曲到最大程度,如图 2-2(a)所示;当 $h_w = 0$ 时, $h_j = d_j + d_w$,此种状态是纬纱不弯曲,经纱弯曲到最大程度,如图 2-2(c)所示;当 $h_j = d_w$, $h_w = d_j$ 时,此种状态是经、纬纱都弯曲,其弯曲程度存在一种特殊的关系,如图 2-2(b)所示。由(a)中经向剖面图、(c)中的纬向剖面图可以明显地看出,织物中经纱或纬纱不弯曲。当经纱或纬纱只要出现弯曲,根据自然受力原理,织物剖面两表面间的垂直距离就会变短,即织物就会变薄。图 2-3 是一织物经向剖面图,$\overline{OO_1}$ 是经纱不弯曲时,纬纱的相邻两根纬纱的纱心连线,现要使经纱弯曲,经纱以 O 为圆心,$\overline{OO_1}$ 为半径,转到 O_2(O_1 只能向这一方向转动,因为纱线显柔性,是在纱线有张力状态下进行织造的,自然受力只能 O_1 向 O_2 方向运动,O_2 点最大移动到 O 水平的位置。)。从图中可以看出,在 O_1 位置时,织物厚度 $\tau_1 = 2d_w + d_j$;而转到 O_2 后, $\tau_2 = d_j + d_w + \Delta l$,由于 $\Delta l < d_j$,实际织物中 $d_j \leqslant d_w$,可见 $\tau_1 > \tau_2$,织物变薄;同理,纬向剖面图中经纱弯曲,纬纱不弯曲时,$\tau_1 = 2d_j + d_w$,可以得出相同的变化趋势。由此可见,织物在经纱不弯曲而纬纱弯曲,或经纱弯曲而纬纱不弯曲时是织物的最厚状态。在图 2-2(b)中，可以看出，此时织物经、纬纱处于同一平面，$\tau_1 = d_j + d_w$，用与图 2-3 相同办法可以得出，此时的织物厚度最小。

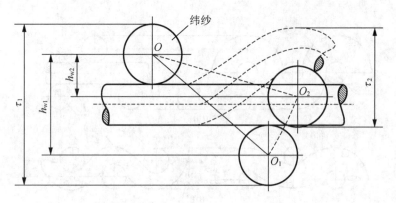

图 2-3　织物的曲屈波与厚度的关系

3. 三种状态的织物结构参数

三种结构状态是指经纱不弯曲而纬纱弯曲，经纱弯曲而纬纱不弯曲，以及经纬纱都弯曲，但经纬纱表面平齐。对于经纱不弯曲而纬纱弯曲的状态，$h_j = 0$，$h_w = d_j + d_w$，$\tau_1 = 2d_w + d_j$；对于经纬纱都弯曲，且经纬纱表面平齐的状态，$h_j = d_w$，$h_w = d_j$，$\tau = d_j + d_w$；对于经纱弯曲而纬纱不弯曲的状态，$h_j = d_j + d_w$，$h_w = 0$，$\tau = 2d_j + d_w$。

4. 织物厚度的变化范围

织物最薄的状态为 $\tau = d_j + d_w$；当经纱不弯曲而纬纱弯曲时，织物最大厚度为 $\tau = 2d_w + d_j$；当经纱弯曲而纬纱不弯曲时，织物最大厚度为 $\tau = 2d_j + d_w$。所以，织物厚度变化范围是 $(d_j + d_w) \sim (d_j + 2d_w)$ 和 $(d_j + d_w) \sim (2d_j + d_w)$。当经、纬纱直径相等，即 $d_j = d_w$ 时，织物厚度 $\tau \in [2d, 3d]$。

5. 织物的支持面

织物的支持面是指织物与外界直接接触产生摩擦作用的纱线系统。当纬纱的表面与外界接触时，称为纬支持面织物，此时 $h_j < d_w$，$h_w > d_j$；当经、纬纱表面均与外界接触时，称为等支持面织物，此时 $h_j = d_w$，$h_w = d_j$；当经纱表面与外界接触时，称为经支持面织物，此时 $h_j > d_w$，$h_w < d_j$。

三、织物几何结构的曲屈波结论

1. 经、纬纱曲屈波高的关系

$$h_j + h_w = d_j + d_w，当 d_j = d_w = d 时，h_j + h_w = 2d。$$

2. 织物曲屈波高和织物厚度的变化

织物中经、纬纱曲屈波高 $h_j \in (0, d_j + d_w)$，$h_w \in (d_j + d_w, 0)$；织物厚度在整个可变化范围内 $\tau \in (d_j + d_w, 2d_w + d_j) \bigcup (2d_j + d_w, d_j + d_w)$。当经、纬纱直径相等，即 $d_j = d_w = d$ 时，$h_j \in (0, 2d)$，$h_w \in (2d, 0)$，$\tau \in [2d, 3d]$。

3. 三种特殊状态下的几何结构曲屈波

经纱不弯曲，纬纱弯曲，$h_j = 0$，$h_w = d_j + d_w$，$\tau = d_j + 2d_w$，当 $d_j = d_w = d$ 时，$h_j = 0$，$h_w = 2d$，$\tau = 3d$；经、纬纱均弯曲，$h_j = d_w$，$h_w = d_j$ 时，$\tau = d_j + d_w$，当 $d_j = d_w = d$ 时，$h_j = h_w = d$，$\tau =$

$2d$；经纱弯曲,纬纱不弯曲,$h_j = d_j + d_w$,$h_w = 0$,$\tau = 2d_j + d_w$,当 $d_j = d_w = d$ 时,$h_j = 2d$,$h_w = 0$,$\tau = 3d$。

第二节　织物几何结构相

织物的几何结构状态是在有限范围内的无限变化。这种无限变化给研究工作带来了难度。为了研究方便,将织物几何结构在有限范围内的无限变化确定为等距离的若干状态,这若干个状态就称为织物的几何结构状态,也称为织物的几何结构相。

一、织物几何结构相的含义

织物几何结构参数中,h_j、h_w 是两个重要的参数,$h_j + h_w = d_j + d_w$。h_j 与 h_w 是互动的,它们相互制约,一个的增加量即是另一个的减小量。$h_j \in (0, d_j + d_w)$；$h_w \in (d_j + d_w, 0)$,将 h_j、h_w 的连续变化的区间等分成 20 份,加上一个首与尾状态,共 21 个状态,即以 $(d_j + d_w)/20$ 为 h_j、h_w 的变化单位值,每变化上述单位值即为变动一个几何结构相。把经纱不弯曲,纬纱弯曲最大的状态定为第一个几何结构状态,把这个结构状态称为第 1 结构相；把经纱弯曲最大而纬纱不弯曲的状态称为第 21 结构状态,把这个结构状态称为第 21 结构相。第 1~21 结构相,中间的变化状态有 19 个,经纱曲屈波高不断增大,由 0 变到 $d_j + d_w$,称为结构相的升相；同时,纬纱曲屈波高不断减小,由 $d_j + d_w$ 变到 0,称为结构相的降相。

二、织物几何结构相的划分

(一) 低结构相

低结构相是指纬纱曲屈程度比经纱曲屈程度更大的结构相,此时,织物与外界接触的是纬纱系。低结构相织物又称为纬支持面结构的织物,$h_w > d_j$,当 $d_j = d_w = d$ 时,$h_w > h_j$。低结构相指第 1 结构相到 $h_w = d_j$、$h_j = d_w$ 的那个结构相,当 $d_j = d_w = d$ 时,即第 1~10 结构相的范围。

(二) 中结构相

中结构相是指经、纬纱的曲屈程度相当的结构相。中结构相织物与外界接触时,经、纬纱同时参与,即经、纬纱在织物表面平齐。中结构相织物又称为等支持面结构织物,$h_j = d_w$,$h_w = d_j$,当 $d_j = d_w = d$ 时,即第 11 结构相。

(三) 高结构相

高结构相是指经纱屈曲程度比纬纱更大的结构相,此时,织物与外界接触的是经纱系统。高结构相织物又称为经支持面织物,$h_j > d_w$,$h_w < d_j$。高结构相指 $h_w = d_j$、$h_j = d_w$ 的那个结构相到第 21 结构相,当 $d_j = d_w = d$ 时,即第 12~21 结构相。

三、织物几何结构相参数

(一) 曲屈波高

根据织物几何结构相的确定及高、中、低结构相的划分,织物几何结构相曲屈波高如下:

$$h_j = \frac{n-1}{20} \times (d_j + d_w) \qquad (2\text{-}2\text{-}1)$$

$$h_w = \frac{21-n}{20} \times (d_j + d_w) \tag{2-2-2}$$

式中:n 为正整数,$1 \leqslant n \leqslant 21$。

(二) 织物厚度

在第 1 结构相的织物厚度 $\tau = 2d_w + d_j$,在等支持面结构相的织物厚度 $\tau = d_j + d_w$,在第 21 结构相的织物厚度 $\tau = d_w + 2d_j$。 无论升相还是降相,织物厚度都会变大。

低结构相织物厚度:

$$\tau = \frac{41-n}{20} \times d_w + \frac{21-n}{20} \times d_j \tag{2-2-3}$$

式中:n 为正整数,是第 1~中结构相的结构相数。

由式(2-2-1)或式(2-2-2)可以求出中结构相的 n。因中结构相时 $h_j = d_w$,$h_w = d_j$,代入式中,$n = \frac{20 \times d_w}{d_j + d_w} + 1$ 或 $n = 21 - \frac{20 \times d_j}{d_j + d_w}$,即式(2-2-3)适用于第 1~中结构相。

中、高结构相织物厚度:

$$\tau = \frac{n+19}{20} \times d_j + \frac{n-1}{20} \times d_w \tag{2-2-4}$$

式中:n 为正整数,是第 11~21 结构相的结构相数。

式(2-2-4)适用于中结构相~第 21 结构相。

四、经、纬纱直径相同织物的几何结构相参数

生产中,很多织物都采用直径相同的经、纬纱制织。因此,其适应面广,具有实际的研究价值和意义。根据几何结构相的划分,当 $d_j = d_w = d$ 时,各种常用组织的织物几何结构相及参数见表 2-2。表中的"0"结构相是指经、纬纱直径不相等时的等支持面织物。

表 2-2　几何结构相参数

结构相	η_j	η_w	$h_j \times d$	$h_w \times d$	$\tau \times d$
1	0.064	1.936	0.064	1.936	2.936
2	0.1	1.9	0.1	1.9	2.9
3	0.2	1.8	0.2	1.8	2.8
4	0.3	1.7	0.3	1.7	2.7
5	0.4	1.6	0.4	1.6	2.6
6	0.5	1.5	0.5	1.5	2.5
7	0.6	1.4	0.6	1.4	2.4
8	0.7	1.3	0.7	1.3	2.3
9	0.8	1.2	0.8	1.2	2.2
10	0.9	1.1	0.9	1.1	2.1
11	1.0	1.0	1.0	1.0	2.0

结构相	η_j	η_w	$h_j \times d$	$h_w \times d$	$\tau \times d$
12	1.1	0.9	1.1	0.9	2.1
13	1.2	0.8	1.2	0.8	2.2
14	1.3	0.7	1.3	0.7	2.3
15	1.4	0.6	1.4	0.6	2.4
16	1.5	0.5	1.5	0.5	2.5
17	1.6	0.4	1.6	0.4	2.6
18	1.7	0.3	1.7	0.3	2.7
19	1.8	0.2	1.8	0.2	2.8
20	1.9	0.1	1.9	0.1	2.9
21	1.936	0.064	1.936	0.064	2.936
0			d_w	d_j	$d_j + d_w$

五、织物几何结构相阶差系数

在织物几何结构相的划分中，每个结构相的曲屈波变化量为$(d_j + d_w)/20$，共 21 个结构相。为了研究方便，曲屈波高用系数 η 与经、纬纱直径之和的乘积表示。经纱曲屈波高系数为 η_j，纬纱曲屈波高系数为 η_w。η_j、η_w 即经、纬纱曲屈波高的阶差系数。当 $d_j = d_w = d$ 时，$h_j = \eta_j \times d_j$，$h_w = \eta_w \times d_w$，则 $h_j + h_w = (\eta_j + \eta_w) \times d$，$\eta_j + \eta_w = 2$。

经、纬纱直径相等时的阶差系数间隔为 0.10。

第三节　织物几何结构相与紧度

一、织物密度

(一) 织物的工艺密度

织物中单位长度内排列的经、纬纱根数称为经、纬纱工艺密度，一般简称为织物密度，用 P 表示，经密用 P_j 表示，纬密用 P_w 表示。公制密度(国家标准)中，密度以每 10 cm 长度内所排列的经(或纬)纱根数计量。在实际生产中或商业中，将经密和纬密自左至右联写成 $P_j \times P_w$。如 523.5×283 表示织物经密为 523.5 根/(10 cm)，纬密为 283 根/(10 cm)。

在生产中，织物规格需同时写出织物的经纬纱线密度和织物经纬密度，其方法是自左至右联写成 $N_{tj} \times N_{tw} \times P_j \times P_w$，$N_{tj}$ 表示经纱线密度，N_{tw} 表示纬纱线密度。例如毛涤派力司规格表示为$(14.7 \times 2) \times 25 \times 272 \times 222$，即：经纱为 14.7 tex 的双股线，纬纱为 25 tex 的单纱，经密为 272 根/(10 cm)，纬密为 222 根/(10 cm)。

织物的经纬密度对织物的使用性能和外观风格影响很大。经、纬密度大，织物紧密、硬挺、坚牢；密度小，织物稀薄、松软、透气。经密与纬密的比值也会影响织物的性能与风格。当经纬纱的线密度相同时，织物中密度大的那个方向的纱线屈曲程度大，比较显著地突出于织物表面，而密度小的那个方向的纱线屈曲程度小，比较伸直，不太显露于织物表面。因此，织物表面就以密度大的那个方向的纱线为主，即经密大时显示经面效应，纬密大时显示纬面效应。经纬密比值不同的织物,其性能与风格也不同。如平布与府绸,哗叽、华达呢与卡其,即使纱线原料与纱线线密度、织物组织均相同,它们的性能与风格也有显著差异,其原因就在于它们的经纬密度及其比值不同,这影响了织物表面组织点与连续组织点的反光效应。

(二) 织物的相对密度

织物的相对密度又称为织物紧度,用 E 表示,经向紧度用 E_j 表示,纬向紧度用 E_w 表示。在原料、纱线线密度、组织相同的条件下,经纬密度对织物性能的影响具有可比性,但在原料、纱线线密度、组织不同时就缺乏可比性。当纱线线密度不同时,由于纱线直径不同,即使经纬密度相同,它们在织物中排列的紧密程度也是不同的。当原料不同时,即使纱线线密度相同,其紧度也不相同。可见,经纬密度尚不能准确地衡量纱线在织物中排列的紧密程度。

织物紧度的原始物理意义是指一定面积的织物中纱线的垂直投影面积占织物面积的百分比,如图 2-4 所示。

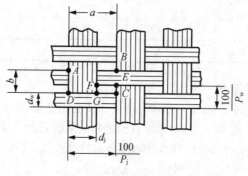

图 2-4　织物紧度示意

紧度又可分为经向紧度和纬向紧度。根据定义并由图 2-4 可得经纬向紧度的计算式:

$$E_j = \frac{d_j}{a} \times 100 = \frac{d_j}{\dfrac{100}{P_j}} \times 100 = d_j P_j$$

同理:

$$E_w = \frac{d_w}{b} \times 100 = \frac{d_w}{\dfrac{100}{P_w}} \times 100 = d_w P_w$$

式中: E_j、E_w 分别为经纬向紧度(%); d_j、d_w 分别为经纬纱直径(mm); a、b 分别为相邻经纱或纬纱的中心距(mm); P_j、P_w 分别为经、纬密[根/(10 cm)]。

织物的总紧度 E 则为:

$$E = \frac{面积 \, ABEFGD}{面积 \, ABCD} \times 100$$

$$= \frac{d_j b + d_w(a - d_j)}{ab} \times 100$$

$$= d_j P_j + d_w p_w - \frac{d_j d_w P_j P_w}{100}$$

$$= E_j + E_w - \frac{E_j E_w}{100}$$

可见,织物紧度同时考虑了纱线直径和织物密度,所以可用来比较不同直径的纱线织成的织物的紧密程度。

各种织物,即使原料、组织均相同,如果紧度不同,就会引起使用性能与外观风格的不同。前面所说织物密度不同对织物的影响,比较确切地说,应是紧度对织物性能的影响。试验表明,经纬向紧度过大的织物其刚性增大,抗折皱性下降,耐平磨性增加,耐折磨性降低,手感板硬。而紧度过小,则织物过于稀松,缺乏身骨。

经向紧度、纬向紧度和总紧度三者之间在产品设计中存在一定的制约关系。在总紧度一定的条件下,经纬向紧度比影响织物的外观与物理力学性能。

纱线在织物中的曲屈形态与织物经纬密度有关,而经纬密度和经纬纱曲屈程度之间的关系通常是难以在任意条件下进行描述的。因此,在研究中,确定某些特定条件,既便于分析,又能清楚直观地展现织物密度和纱线曲屈程度之间的关系。

(三) 织物几何密度

织物的几何密度是指织物中同一纱线系统中两根相邻纱线间的垂直距离。几何密度用 l 表示,l_j 表示经向几何密度,l_w 表示纬向几何密度。它表示的是纱线与纱线之间的空隙,能比较直观地反映出相邻纱线之间的空间距离,能很好地给出织物的孔隙大小、孔径、孔隙率。几何密度在产业织物设计中具有良好的应用价值。

三种密度之间的关系如下:

$$l = \frac{100}{P}, \ E = d \times P, \ d = K_d \times \sqrt{N_t}$$

$$l_j = \frac{100}{P_j} = \frac{100 \times d_j}{E_j} = \frac{100 \times K_d \times \sqrt{N_{tj}}}{E_j}$$

$100 \times K_d$ 为常数,将其设为 K_p。K_d 值见表 2-1,则:

$$l_j = \frac{K_p}{E_j} \times \sqrt{N_{tj}}$$

同理,得:

$$l_w = \frac{100}{P_w} = \frac{K_p}{E_w} \times \sqrt{N_{tw}}$$

二、紧密织物及其条件

(一) 紧密织物的条件

1. 织物中的纱线截面为圆形

纱线在实际生产中不会是规则的圆形,圆形截面是理论上由工艺计算而得到的。由于纱线截面形状多样,研究难度大。因此,假定织物中纱线截面为圆形,以便于研究。

2. 织物中的纱线为刚体

纱线是柔性的,在织物相互挤压时会受力产生形变,这样给研究带来了麻烦。若纱线为刚体,则不存在形变,其截面形状为圆形,受力不产生形变。

3. 经、纬纱之间的关系

经纱与纬纱之间,经纱与经纱之间,纬纱与纬纱之间相互接触而不产生压力与形变。

(二) 紧密织物

织物中纱线截面呈标准圆形,经、纬纱都是刚性体;经、纬纱与同一系统纱线之间或与另一纱线系统之间相互紧靠而不产生压力和形变,这样的织物称为紧密结构织物。

三、紧密结构织物几何结构相与紧度的关系

图 2-5 是某紧密结构织物的纬向剖面,其中,a 表示一个组织循环中一次交叉的交叉区长,b 表示一个组织循环中非交叉区长,x_j 表示一个组织循环中经纱所占的宽度。

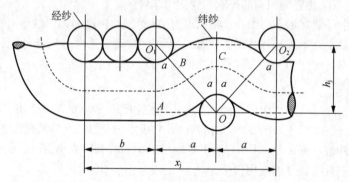

图 2-5 某紧密织物纬向剖面图

由图 2-5 可以看出,$x_j = b + 2a$。由于该组织是 3/1 组织,在一个完全组织中,有两次交叉即一次交织。任何组织都有不少于一次的交织。因此,织物组织的经纱的交叉次数就是交叉区 a 的个数。织物经纱交叉区长应为 $t_w \times a$。在非交叉区,对于任一组织,纱线未交叉部分的纱线根数为该组织的经纱循环数,减去与另一系纱线产生交叉的纱线根数。因此,非交叉区长 $b = (R-t) \times d$,则 $b_j = (R_j - t_w) \times d_j$,$b_w = (R_w - t_j) \times d_w$。由于织物是紧密结构体,因此 $OO_1 = d_j + d_w$。交叉区长 $a = \sqrt{(d_j + d_w)^2 - h_j^2}$。

$$x_j = t_w \sqrt{(d_j + d_w)^2 - h_j^2} + (R_j - t_w) \times d_j \tag{2-3-1}$$

根据织物紧度的定义 $E = Rd/x$,则 $E_j = R_j d_j / x_j$,$E_w = R_w d_w / x_w$:

$$E_j = \frac{R_j d_j}{t_w \times \sqrt{(d_j + d_w)^2 - h_j^2} + (R_j - t_w) \times d_j} \times 100\% \tag{2-3-2}$$

$$E_w = \frac{R_w d_w}{t_j \times \sqrt{(d_j + d_w)^2 - h_j^2} + (R_w - t_j) \times d_w} \times 100\% \tag{2-3-3}$$

以上两式中的分子、分母分别同时除以 d_j 或 d_w,即得式(2-3-4)和式(2-3-5):

$$E_j = \frac{R_j}{t_w \times \sqrt{\left(1 + \dfrac{d_w}{d_j}\right)^2 - \left(\dfrac{h_j}{d_j}\right)^2} + R_j - t_w} \times 100\% \tag{2-3-4}$$

$$E_w = \frac{R_w}{t_j \times \sqrt{\left(\dfrac{d_j}{d_w} + 1\right)^2 - \left(\dfrac{h_w}{d_w}\right)^2} + R_w - t_j} \times 100\% \tag{2-3-5}$$

以上两式中的分子、分母分别同时除以 t_j 或 t_w，即得式(2-3-6)和式(2-3-7)：

$$E_j = \frac{F_w}{\sqrt{\left(1+\frac{d_w}{d_j}\right)^2 - \left(\frac{h_j}{d_j}\right)^2} + F_w - 1} \times 100\% \qquad (2-3-6)$$

$$E_w = \frac{F_j}{\sqrt{\left(\frac{d_j}{d_w}+1\right)^2 - \left(\frac{h_w}{d_w}\right)^2} + F_j - 1} \times 100\% \qquad (2-3-7)$$

（一）对于等支持面结构相织物

对于等支持面结构相，$h_j = d_w$，$h_w = d_j$。将其代入式(2-3-6)和式(2-3-7)化简，即得到式(2-3-8)和式(2-3-9)：

$$E_j = \frac{F_w}{\sqrt{1+2\times\frac{d_w}{d_j}} + F_w - 1} \times 100\% \qquad (2-3-8)$$

$$E_w = \frac{F_j}{\sqrt{1+2\times\frac{d_j}{d_w}} + F_j - 1} \times 100\% \qquad (2-3-9)$$

令 $A = d_j/d_w$，则有：

$$E_j = \frac{F_w}{\sqrt{1+\frac{2}{A}} + F_w - 1} \times 100\% \qquad (2-3-10)$$

$$E_w = \frac{F_j}{\sqrt{1+2A} + F_j - 1} \times 100\% \qquad (2-3-11)$$

（二）对于经、纬纱直径相等的织物

$d_j = d_w = d$ 的织物，对式(2-3-2)和式(2-3-3)化简，则得到式(2-13-12)和式(2-3-13)：

$$\begin{aligned} E_j &= \frac{R_j d}{t_w\sqrt{4d^2 - h_j^2} + (R_w - t_j)d} \times 100\% \\ &= \frac{R_j}{t_w\sqrt{4 - (h_j/d)^2} + R_w - t_j} \times 100\% \end{aligned} \qquad (2-3-12)$$

$$E_w = \frac{R_w}{t_j\sqrt{4 - (h_w/d)^2} + R_j - t_w} \times 100\% \qquad (2-3-13)$$

令 $h_j = \eta_j d$，$h_w = \eta_w d$，由于 $h_j + h_w = d_j + d_w = \eta_j d + \eta_w d = 2d$，则 $\eta_j + \eta_w = 2$，η_j、η_w 为经纬纱直径相等的织物每个结构相之间的差值系数，称为阶差系数，代入以上两式中并化简，得到：

$$E_j = \frac{F_w}{\sqrt{4 - \eta_j^2} + F_w - 1} \times 100\% \qquad (2\text{-}3\text{-}14)$$

$$E_w = \frac{F_j}{\sqrt{4 - \eta_w^2} + F_j - 1} \times 100\% \qquad (2\text{-}3\text{-}15)$$

四、常见组织织物的结构相紧度

对于常见组织织物,当经、纬纱直径相等时,各结构相参数见表2-3。

分析表2-3可以看出下列特征:

(1) 第11结构相附近(等支持面结构相)。织物组织平均浮长愈短,在第11结构相附近(等支持面结构相),愈易获得经或纬支持面效应。

(2) 同一高或低结构相。织物组织平均浮长愈长,织物紧度愈小,在同一高或低结构相,愈易获得经或纬支持面效应。

(3) 织物厚度。在纱线结构参数相同的情况下,织物厚度与织物组织无关,只与织物所处的结构相有关。

表2-3 常用组织织物的结构相参数

结构相	η_j	η_w	平纹		三枚斜纹		四枚斜纹		五枚缎纹		八枚缎纹	
			E_j	E_w	E_j	E_w	E_j	E_w	E_j	E_w	E_j	E_w
1	0.064	1.936	50.0	199.2	60.0	149.7	66.7	133.2	71.4	124.9	80.0	114.2
2	0.1	1.9	50.06	160.13	60.06	133.39	66.72	123.11	71.48	117.67	80.04	110.36
3	0.2	1.8	50.3	114.7	60.2	109.3	66.9	106.8	71.6	105.4	80.2	103.3
4	0.3	1.7	50.57	94.92	60.55	96.55	67.17	97.39	71.89	97.9	80.36	98.68
5	0.4	1.6	51.0	83.3	61.0	88.2	67.6	90.9	72.3	92.6	80.7	95.2
6	0.5	1.5	51.64	75.59	61.56	82.29	68.11	86.1	72.75	88.56	81.03	92.53
7	0.6	1.4	52.4	70.0	62.3	77.8	68.8	82.4	73.4	85.4	81.5	90.3
8	0.7	1.3	53.38	65.80	63.20	74.26	69.60	79.37	74.11	82.78	82.08	88.50
9	0.8	1.2	54.6	62.50	64.3	71.4	70.6	76.9	75.0	80.6	82.8	87.0
10	0.9	1.1	55.99	59.88	65.62	69.12	71.79	74.97	76.08	78.86	83.58	85.65
11	1.0	1.0	57.7	57.7	67.2	67.2	73.2	73.2	77.4	77.4	84.5	84.5
12	1.1	0.9	59.88	55.99	69.12	65.62	74.97	71.79	78.86	76.08	85.65	83.58
13	1.2	0.8	62.5	54.6	71.7	64.3	76.9	70.6	80.6	75.0	87.0	82.8
14	1.3	0.7	65.80	53.38	74.26	63.20	79.37	69.60	82.78	74.11	88.50	82.08
15	1.4	0.6	70.0	52.4	77.8	62.3	82.4	68.8	85.4	73.4	90.3	81.03
16	1.5	0.5	75.59	51.64	82.29	61.56	86.1	68.11	88.56	72.75	92.53	81.03
17	1.6	0.4	83.3	51.0	88.2	61.0	90.9	67.6	92.6	72.3	95.2	80.7
18	1.7	0.3	94.92	50.57	96.55	60.55	97.39	67.17	97.9	71.89	98.68	80.36
19	1.8	0.2	114.7	50.3	109.3	60.2	106.8	66.9	105.4	71.6	103.3	80.2
20	1.9	0.1	160.13	50.06	133.4	60.06	123.1	66.72	117.67	71.48	110.36	80.04
21	1.936	0.064	199.2	50.0	149.7	60.0	133.2	66.7	124.9	71.4	114.2	80.0

五、常见组织紧密结构织物的结构相线图

(一)织物组织的等结构相线图

由表2-3中的数据作出图2-6,图中 A、B、C、D、E 分别代表平纹、三枚斜纹、四枚斜纹、五枚缎纹、八枚缎纹。将同结构相的各组织织物紧度连接,形成等结构相线,可以做进一步分析。

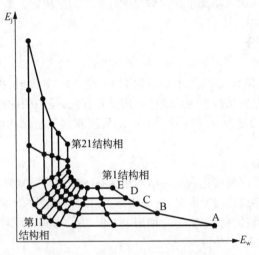

图 2-6　织物组织的等结构相线图

(二)织物组织的等结构相线图分析

1. 经支持面织物

在经支持面织物中,结构相由第 11 升至第 13 相,与结构相由第 17 升至第 19 比较,都是升高两个结构相,但两者的紧度变化相差很大。在高结构相时,每升高一个结构相,必须增加较多的经向紧度,这种现象称为至相效应迟钝。

至相效应迟钝说明在设计高结构相织物时,结构相选择过高,织物紧度增加很大,织物手感会变硬,织物用纱量增加,织造困难,所以要选择合适的结构相,便于改善织物的服用性能和便于生产。

2. 纬支持面织物

对于纬支持面织物,结构相由第 11 降至第 9 相,与结构相由第 5 降至第 3 相比较,都是降低两个结构相,但两者的纬向紧度变化相差很大。在低结构相时,每降低一个结构相,必须增加较多的纬向紧度,这也是至相效应迟钝。织物设计时,结构相选择过低,织物纬向紧度增加很大,纬密很大,影响织物风格及服用性能,打纬阻力大,纱线断头增加,织造困难且生产效率低。因此,织造低结构相织物时,要便于生产和提高织物生产效率及改善织物的外观质量。

六、棉织物的几何结构概念

根据织物几何结构特征及图2-6中提供的等结构相线特性,棉及棉型织物的几何结构特征概念为:

平布类织物的经向紧度在 45%～57%,纬向紧度在 38%～53%,为第 12～13 结构相的经纬双向非紧密结构状态。

府绸类织物的经向紧度≤83.3%,即应处于第 17 结构相以下。

斜纹布类织物的经向紧度为 50%～65%,纬向紧度为 45%～60%,为第 13～15 结构相的经

纬双向非紧密结构状态。

华达呢织物的经向紧度≤91%，即应处于第18结构相以下。

卡其类织物的经向紧度≤107%，即应处于第20结构相以下。

直贡类织物的经向紧度≤105%，即应处于第19结构相以下。

纬向紧度应根据织物的风格要求和物理力学性能等因素决定。

七、织物紧密状况的划分

1. 双向紧密结构织物

当一个织物的经、纬向紧度均达到某一结构相的经、纬向紧度时，称该织物为该结构相的双向紧密结构织物。双向紧密结构织物从理论上讲并不存在，是一种虚拟状态。但是在实际生产中，由于工艺、生产设备的进步、原料特性等，可以见到双向紧密结构织物，但织物纱线变形严重，且这样的织物非常少。

2. 单向紧密结构织物

当一个织物的经或纬向紧度达到某一结构相状态的经或纬向紧度，而该织物的纬或经向紧度未达到这一结构相的纬或经向紧度时，该织物称为这一结构相的经向或纬向单向紧密结构织物。生产中，经向单向紧密结构织物很多，如府绸、华达呢、卡其、直贡缎等，而纬向单向紧密结构织物较少，常见的有横贡缎、条绒等。

织物的经向紧度大于该组织织物的同支持面织物的紧度而纬向紧度却小于该组织的同支持面织物的紧度时，该织物就是经向单向紧密结构织物，反之则为纬向单向紧密结构织物。

经向单向紧密结构织物的结构相可计算，由图2-4可以得出：

$$h_j = \sqrt{(d_j + d_w)^2 - a_j^2} \qquad (2\text{-}3\text{-}16)$$

$$a_j = \frac{\dfrac{100}{P_j} \times R_j - (R_j - t_w)d_j}{t_w} \qquad (2\text{-}3\text{-}17)$$

将式(2-3-17)代入式(2-3-16)并化简：

$$h_j = \sqrt{(d_j + d_w)^2 - \left[\frac{100R_j - (R_j - t_w)d_j}{t_w \times P_j}\right]^2} \qquad (2\text{-}3\text{-}18)$$

由式(2-3-18)可知，经向单向紧密结构织物的经纱曲屈波高 h_j 在几何结构概念中，其大小与织物纬密无关，即各种组织的经支持面织物的几何结构仅由经、纬纱的线密度和织物的经密决定。纬纱曲屈波高 $h_w = (d_j + d_w) - h_j$。

$$K = \frac{h_j}{h_w} = \frac{\eta_j}{\eta_w} = \frac{h_j}{(d_j + d_w) - h_j} \qquad (2\text{-}3\text{-}19)$$

用 K 值与织物的阶差系数之比进行比较，即可得出该织物所处的结构相区间。

例 棉府绸 $19.5 \times 19.5 \times 393.5 \times 236$，经过织物切片获得经纬向阶差系数之比 $K' = 2.16$，而由式(2-3-19)计算的 $K = 1.69$，K 与 K' 不相等。但对照表2-3可以看出，该织物实际切片资料 $K' = 2.16$，处于第14~15结构相，而由式(2-3-19)计算的 K 值即1.69，处于第13~14结构相，两者虽然不相符，但是在相邻的结构相。若将几何结构相间距加大，总结构相数变为11个，则都在第6.5~7.5结构相，理论计算结构相在第7~7.5，实际切片处在第7.5~8结构相,两者相差很小。因此,可以用理论计算法来确定经向单向紧密结构织物的结构相。

3. 双向非紧密结构织物

当一个织物的经、纬向紧度均未达到某一结构相状态的经、纬向紧度时,称该织物为该结构相的双向非紧密结构织物。双向非紧密结构织物又称为非稳定结构状态织物。这类织物在实际生产生活中所占比例很大,品种繁多。如棉织物中最大宗的平布类、斜纹布,毛织物中的哔叽类、花呢类等,均属于这类产品。

第四节　织物几何结构与织物织缩率

一、织物结构相与织物织缩率的关系

(一) 基本概念

1. 织缩

在织造过程中,经、纬纱由于受曲屈波及外力的影响,织物长度与制织该织物的纱线长度并不相等,这种现象称为织缩。织物的织缩分为经织缩与纬织缩。

2. 织缩率

织物长度与制织该织物的纱线长度之差所占纱线长度的百分比称为织缩率。织缩率分为经织缩率和纬织缩率。

(二) 紧密结构织物的织缩率

图 2-5 为 3/1 斜纹组织的紧密结构织物的纬向剖面图,其中 x_j 为一个组织循环的织物长度,而织造 x_j 这么长的织物所需的纱线长度设为 S_w, $x_j = t_w \times a + b$, $b = (R_j - t_w) \times d_j$, $S_w = t_w \times \overline{ABC} + (R_j - t_w) \times d_j$。对于紧密结构织物, $\overline{OO_1} = \overline{OO_2} = d_j + d_w$, $a = \sqrt{(d_j + d_w)^2 - h_j^2}$; $\overline{ABC} = \alpha_j \times \pi \times (d_j + d_w)/180$。

$$\cos \alpha_j = h_j/(d_j + d_w) \tag{2-4-1}$$

$$S_w = \pi \times \alpha_j \times t_w \times (d_j + d_w)/180 + (R_j - t_w) \times d_j \tag{2-4-2}$$

纬织缩率 $C_w = 1 - x_j/l_w$,代入相关参数及简化后得到:

$$C_w = 1 - \frac{t_w \times \sqrt{(d_j + d_w)^2 - h_j^2} + (R_j - t_w) \times d_j}{\pi \times \alpha_j \times (d_j + d_w) \times t_w + 180 \times (R_j - t_w) \times d_j} \times 180 \tag{2-4-3}$$

同理,可得经织缩率 C_j:

$$C_j = 1 - \frac{t_j \times \sqrt{(d_j + d_w)^2 - h_w^2} + (R_w - t_j) \times d_w}{\pi \times \alpha_w \times (d_j + d_w) \times t_j + 180 \times (R_w - t_j) \times d_w} \times 180 \tag{2-4-4}$$

$$\cos \alpha_w = h_w/(d_j + d_w) \tag{2-4-5}$$

又, $h_j = \eta_{jA} \times (d_j + d_w)$, $h_w = \eta_{wA} \times (d_j + d_w)$, $\dfrac{d_j}{d_w} = A$,则:

$$C_j = 1 - \frac{t_j \times \sqrt{(d_j + d_w)^2 (1 - \eta_{wA}^2)} + (R_w - t_j) \times d_w}{\pi \times \alpha_w \times (d_j + d_w) \times t_j + 180 \times (R_w - t_j) \times d_w} \times 180$$

$$= 1 - \frac{\sqrt{(1 + A)^2 (1 - \eta_{wA}^2)} + (F_j - 1)}{\pi \times \alpha_w \times (1 + A) + 180 \times (F_j - 1)} \times 180 \tag{2-4-6}$$

$$C_w = 1 - \frac{t_w \times \sqrt{(d_j + d_w)^2 (1 - \eta_{jA}^2)} + (R_j - t_w) \times d_j}{\pi \times \alpha_j \times (d_j + d_w) \times t_w + 180 \times (R_j - t_w) \times d_j} \times 180$$

$$= 1 - \frac{\sqrt{\left(1 + \frac{1}{A}\right)^2 (1 - \eta_{jA}^2)} + (F_w - 1)}{\pi \times \alpha_j \times \left(1 + \frac{1}{A}\right) + 180 \times (F_w - 1)} \times 180 \tag{2-4-7}$$

$$\eta_{jA} + \eta_{jw} = 1 \tag{2-4-8}$$

为了研究方便,选择 $d_j = d_w = d$,$h_j = \eta_j \times d$,$h_w = \eta_w \times d$,显然,$\eta_j + \eta_w = 2$。与前面相同,$F_j = R_w / t_j$,$F_w = R_j / t_w$。代入式(2-4-3)和式(2-4-4),化简后可得:

$$C_j = 1 - \frac{\sqrt{4 - \eta_j^2} + F_j - 1}{\pi \times \alpha_w + 90 \times (F_j - 1)} \times 90 \tag{2-4-9}$$

$$C_w = 1 - \frac{\sqrt{4 - \eta_w^2} + F_w - 1}{\pi \times \alpha_j + 90 \times (F_w - 1)} \times 90 \tag{2-4-10}$$

二、常见组织紧密结构织物的织缩率

为了研究方便,常见组织紧密结构织物的经、纬织缩率只分析 $d_j = d_w = d$ 的情况,见表2-4。

表2-4　常见组织紧密结构织物的织缩率

结构相	η_j	η_w	τ_{xd}	平纹		三枚斜纹		四枚斜纹		五枚缎纹		八枚缎纹	
				C_j	C_w	C_j	C_w	C_j	C_w	C_j	C_w	C_j	C_w
1	0.064	1.936	3.0	1.07	35.05	0.53	30.15	0.36	26.45	0.27	23.56	0.15	17.75
2	0.1	1.9	2.9	1.67	34.33	0.93	29.48	0.65	25.83	0.5	22.99	0.29	17.28
3	0.2	1.8	2.8	3.32	32.34	2.16	27.64	1.59	24.14	1.26	21.42	0.78	16.01
4	0.3	1.7	2.7	5.05	30.39	3.47	25.84	2.65	22.47	2.15	19.88	1.36	14.78
5	0.4	1.6	2.6	6.25	28.45	4.87	24.06	3.80	20.84	3.12	18.38	2.03	13.58
6	0.5	1.5	2.5	8.48	26.54	6.30	22.31	5.01	19.24	4.16	16.92	2.76	12.41
7	0.6	1.4	2.4	10.22	24.66	7.72	20.59	6.23	17.67	5.23	15.48	3.51	11.28
8	0.7	1.3	2.3	11.96	22.79	9.28	18.9	7.57	16.14	6.40	14.08	4.37	10.19
9	0.8	1.2	2.2	13.7	20.94	10.81	17.24	8.92	14.64	7.59	12.72	5.24	9.14
10	0.9	1.1	2.1	15.5	19.11	12.39	15.58	10.30	13.15	8.83	11.38	6.17	8.10

（续　表）

结构相	η_j	η_w	τ_{xd}	平纹		三枚斜纹		四枚斜纹		五枚缎纹		八枚缎纹	
				C_j	C_w	C_j	C_w	C_j	C_w	C_j	C_w	C_j	C_w
11	1.0	1.0	2.0	17.3	17.3	13.97	13.97	11.71	11.71	10.08	10.08	7.11	7.11
12	1.1	0.9	2.1	19.11	15.52	15.58	12.39	13.15	10.30	11.38	8.83	8.10	6.17
13	1.2	0.8	2.2	20.94	13.72	17.24	10.81	14.64	8.92	12.72	7.59	9.14	5.24
14	1.3	0.7	2.3	22.79	11.96	18.9	9.28	16.14	7.57	14.08	6.40	10.19	4.37
15	1.4	0.6	2.4	24.66	10.22	20.59	7.72	17.67	6.23	15.48	5.23	11.28	3.51
16	1.5	0.5	2.5	26.54	8.48	22.31	6.30	19.24	5.01	16.92	4.16	12.41	2.76
17	1.6	0.4	2.6	28.45	6.25	24.06	4.87	20.84	3.80	18.38	3.12	13.58	2.03
18	1.7	0.3	2.7	30.39	5.05	25.84	3.47	22.47	2.65	19.88	2.15	14.78	1.36
19	1.8	0.2	2.8	32.34	3.32	27.64	2.16	24.14	1.59	21.42	1.26	16.01	0.78
20	1.9	0.1	2.9	34.33	1.67	29.48	0.93	25.83	0.65	22.99	0.5	17.28	0.29
21	1.936	0.064	3.0	35.05	1.07	30.15	0.53	26.45	0.36	23.56	0.27	17.75	0.15

分析表 2-4 中的数据：

（1）适合制织中结构相织物的组织。平均浮长愈短的组织，其在高或低结构相时，总有一个纱线系统的织缩率很大。因此，这类组织不太适合高或低结构相，适用于制织第 11 结构相附近的织物，如平纹组织织物。

（2）适合制织中结构相织物的组织。由于在高或低结构相时，经或纬织缩率并不是很大，可以制织高或低结构相的织物，如缎纹组织织物。

（3）同一结构相不同组织织物的织缩率变化特征。在同一结构相中，织缩率随织物组织平均浮长的增加而减小。

三、等结构相织缩率图

（一）等结构相织缩率图

将表 2-4 中的数据作成图 2-7，将同结构相的各组织的织缩率连接，形成等结构相织缩率图，其中 E、D、C、B、A 分别代表平纹、三枚斜纹、四枚斜纹、五枚缎纹、八枚缎纹。

（二）分析等结构相织缩率图

1. 织缩率的范围

所有组织的织物，其经、纬织缩率都在以平纹组织的经、纬织缩率为斜边的直角三角形内。

2. 各组织的织缩率曲线特征

组织循环愈小、平均浮长愈短的组织，其经、纬织缩率曲线接近直线，如平纹组织。组织循环愈大、平均浮长的组织，其经、纬织缩率曲

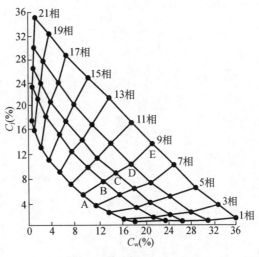

图 2-7　等结构相织缩率图

线接近圆弧形,如八枚缎纹组织。

3. 至相效应状况

随着织物结构相的升降,其织缩率的变化差异不大,无明显的至相效应迟钝。这表明同种组织的织物只要结构相变化相同大小,其经、纬织缩率变化量接近相等。织物结构相变化引起的用纱量变化主要是由密度变化引起的,而由结构相变化引起的织缩率变化产生的用纱量变化很小。

4. 织缩率变化是有界范围内的连续变化

各种组织的织缩率在有限范围内连续变化,平均浮长短的组织,其织缩率变化范围大,而平均浮长长的组织,其织缩率变化范围小。

5. 在纵条织物设计中的应用

采用两种或两种以上的组织并列制织纵条织物时,不同的组织必须选择不同的结构相,使其织缩率相等,清除由织缩率差异导致的起皱、纵条交界不清和歪斜、松经停车或经纬纱张力不匀进而造成的开口不清和跳纱织疵等现象,确保织物表面平整。

思考题:

1. 织物中的纱线截面形状归纳为几种?各有何特点?

2. 影响织物中纱线截面形状的因素有哪些?

3. 什么是紧密织物?

4. 织物的几何结构与几何结构相的含义分别是什么?

5. 针对最简单的复合斜纹组织织物,当经纬纱原料与线密度相同时,计算各结构相的织物紧度。

6. 什么是至相效应迟钝?它在生产中有何实用意义?

7. 什么是织缩率?它是如何产生的?

8. 如何理解织物经纬纱线密度的配合对织物的影响。

第三章 | 织物密度设计方法

第一节　相似织物的密度设计

一、相似织物

(一) 相似织物的概念

　　两种或两种以上相同组织的织物,如果经、纬纱构成的空间关系具有几何上的相似性质,这些织物称为相似织物。

(二) 相似织物之间的相关参数

　　相似织物之间各织物的厚度为 τ,质量为 G,经、纬纱线密度分别为 N_{tj} 和 N_{tw},经、纬密度分别为 P_j 和 P_w,这些参数及织缩率等存在相应的内在关系,这些关系是相似织物设计的基础。

(三) 相似织物设计方法的适用范围

　　相似织物设计方法主要用于仿样设计,如将原样变厚或变薄、平方米质量变小或变大,在采用不同原料仿样工作中具有重要的作用。

二、相似织物的特性

(一) 相似织物的几何结构形态

　　图 3-1 为相似织物切片图。

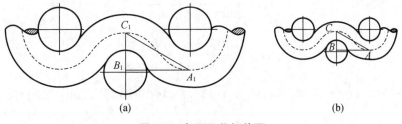

(a)　　　　　　　　　　　　　　　(b)

图 3-1　相似织物切片图

(二) 相似织物的织缩率关系

　　由相似织物的概念,有 $\triangle ABC \sim \triangle A_1 B_1 C_1$。

　　图 3-1 中,$\triangle A_1 B_1 C_1$ 的边 $A_1 B_1$ 是织物(a)的几何密度,$\triangle ABC$ 的边 AB 是织物(b)的几何密度。根据相似三角形的特性,可得出:

$$\frac{P_j}{P_w} = \frac{P_{j1}}{P_{w1}} \tag{3-1-1}$$

式中：P_j、P_{jl} 分别为相似织物的经密，根/(10 cm)；P_w、P_{wl} 分别为相似织物的纬密，根/(10 cm)。

$$\frac{AB}{AC}=\frac{A_1B_1}{A_1C_1}\text{,}\quad 1-\frac{AB}{AC}=1-\frac{A_1B_1}{A_1C_1} \tag{3-1-2}$$

对于紧密结构织物或密度较大或过小的织物，AC 近似为纱长（宽），AB 为织物长（宽）。$1-\frac{AB}{AC}=a$，$1-\frac{A_1B_1}{A_1C_1}=a_1$，显然，$a_1=a$。$a$、$a_1$ 的物理含义是相似织物的织缩率。

所以相似织物的织缩率相等。

（三）相似织物的紧度关系

由图 3-1 可以得出：$AB=\dfrac{100}{P}$，$A_1B_1=\dfrac{100}{P_1}$，P、P_1 分别为相似织物对应的密度（P_j、P_{jl}，P_w、P_{wl}）。

又，$\dfrac{BC}{AC}=\dfrac{B_1C_1}{A_1C_1}$，令 $BC=\alpha\times d$，$B_1C_1=\alpha_1\times d_1$。由于 $\triangle ABC\sim\triangle A_1B_1C_1$，$\dfrac{AC}{AB}=\dfrac{A_1C_1}{A_1B_1}$，所以 $\dfrac{BC}{AB}=\dfrac{B_1C_1}{A_1B_1}$，$AB=\dfrac{100}{P}$，$A_1B_1=\dfrac{100}{P_1}$，代入各相关量并化简，得 $\alpha\times d\times P=\alpha_1\times d_1\times P_1$。由于 $\alpha=\alpha_1$，则 $dp=d_1P_1$，而 $dP=E$，$d_1P_1=E_1$，所以 $E=E_1$。

所以相似织物的紧度相等。

（四）相似织物的质量关系

织物平方米质量的表示式如下：

$$G_j=\frac{10\times P_j\times N_{tj}}{1\,000\times(1-a_j)} \tag{3-1-3}$$

$$G_w=\frac{10\times P_w\times N_{tw}}{1\,000\times(1-a_w)} \tag{3-1-4}$$

$$G_{jl}=\frac{10\times P_{jl}\times N_{tjl}}{1\,000\times(1-a_{jl})} \tag{3-1-5}$$

$$G_{wl}=\frac{10\times P_{wl}\times N_{twl}}{1\,000\times(1-a_{wl})} \tag{3-1-6}$$

将式（3-1-3）与式（3-1-5）相除，式（3-1-4）与式（3-1-6）相除，得到：

$$\frac{G_j}{G_{jl}}=\frac{P_jN_{tj}}{P_{jl}N_{tjl}} \tag{3-1-7}$$

$$\frac{G_w}{G_{wl}}=\frac{P_wN_{tw}}{P_{wl}N_{twl}} \tag{3-1-8}$$

上面各式中的 N_{tj}、N_{tw} 分别为经、纬纱的线密度。

（五）相似织物的厚度关系

对于相似织物，$\tau=h+d$，$\tau=\eta d+d=d(1+\eta)$，$\tau_1=h_1+d_1=\eta_1d_1+d_1=d_1\times(1+\eta_1)$，

其中，h、h_1 为相似织物的曲屈波高，η、η_1 为相似织物的阶差系数，d_1、d 为相似织物的纱线直径。

在相似织物的关系中，相似织物的结构相相同，$1+\eta_1 = 1+\eta$，所以：

$$\frac{\tau}{\tau_1} = \frac{d}{d_1} \qquad (3-1-9)$$

三、相似织物总规律

(一) 参数规律

相似织物的织缩、紧度存在一定的关系：$a_j = a_{j1}$，$a_w = a_{w1}$；$E_j = E_{j1}$，$E_w = E_{w1}$。

(二) 相似织物规律用于仿样

将相似织物存在的关系归纳并化简，得到：

$$\frac{\tau}{\tau_1}\left(\frac{K_{d1}}{K_d}\right)^2 = \frac{G}{G_1} = \frac{G_j}{G_{j1}} = \frac{G_w}{G_{w1}} = \frac{P_j}{P_{j1}}\left(\frac{K_{d1}}{K_d}\right)^2 = \frac{P_w}{P_{w1}} = \left(\frac{K_{d1}}{K_d}\right)^2 = \frac{K_{d1}}{K_d}\sqrt{\frac{N_{j1}}{N_j}}$$

$$= \frac{K_{d1}}{K_d}\sqrt{\frac{N_{w1}}{N_w}} = \frac{K_{d1}}{K_d}\sqrt{\frac{N_{tj}}{N_{tj1}}} = \frac{K_{d1}}{K_d}\sqrt{\frac{N_{tw}}{N_{tw1}}} \qquad (3-1-10)$$

当相似织物所用的原料、纺纱方法相同时，则直径系数比值 $K_{d1}/K_d = 1$。

根据某一织物仿制新织物，在保持组织不变的情况下，不论原料是否变化，均可以求出不同纱线线密度、不同厚度、不同质量、不同密度而织物风格接近的仿样产品的工艺参数。

四、相似织物设计的应用

(一) 应用范围

1. 降低织物厚度而保持织物风格

当一个织物风格很好而厚度较厚时，可用该方法将织物厚度降低，生产出薄型而织物风格又不变化的仿样产品。

2. 降低织物质量而保持织物风格

当一个织物风格很好而质量较大时，可用该方法将织物质量减小，生产出轻型而织物风格又不变化的仿样产品。

3. 降低织物密度而保持织物风格

当一个织物风格很好而质量较大时，可用该方法将织物密度降低，生产出密度较低而织物风格又不变化的仿样产品。可只降低经密或纬密，也可将经、纬密同时降低。

4. 改变织物原材料

用其他原料进行相似织物的仿样，改变原料的仿样与不变原料的仿样是相同的方法。

(二) 应用实例

例 3-1　以线密度为 9.5 tex 的棉纱仿制线密度为 14.5 tex 的棉府绸，府绸规格为 $14.5 \times 14.5 \times 523 \times 283$。

由于两织物均采用棉纱，直径系数相同，求出仿制织物的经密 P_{j1} 和纬密 P_{w1}。由前文的公式，可得：

$$\sqrt{\frac{N_{\text{tjl}}}{N_{\text{tj}}}} = \sqrt{\frac{N_{\text{twl}}}{N_{\text{tw}}}} = \sqrt{\frac{9.5}{14.5}} = 0.81$$

$$\frac{P_{\text{jl}}}{P_{\text{j}}} = \sqrt{\frac{N_{\text{tj}}}{N_{\text{tjl}}}} = \sqrt{\frac{N_{\text{tw}}}{N_{\text{twl}}}} = \frac{1}{0.81}$$

$$P_{\text{jl}} = \frac{P_{\text{j}}}{0.81} = \frac{523}{0.81} = 646\ \text{根}/(10\ \text{cm})$$

$$P_{\text{wl}} = \frac{P_{\text{w}}}{0.81} = \frac{283}{0.81} = 349\ \text{根}/(10\ \text{cm})$$

仿制织物的规格为 $9.5 \times 9.5 \times 646 \times 349$。

第二节　勃利莱(Bnierley)公式在毛织物密度设计中的应用

一、毛织物设计现状

毛织物密度设计在实际中多采用经验法或参考设计手册。经验法会产生较严重的人为误差,对工作时间短、经验少的人员来说,有很大难度。经验设计法由于织物规格参数的不准确性,会给织物生产带来困难,还会影响织物的服用性能。参考设计手册对传统产品有效,但对开发新产品难以把握。在对毛织物密度设计的研究中,时间长、效果好的方法是勃利莱公式,它能很好地适合毛织物的密度设计,有较高的准确性和推广价值。下面就对其详细用途作以探讨。

二、毛织物上机密度的计算

(一) 方形织物的上机密度计算

$$P_{\text{max}} = \frac{C}{\sqrt{N_{\text{t}}}} F^{m} \tag{3-2-1}$$

$$N_{\text{t}} = \frac{N_{\text{tj}} + N_{\text{tw}}}{2} \tag{3-2-2}$$

式中：P_{max} 为方形织物的最大上机密度;N_{t} 为经纬纱的平均线密度;F 为织物组织的平均浮长;m 为组织系数;C 为常数,精纺时 $C=1\,350$,粗纺时 $C=1\,230$;N_{tj}、N_{tw} 分别为经、纬纱的线密度。

方形织物是经、纬线密度相同及织物经、纬密度也相同的织物。最大上机密度 P_{max} 是理论极限上机密度的 73.5%(精纺)或 65%(粗纺)。方形织物是一种特殊结构织物,亦是非方形织物设计的基础。F 与 m 的关系参见表 3-1。

表 3-1　F 与 m 的关系

组织类别	F	m	组织类别	F	m
平纹	1	1	斜纹	>1	0.34
缎纹	≥2	0.42	方平	≥2	0.45
经重平	F_{j}	0.42	纬重平	F_{w}	0.35

（续　表）

组织类别	F	m	组织类别	F	m
经斜面重平	F_j	0.36	纬斜重平	F_w	0.31
急斜纹	$F_j = F_w$	0.51	急斜纹	$F = F_w > F_j$	0.45
急斜纹	$F = F_j > F_w$	0.42	缓斜纹	$F = F_j > F_w$	0.51
缓斜纹	$F = F_w > F_j$	0.31	变化斜纹		0.39

（二）非方形织物的密度计算

不符合方形织物条件的织物都是非方形织物，生产中最常见的也是非方形织物，其织物密度计算公式如下：

$$P_w = q \times (P_j)^{-\frac{2}{3}\sqrt{\frac{N_{tj}}{N_{tw}}}} \tag{3-2-3}$$

$$q = P_w \times (P_j)^{\frac{2}{3}\sqrt{\frac{N_{tj}}{N_{tw}}}} \tag{3-2-4}$$

将非方形织物折算成方形织物：

$$P_F = q^{\frac{1}{1+\frac{2}{3}\sqrt{\frac{N_{tj}}{N_{tw}}}}} \tag{3-2-5}$$

$$P_F = \left(P_w \times P_j^{\frac{2}{3}\sqrt{\frac{N_{tj}}{N_{tw}}}} \right)^{\frac{1}{1+\frac{2}{3}\sqrt{\frac{N_{tj}}{N_{tw}}}}} \tag{3-2-6}$$

$$q = P_F^{1+\frac{2}{3}\sqrt{\frac{N_{tj}}{N_{tw}}}} \tag{3-2-7}$$

式中：q 为中间转换系数；P_F 为方形织物的上机密度（不一定是最大上机密度）；P_j、P_w 分别为织物实际经、纬密。

$$r = (P_F / P_{max}) \times 100\% \tag{3-2-8}$$

利用织物紧密程度百分率（紧密系数）r 可判断织物的松紧程度和织造难易程度。$r > 80\%$ 时，织物不会太松；$r > 100\%$ 时，织物不易织造。

三、织物密度计算公式的应用

（一）方形织物的最大上机密度

当纱线线密度和织物组织确定的时候，为设计类似于方形织物的产品，需提供上机密度的最大可采用值。若设计的上机密度大于该值，则必须进行调整。用式（3-2-1）即可完成。

例 3-2　求线密度为 37×2 tex 的平纹毛织物的上机密度。

解：

$$P_{max} = \frac{C}{\sqrt{N_t}} F^m$$

$$= \frac{1\,350}{\sqrt{74}} F^m$$

$$= 157 \text{ 根}/(10 \text{ cm})$$

该织物的最大上机经、纬密度均为 157 根/(10 cm)。

（二）非方形织物的最大上机密度

在生产中，非方形织物的比重较大，这类织物的密度设计更为重要。纱支、组织已设计好，

39

经密为纬密的 A 倍,即 $P_j = A \cdot P_w$。由前文的公式进行转换,得出:

$$P_j = \frac{C}{\sqrt{N_t}} F^m \times A^{\frac{1}{1+\frac{2}{3}\sqrt{\frac{N_{tj}}{N_{tw}}}}} \qquad (3\text{-}2\text{-}9)$$

该方法可设计出织物的最大上机密度,实际密度只要选取适当的紧密系数(紧密程度百分率)即可,使设计有的放矢、高效便捷。

例 3-3 由线密度为 37×2 tex 的毛纱制织平纹毛织物, $P_j = 2P_w$,求该织物的最大上机密度。

解: $q_F = P_F^{\left(1+\frac{2}{3}\sqrt{\frac{N_w}{N_j}}\right)}$,在该设计中, $P_F = P_{max}$,则:

$$P_F = \frac{1\,350}{\sqrt{74}} F^m = \frac{C}{\sqrt{N_t}} F^m = 157 \text{ 根}/(10 \text{ cm})$$

$$q_F = 157^{\left(1+\frac{2}{3}\right)} = 157^{\frac{5}{3}} = 4\,569$$

$$P_w = q_F \times P_j^{-\frac{2}{3}\sqrt{\frac{N_{tj}}{N_{tw}}}} = 4\,569 \times P_j^{-\frac{2}{3}},\text{ 代入 } P_w = \frac{P_j}{2} \text{ 得:}$$

$$\frac{P_j}{2} = 4\,569 \times P_j^{-\frac{2}{3}},\quad P_j^{\frac{5}{3}} = 2 \times 4\,569$$

$$P_j = 238 \text{ 根}/(10 \text{ cm})$$

$$P_w = \frac{P_j}{2} = \frac{238}{2} = 119 \text{ 根}/(10 \text{ cm})$$

该织物的最大上机密度为 (238×119 根)/(10 cm)。

(三) 对经密已经确定的织物,设计其最大上机纬密

由式(3-2-1)、式(3-2-5),可推出下式:

$$P_w = \left(\frac{C}{\sqrt{N_t}} \times F^m\right)^{1+\frac{2}{3}\sqrt{\frac{N_{tj}}{N_{tw}}}} \times P_j^{-\frac{2}{3}\sqrt{\frac{N_{tj}}{N_{tw}}}} \qquad (3\text{-}2\text{-}10)$$

例 3-4 由 18.5×2 tex 毛纱作经、37×2 tex 毛纱作纬,组织为 2/2↗。(1)设计方形织物的最大上机密度;(2)如果该织物的上机经密为 378 根/(10 cm),求上机纬密。

解: (1)由题意知 $F=2$, $m=0.39$,经纬纱的平均线密度 $N_t = \frac{N_j + N_w}{2} = 27.5 \times 2$ tex,则

$$P_{max} = \frac{C}{\sqrt{N_t}} F^m = 237 \text{ 根}/(10 \text{ cm})$$

(2) $q_F = P_F^{\left(1+\frac{2}{3}\sqrt{\frac{N_{tj}}{N_{tw}}}\right)} = 237^{\left(1+\frac{2}{3}\sqrt{\frac{37}{74}}\right)} = 3\,120$

$$P_w = q_F \times P_j^{-\frac{2}{3}\sqrt{\frac{N_{tj}}{N_{tw}}}} = 3\,120 \times 378^{-\frac{2}{3}\sqrt{\frac{1}{2}}} = 190 \text{ 根}/(10 \text{ cm})$$

该织物方形织物的最大上机密度为 237 根/(10 cm),当经密为 378 根/(10 cm)时,其最大上机纬密为 190 根/(10 cm)。

(四) 判断已设计织物的织造难度及松紧度

对于已有设计方案的织物,用该方法判断织物密度和松紧程度。判断时,将已设计的经密

作为基准,由式(3-2-10)求出最大上机纬密 P_{wl},将其与已设计织物的纬密 P_w 比较;判断松紧时,把已设计织物的经、纬密按式(3-2-6)折算成方形织物的密度,用紧密系数 r 进行比较。判断方法如下:

当 $P_{wl} \geqslant P_w$ 时,　　　　　　织造无困难;

当 $P_{wl} < P_w$ 时,　　　　　　织造困难;

当 $r > 95\%$ 时,　　　　　　织物特紧密;

当 r 为 $85\% \sim 95\%$ 时,　　　织物紧密;

当 r 为 $75\% \sim 85\%$ 时,　　　适中;

当 r 为 $65\% \sim 75\%$ 时,　　　偏松;

当 $r < 65\%$ 时,　　　　　　特松。

例 3-5　用 26×2 tex 的双股毛纱制织 2/2 变化斜纹组织织物,上机经密为 260 根/(10 cm),上机纬密为 220 根/(10 cm)。试判断:(1)织造是否困难;(2)织物是否太松。

解:(1)当经密为 260 根/(10 cm)时,可织造的最大上机纬密可以求得,当最大上机纬密大于设计纬密 $P_w = 220$ 根/(10 cm) 时,织造不困难。由题意知 $F = 2$,$m = 0.39$,则:

$$P_{max} = \frac{C}{\sqrt{N_t}} F^m = 244 \text{ 根}/(10 \text{ cm})$$

$q_F = P_F^{\left(1 + \frac{2}{3}\sqrt{\frac{N_{tj}}{N_{tw}}}\right)}$,此时 $P_F = P_{max}$。

$$q_F = 244^{\left(1 + \frac{2}{3} \times \sqrt{\frac{52}{52}}\right)} = 244^{\frac{5}{3}} = 9\,528$$

当 $P_j = 260$ 根/(10 cm)时,求最大上机纬密:

$$P'_w = q_F \times P_j^{-\frac{2}{3}\sqrt{\frac{N_{tj}}{N_{tw}}}} = 9\,528 \times 260^{-\frac{2}{3}} = 234 \text{ 根}/(10 \text{ cm})$$

由于 P'_w 大于设计纬密 $P_w = 220$ 根/(10 cm),所以织物织造不困难。

(2)织物是否太松,用紧密程度百分率即 r 值进行判定。将设计织物折算成方形织物。

$$q_F = P_w \times P_j^{\frac{2}{3}\sqrt{\frac{N_{tj}}{N_{tw}}}} = 220 \times 260^{\frac{2}{3}\sqrt{\frac{N_{tj}}{N_{tw}}}} = 220 \times 260^{\frac{2}{3}} = 8\,964$$

$$P_F = q_F^{\frac{1}{1 + \frac{2}{3}\sqrt{\frac{N_{tj}}{N_{tw}}}}} = 8\,964^{\frac{3}{5}} = 235 \text{ 根}/(10 \text{ cm})$$

$$r = \frac{P_F}{P_{max}} \times 100\% = \frac{235}{244} \times 100\% = 96.4\%$$

因此,织物不会太松。

(五) 比较织物设计方案的优劣

比较两个或两个以上的织物密度设计的优劣时,先分别计算出两织物的机上参数、成品参数,然后进行比较。

由式(3-2-1)求出 P_{max},由式(3-2-8)求出 r。

求成品参数时,勃利莱公式认为方形织物的最大上机密度 P_{max} 是织物极限密度 P_g 与紧密程度百分率 r 的乘积,即 $P_{max} = r \times P_g$,精纺时 $r = 73.5\%$,粗纺时 $r = 65\%$。成品织物的极限紧密程度百分率计算式：

$$r_g = (P_C/P_g) \times 100\%　\text{(3-2-11)}$$

$$r_g = \frac{P_C \times r}{P_{max}} \times 100\%　\text{(3-2-12)}$$

式中：P_C 为成品方形织物的密度。

由式(3-2-8)分别求出 A 品种参数 r_A、r_{gA} 及 B 品种参数 r_B、r_{gB}，按以下法则判断：

$r_A = r_B$，　$r_{gA} > r_{gB}$　　　　A 优

$r_A = r_B$，　$r_{gA} < r_{gB}$　　　　B 优

$r_A < r_B$，　$r_a < r_{gB}$　　　　A 优

$r_A < r_B$，　$r_{gA} = r_{gB}$　　　　A 优

$r_A > r_B$，　$r_{gA} = r_{gB}$　　　　B 优

$r_A > r_B$，　$r_{gA} < r_{gB}$　　　　B 优

$r_A < r_B$，　$r_{gA} < r_{gB}$　　　　结合其他因素判断

$r_A < r_B$，　$r_{gA} > r_{gB}$　　　　结合其他因素判断

例 3-6　比较两种华达呢织物的设计方案，具体参数见表 3-2。

表 3-2　华达呢设计方案

品号	$N_{tj} \times N_{tw}$ (tex)	组织	上机密度 $P_j \times P_w$ [根/(10 cm)]	成品密度 $P_{jC} \times P_{wC}$ [根/(10 cm)]
A	$(17.5\times2)\times(17.5\times2)$	2/1↗	396×214	420×234
B	$(21.8\times2)\times33.3$	2/1↗	345×186	395×220

解： 对于 A 品种，

$$P_{maxA} = \frac{C}{\sqrt{N_t}} \times F_A^m = \frac{1\,350}{\sqrt{35}} \times 1.5^{0.39} = 267 \text{ 根}/(10 \text{ cm})$$

$$q_{FA} = P_{wA} \times P_{jA}^{\frac{2}{3}} \sqrt{\frac{N_{tj}}{N_{tw}}} = 214 \times 396^{\frac{2}{3}} = 11\,542$$

$$P_{FA} = q_{FA}^{1 \div \left(1 + \frac{2}{3}\sqrt{\frac{N_{tj}}{N_{tw}}}\right)} = 11\,542^{\frac{3}{5}} = 274 \text{ 根}/(10 \text{ cm})$$

$$r_A = \frac{P_F}{P_{max}} \times 100\% = \frac{274}{267} \times 100\% = 103\%$$

对于成品织物，$q_{FCA} = P_{wCA} \times P_{jCA}^{\frac{2}{3}} \sqrt{\frac{N_{tjA}}{N_{twA}}} = 234 \times 420^{\frac{2}{3}} = 13\,150$

$$P_{FCA} = q_{FCA}^{1 \div \left(1 + \frac{2}{3}\sqrt{\frac{N_{tjA}}{N_{twA}}}\right)} = 13\,150^{\frac{3}{5}} = 296 \text{ 根}/(10 \text{ cm})$$

$$P_{gCA} = \frac{P_{maxA}}{73.5} \times 100\% = \frac{267}{73.5} \times 100 = 363 \text{ 根}/(10 \text{ cm})$$

$$r_{gA} = \frac{P_{FCA}}{P_{gCA}} \times 100\% = 81.5\%$$

对于 B 品种，

纱线平均线密度：$\overline{N}_{tB} = \dfrac{N_{tjB} + N_{twB}}{2} = \dfrac{43.6 + 33.3}{2} = 38.5 \text{ tex}$

$$P_{\max B} = \frac{C}{\sqrt{\overline{N}_{tB}}} \times F_B^m = \frac{1\,350}{\sqrt{38.5}} \times 1.5^{0.39} = 255 \text{ 根}/(10 \text{ cm})$$

$$q_{FB} = P_{wB} \times P_{jB}^{\left(1 + \frac{2}{3}\sqrt{\frac{N_{tjB}}{N_{twB}}}\right)} = 186 \times 345^{\left(1 + \frac{2}{3}\sqrt{\frac{43.6}{33.3}}\right)} = 15\,971$$

$$P_{FB} = q_{FB}^{1 \div \left(1 + \frac{2}{3}\sqrt{\frac{N_{tjB}}{N_{twB}}}\right)} = 15\,971^{1 \div \left(1 + \frac{2}{3}\sqrt{\frac{436}{33.3}}\right)} = 243 \text{ 根}/(10 \text{ cm})$$

$$r_B = \frac{P_{FB}}{P_{\max B}} \times 100\% = 95.3\%$$

对于成品织物：

$$q_{FCB} = P_{wCB} \times P_{jCB}^{\frac{2}{3}\sqrt{\frac{N_{tjB}}{N_{twB}}}} = 220 \times 395^{\frac{2}{3}\sqrt{\frac{43.6}{33.3}}} = 20\,942$$

$$P_{FCB} = q_{FCB}^{1 \div \left(1 + \frac{2}{3}\sqrt{\frac{N_{tjB}}{N_{twB}}}\right)} = 20\,942^{1 \div \left(1 + \frac{2}{3}\sqrt{\frac{43.6}{33.3}}\right)} = 283 \text{ 根}/(10 \text{ cm})$$

$$P_{gCB} = \frac{P_{\max B}}{73.5} \times 100 = \frac{25.5}{73.5} \times 100 = 347 \text{ 根}/(10 \text{ cm})$$

$$r_{gB} = \frac{P_{FCB}}{P_{gCB}} \times 100\% = \frac{283}{347} \times 100\% = 81.7\%$$

由上面的计算结果得出：

$r_A > r_B$，$r_{gA} < r_{gB}$，B 品种较优。但是从织物外观上看，由于 A 品种的纱线细，其表面细洁度比 B 品种好；同时，A 品种的经纬纱采用同一种纱线，生产管理也较容易。

四、对比研究

在毛纺织手册上选择几个品种，因为这些品种是在实际生产中较好的设计方案，然后用勃利莱公式结合紧密程度百分率设计织物密度，再与手册上织物的上机密度对比，其结果见表 3-3。由表 3-3 中的数据可以看出，勃利莱公式求出的织物上机密度与手册上织物的上机密度基本吻合。因此，勃利莱公式在毛织物密度设计上有较好的推广价值。

表 3-3　勃利莱公式设计与其他方法对比

织物名称	组织	经纬纱线密度(tex) $N_{tj} \times N_{tw}$	勃利莱密度 [根/(10 cm)] $P_j \times P_w$	紧密程度 百分率(%)	手册上机密度 [根/(10 cm)] $P_j \times P_w$
全毛啥味呢	2/2↗	(19.2×2)×(19.2×2)	293.4×293.4	88.6	260×260
全毛马裤呢	5/1, 1/2, 1/1↗ $S_j = 2$	(16.7×2)×(16.7×2)	599.3×275.5	96.76	546×269
全毛派力司	平纹	(14.3×2)×21.7	269×269	91.45	246×246
全毛麦尔登	2/1↖	83.3×83.3	176.6×159.6	92.61	166×150
花式大衣呢	2/1↖	125×125	153.6×150.8	70.27	108×106
混纺制服呢	2/2↖	125×125	166.4×143	76.94	128×110

五、应用讨论

(一)应用状况

勃利莱公式设计法最先由毛织物设计而来,且在生产中对比研究及统计取值常数也来自于毛纺织行业,因此对毛织物设计有很好的实用价值,最近几年也开始应用到其他种类的机织物设计中,但由于没有人系统精确地进行研究,其应用的实用程度尚不明确。

(二)应用意义

勃利莱设计方法为毛织物设计提供了较完整的理论体系,该方法具有很好的推广价值,使织物设计科学化、合理化,减少了人为差异。

(三)发展前景

以勃利莱设计方法为依据,对毛织物规格设计及方案优选进行计算机编程,可以为毛织物规格设计的电算化或 CAD 辅助设计的工艺系统打下基础。

第三节 紧密结构织物的密度设计理论应用

一、直径交叉理论法的条件

纱线是刚性圆柱体,当织物中纱线排列密度达到最大时,相邻纱线相互靠近而不产生形变和力的作用。图 3-2 为织物的剖面图,织物密度达到最大。

二、织物密度的计算式

图 3-2 中,一个完全组织所占的距离为 $2a+b$。对于所有组织,一个完全组织所占的最小距离为 $t_w \times d_w + t_w \times d_j + (R_j - t_w) \times d_j \times t_w$,所以:

$$P_{jmax} = \frac{R_j}{R_j d_j + t_w d_w}, P_{wmax} = \frac{R_w}{R_w d_w + t_j d_j} \tag{3-3-1}$$

式中:R_j、R_w 分别为经、纬纱组织循环数;d_j、d_w 分别为经、纬纱直径;t_j、t_w 分别为经、纬纱交叉次数;P_{jmax}、P_{wmax} 为最大经、纬密度。

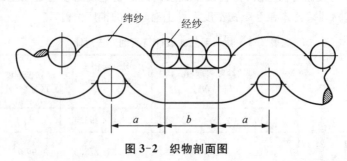

图 3-2 织物剖面图

当 $d_j = d_w = d$, $R_j = R_w = R$ 时:

$$P = \frac{R}{d(R+t)} \times 100 \tag{3-3-2}$$

令 $M = \frac{1}{d}$, $F = \frac{R}{t}$,则上式化为:

$$P = \frac{MF}{F+1} \times 100 \tag{3-3-3}$$

三、该方法的优缺点

该方法没有考虑到整个织物的组织情况，即当织物组织的平均浮长相同而组织不同时，对织物密度不能加以区别对待。在实际生产中，将原式进行修正后得出适合各种组织织物的密度计算式。

1. 斜纹织物

斜纹织物的最大上机密度计算式：

$$P = \frac{MF \times 100}{F+1} \times [1 - 0.05(F-2)] \tag{3-3-4}$$

2. 缎纹织物

缎纹织物的最大上机密度计算式：

$$P = \frac{MF \times 100}{F+1} \times (1 + 0.055F) \tag{3-3-5}$$

3. 方平织物

$F=2$ 的方平织物，其最大上机密度计算式：

$$P = \frac{MF \times 100}{F+1} \times (1 + 0.045F) \tag{3-3-6}$$

$F>2$ 的方平织物，其最大上机密度计算式：

$$P = \frac{MF \times 100}{F+1} [1 + 0.095 \times (F-2)] \tag{3-3-7}$$

这种方法只单独考虑了织物组织与纱线直径（线密度），没有考虑织物的外观要求和几何结构状态。用上述方法计算出的织物密度是方形织物的最大上机密度，在设计第 11 结构相附近的织物时较实用，对于高结构相或低结构相织物的实用性较差。这个密度一般不能直接应用，要根据织物品种和外观要求进行修正。

例 **3-7**　经纬纱均采用 18 tex 纱线，织物组织采用 2/2 斜纹和 2/2 方平，试分别设计两种织物的密度。

织物的平均浮长 $F=2$，$M = \dfrac{1}{d} = \dfrac{1}{0.037\sqrt{18}} = 6.37$

斜纹织物设计：$P = \dfrac{MF \times 100}{F+1} \times [1 - 0.05(F-2)]$

$$= \frac{6.37 \times 2 \times 100}{2+1} \times [1 - 0.05(2-2)]$$

$$= 425 \text{ 根}/(10 \text{ cm})$$

斜纹方形织物规格为 $18 \times 18 \times 425 \times 425$。在生产中，经纬密相同的织物很少，同时也不利于生产工艺和效率的提高，根据织物外观要求，以经纬密度比进行调整。如要求经密是纬密的 1.2 倍，则方形织物的经纬密之和为 850 根/(10 cm)，$850/2.2 = 386.36$，$R_j = 386.36 \times 1.2 = 464$，$R_w = 850 - 464 = 386$。织物规格为 $18 \times 18 \times 464 \times 386$。

方平织物设计：$P = \dfrac{MF \times 100}{F+1} \times (1+0.045F)$

$$= \dfrac{6.37 \times 2 \times 100}{2+1} \times (1+0.045 \times 2)$$

$$= 463 \text{ 根 } /(10 \text{ cm})$$

方平方形织物规格为 18×18×463×463。最终，经纬密根据织物外观要求采用与斜纹织物相同的方法处理，其他组织织物与此处理方法相同。

第四节　条格组织织物的设计

一、条格花型织物等厚度设计法

(一) 织物条格花型纹样设计

织物条格花型纹样即织物织成后的花型，获得条子、格子的宽度、各条之间的比例等，并将其花型设计出一个完整循环，作出等比例的花型模纹图。当一个完整循环花型太大时，可按相同比例缩小后画出花型模纹图。

现有一条子织物，是以平纹为地组织的缎条和斜纹条，其组织分布、各组织条宽如图 3-3 所示。该织物纱线线密度为 18 tex，制成缎斜条平布。图中各组织下面的数字为该组织的宽度。

平纹 15 mm	斜纹 8 mm	平纹 15 mm	缎纹 5 mm	平纹 16 mm	斜纹 6 mm	平纹 15 mm	缎纹 6 mm	平纹 16 mm	斜纹 8 mm

图 3-3　缎斜条平布花型模纹图

(二) 织物密度的确定

因该织物大面积为平纹组织，所以在确定织物密度时，首先求出平纹组织部分的密度。

该织物为平地缎斜条组织，平布的几何结构状态是第 11、12 结构相的经、纬双向非紧密结构织物，织物的实际经、纬向紧度均小于第 11 结构相的平纹组织紧密结构织物。平纹织物平布的经向紧度是紧密结构织物经向紧度的 75%～90%，纬向紧度是紧密结构织物纬向紧度的 70%～85%。$E_{jp} = E_{wp} = 57.7\%$，E_{jp}、E_{wp} 分别为平纹组织紧密结构织物的经、纬向紧度，以下紧度、密度符号的第二下标表示组织种类。此外，经向紧度取紧密结构织物经向紧度的 75%，纬向紧度取紧密结构织物纬向紧度的 70%。

1. 平纹部分的密度

$$E'_{jp} = 0.75 E_{jp} = 0.75 \times 57.7\% = 43.3\%$$

$$E'_{wp} = 0.70 E_{wp} = 0.70 \times 57.7\% = 40.4\%$$

$$P_{jp} = \dfrac{E'_{jp}}{C\sqrt{N_{ti}}} = \dfrac{43.3}{0.037\sqrt{18}} = 282 \text{ 根 } /(10 \text{ cm})$$

$$P_{wp} = \dfrac{E'_{wp}}{C\sqrt{N_{tw}}} = \dfrac{40.4}{0.037\sqrt{18}} = 263 \text{ 根 } /(10 \text{ cm})$$

2. 斜纹部分的密度

斜纹条用 $\dfrac{2}{2}$ 斜纹为基础组织的提花，可织成菱形、山形等。将斜纹组织和缎纹组织部分的几何结构相状态与平纹的结构相状态相同，均处于第 11 结构相的双向非紧密结构织物。 $\dfrac{2}{2}$ 斜纹组织第 11 结构相的双向紧密结构织物紧度 $E_{jx}=E_{wx}=73.2\%$，采用与平纹组织相同结构相的等比例进行密度设计。

$$P_{jx}=\frac{E_{jx}}{E_{jp}}\times P_{jp}=\frac{73.2}{57.7}\times 282=358\ \text{根}\ /(10\ \text{cm})$$

$$P_{wx}=\frac{E_{jx}}{E_{wp}}\times P_{wp}=\frac{73.2}{57.7}\times 263=334\ \text{根}\ /(10\ \text{cm})$$

3. 缎纹部分的密度

缎纹组织为五枚缎，对于缎纹组织采用同样方法，则有：

$$P_{jd}-\frac{E_{jd}}{E_{jp}}\times P'_{jp}=\frac{77.4}{57.7}\times 282=378\ \text{根}\ /(10\ \text{cm})$$

$$P_{wd}=\frac{E_{wd}}{E_{wp}}\times P'_{wp}=\frac{77.4}{57.7}\times 263=353\ \text{根}\ /(10\ \text{cm})$$

(三) 织物密度

由于该织物是条子织物，纬密只能有一个。因此，纬密采用各组织的面积加权平均纬密。

织物一花宽 110 mm，其中平纹总宽 77 mm，斜纹条宽 22 mm，缎纹条宽 11 mm。其面积权数 $f_p=0.70$，$f_x=0.20$，$f_d=0.10$。P_w 为织物总纬密。

$$P_w=P_{wp}^{f_p}\times P_{wx}^{f_x}\times P_{wd}^{f_d}=263^{0.7}\times 334^{0.2}\times 353^{0.1}=282\ \text{根}\ /(10\ \text{cm})$$

织物平均经密 P_j 应是一花的总经根数除以一花的宽度，即：

$$P_j=\frac{77\times P_{jp}+22\times P_{jx}+11\times P_{jd}}{110}=\frac{77\times 282+22\times 358+11\times 378}{110}$$

$$=\frac{218+80+40}{110}\times 100$$

$$=307\ \text{根}\ /(10\ \text{cm})$$

其中：平纹组织在一花中的经纱根数是 218；斜纹组织在一花中的经纱根数是 80；缎纹组织在一花中的经纱根数是 40。

按照图 3-3 所示花型排列的纱线根数：平纹 42，斜纹 28，平纹 42，缎纹 20，平纹 44，斜纹 20，平纹 42，缎纹 20，平纹 44，斜纹 28。

(四) 设计特点

由于经纱排列中各不同组织部分的纱线根数应尽可能为该部分组织的经纱循环数。因此，计算各条子部分纱线根数修正后与其经密相除后各部分条子的宽度与原模纹有差异，但这并不影响原设计的外观。

这种设计方法设计织物密度时，保证了各组织部分处于同一个几何结构相。当纱线的线密度相同时,可以保证不同的组织部分的厚度完全相等,因为相同结构相的织物,其厚度只与纱线直径有关,与织物组织无关。这种密度设计法适用于拉绒类织物、磨绒类织物、压光电压等整理的织物,能保证不会由于各部分厚度不同给后整理带来麻烦。但是,该方法容易造成各组织部分由于平均浮长不同而产生松经停车或条子歪斜等疵病,在整经时应加大浮长较长的组织的张力,以利于织造的顺利进行。

二、条格花型织物等织缩率设计法

(一) 条格组织织物的特点

条格组织织物是由几种不同组织按经向或纬向或经、纬双向排列而形成的织物,按经向排列的称为横条,按纬向排列的称为纵条,按经、纬双向排列的称为方格。目前,条格组织织物密度设计存在的主要问题是没有规范的设计法,在不同组织部分的密度设计方面还停留在工厂的经验设计法上。经验法设计时,由于组织间平均浮长的差异,织造时易造成松经停车、布面起皱、条格歪斜等织疵。针对上述情况,以织物几何结构相与织物紧度和织缩率的关系为依据,建立起条格组织织物密度的设计理论和设计方法。

(二) 织物几何结构相与织缩率和紧度之间的关系

1. 织物几何结构相与织物织缩率的关系

当两种或两种以上的组织并列制织条格组织的织物时,只要并列的各组织经纱织缩率相等,织造该织物时,就不会造成松经停车和其他的布面织疵。即 $a_{j1} = a_{j2} = \cdots = a_{jn}$。 a_{j1}、a_{j2}、$\cdots$、a_{jn} 代表并列的 n 个组织的经纱织缩率,以两个组织并列制织条格组织为例进行研究。

$$1 - \frac{\sqrt{4 - \eta_{j1}^2} + F_{j1} - 1}{\pi \alpha_1 + 90 \times (F_{w1} - 1)} \times 90 = 1 - \frac{\sqrt{4 - \eta_{j2}^2} + F_{j2} - 1}{\pi \alpha_2 + 90 \times (F_{w2} - 1)} \times 90$$

其中:η_{j1}、η_{j2} 分别是两种组织的阶差系数;F_{j1}、F_{j2} 分别是两种组织的平均经浮长;F_{w1}、F_{w2} 分别是两种组织的平均纬浮长;$\cos \alpha_1 = \dfrac{\eta_{j1}}{2}$,$\cos \alpha_2 = \dfrac{\eta_{j2}}{2}$。

对上式化简:

$$\frac{\sqrt{4 - \eta_{j1}^2} + F_{j1} - 1}{\pi \alpha_1 + 90 \times (F_{w1} - 1)} = \frac{\sqrt{4 - \eta_{j2}^2} + F_{j2} - 1}{\pi \alpha_2 + 90 \times (F_{w2} - 1)} \tag{3-4-1}$$

当两种组织并列制织条格织物时,两组织的 F_{j1}、F_{j2}、F_{w1}、F_{w2} 是已知的,只要先确定一种组织的结构相参数,如先确定第一种组织的经、纬向阶差系数 η_{j1}、η_{w1},则可由式(3-4-1)求出第两种组织的结构相参数 η_{j2}、η_{w2}。 这样就将两种相配合的组织的结构相状态确定下来,并知道两种组织各自所处的结构相。

2. 织物几何结构相与织物紧度的关系

织物具有 21 个结构相,当经纬纱的线密度相同时,其紧密结构织物的经、纬向紧度如下:

$$E_j = \frac{R_j}{t_w \sqrt{4 - \eta_j^2} + R_j - t_w} \times 100\% = \frac{F_w}{\sqrt{4 - \eta_j^2} + F_w - 1} \times 100\% \tag{3-4-2}$$

$$E_w = \frac{R_w}{t_j \sqrt{4 - \eta_w^2} + R_w - t_j} \times 100\% = \frac{F_j}{\sqrt{4 - \eta_w^2} + F_j - 1} \times 100\% \tag{3-4-3}$$

式中：R_j、R_w 分别为完全组织的经、纬纱循环根数；t_j、t_w 分别为完全组织的经、纬纱交叉次数。

第一种组织的结构相参数已确定，即可由式(3-4-2)、式(3-4-3)求出第一种组织的紧密结构织物的紧度 E_{j1}、E_{w1}；第二种组织的 η_{j2}、η_{w2} 已由式(3-4-1)求得，用同样的方法求出第二种组织的紧密结构织物的紧度 E_{j2}、E_{w2}。

(三) 纵条格织物密度设计

1. 经密设计

在实际生产中，织物并非都是紧密结构状态，织物的实际紧度与理论的紧密结构织物的紧度不会相同。设计时，用紧密结构织物的紧度对相应组织的紧度进行等比例设计。

$$\frac{E_{j1}}{E_{j2}} = \frac{E'_{j1}}{E'_{j2}} \tag{3-4-4}$$

式中：E'_{j1}、E'_{j2} 分别是两种组织的实际经向紧度；E_{j1}、E_{j2} 分别是两种组织达到紧密结构的结构相时的经向紧度。

织物中各组织的经密按下列公式求出：

$$P'_{j1} = \frac{E'_{j1}}{K_d \times \sqrt{N_t}} \tag{3-4-5}$$

$$P'_{j2} = \frac{E'_{j2}}{K_d \times \sqrt{N_t}} = \frac{E_{j2}}{E_{j1}} \times P'_{j1} \tag{3-4-6}$$

式中：P'_{j1}、P'_{j2} 分别为两种组织的实际经密。

通过上述方法即求出各组织并列织制纵条格织物时的经密。

2. 纬密设计

条格组织的纬密只能是一种，各并列组织的纬密相等。设计时，先把各种组织的纬密计算出来，计算纬密的方法与经密的方法相同，条格组织织物的纬密为各组织部分的纬密的加权平均数。

$$P'_{w1} = \frac{E'_{w1}}{K_d \times \sqrt{N_t}} \tag{3-4-7}$$

$$P'_{w2} = \frac{E_{w2}}{E_{w1}} \times P'_{w1} \tag{3-4-8}$$

$$P_w = P_{w1}^{f_1} \times P_{w2}^{f_2} \tag{3-4-9}$$

$$f_2 + f_1 = 1 \tag{3-4-10}$$

式中：P'_{w1}、P'_{w2} 分别为两种组织的纬密；f_1、f_2 分别为两种组织的面积权数；K_d 为常数；N_t 为纱线线密度；P_w 为纵条格织物的纬密。

(四) 横条格织物密度设计

横条格织物密度设计一般只设计一个经密和一个纬密。但有时为了严格控制织物幅宽的波动也可以采用和纵条格织物相似的设计方法。将纵条格织物经密设计法变成横条格织物的纬密设计法；将纵条格织物的纬密设计法变成横条格织物的经密设计法，最后对织机送经机构进行调整。

(五) 试验测试

按上述设计方法设计试织了三个纵条格织物实样，对实样进行了经向织缩率测试，织物规格及测试结果见表3-4。由表中的数据看出织物各组织部分的经织缩率是较为接近的，织造时不会由于平均浮长不同而产生松经停车等织造困难现象，也能改善布面织疵。

表 3-4　纵条格织物规格及经织缩率测试结果

织物序号	1		2		3	
经纬纱线密度(tex)	(18×2)×(18×2)		(18×2)×(18×2)		(18×2)×(18×2)	
织物组织	平纹	1/2 右斜纹	平纹	1/3 破斜纹	平纹	五枚缎纹
经密[根/(10 cm)]	320.5	404	320.5	469	241	373.5
纬密[根(10 cm)]	323		236		252	
面积比(%)	80	20	80	20	80	20
经织缩率(%)	9.32	9.31	9.32	9.30	6.93	6.92

(六) 应用讨论

1. 织物结构相理论

在织物设计中，织物几何结构相理论、织物的织缩率、织物紧度对条格织物设计具有理论上的指导作用和意义。

2. 对多种组织并列的条格织物

在设计这类织物时，只要采用两种组织并列的条格织物的设计法，两两相求，直到设计完所有组织的密度和总的纬(纵条格)、经(横条格)密度即可。这种设计法对多组织并列制织纵条格织物的设计更能体现出其优越性。

3. 对平均浮长差异较大的组织

在选择并列的组织制织纵条格织物时，有时出现式 3-4-1 无解而求不出 η_{j2}、η_{w2} 的情况。这表明这两种组织无法配合，其原因参见第四章第二节，此时必须另选组织进行配合。

4. 适用织物种类

这种设计方法适应范围广，无论各类组织的配合、不同原料的织物只要是条格组织均可应用，特别适合于条绉纱、缎条绉、缎条府绸、平地条格提花织物密度的设计，能显著地改善布面质量、提高织造效率。

5. 设计特点

由于经纱排列中各不同组织部分的纱线根数应尽可能为该部分组织的经纱循环数。因此，计算各条子部分纱线根数修正后与其经密相除后各部分条子的宽度与原模纹有差异，但并不影响原设计的外观。

用这种设计方法设计织物密度时，可以保证不同的组织织缩率相等。因为不同结构相状态下的织物，织物的厚度不同。因此，不同组织形成的条格厚度不同，这种密度设计法不适用于拉绒类织物、磨绒类织物、压光电压等整理的织物，由于各部分厚度不同给会后整理带来麻烦。但是，该方法却保证了各组织部分由于平均浮长的不同而不会产生松经停车或条子歪斜等疵病，以利于织造的顺利进行。

例 3-8　设计一缎条平布，缎条部分组织为 4 枚破斜纹，纱线的线密度 $N_t = 9.7$ tex，现进行织物结构参数设计，直径系数 $K_d = 0.037$，织物花型结构如图 3-4 所示。

平纹 20 mm	缎条 12 mm	平纹 20 mm	缎条 12 mm	平纹 30 mm	缎条 18 mm

图 3-4　织物花型图

缎条平布是以平纹为主的纵条织物,平布属于第 11 结构相的经、纬双向非紧密结构织物,其实际紧度:经向为 $42\%\sim52\%$,纬向为 $38\%\sim48\%$。取 $E_{j1}=48\%$,$E_{w1}=45\%$。对于平纹组织,$\eta_{j1}=1$,$\eta_{w1}=1$,$F_{j1}=F_{j2}=1$,$\cos\alpha=\dfrac{\eta_{j1}}{2}=\dfrac{1}{2}$,$\alpha=60°$。

由式(3-4-1)得出:

对 $\dfrac{\sqrt{4-\eta_{j1}^2}}{\pi\times\alpha_1}=\dfrac{\sqrt{4-\eta_{j2}^2}+1}{\pi\cdot\alpha_2+90}$,代入参数并化简得:

$$\sqrt{4-\eta_{j2}^2}-0.028\,9\mathrm{arccos}\frac{\eta_{j2}}{2}=0.827$$

解此方程得出 $\eta_{j2}=1.389$,$\eta_{w2}=2-\eta_{j2}=0.611$,$\alpha=45.6°$。

$$E_{j2}=\frac{F_{w2}}{\sqrt{4-\eta_{j2}^2}+F_{j2}-2}\times100\%=82\%$$

$$E_{w2}=\frac{F_{j2}}{\sqrt{4-\eta_{w2}^2}+F_{w2}-2}\times100\%=68.87\%$$

平纹部分密度:

$$P'_{j1}=\frac{E'_{j1}}{K_d\times\sqrt{N_t}}=\frac{48}{0.037\times\sqrt{9.7}}=416\ 根/(10\ \mathrm{cm})$$

$$P'_{w1}=\frac{E'_{w1}}{K_d\times\sqrt{N_t}}=\frac{45}{0.037\times\sqrt{9.7}}=390\ 根/(10\ \mathrm{cm})$$

缎条部分密度:

$$P'_{j2}=\frac{E_{j2}}{E_{j1}}\times P'_{j1}=\frac{82}{57.7}\times416=591\ 根/(10\ \mathrm{cm})$$

$$P'_{w2}=\frac{E_{w2}}{E_{w1}}\times P'_{w1}=\frac{68.87}{57.7}\times390=466\ 根/(10\ \mathrm{cm})$$

织物的平均经密:

$$P_j=\frac{一花经纱根数}{一花的宽度(\mathrm{mm})}\times100$$

一花经纱根数=平纹的经纱根数+缎条的经纱根数=$70\times416/100+42\times519/100=540$,一花宽度=112 mm。

$$P_j=\frac{540}{112}=481\ 根/(10\ \mathrm{cm})$$

织物的平均纬密:

$$P_w=(P'_{w1})^{f_1}\times(P'_{w2})^{f_2},\ f_1=\frac{70}{112}=0.625,\ f_2=\frac{42}{112}=0.375,则:$$

$$P_w=390^{0.625}\times466^{0.375}=417\ 根/(10\ \mathrm{cm})$$

织物经纬密分别为 $P_j=481$ 根/(10 cm),$P_w=417$ 根/(10 cm),其中:平纹部分经密 $P'_{j1}=416$ 根/(10 cm),缎条部分经密 $P'_{j2}=591$ 根/(10 cm)。

第五节 仿 样 设 计

一、织物仿真设计

(一) 织物仿真设计的作用

仿真设计也可称为复制,是将已发现的织物外观、风格、组织、手感按原样进行还原。主要用于来样仿制、考古复制等方面,对展示文化遗产和研究古代技术史具有非常重要的作用。

(二) 织物仿真设计要求

仿真设计要求尽可能忠实原样的所有特征,包括原料、组织结构、工艺原理与工艺特征、外观色彩,尤其是具有典型传统意义上的纺织类工艺产品、文物等,因为这些产品的外观特性早已深入人们的意识,只有"像"才能被人们接受。

(三) 条型、格型织物的仿真设计

1. 经纱每筘穿入数相等的产品

(1) 对照法。该法是较为简单的仿制方法,在仿制时,只要选择一块和要生产的"样品"技术规格相同的成品布,将这块成品布作为被仿"样品"的"参照样",取出样品的一个花型循环,将此花型循环内的各色纱(不同原料、组织)排列顺序分别和"参照样"对照,记录下"样品"与各色条型、格型、其他花型等对应的"参照样"的纱线根数就可以了。

该方法仿制样品的条型、格型方法简单、准确,且不用考虑产品在加工过程中的加工系数。但此法一定要有符合与仿制的"样品"规格相同的成品布作为"参照样"。

(2) 测量推算法。此方法主要是针对纸质样板、大格、宽条织物的仿制。仿制步骤:①量出样品一个花型循环内各色(各组织、各条子)的宽度,精确到 0.1 mm;②将各色宽度(各组织、各条子宽度)乘以成品密度,求出各色(各组织、各条子)的纱线根数;③计算经、纬纱根数并修正成各基础组织的经纱循环数的倍数即可。

例 3-9 要仿制的产品的成品规格为 $13 \times 13 \times 427 \times 268$,成品幅宽为 91.4 cm,花型照纸样进行仿制,仿制结果见表 3-5。

表 3-5 测量推算法仿制结果

纸样一花内各色经纱宽度(mm)	白3.2	黑12.5	白3.2	黑4.8	蓝4根	黑6.3	蓝9.5	黑3.2	蓝4根	黑4.8
按经密比例推算的根数	13.6	53.3	13.6	20.4	4	26.9	40.5	13.6	4	20.4
修正后产品一花经纱排列根数	14	54	14	20	4	26	40	14	4	20
纸样一花内各色纬纱宽度(mm)	3.2	15.8	3.2	4.8	4根	4.8	12.5	3.2	4根	4.8
按纬密比例推算的根数	8.5	42.3	8.5	12.8	4	12.8	33.5	8.5	4	12.8
修正后产品一花纬纱排列根数	8	42	8	14	4	14	34	8	4	14

2. 复杂组织的仿制

各组织间每筘穿入数不相等的织物仿制主要有下列方法:

(1) 密度推测法。这种方法主要用于来样复制,对复制样品先进行测试,确定其各组织(色别)的每筘穿入数,随后再定筘号,使仿制的产品保持样品的花型特征。

例 3-10 一色织物组织特征如图 3-5 所示,需对其条型进行复制。

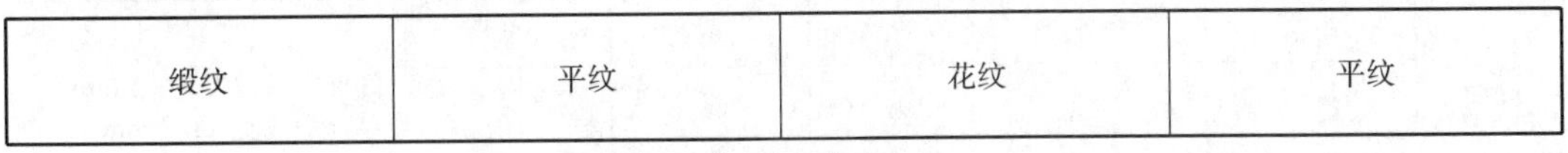

缎纹	平纹	花纹	平纹

图 3-5 色织物模纹

① 先测得缎纹部分宽度 6.4 mm,有经纱 25 根。

② 再量出平纹部分宽度 6.4 mm,求得经纱根数为 15。

③ 用相同宽度内缎纹的经纱根数与平纹的经纱根数相比,即 25∶15＝5∶3。 由此可知:缎纹穿筘为 5 入/筘,平纹穿筘为 3 入/筘。

④ 测得花纹宽度为 9.5 mm,经纱根数 30。

⑤ 在平纹处量取 9.5 mm,测得经纱根数 22。

⑥ 用花纹的经纱根数除以平纹的经纱根数,30∶22≈4∶3。 由此可知:原样花纹处每筘穿入 4 根。

由上面的分析得出:平纹部分穿筘为 3 入/筘,花纹部分穿筘为 4 入/筘,缎纹部分穿筘为 5 入/筘。该方法复制样品时测量一定要精确。

(2)方程法。用方程法进行仿样设计,采用以下公式:

$$ax + bfx = (a+b)P \tag{3-5-1}$$

式中:a 为样品一花内地部总宽度;b 为样品一花内花部总宽度;P 为要仿制产品的平均经密;x 为要仿制产品的地组织密度;f 为花组织与地组织的每筘穿入数的比值。

例 3-11 要生产的是成品规格为 $13\times13\times471\times276$、成品幅宽 91.4 cm 的色织布,其花型纸样如图 3-6 所示。

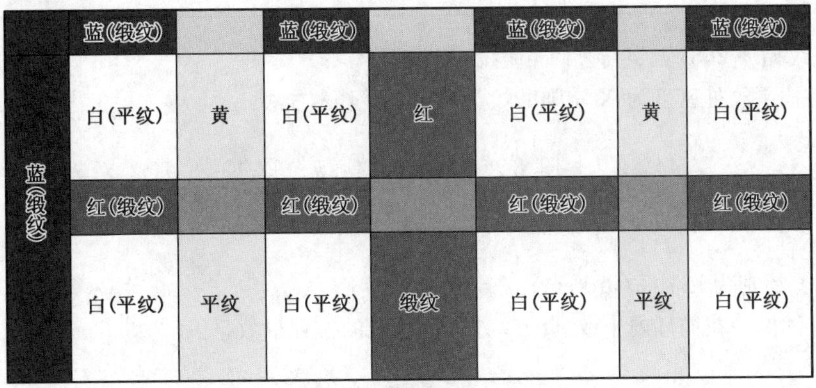

图 3-6 花型纸样图

① 测量花型纸样一花内各组织及各色的宽度,并依顺序排列和累计平纹组织和缎纹组织的总宽度如表 3-6 和表 3-7 所示。

表 3-6 经向各色排列及宽度

	组织	缎纹	平			缎	平			经向平纹总宽 44.2 mm 经向缎纹宽 12.8 mm
经向	排列	蓝	白	黄	白	红	白	黄	白	
	宽度(mm)	4.8	6.4	4.7	6.4	8	11	4.7	11	

表 3-7　纬向各色排列及宽度

纬向	组织	缎纹	平	缎	平	纬向平纹总宽 44.5 mm
	排列	蓝	白	红	白	纬向缎纹宽 12.8 mm
	宽度(mm)	4.8	17.5	8	27	

② 由于织物经纬向都有缎纹组织,则经缎纹区和平纹区的每筘穿入数,分别为 4 穿入和 2 穿入,而纬向缎纹采用停卷,停卷比例为 1:1(即卷一纬停卷一纬)。

③ 设平纹处密度为 X,则缎纹分为 $2X$。利用公式 $ax+bfx=(a+b)P$,即:

$$44.2X+12.8\times(2X)=(44.2+12.8)\times471$$

$$X=384.5 根/(10 \text{ cm})$$

缎纹处密度 $fX=384.5\times2=769 根/(10 \text{ cm})$。

④ 求出经纱一花排列与根数。将平纹密度、缎纹密度分别乘以各色宽度,得一花循环内各色经纱根数,见表 3-8。

表 3-8　各色经纱根数

项目	蓝 (缎纹)	白 (平纹)	黄 (平纹)	白 (平纹)	红 (缎纹)	白 (平纹)	黄 (平纹)	白 (平纹)
宽度×经密	36.9	24.6	18	24.6	61.5	42.2	18	42.2
修正后一花经纱根数	36	25	18	25	60	43	18	43
每筘穿入数	4	2			4	2		

一个花纹循环 268 根,共穿 110 筘齿。

⑤ 设纬向平纹处密度为 X_1,则缎纹为 $2X_1$,用上述方法:

$$44.5X_1+12.8\times(2X_1)=(44.5+12.8)\times276$$

$$X_1=225.5 根/(10 \text{ cm})$$

缎纹部分纬密为 451 根/(10 cm)。

⑥ 计算纬向一花循环内平纹和缎纹处各色纱线的排列根数,见表 3-9。

表 3-9　各色纬纱根数

项目	蓝 (缎纹)	白 (平纹)	红 (缎纹)	白 (平纹)
宽度×经密	21.6	39.4	36.1	60.9
修正后一花纬纱根数	20	40	36	62

修正后产品一花纬纱共 158 根。

这类纬缎格产品必须注意纬向每花循环不破坏经缎条的外观质量,所以每花引纬数去掉停卷重复数外,余数应是偶数又是经缎纹的组织循环数的倍数。

二、织物花型仿制设计

(一) 织物花型仿制设计的作用

产品在外观上保持样品花型的外观特征的工作,称为花型仿制。花型特征一般由大小和形态两方面描述,花型仿制主要要求织物外观达到样品外观要求。花型仿制的主要方法有移植树法、调整穿筘法、调整花经法及综合调理法等。

(二) 织物花型仿制设计

1. 移植法

在样品和产品的经、纬密相近的条件下,把样品花型特征照搬到产品上去的方法称为移植法。仿制时,只要对附样花型进行组织分析,配以相应的穿综、穿筘法及纹板图,即能将样品的花型特征移植到产品上。移植法仿样简单、易做,但经仿制后的花型略有变异。

2. 调整穿筘法

当样品与产品经密差异甚大,而纬密接近的条件下,可以采用调整花区与地部区的穿筘方法,对样品花型进行仿造。调整穿筘目的在于使产品花区经密接近样品花区经密,达到花型仿造的目的。

具体仿造步骤如下:

例 3-12　生产纱线线密度为$(14×2)\text{tex}×17\text{ tex}$、成品密度为$(370×252)$根/$(10\text{ cm})$的色织府绸,其花型如图 3-7 所示。

花区 (宽 6 cm)	地部区 (宽 19 cm)

图 3-7　花型图样

(1) 选样品,并对样品花样作组织分析。

(2) 测量样品花区宽度与纱线根数,推算出样品花区的密度为 504 根/(10 cm)。

(3) 根据样品花型系经起花,须采用花穿筘法,才能达到仿造花型。参照实际生产中类似花型的穿筘方法,分别采用花经 4 穿入、地经 3 穿入,花经 5 穿入、地经 3 穿入,以及花经 3 穿入、地经 2 穿入三种不同的花筘穿法。

利用 $ax+bfx=(a+b)P$,$a=0.6$,$b=1.9$,$P=370$,x 代表花部密度,f 代表地组织与花组织每筘穿入数的比值($f=4/3$、$f=5/4$、$f=3/2$)。分别选用不同花/地经穿综法的仿样结果见表 3-10。

表 3-10　仿样结果

穿筘方法		产品花区	样品花区密度	产品与样品花型差异率
花经	地经	成品密度		
4 穿入	3 穿入	456 根/(10 cm)	503 根/(10 cm)	10.3%
5 穿入	3 穿入	531 根/(10 cm)		−5.3%
3 穿入	2 穿入	496 根/(10 cm)		1.4%

由此可知:仿造上述花型,产品宜采用花区 3 穿入、地经 2 穿入,花型偏差小,仿制效果最好。仿制差异率表示产品与样品在花型上的变化程度,其计算式:

$$仿制差异率 = \frac{附样花区密度 - 产品花区密度}{产品花区密度} \times 100\%$$

仿样差异率有正值、负值，正值表示产品花型比样品花型增大，负值表示变小。调整穿筘法不能适用于满地花和类似满地花的组织各类花型的仿造。

3. 比值法

这种方法的主要步骤：(1)记下样品在一个花型循环中各组织或各颜色纱的根数；(2)分别求出参照样品的经密和要仿制出的产品的成品经密比值，参照样品的纬密和要仿制出的产品成品纬密的比值；(3)用上述比值与参照样品各色(各组织)根数相乘之积，即为要仿制的产品的一个花型循环的排列根数。

例 3-13 要生产的产品是规格为 28×28×303×260、成品幅宽为 91.4 cm 的色织物。选取的参照样的密度为 (362×238 根)/(10 cm)，色纱排列见表 3-11。

表 3-11 参照样的色纱排列

参照样的色经排列及根数	白 22	橘黄 6	白 22	竹绿 20	橘黄 4	豆黄 10	橘黄 4	豆黄 10	橘黄 10	豆黄 10	橘黄 4	竹绿 20
参照样的色纬排列及根数	白 20	橘黄 6	白 20	竹绿 4	橘黄 4	豆黄 20	橘黄 4	豆黄 8	橘黄 4	豆黄 8	橘黄 4	竹绿 16

解：求得要仿制的产品与样品的经密比值 = $\frac{303}{362}$ = 0.837，纬密比值 = $\frac{260}{238}$ = 1.1。仿样结果见表 3-12。

表 3-12 仿样结果

参照样品一花经纱排列及根数	白 22	橘黄 6	白 22	竹绿 20	橘黄 4	豆黄 10	橘黄 4	豆黄 10	橘黄 10	豆黄 10	橘黄 4	竹绿 20
×0.837	18.4	5	18.4	3.3	3.3	16.7	3.3	8.4	3.3	8.4	3.3	16.7
产品一花排列及根数	18	5	18	4	4	16	4	8	4	8	4	16/132
参照样品一花纬纱排列及根数	白 20	橘黄 6	白 20	竹绿 4	橘黄 4	豆黄 20	橘黄 4	豆黄 8	橘黄 4	豆黄 8	橘黄 4	竹绿 16
×1.1	22.2	6.6	22.2	4.4	4.4	22.2	4.4	8.8	4.4	8.8	4.4	17.6
产品一花排列及根数	24	6	24	4	4	24	4	10	4	10	4	18/136

用比值法仿制条型、格型准确性好，要求格型方正的产品在修正排列根数时要考虑各色根数增减数量能满足格型方正的要求。

三、织物风格仿制设计

(一)织物风格仿制设计的作用

织物风格的含义极其广泛，但在实际生产中，一般是指织物的外观风格特征或者手感风格特征，在仿制过程中要求其结果达到预期的状态。主要作用是在改换织物原料或其他工艺条件下能获得与原样一样或接近于原样的风格特征，以降低织物的生产成本或简化织物的生产工艺。

56

(二) 织物风格仿制设计的方法

　　仿风格设计一般多是改变了织物原料组分或配色组成等,因此其方法不拘一格,仿真设计法、仿花型设计法都可以应用。如果是改变织物原料组成或织物的平方米质量,采用相似织物的设计方法就可以了。

思考题:

　　1. 什么是相似织物? 相似织物的特点是什么? 相似织物设计主要用于哪些方面?

　　2. 用 12.5×2 tex 的毛纱制织哔叽织物,上机密度为 (540×450) 根 $/(10 \text{ cm})$,试判断:

　　(1) 织造是否困难?

　　(2) 织物是否太松?

　　3. 以直径交叉理论设计织物规格时存在的问题在哪里?

　　4. 设计一缎条平布,平纹部分为第 13 结构相,其中缎条部分组织为五枚缎纹,纱线线密度为 18 tex,平纹部分紧度为 $68\% \times 43\%$,一花循环中平布与缎条宽度比为 $8 : 2$,直径系数取 0.037。试用等厚度法与等缩率法设计该织物规格。

　　5. 仿样设计主要有哪些方法? 各自的特点是什么?

棉及棉型织物设计 | 第四章

第一节　棉及棉型织物的分类及风格特征

一、棉及棉型织物的分类

（一）棉及棉型织物的概念

1. 棉织物

棉织物主要指由棉纤维纺成纱后织成的织物。

2. 棉型织物

棉型织物主要指由棉纤维与其他纤维长度与细度与棉纤维相近的再生纤维、合成纤维等混纺成纱织成的织物或只由纤维长度与细度与棉纤维相近的再生纤维、合成纤维等单独或几种混合纺成纱织成的织物。

（二）按构成原料分类

棉及棉型织物按构成原料可分为纯棉织物、棉混纺织物、交织物和纯化学纤维织物四类。

（三）按加工工艺特征分类

棉及棉型织物按加工工艺可分为精梳棉织物和普梳棉织物两类。

（四）按纱线的处理状况分类

棉及棉型织物按纱线的处理状况可分为本色布和色织布两类。本色布是由原料未经深加工处理（练漂、染色）纺成的纱线（纱线颜色与纤维本身颜色相同）织成的织物；色织布是由纱线经过漂白、染色等工艺处理后织成的织物。

（五）按织物用途分类

棉及棉型织物按其织物用途分主要有服用棉及棉型织物、装饰用棉及棉型织物和产业用棉及棉型织物三种。

1. 服用棉及棉型织物

（1）内衣。作各种内衣用棉及棉型织物，一般多用纯棉、高含棉的棉及棉型织物较轻薄、柔软、舒适的织物，穿着可宜，对皮肤不应有不良的刺激。

（2）外衣。根据季节与服装用途不同，广泛采用各类棉及棉型织物。纯棉织物多用较休闲的服装，如牛仔服装、夹克衫、衬衣等；混纺织物具有良好的洗可穿性，多用于外衣、衬衣面料；棉型纯化纤织物主要用于低档服装领域。

（3）服装辅料织物。主要用于各类服装的里料、衬料等。

（4）劳动服织物。主要用于具有一些特殊要求的工作服织物，如抗静电工作服、实验人员服装、卫生系统工作服等。

2. 装饰用棉及棉型织物

主要用于室内装饰的纺织品,如床上用织物一般多用纯棉织物;家电用多用棉混纺织物,容易清洁且耐用,如沙发套、电器罩等;纯化纤棉型织物主要用于不和人体有直接接触的物品,如床垫、沙发内衬布等。

3. 产业用棉及棉型织物

主要作为辅助现代科技、医学、生物学用的棉及棉型织物,如电绝缘材料、医学敷料、生物培育基材等。

二、棉及棉型织物主要品种的风格特征

(一)传统品种的风格特征

1. 平纹组织类织物

(1)府绸。

府绸织物为平纹组织或平地小提花组织,采用较低的纱线线密度、较高的经密和合理的纬密织成的棉及棉型织物,结构状态处于第 14 到第 17 结构相之间的经向单相紧密结构织物。经向紧度较大(一般为 65%~83%),纬向紧度则较低(一般为 50%~40%)。经纬向紧度的比值在 5:3 左右。外观细密光洁,由高结构相部分的经纱在织物表面形成清晰丰满的菱形颗粒,布面光洁匀整,光泽自然丰腴,有"绸"一般的光泽而得名。手感柔软挺滑、爽糯舒适、轻盈飘逸。府绸织物经纬纱一般都用精梳纱,也有一些用普梳纱,织造时为了突出表面丰满的颗粒效应,采用高后梁织造的方式。品种上,根据纱线合股状态分为线府绸(经纬纱均采用股线)、半线府绸(经纱为股线,纬纱为单纱)、纱府绸(经纬纱均为单纱)。产品有纯棉、棉混纺等。府绸织物主要用于中高档衬衫、内衣等。

(2)平布。

平布是棉及棉型织物中的大宗产品,组织为平纹。结构状态处于第 11 到第 13 结构相之间的经纬双相非紧密结构织物,组织结构简单,质地坚牢。经纬紧度一般为 42%~53%。经向紧度是纬向紧度的 1.2 倍以内的范围。外观紧密平整,布面光洁丰满,光泽自然。手感柔韧有身骨、平挺舒爽。平布织物经纬纱一般都用普梳纱,也有一些用精梳纱。产品有纯棉、棉混纺、纯化纤等。根据织物纱线线密度的不同,又分为细平布、中平布和粗平布三类,其中:细平布的纱线线密度在 20 tex 以下;中平布的纱线线密度处于 21~32 tex;粗平布的纱线线密度在 32 tex 以上。细平布光洁平整,手感柔爽,观感细密,光泽好,主要用于中高档衬衫、内衣等服装;中平布平整、紧密,手感丰满,主要用于服装、床上用品、家具桌椅、沙发套、罩等;粗平布外观粗犷,手感厚重坚牢,主要用于包装布。

2. 斜纹组织类织物

(1)斜纹布。

组织为 2/1 三枚经面斜纹组织。结构状态处于第 11 到第 13 结构相之间的经纬双向非紧密结构织物,组织结构较简单,质地坚牢。经向紧度一般为 60%~70%,经向紧度在纬向紧度的 1.3 倍以内的范围。织物正面有较明显的斜纹线,反面斜纹线不明显,布面平挺度好,光泽比平布好,手感丰满,紧密适中。品种上,根据纱线合股状态分为线斜纹布、半线斜纹布和纱斜纹布等。产品主要以纯棉为主。斜纹布织物主要用于外衣、休闲装等。

(2)哔叽。

组织为 2/2 斜纹组织。结构状态处于第 11 到第 14 结构相之间的经纬双向非紧密结构织

物,组织结构适中,质地坚牢。经向紧度一般为 65%～75%,经向紧度在纬向紧度的 1.3 倍以内的范围。织物正反面均有较明显的斜纹线,正面斜纹线较反面更清晰。布面平挺,质地较紧密厚实,表面光泽较好,手感丰满,紧密有身骨。品种上根据纱线合股状态分为线哔叽、半线哔叽和纱哔叽等,产品主要以纯棉为主。哔叽织物主要用于外衣、休闲装等。

（3）华达呢。

组织为 2/2 斜纹组织。结构状态处于第 15 到第 17 结构相之间的经向单相紧密结构织物,组织结构紧密,质地坚牢。经向紧度一般为 80%～91%,经向紧度是纬向紧度的 1.7 倍左右。织物正反面均有清晰明显的斜纹线,斜纹线突出、挺直、细密,正面斜纹线较反面更清晰。布面平挺,表面光泽较好,手感丰满,紧密厚实有身骨,织物耐磨耐用。品种上根据纱线合股状态分为华达呢、半线华达呢和纱华达呢等,产品有纯棉,也有的是棉与合成纤维混纺织物,以提高织物的耐用性和洗可穿性。华达呢织物主要用于外衣、风雨衣、工作装等。

（4）卡其。

组织有 3/1 斜纹、2/2 斜纹组织加厚卡其为 $\dfrac{4\ \ 4\ \ 1}{1\ \ 2\ \ 2}$,$S_j=2$ 和 $\dfrac{4\ \ 1\ \ 4\ \ 2}{1\ \ 1\ \ 1\ \ 1}$,$S_j=2$ 的急斜纹组织。结构状态处于第 16 到第 19 结构相之间的经向单相紧密结构织物,组织结构很紧密,质地坚牢。经向紧度一般为 85%～107%,经向紧度是纬向紧度的 1.9 倍左右。品种上根据纱线合股状态分为线卡其、半线卡其和纱卡其。3/1 斜纹组织主要用于纱卡,正面斜纹线粗壮、突出而挺直,织物反面斜纹线较弱,正反两面斜纹线差异明显,因此称为单面卡其;2/2 斜纹组织主要用于线卡和半线卡其,正反两面斜纹线均粗壮、突出、挺直,正反两面斜纹线差异不明显。因此,称为单面卡其;线卡中也有用 3/1 斜纹组织的,其正面斜纹线会显得更加粗壮而突出。

$\dfrac{4\ \ 4\ \ 1}{1\ \ 2\ \ 2}$,$S_j=2$ 和 $\dfrac{4\ \ 1\ \ 4\ \ 2}{1\ \ 1\ \ 1\ \ 1}$,$S_j=2$ 的急斜纹组织的卡其织物又称缎背卡其,斜纹线条的倾斜角比一般斜卡织物为大。布面纹路明显,突出而粗壮,布身厚实、手感柔软、光泽较强,富有弹性,但因经纱浮长较长,不耐磨,易起毛。卡其织物布面平挺,表面光泽较好,手感丰满,紧密厚实坚挺,织物耐穿耐用,但耐折边磨较差。产品有纯棉、棉与合成纤维混纺织物,以提高织物的耐用性和洗可穿性。卡其织物主要用于男装外衣、风雨衣、工作装等。

3. 缎纹组织类织物

缎纹组织类棉及棉型织物主要是贡缎类织物。组织是五枚缎纹组织或变化缎纹组织,采用经面缎纹组织的称为直贡缎;采用纬面缎纹组织的称为横贡缎。中高档直贡缎结构状态处于第 15～19 结构相的经向单相紧密结构织物,中低档直贡缎结构状态处于第 14～17 结构相的经纬双相非紧密结构织物;横贡缎结构状态处于第 4 到第 8 结构相之间的纬向单相紧密结构织物或经纬双相非紧密结构织物。

组织浮长较长,质地丰糯坚牢。直贡缎经向紧度一般为 80%～105%,经向紧度是纬向紧度的 1.7 倍左右;横贡缎紧度与直贡缎相反。厚型贡缎织物具有毛织物的外观效应,薄型贡缎织物具有绸缎的外观效应。贡缎织物质地柔软,表面平滑匀整且有弹性,光泽较好,具有"光、软、滑、弹"的优良风格。贡缎中礼服呢又称二六元贡,其幅宽为老式二尺六寸,黑色,组织为五枚缎纹,织物色泽乌黑光亮,纹路陡直,布身厚实,略有毛型感。贡缎织物一般只做纯棉织物,主要用于西装套装、外衣、风衣等。

4. 麻纱

麻纱织物为线密度较小的低密织物,一般采用平纹变化组织——变化纬重平组织。结构状态处于第 11 结构相左右的经纬双相非紧密结构织物,组织结构简单,质地轻西稀。经纬紧度一般为 38%～48%,具有经向紧度小于或接近纬向紧度的持点。经向紧度是纬向紧度的 0.9 倍以上的范围。外观平整微皱,无明显织纹,光泽漫散自然。手感柔韧有身骨、平挺舒爽。由于其经纱在织物表面呈现宽狭不同的直条纹路,并具有挺爽、透气的特点,与苎麻织物的外观特征相似,因而得名"麻纱"。麻纱织物的外观别致、穿着凉爽舒适。麻纱织物为纯棉织物,具有良好的透气性,一般做夏季各类服装。

5. 绒布

绒布表面具有由纤维形成的绒毛外观,组织多采用平纹和斜纹两类。它是在已做好的基布上进行机械人工拉毛形成表面绒毛。绒毛的稀密程度和长度在一定范围内根据用途可以人为控制,织物表面绒毛直立,手感丰满厚实彭松,保暖性好,人体触感舒适。绒布的品种以拉绒的基布进行商业名称的命名。基布是平布的称为平布绒、基布为斜纹布的称为斜纹绒、基布为哔叽的称为哔叽绒、基布为提花布的称为提花绒,将两种纬组织点有明显差异的组织按一定规律相间排列。拉绒后,纬组织点多的区域绒毛紧密,纬组织点少的区域绒毛稀少,形成凹凸外观的凹凸绒等。根据生产工艺可以分为白织绒、印染绒、色织绒(条子绒、格子绒);按拉绒方法可分为单面绒、双面绒。绒布的布身柔软松厚,有良好的保暖性、吸湿性。绒面绒毛短而密,手感柔软、舒适。绒布一般用于秋冬季内衣、外衣、居家服,也可做婴幼儿、青少年外衣等。儿种白织绒布的规格见表 4-1。

表 4-1　几种白织绒布的规格

织物名称	组织	纱线线密度(tex)		织物密度[根/(10 cm)]	
		经纱	纬纱	经密	纬密
漂白绒及印花双面绒	平纹	29	58	157	165
漂白绒及印花双面绒		24	45	165	173
漂白绒及印花双面绒		28	48	173	173
漂白绒及印花双面绒		27	48	157	173
漂白绒及印花双面绒		29	36×2	181	181
漂白绒及印花双面绒		29	58	196.5	181

6. 条绒

条绒俗称灯芯绒,一般为纬起绒的条绒组织,坯布经割绒工序后,在织物表面形成具有清晰圆润的经向绒条。织物纬密很大,经密相对较小。灯芯绒按绒条宽度可分为特细条、细条、中条、粗条、阔条灯芯绒。特细条是指 10 cm 宽的织物中有 75～84 条绒条;细条是指 10 cm 宽的织物中有 63～74 条绒条;中条是指 10 cm 宽的织物中有 36～62 条绒条,粗条灯芯绒是指 10 cm 宽的织物中有 24～35 条绒条;阔条灯芯绒是指 10 cm 宽的织物中绒条数少于 23 条。此外,还有采用粗、细不同条型的混合,称之为间隔条灯心绒。灯芯绒织物美观大方,厚实、保暖、手感柔软、光泽柔和。由于织物具有地组织与绒组织两部分,在服用时与外界摩擦的大都是绒毛部分,地组织很少触及,所以使用寿命和耐磨性较一般棉织物显著提高。一般用于春、秋、冬季大众化的衣服、鞋、帽,尤其适应做儿童服装。

7. 平绒

平绒织物采用与条绒的纬起绒组织相似的纬起绒组织或是双层剖绒的经起绒组织。前者为纬平绒,后者为经平绒。由于纬平绒生产时劳动强度高,生产效率低,加工工艺较复杂,目前已不太生产,经平绒是目前平绒织物生产的主要方法。平绒织物表面是由经纱形成的耸立绒毛,其绒毛短而平齐,均匀地覆盖于整个织物表面。平绒织物绒面,美观大方,丰厚保暖、手感温软、光泽柔和、织物耐磨抗皱。主要用于男女秋冬季外衣、休闲装、童装、旗袍礼服等。几种平绒组织规格见表4-2。

8. 纱罗

纱罗织物又称为绞经织物,组织为纱组织或罗组织。纱罗过去也称为网眼布,与现代网眼布概念有差异,现代网眼布一般多为针织物或编织物。经纱一绞一的称为纱;绞经纱之间夹杂平纹组织的称为罗。纱织物表面纱孔均匀分布,罗织物表面纱孔,有的呈经向分布,这样的罗织物称为直罗;有的呈纬向分布,这样的罗称为横罗。纱罗织物质地轻薄、透明或半透明,纱孔稳定不变形,织物透气性好。主要用作各类装饰帘幕、帐幔、窗纱等,还可以做服装花边、配饰,透明度较小的罗也可做女装、晚礼服等。

表 4-2　平绒组织规格

织物名称	地绒经排列比	纱线线密度(tex)		织物密度[根/(10 cm)]	
		经纱	纬纱	经密	纬密
割经平绒	2:1	14×2+14×2	14	361	409
				328.5	393.5
				338.5	425
				362	374
				338.5	377.5
		18×2+14×2	14×2	287	244
			18	338.5	393.5

注:① 割经平绒的经密计算包括一层地布的经纱数和参与交织绒经的总和。
② "+"号前面的为地经线密度,后面的为绒经线密度。

(二)近现代品种的风格特征

1. 细纺

细纺是棉及棉型织物中的精品,组织为平纹。结构状态与细平布基本一样,组织结构简单,质地细腻坚牢。经纬向紧度一般为40%～50%,经向紧度是纬向紧度的1.2倍以内的范围。采用长绒棉精梳纱制织,线线密度一般低于10 tex。外观紧密平整,布面光洁,光泽自然,手感柔韧轻薄、平挺舒爽。该织物有如丝绸织物中的纺类织物的外观风格特征而得名。主要用于中高档男女衬衫、内衣等夏季服装用料。

2. 麦尔纱、巴里纱

麦尔纱和巴里纱均是稀薄平纹组织织物,是第11到第12结构相之间的经纬双向非紧密结构织物,组织结构简单,质地稀松轻薄。经纬向紧度一般为35%～45%。经向紧度是纬向紧度的1.1倍以内的范围,纱线线密度小于14.5 tex。织物外观稀薄、透明、布孔清晰、透气性佳、手感柔软滑爽、富有弹性,光泽自然柔和,具有薄、透、爽、韧的风格。麦尔纱的经纬纱常用普梳纱,采用与普通纱的捻系数,而巴里纱的经纬纱多用精梳纱,而且捻系数高于普通纱,因此它们的成品性能有所区别。麦尔纱的布身稍软,其透气性、耐磨性、挺爽性及布面清晰度不及巴里纱。产品有纯棉、棉混纺,为夏用面料的佳品。几种麦尔纱、巴里纱的组织规格见表4-3。

表 4-3　麦尔纱、巴里纱的组织规格

织物名称	组织	纱线线密度(tex)		织物密度[根/(10 cm)]	
		经纱	经密	经密	纬密
麦尔纱		14.5	14.5	228	204.5
麦尔纱		10.5	10.5	236	196.5
纯棉巴里纱	平纹	J9.7	J9.7	314.5	291
纯棉巴里纱		J6.5×2	J6.5×2	236	216.5
涤/棉(65/35)巴里纱		J9.7	J9.7	314.5	291

3. 羽绸

羽绸又称羽绒布,组织为平纹。它与平纹组织的府绸织物一样,是低线密度、高经纬密度的平纹织物,但它的纬密比府绸织物的纬密还要高。羽绸织物的经纬紧度大、质地坚牢、透气量小、布面光洁匀整、手感柔滑、光泽自然明亮。全棉及棉混纺织物都有,由于混纺织物耐磨耐用、强度高、表面比纯棉织物细腻,洗可穿性能好,所以混纺织物开始多起来。羽绸是专业制作滑雪衣、登山服、羽绒被、羽绒服等御寒制品的面料。几种羽绸织物的规格见表 4-4。

表 4-4　羽绸织物的规格

织物名称	组织	纱线线密度(tex)		织物密度[根/(10 cm)]	
		经纱	纬纱	经密	纬密
精梳涤棉羽绒布	平纹	J14.5	J14.5	547	393.5
		J14.5	J10	547	519.5
		J12	J14.5	531.5	417

4. 起皱、起泡织物

(1) 织物起皱、起泡的方法。

采用不同工艺措施,能在织物表面形成不同的皱效应和起泡外观,大致有以下方法:

① 采用双织轴构造,两只织轴送经量不同,送经量大的纱线织成的部分在织物表面形成明显的泡型突起而成皱。这种方法起皱明显,呈经向条形泡泡状。

② 强捻纱起皱,利用强捻纱的捻缩原理在织物表面起皱。这种起皱效果均匀细致,不会形成泡泡状。

③ 特殊整理起泡,利用纤维材料遇到某些化学试剂会产生收缩的原理,在织物表面按要求印上这种化学原料,而形成不同外观皱效应。这种起皱花型变化丰富,但皱纹效果不会非常明显。

④ 机械压制,像打钢印一样在织物上印上图案、花型、标识。这种起皱对织物有一些损伤,不能大面积使用,多用于商标、标识等。

⑤ 特殊性能的原料,采用高收缩合成纤维丝与普通原料搭配使用,织成织物后经沸水处理,高收缩合成纤维丝产生收缩在织物表面起皱,皱纹形状、大小、花型能较好地得到控制,花型变化多,花色品种丰富。

⑥ 采用绉组织起皱。应用各种绉组织在织物表面形成各种不同的皱外观。

(2) 泡泡纱。

泡泡纱的织物组织为平纹,织物结构与平布基本一致,是由两种送经不相同的经纱(泡经和地经)与纬纱相交织而成的。其泡经、地经相间排列,一般送经量大的经纱的线密度可以比送经量小的经纱大,原料也可以差一点,但不影响织物外观,还有利于起泡。织物表面呈现纵条状连续的波浪形泡泡皱纹,外观新颖、别致、富立体感,手感丰满柔软,做服装穿着时与皮肤成点状接触,有很好的热湿交换空间,穿着透气、舒适凉爽。有纯棉,也有棉混纺,宜做夏季面料、睡衣等。

（3）皱纱布。

皱纱布的组织为平纹。织物结构状态接近巴里纱,一般经纱为普捻纱,纬纱为强捻纱。织物外观稀薄,沿着织物横向有着自然优美的皱纹,织物光泽柔和,手感轻薄柔滑,富有弹性,透气性较好。一般多为纯棉织物,主要用作夏季衬衫、内衣织物,尤其是女装应用较广。

（4）其他皱纹织物。

皱纹呢是由皱组织形成的起皱织物。这类织物纱线结构没有特殊要求,织物表面有不规则的织纹,布面呈漫反射,表面光泽自然柔和,手感柔软丰满,广泛用作女装、童装、装饰家纺织物。

树皮皱采用皱组织与强捻纬纱制织而成,织物外观犹如老树外皮,有绺状弯曲不规则的细条突起,显示出沧桑的年代感。织物外观光泽柔和,有很强的凹凸立体感,主要用作下装、沙发家具面料。

顺纤皱纱布组织为平纹,是指纬向配置同一种捻向的强捻纱,织物表面呈现波浪形的羽状或柳条状皱纹。

双绉皱纱布组织为平纹,是指纬向间隔配置不同捻向的强捻纱,织物表面呈现鸡皮状细碎雅致的小皱纹。

花式皱纱布是指织物的纬向间隔配置强捻纱和普通纱,利用交界处两侧纱线的不同收缩力而获得皱纹效应。具有代表性的几种皱纱布的组织规格见表 4-5。

表 4-5　几种皱纱布的组织规格

织物名称	织物组织	纱线线密度（tex）		织物密度[根/（10 cm）]	
		经纱	纬纱	经密	纬密
纯棉皱布	平纹	14.5	19.5	224	165
纯棉皱布		19.5	29	181	145.5
涤棉皱布		J13	J13	220	196.5
纯棉提花皱布		9.7	9.7+14	299	236

5. 烂花织物

烂花织物的组织为平纹。烂花坯布织物结构接近较紧密的中平布,组织结构简单,织物紧密,表面平整光洁,对坯布进行处理后在织物表面形成具有立体感和透明度的花纹。烂花织物的形成原理:用两种不同性能的纤维纺成混纺纱或纺成包芯纱,如棉纤维和涤纶纤维(丝)。用这样的纱织成坯布,在布面上按照花型要求印上调制好酸或碱浆,这种浆能将某种纤维溶解,如棉和涤纶的印酸浆,溶解掉棉纤维,留下涤纶纤维(丝),最后进行洗涤,印上浆料部分就出现了所要的透明部分,整体织物达到设计花型要求。由于纱线中一种纤维被腐蚀掉,保留另一种纤维,纱线变细,被腐蚀部分变得稀薄、透明或半透明。烂花织物花型新颖、轻薄透明、轮廓清晰、手感柔滑弹性好,烂花面积根据用途掌握。烂花织物多用于帘幕类、家具罩、家电盖布、花边织物等,也可作夏季女装等。

6. 牛津布

牛津布又称牛津纺,组织为平纹变化组织,如2/2方平、2/1纬重平。结构状态处于第11到第12结构相之间的经纬双相非紧密结构织物,组织结构简单,质地坚牢。经向紧度一般为50%~60%。经向紧度是纬向紧度的1.1~1.2倍。外观紧密平整,布面光洁丰满,光泽自然,表面具有异色丰满的小颗粒,形如针点般细小,所以又称为针点效应,手感柔韧有身骨、平挺舒爽、透气性好。牛津布最早采用色织方法进行生产,即用色经白纬或白经色纬进行交织。这种织物具有色织效果,既有立体感,又不易褪色。随着化纤工业的发展,人们根据各类纤维染色性能不同的特性,在白织厂,采用不同纤维分别纺成的经纬纱进行交织,在坯布上的经纬纱仍呈现原色,经过染色加工后,布面的经纱或纬纱染上颜色,而另一种成分的纬纱或经纱却呈现白色,达到与色织相同的效果。目前的牛津布大多采用涤纶与棉的混纺纱与纯棉纱交织而成,涤棉混纺比对牛津布的风格特征有着密切关系,涤棉混纺比一般常用40/60、45/55、65/35。这类牛津布独特风格只有通过染整加工之后,才能在布面上显现出来。白织厂生产的牛津布与色织厂比较,可以缩短工艺流程,降低成本,扩大生产能力,增加花式品种。牛津布总体色彩为明快浅色,主要用于男女各式夏季服装,如衬衣、裙装等。

几种牛津布的规格见表4-6。

表4-6 几种牛津布的规格

织物名称	织物组织	纱线线密度(tex)		织物密度[根/(10 cm)]	
		经纱	纬纱	经密	纬密
涤棉交织牛津布	$\frac{2}{1}$纬重平	14.5	J36	377.5	177
涤棉交织牛津布	$\frac{2}{1}$纬重平	13	J36×2	397.5	196.5
棉涤交织牛津布	$\frac{2}{2}$方平	J7.5×2	J13	397.5	334.5

第二节 棉及棉型织物的主要结构参数设计

一、原料设计

棉纤维及棉型纤维对棉纱及棉型纱线和织物的性能的影响很大,它的质量等因素对织物起关键性的作用,有的起决定作用。纤维细度愈细,在同类纤维中长度愈长,愈易于纺制线密度低、纱线条干均匀的高质量纱线,同时纱线的强度也较高,易织轻薄高档织物;纤维粗短则只能纺中、高线密度的纱线,织制中厚型或厚型织物。

纤维对织物的物理力学性能,如强伸性、耐磨性、吸湿性、洗可穿性、热性能、电学性能等;对织物外观特性,如悬垂性、抗皱性、抗起毛起球性、挺括性、色泽、光泽、质感等尺寸稳定性等有关的特性形成主要的影响,而对织物结构和形态方面的性能同样不容忽视。

不同产品对纤维要求也不同,如精梳棉及棉型织物,要求纤维长及整齐度好,便于梳理纺纱,提高制成率,所以一般选用长绒棉。普梳产品则可以采用内陆棉等价格较低的原料,另外不同原料的加工特点和对设备的要求不同。所以在原料选择时要充分考虑所设计产品的用途、性能要求及风格特点,要结合工厂实际技术条件及设备状态。对于混纺的棉型织物,不仅要考虑混纺原料组成,混纺比例,更重要的是选择混纺原料在纤维的长度和细度上的搭配,才能开发出优良的产品。

二、纱线设计

(一) 纱线线密度

纱线的粗细对产品的外观、手感、质量及力学性能等均有影响。在织物组织和紧密度相同的情况下,纱线线密度较低的织物比高线密度织物的表面细腻而紧密。在织物设计时可根据织物的厚薄来确定纱线线密度,当经纬纱线线密度相同时,织物理论厚度在2倍纱线直径到3倍纱线直径的范围内,但在生产中还会被压扁。织物实际最大厚度要小于3倍纱线直径,最小厚度小于2倍纱线厚度,当织物密度太大时,纱线相互挤压,织物中纱线不是几何结构相中所述的紧密结构状态,而产生了严重变形,织物厚度可能达到理论上3倍纱线直径,甚至超过这一理论值,可见纱线线密度太大或太小都达不到设计要求,可以采用理论计算与实际修正相结合进行设计就能保证设计的准确性。但是如果织物要求表面细腻,同时又要比较厚重,则要选择线密度较小的纱线,织物的厚度可以通过采用多重或多层组织来实现。

由织物厚度计算纱线线密度,首先设定织物的实际厚度,根据外观和性能要求确定织物的结构状态,由此获得织物的几何结构相特征。选择几何结构相,则织物的理论厚度 τ 可以确定,然后根据理论厚度 τ、纱线直径 d、织物压扁系数的关系,求出 d,即可求出纱线线密度。

例 4-1 设计一府绸织物,要求织物的实际厚度小于 0.2 mm,确定纱线线密度,经纬纱的线密度相同。

府绸织物组织为平纹组织,位于第 14～17 结构相,取第 16 结构相,理论厚度 2.5d,织物压扁系数取 $\eta = 0.70$,根据它们的关系有:

$$2.5d \times \eta = 0.2, \ d = 0.114$$

$$d = 0.037\sqrt{N_t}$$

$$N_t = \left(\frac{d}{0.037}\right)^2 = \left(\frac{0.114}{0.037}\right)^2 = 9.5 \text{tex}$$

在纱线线密度计算过程中,η 取值范围一般在 0.68～0.82,根据纱线参数、原料特性、织物组织、织物密度选择,常用取值范围在 0.7～0.75。

织物中经纬纱线密度的配合以经纱线密度小于或等于纬纱线密度的情况较多,尤其是经纬纱线密度相等的情况较多,这样有利于生产工艺和生产管理。

(二) 纱线捻向及捻度设计

1. 纱线捻度

纱线的捻度影响纱线结构的紧密度、细度、刚度、弹性、强力、光泽、条干均匀度、手感等。进而对织物的手感、弹性、耐磨、强力、起球及光泽都有影响。捻度的大小随原料的性质及织物风格、生产工艺要求而确定,纱线捻度小纱条柔软、纱线表面毛羽略多,但织物手感丰厚柔软,纱线捻度增加,纱线结构趋于紧密、细度变细、刚度与弹性增加,织物手感变得挺爽、弹性好。当纱线捻度过大时,纱线显僵直、条干恶化、光泽变差、纱线强力减小,织物手感僵硬、粗糙、布面皱缩不平整、无光鲜感。所以在织物设计开发中应根据织物风格、服用性能要求、原料品质来确定合理的经纬纱捻度。一般情况下,薄型织物捻度大于中厚织物,紧密织物捻度大于松软织物,线密度小的织物捻度大于线密度大的织物,纤维短的织物捻度大于纤维长的织物,起皱外观织物的捻度则要求较高,如棉绉纱,经纱普捻,纬纱捻度是普通捻度的 2 倍左右;麻纱采用较普捻纱高 10％的捻度的纱作为经纱,比普捻纱捻度略小的纱作纬纱。府绸织物采用经纱捻度略小于纬纱捻度更有利于实现府绸织物的高结构相特征,有利于使表面颗粒丰满,同时使织物手感柔滑、舒爽。

织物采用股线时,单纱与股线的配合对织物强力、耐磨性、光泽、手感均有影响。当股线的捻系数是单纱的 2 倍时,股线强力可达到最大;当股线与单纱捻系数相等时,股线表面纤维平行于股线轴心线,此种状态下,纱线光泽最好,织物弹性好、手感滑爽。棉织物的线织物(线斜纹、线卡、线华达呢等)经线与单纱的捻系数比值在 1.2 左右,纬线与单纱捻系数的比值在 1.2～1.4。

纱线捻度确定还应考虑纺纱能否顺利进行,即使使用了股线,也应使单纱具有一定强力,以减少纺制过程中的断头。在织造过程中,经纱反复承受较大的张力和摩擦,应采用较大捻度,而纬纱所受张力小,宜采用较低捻度。纤维的长度、细度和强力较合适时,可选用较小捻度。

2. 纱线捻向

纱线捻向有 S 捻与"Z"捻两种,采用经纬纱不同捻向和不同织物组织的配合,可以生产出具有不同外观效应的织物,同时对织物的手感、光泽及织纹等外观因素有一定的影响,还影响到织物内在性质的表现。经纬纱配合组成有四种:经 S 捻与纬 Z 捻、经 Z 捻与纬 S 捻、经 S 捻与纬 S 捻、经 Z 捻与纬 Z 捻,经纬纱不同的捻向配合对织物的影响见图 4-1。图 4-1 中,实线是纱线中看得见部分的纤维倾斜方向,虚线是纱线中看不见的背面的纤维倾斜方向。(a)图经纱为 Z 捻纬纱为 S 捻,纱线在经纬交织点处经纬纱上的纤维相互垂直,圆或类圆体垂直交叉,以一点接触,所以经纬纱较容易相互滑移,织物手感丰满活络。同时,圆与圆相切,两圆边缘的最大距离即织物厚度是两圆的直径之和,为最大值,织物显得丰厚;(b)图为经纱"S"捻纬纱为"Z"捻。纱线在经纬交织点处经纬纱上的纤维相互平行,圆或类圆体平行排列,以线接触,两排平行圆或类圆柱体接触,类似与齿轮咬合,所以经纬纱不易相互滑移,织物手感板实,同时,圆与圆相嵌,两圆边缘的最大距离即织物厚度小于两圆的直径之和,织物显得薄板。经纬纱的另外两种配合方式分析方法与此相同。

纱线表面纤维的排列情况会影响纱线的反光性能,经纬纱配合形成的纱线反光趋势与织物组织形成的反光趋势显著地影响织物外观织纹的清晰程度。主要是织纹具有斜向趋势的组织,如所有斜纹及其变化组织制织的织物、部分组织点分布趋势较明显的缎纹组织及其变化组织织制的织物。

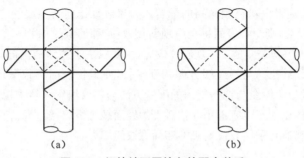

(a)   (b)

图 4-1 经纬纱不同捻向的配合关系

织物表面纱线浮长段上的反光规律:浮在织物表面纱线段上,含单个的组织点所具有的纱线段上,在光照射下,在一段区域内能看到纤维反光,在这一段纱线上,各根纤维的反光集合成带状,这种反光集合称为反光带,反光集合形成的反光带方向与纤维的法线方向一致,与纤维倾斜方向(捻向)垂直。

斜纹织物:根据纱线捻向与纱线表面纤维的倾斜方向和织物表面纱线浮长段上的反光规律可知:当斜纹线的倾斜方向与织物表面每根纱线浮长段上的反光带集合趋势一致时,即当斜纹线的倾斜方向与纱线表面捻向相垂直时纹路较清晰,所以在选用右斜纹组织时,经纱宜采用"S"捻,纬纱用"Z"捻。若经纬纱采用同捻向,则应根据织物的支持面的纱线捻向而定;经面织物和等支持面织物,考虑经纱捻向与组织配合;纬支持面织物,考虑纬纱捻向与组织的配合。右斜纹组织,经纱宜采用"S"捻纱;左斜纹组织,经纱宜采用"Z"捻纱。如图4-2(a)(b)所示,(a)图经纱为"Z"捻与左斜纹的配合,可见纱线的反光带结集与组织的斜向相同,加强了斜纹效果;(b)图经纱为"Z"捻与右斜纹的配合,可见纱线的反光带结集与组织的斜向不同同,减弱了斜纹效果。

无反光区

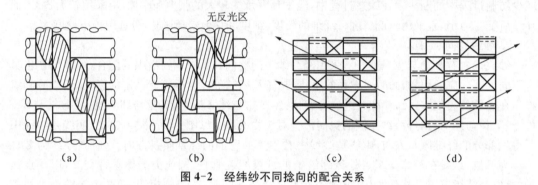

(a)　　　　　　(b)　　　　　　(c)　　　　　　(d)

图 4-2　经纬纱不同捻向的配合关系

缎纹织物:缎纹织物有经面缎纹与纬面缎纹两种,缎纹织物的表面又有要求加强斜纹效应与减弱斜纹效应。如棉织物中的直贡缎类、精梳毛织物中的礼服呢要求加强斜纹外观效应,"贡"字精、细、清晰、突出;棉横贡、羽缎及一般丝织物的缎类织物,则要求织物表面匀整、光泽好,不显斜纹外观效应。因此,在设计上述织物时就要选择缎纹组织与纱线捻向的配合,以获得满意的设计效果。缎纹与织物关系见图 4-2(c)(d)所示。对于缎纹组织来说,当飞数大于$R/2$(R为组织完全循环纱线数),有左斜倾向,经面缎纹组织呈左斜急斜纹倾向、纬面缎纹组织呈左斜缓斜纹倾向,纬面缎纹组织的斜纹倾向见图4-2(c);当飞数小于$R/2$时有右斜倾向,经面缎纹组织呈右斜急斜纹倾向、纬面缎纹组织呈右斜缓斜纹倾向,纬面缎纹组织的斜纹倾向见图4-2(d)。经面缎纹中一般经密大于纬密,织物正面由经纱覆盖,织物表面能否呈现斜纹效应,取决于经纱的捻向与缎纹组织斜纹倾向间的配合。如果经纱捻向与斜纹线方向相互平行,使织物表面不致呈现斜纹,反之,则织物表面将会出现斜纹效应;纬面缎纹织物一般纬密大于经密,织物正面由纬纱覆盖,这类织物表面是否呈现斜纹效应,主要取决于纬纱的捻向与缎纹组织的斜纹倾向之间的关系,如果纬纱捻向与斜纹线方向相互平行,使织物表面不致呈现斜纹,反之,则织物表面将会出现斜纹效应。纱线与织物组织的配置方法与斜纹组织与纱线捻向的配置方法相同。

根据以上原理,棉单纱直贡宜选用5枚3飞的经面缎纹组织,线直贡宜选用5枚2飞的经面缎纹组织;横贡缎织物适宜采用5枚3飞的纬面缎纹组织。

(三) 纱纺工艺设计

不同的纺纱工艺会影响到纱线性能,进而影响织物性能。传统的环锭纺纱线强力高,表面毛羽少;气流纺纱线强力偏低,但条干好,膨松度好,弹性也较好,耐磨性能好。因此,在产品开发时,根据原料特性和不同织物品种的外观及风格要求来选择合适的纺纱工艺,以获得最佳设计效果。

三、织物结构设计

(一) 织物组织设计

1. 布身组织设计

棉及棉型白坯织物的组织一般都较为简单,主要以平纹、斜纹、缎纹及其相对简单的平纹变化组织、斜纹变化组织、缎纹变化组织为主。组织设计时既要考虑到市场的流行需要,还要考虑到机械设备的能力,有梭织机综片数一般设计在4～8片,无梭织机综片数4～12片,综片数尽量选择4的倍数,有利于提高生产效率。小提花组织,一般大面积为平纹组织,花型分布在地布上最好成"品"字形,或菱形,使每根经纱既参与地部织造也参与花部织造,保证每根经纱的交叉次数相等,便于布面质量提高,减少布面起皱和经纱张力不匀而影响织机运转的情况。对于不同组织构成的条形织物,不同条子部分的组织配置同样要认真对待,选择合适的组织配合,才能生产出高质量的产品。对于不同组织纵条形配置织物,一般配置原则:平纹与其他组织并置纵条织物,平均浮长差值小于1时,在整经时对浮长较长的组织部分加大整经张力一般就能保证织物质量;当平均浮长之差大于1时,不仅要加大整经张力,同时还要采用增加浮长长的组织部分每筘经纱穿入数。

2. 布边结构设计

织物布边的好坏,对织物服用性能表面上无多大影响,但布边的好坏也是产品质量高低的评价因素,会影响产品的销售。布边设计的合理与否,对织造和染整加工的效率有很大的影响。对于异面组织效应的斜纹或缎纹等织物,为了防止染整加工中的卷边现象,常常需要采用不同于布身的边组织。因此,布边设计是织物设计中和工艺设计中较为重要的一项内容,一般布边不好的织物,产品或多或少地存在一些质量问题,如经斜、纬斜、纬弧、死折等。

布边组织的设计要点使布边与布身具有相同的平挺程度,在染整加工中不产生卷边现象。因此,在选用布边组织时,应首先采用双面组织。如 $\frac{2}{2}$ 纬重平、$\frac{2}{2}$ 经重平、$\frac{2}{2}$ 方平或变化纬重平组织等。

布边的宽度一般为布身的1‰左右,常见织物的布边宽度一般每边在0.5～1.5 cm,如果毛织物有边字,布边还要适应加宽。

由于纬纱的屈曲和收缩作用使布边经纱的经密增加,而使布边的经纱密度大于布身经密,其结构相也就高于布身,因而促使纬纱在边部的可密性下降。边纱向布身方向的移动,必然使边纱较多地受到筘齿的摩擦,增加边纱的伸长和断头率,使产品质量和织造效率下降。因此,生产中常常改变布边的组织及结构相,或采用加大边纱刚度的办法来提高生产效率及改善布边质量。

为了便于管理,除少数织物的边经采用刚度较大的纱线之外,边经纱一般采用与布身相同的纱线线密度,但在穿综时可采用两根或三根穿一个综眼等。

(二) 织物密度的设计

织物密度是织物结构参数的重要项目,直接关系到织物的使用性能、风格及成本。织物密度设计根据组织结构、织物品种不同而变化,在多种密度设计的方法中选择一种适合该产品的特点及应用特点的密度设计法。

在概算织物密度时,可以根据所设计织物的风格或要求,选择比较恰当的经纬向紧度,再根据紧度与纱线线密度及织物密度的关系,概算得到织物的经纬密度,并经过试生产与试销,最后定出织物的经、纬向密度。

（三）织缩率

1. 织缩率的概念

在织造过程中，经、纬纱相互交织而产生屈曲，因而织物的经向或布幅尺寸小于相应的经纱长度或筘幅尺寸，这种现象称为织缩。用经、纬纱织造缩率，或简称织缩来表示织缩的大小，织缩率是以织物中纱线的原长与坯布长度（或宽度）的差异对织物中纱线原长之比，用百分率表示。计算公式如下：

$$a_j = \frac{l_j - l_{bj}}{l_j} \times 100\%$$

$$a_w = \frac{l_w - l_{bw}}{l_w} \times 100\%$$

式中：a_j、b_w 分别为经、纬织缩率；l_j、l_w 分别为经、纬原纱长度；l_{bj} 为坯布长度；l_{bw} 为成品长度。

2. 影响织缩率的因素

影响织缩率的因素有纤维原料、织物组织、经纬纱线密度、纱线结构、经纬密度及织造工艺参数等。

（1）纤维原料。

不同纤维原料纺制成的纱线在外力作用下变形性能不同，它对织缩率的影响比较复杂，一般地讲，易于屈曲的纤维纱线产生的织缩率大，易于塑性变形的纤维纱产生的织缩率较小。

（2）织物组织。

在经、纬密度均不大的情况下，经纬织缩率与单位长度上经纬纱屈曲数成正比。在其他条件不变的情况下，平纹织物的纱线织缩率最大。但是经纬密度较大的情况下，平均浮长大的简单组织的缩率较大。这是因为密度大时，平均浮长小的平纹类织物的可密性小，使纱线弹性伸长的恢复受到阻碍，所以平纹织物的织缩率较小；而平均浮长大的织物，如五枚缎纹等，因其可密性大，纱线的弹性伸长可得到较大的恢复，表现为织缩率较大。

（3）经纬纱线密度。

不同线密度的经纬纱交织时，高线密度纱线不易屈曲，它的缩率较小；在经纬纱线线密度相同的织物中高线密度纱线织物的织缩率较大。

织缩率的大小与经纬密度有着密切的关系。在一定密度范围内，当组织和经密不变时，经纱缩率随着纬密增加而增加。在经密很大时增加纬密，纬缩不会有明显增加。对某一织物来说，经、纬织缩率之和近似为一常数。当经缩增加时，纬缩相应减小；反之，纬缩增加时，经缩相应减小。

（4）纱线结构。

如捻度大小、上浆率高低，都会影响纱线的刚度，刚度大的纱线则不易弯曲，织缩率显然减小。

（5）织造工艺参数。

上机张力、开口时间、纬纱张力、后梁位置等，都会影响织缩率。如经纱张力大，经纱织缩率小，纬纱缩率相应增大。开口时间早，打纬时上下层交叉角大，经纱张力也较大，故经纱织缩率就小，那么，纬织缩率就大，纬纱在落布后还有自然缩率。除上述因素外，还有车间温湿度等因素也影响织缩率的大小。

由于织物的经、纬织缩率与织物的用纱量、工艺设计中织物的匹长、布幅和筘幅大小等设计项目有关。因此，在设计织物时，对织缩率的测算应该十分重视。

在设计新产品时，可参考类似的品种，确定经纬织缩率包括自然缩率，然后通过试织加以修正。

四、后整理工艺设计

后整理加工是纺织品生产的重要工序,它可改善纺织品的外观和服用性能,或赋予纺织品特殊功能,提高纺织品的附加价值,满足人们对纺织品性能上的要求。所以后整理工艺设计也是机织物设计的一项重要内容。

后整理工艺设计是按照产品设计意图及风格要求,制定后整理工艺路线及各工艺要求。不同品种纺织品的后整理工艺有较大的差异,在设计时要具体品种具体对待。

第三节　棉型织物设计和棉及棉型织物的发展趋势

一、涤棉织物设计

(一) 涤棉混纺织物的风格特征

涤棉混纺织物,其组织规格主要以纯棉同类产品规格为依据,也有少数根据涤棉织物的性能和用途略有改变。为此从外观上看,属棉型类产品,具有各类棉型织物的风格,在涤、棉混纺比为65/35的条件下,与同类棉型织物相比,具有滑、挺、爽的风格和易洗、快干、免烫、坚牢的优点。涤棉成品能够达到"挺而不硬、滑而不腻、爽而不糙、色泽鲜艳、光洁度好"的风格外观。要达到这些要求,则与原料性能、坯布结构参数和染整工艺等都有密切关系,所以原料是根本,坯布是基础,染整是关键。

(二) 原料的选配

为了使涤棉混纺织物满足不同用途和各种服用性能的要求,必须对涤纶纤维和棉纤维的品种、规格以及混纺比例进行合理设计。

1. 涤纶纤维的选配

(1) 涤纶纤维的种类与性能。

涤纶纤维有高强低伸型、低强高伸型及中强中伸型三种。涤棉产品若采用低强高伸型涤纶纤维,纤维强力低,断裂伸长大,成布后虽然强力低,但断裂功高,撕破强力高,耐磨性好,手感滑爽,不易起毛,平挺度好,而且上染率高,染色后比较鲜艳,经久耐穿,牢度好,但这种纤维在生产过程中断头率高,单产水平低。若采用高强低伸型的涤纶纤维,纱线强力高,生产过程中断头率低,单产高,但上色差,织物不耐磨易起毛。通过研究认为,单强达到 4.6 cN/dtex 的涤纶纤维,其断裂伸长率在30%左右,即中强中伸型涤纶纤维,最适合纺织加工,又利于提高织物的服用性能。

涤纶纤维在国外有定型与未定型之分。未定型的最大优点是可以防止起球,手感丰满,用这种未定型的涤纶纤维与棉混纺加工制成的织物,经加热后由于未定型纤维收缩大,向纱条轴心收缩,棉纤维在外,起球现象可以减少。因此,选用未定型的涤纶纤维,它既可保持涤棉织物的风格性能,又可具有较好的穿着舒适性。

涤纶纤维的光泽还可以根据织物的外观要求确定,有半光涤纶、有光涤纶、超光的异形涤纶纤维。

(2) 涤纶纤维规格设计。

涤纶纤维的长度与细度的选择取决于以下条件:

① 纱线的可纺线密度与纤维细度、长度的关系。

纱线的可纺线密度由占纱中主体的纤维决定。因此,涤纶纤维的长度与细度对纱线的可纺线密度起着重要作用。

在和中级棉混纺时,涤纶短纤维的长度、细度与可纺纱线的线密度之间的关系,可用以下经验公式表达:

$$N_t = \frac{261}{L} \times \varphi$$

式中:N_t 为可纺涤棉纱的线密度;L 为涤纶短纤维长度;φ 为涤纶短纤维细度。

② 由可纺纱的线密度决定涤纶纤维的长度与细度比值。

涤纶纤维的长度与细度比值一般可按以下经验公式确定:

$$22.58 \leqslant \frac{L}{\varphi} \leqslant 33.87$$

式中:L 为纤维混合平均长度(英寸);φ 为纤维混合平均细度(dtex)。

纺细号纱时 $\frac{L}{\varphi}$ 取接近 33.87;粗号纱时 $\frac{L}{\varphi}$ 可趋近 22.58,中号纱时 $\frac{L}{\varphi}$ 取比值以 1 为好。纺出纱线的线密度确定后,纤维的细度也就有一定的范围,在范围中既要考虑细度、增加截面根数,有利于成纱的条干与强力;也要考虑纤维的细度不能太细,以减少棉结的形成。一般高线密度纱用 1.44～1.67 dtex 的涤纶纤维;低线密度纱用 1.11～1.44 dtex 的涤纶纤维,针织纱用 2.22～3.33 dtex 的涤纶纤维。相关研究认为纤维长度与细度关系,合理的长度为纤维细度 1.67 dtex 时,纤维长度可达 50 mm,但在纤维长度到 40 mm 以上时对纱线的强力增加不多,因此,与棉混纺时涤纶纤维实际长度大多采用 38 mm。

2. 棉纤维的选配

一般高线密度纱以陆地棉为主,低线密度纱用长绒棉,国外有的主要用埃及棉,也有用秘鲁棉、苏丹棉的。

与涤纶纤维进行混纺的有长绒棉和细绒棉两大类。长绒棉的特点是纤维长度长,细度细,相对强力高,但断裂伸长率较低(约 8%～9%),而细绒棉的断裂伸长率为 9%～10%。因此,配用长绒棉与涤纶混纺,特别是当涤纶纤维以较低的比例与棉混纺时,有强力高、毛茸少、条干均匀、光泽好等优点,但断裂功略低于细绒棉混纺纱。但在纺纱过程中,长绒棉有容易缠绕皮轴和罗拉而形成纱疵条的缺点。为了降低成本,在纺制中等线密度纱时,可采用细绒棉与涤纶混纺,对细绒棉的要求是纤维长度以 31 mm 为主,棉纤维的品质支数以(6 000±500)支为宜;在纺制细号纱和品质要求较高的产品时,宜选用长绒棉。

(三)混纺比的选择

不同涤棉混纺比例制成的纱、线和织物,具有不同的风格和服用性能。混纺比的选择应根据制品的用途和要求并有利于纺、织、染工艺的顺利进行及经济效效益综合确定。

已有的研究结果表明,从某些服用性能来看涤棉 65/35 或 67/33 混纺比较好,是突出涤纶纤维优良特性的一种混纺产品。具有较好的抗褶皱性、尺寸稳定性、洗可穿性、耐磨和坚牢,并具有一定回潮率,抗起球性好等,纺、织、染生产过程亦较顺利进行。目前,65/35 的混纺比在机织物中用得较多,50/50(或 52/48)主要用在针织物中,也可侧重考虑某一服用特性而选用其他混纺比。例如,外衣织物要求更挺括,可增加涤纶纤维含量,内衣要求更富有棉型感、舒适感,则可减少混纺纱中涤纶纤维的含量。

(四) 细纱捻系数

涤棉产品要具有滑、挺、爽的风格,因此,细纱捻系数要比纯棉产品提高 10% 左右。由于涤棉抗捻性强,实际捻系数要比计算捻系数低 10% 左右,应以实际捻系数为准。

(五) 织物热定型和纱线定捻

1. 涤棉混纺织物的热定型

纺织品的缩率稳定性是消费者的基本要求之一。涤棉混纺织物在印染加工过程中,必须经过热定型处理和高温热拉整理。热定型温度一般在 190~210℃,高温热拉温度在 160~180℃。通过热定型和高温热拉之后,不但织物的缩水率小,尺寸稳定,而且会具有平整光洁、色泽均匀、手感挺滑爽及耐折皱等优良风格,大大提高了涤棉织物的外观性能与服用性能。

2. 涤棉混纺纱的定捻

定捻是涤棉混纺纱的一个重要环节。以涤/棉(65/35)的 13 tex 混纺纱为例。细纱的实际捻系数,经纱必须保持在 352 以上,纬纱必须保持在 342 以上。在低线密度的细纺和府绸织物上,高捻度的配置更加显得重要。涤纶纤维本身弹性大,伸长高,加上纱线捻度大,使得涤棉混纺纱的捻回及极不稳定,生产过程中容易产生扭结和纬缩等疵点,影响织造工序的顺利进行。纱线定捻的目的,是利用涤纶纤维的热可塑性来稳定捻度,以便于织造。纱线定捻温度不宜过高,以免过度损伤成纱强力,定捻温度一般在 65~70℃,最高也不应超过 100℃。如定捻温度超过印染加工的热定型温度,还会影响印染成品质量。

经纱一般可以不进行定捻处理,因为经纱在上浆过程中,在烘房和浆液的温度下,已起到了一定的定捻作用;同时,经纱上浆后纱身包覆了浆膜,也迫使捻回稳定。但是,采用不定捻的经纱时,为了使整经工作好做,必须在整经机上采取相应的措施,防止整经过程中产生大量扭结。

纬纱在织造过程中,因为是间歇退绕,容易产生扭结和纬缩等现象。因此,纬纱使用单纱时,一般都需经定捻处理,而合股捻线则要视具体品种而定。

色织用纱染色有两种工艺。一种是筒子染色(松式筒子),为了减少染色后筒子外紧内松而产生色差,一般应进行管纱定捻处理后再行络筒。另一种是绞纱染色,那就必须在摇纱之前,先经过定捻,以保证摇纱工作顺利。

股线织物用纱,一般情况经纱和纬纱都可以不定捻,但当股线捻向与单纱捻向相同时或使用特殊规格合股线时,一定要经过 95℃ 左右的定捻处理(筒子纱)。高捻纱织物必须具有高度的挺爽手感,同时织物的组织点孔眼要清晰、不能模糊。对于这类织物,无论经纱或纬纱,都必须经过定捻处理,如巴里纱织物。又如绉纱,其纬纱捻度是正常的 1.5~2 倍,也必须经过 100℃ 左右的定捻处理。

二、棉织物的发展趋势

(一) 原料的发展趋势

随着人们生活水平的提高,对绿色环保的要求越来越强烈,对衣着服饰的要求也越来越个性化、自然化、舒适化,特别是内衣和儿童服装的要求应尽量避免使用化学染料对纺织物的加工,以防带来对身体的伤害与顾虑。因此,对于内衣和儿童服装更趋向于向天然彩色棉方向发展。天然彩色棉是通过对棉花植株植入不同颜色的基因,使棉桃生长过程中具有不同的颜色,现已具有棕、黄、绿、红和灰等多种色系,但真正达到商业化应用的天然彩色棉仅有棕色和绿色两大色系。其他颜色普遍存在颜色浅、色泽稳定性差、色素遗传变异大、纤维品质欠佳等问题。虽然目前已知彩色棉的色彩是纤维次生层和中腔里沉积的某种色素物质所致,但对色素本身及其形成机制知之甚少,在传统育种、基因工程育种及高产优质方面存在不足。目前来看,天然彩色棉与白棉相比较,纤维细、长度短、含杂率高,且色谱欠丰富,色素不稳定,抗紫外线整理是一个发展方向。

（二）纱线的发展趋势

棉织物纱线随着纺纱设备技术的进步与提高,纱线线密度大幅度降低,目前最小的纱线线密度已经达到 2~4 tex,接近单根蚕丝的细度,使织物外观及服用性能获得了空前提高与改善。

（三）织物结构的发展趋势

服用织物结构较过去紧密度提高,织物外观更加光洁,手感柔滑,色光明丽清新,色彩的饱满度更好,服用舒适性显著提高;家用织物以低线密度,高经纬密(即通常说的高支高密)为主打高档产品,日益受到人们的青睐。

（四）后整理的发展趋势

纺织品经过保障→美观→舒适单一的发展过程,现在已经达到较高的层次,保障没问题,美观舒适是基本需要,绿色、安全、功能性是发展方向,所以先进的后整理方法不断出现,更好地实现了服装的美观性、舒适性、卫生性、安全性、洗可穿性、造型性、时尚性、文化特征等。

三、棉型织物的发展趋势

（一）原料的发展趋势

新的棉型纤维新品种不断出现,天丝作为新型再生纤维素纤维,为我们找到新的环保性能良好的再生纤维素纤维提供了一条有效途径。大豆蛋白纤维具有天然纤维的舒适性能和黏胶纤维良好的吸湿性、悬垂性和染色性等特点,其强度接近于涤纶,织物布面光洁匀整,手感柔软挺滑,透气性、吸湿性、导湿性优良,具有丝绸般的外观、羊绒般的手感,是理想的中高档面料选择的原料。同时先后出现了牛奶蛋白纤维、玉米蛋白纤维、竹纤维等不同类型,人类总在不断寻找新的发现,为生产服务。

（二）多组分原料的混合应用

不同的原料具有不同的性能特性,多种原料的组合应用,有利于充分发挥各原料的优势,避免单一原料成分存在的不足,使纺织品获得使用的最佳性能。如黏胶纤维与涤纶纤维混纺可以获得良好的舒适性和耐用性;麻纤维和涤纶纤维混纺可以保持麻织物的优良用性能,同时提高织物的洗可穿性;大豆蛋白纤维与其他纤维混纺,可以增加织物的外观光泽,大幅度改善织物手感。多组分原料的混合应用是棉型织物设计开发的主要方向。

第四节　棉及棉型织物的工艺参数与计算

一、织物织缩率的确定

（一）影响经、纬纱织缩率的因素

1. 经、纬纱线密度

当经、纬纱线密度不相同时,线密度大的纱线的织缩率小,线密度小的纱线的织缩率大。

2. 织物密度

织物经密增加其几何结构相提高,则经纱的曲屈波增高,织物经织缩率增大,反之减小;织物纬密增加,其何结构相降低,纬纱的曲屈波增高,纬织缩率增大。当织物未达到紧密结构状态情况下,一个纱线系统密度增加,会使另一个纱线系统的织缩率增加,这是因为一个纱线系统的密度增加会使另一个纱线系统在单位长度内的交织次数增加。

3. 织物组织

织物组织的平均浮长越长,表明单位长度的织物内纱线的交叉点少,纱线曲屈也越少,织缩率越小。反之则织缩率越大。

4. 织造工艺参数

织造工艺参数指经纱张力,开口时间,后梁位置,梭口大小、上浆率、车间温湿度等条件,这些条件对经纱织缩率都有较大影响。

(二) 织缩率的确定方法

1. 经、纬纱织缩率的数学表示法

根据经、纬纱的织缩率概念,其数学表达公式如下:

$$经纱织缩率 = \frac{浆纱墨印长度 - 成包前整理后布长}{浆纱黑印长度} \times 100\% \tag{4-4-1}$$

$$纬纱织缩率 = \frac{箅幅 - 坯布标准幅宽}{箅幅} \times 100\% \tag{4-4-2}$$

2. 织物分析法测算织物的织缩率

分析布样的经、纬织缩率,可按下式计算:

$$经织缩率 = \frac{L_{j2} - L_{j1}}{L_{j2}} \times 100\% \tag{4-4-3}$$

$$纬织缩率 = \frac{L_{w2} - L_{w1}}{L_{w2}} \times 100\% \tag{4-4-4}$$

式中: L_{j1}、L_{w1} 分别为织物的经、纬向长度; L_{j2}、L_{w2} 分别为经、纬纱的伸直长度。

3. 工厂经验法测算织物的经、纬纱织缩率

$$经纱织缩率 = \frac{P_w \times K_1 \times N_t}{3.937 \times 580.5} \times 100\%$$

令

$$\frac{K_1}{3.937 \times 580.5} \times 100\% = K$$

则

$$\frac{P_w \times K_1 \times N_t}{3.937 \times 580.5} \times 100\% = P_w \times N_{tw} \times K \tag{4-4-5}$$

式中: K_1 为常数; P_w 为纬密[根/(10 cm)]; N_{tw} 为纬纱线密度(tex); K 为常数,见表4-7。

表 4-7　K 值

平纹组织						斜纹组织		
纯棉		混纺		纯化纤		纯棉	混纺	纯化纤
中密度	高密度	中密度	高密度	中密度	高密度			
0.001 11	0.001 31	0.001 09	0.001 3	0.001 08	0.001 29	0.001 42	0.001 41	0.001 4

以上公式计算后,通过试织进行修正。

$$纬纱织缩率 = \frac{筘幅 - 布幅}{筘幅} \times 100\% \qquad (4-4-6)$$

4. 织物织缩率的皮尔士测算法

其方法是在布样的经、纬向各标出一定的长度 L,然后将纱线拆除,加上张力 P_1,测其长度 L_1;再施加张力 P_2,测其长度 L_2。根据这两点推算出 $P = 0$ 时纱线具有的长度 b,则织缩率为:

$$a = \frac{b}{L + b} \times 100\% \qquad (4-4-7)$$

式中:a 为织缩率;L 为织物原长;b 为 $P = 0$ 时纱线对于织物的伸长,如图4-3 所示。

初加张力:$P_1 = 7.644N_t$,$P_2 = 2.5m_1$,其单位为厘牛 (cN)。

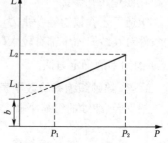

图 4-3 皮尔士测算织缩率方法图

5. 值川织造长缩计算公式

其计算公式:

$$x = 5 \times (d_w + d_j) + 0.254 \times (P_j + P_w) \qquad (4-4-8)$$

式中:x 为织缩系数;d_j、d_w 分别为经、纬纱直径(mm);P_j、P_w 分别为经、纬密[根/(10 cm)]。

不同组织的经织缩率 a_j 如下:

平纹:$a_j = (0.129x^2 - 0.806x + 3.39)/100$

斜纹:$a_j = (0.079x^2 - 0.306x + 1.69)/100$

经重平、急斜纹:$a_j = (0.021x^2 - 0.291x + 12.16)/100$

五枚经缎:$a_j = (0.011x^2 - 0.156x + 3.64)/100$

五枚纬缎:$a_j = (0.016x^2 - 0.040x + 2.90)/100$

6. 织物回伸率的概念及其计算方法

回伸率的计算公式:

$$b = \frac{L_1 - L_2}{L_2} \times 100\%$$

式中:L_1 为织物中纱线原长;L_2 为织物长度。

回伸率的测算方法:

(1) 织物分析测算。从织物样品中分析,测量布长与纱长,按上述公式计算即得。

(2) 经验推算法。根据织物的经纬纱线密度、织物密度及织物组织等进行推算。计算公式如下:

$$C = \frac{N_t \times P_j P_w (t_j + t_w)}{4 \times 100 \times 1\,000 R_j R_w}$$

式中:C 为织物组织系数;N_t 为经、纬纱平均线密度 $\left(N_t = \dfrac{N_{tj} + N_{tw}}{2}\right)$;$P_j$、$P_w$ 分别为经、纬密 [根/(10 cm)];t_j、t_w 分别为组织循环内经、纬纱交叉次数之和。

例如平纹：$R_j=R_w=2$，$t_j=t_w=4$。

再如 $\frac{2}{2}$ 斜纹：$R_j=R_w=4$，$t_j=t_w=8$。

当 $P_j \geqslant P_w$ 时，则

$$b_j+b_w=\frac{3.3\sqrt[3]{C^2}}{\sqrt[4]{\dfrac{C}{N_t}}\sqrt{\dfrac{P_j}{P_w}}}$$

当 $P_j < P_w$ 时，则

$$b_j+b_w=\frac{3.3\sqrt[3]{C^2}}{\sqrt[4]{\dfrac{C}{N_t}}\sqrt[3]{\dfrac{P_w}{P_j}}}$$

同时，经、纬回伸率的比值可按下式求出：

当 $\dfrac{P_j}{P_w} < 2$ 时，$\dfrac{b_j}{b_w}=0.14C\sqrt{P_j/P_w}$

当 $\dfrac{P_j}{P_w} > 2$ 时，$\dfrac{b_j}{b_w}=0.14\times C\times\dfrac{P_j}{P_w}$

式中：b_j 为经回伸率；b_w 为纬回伸率。

上述公式求出经、纬回伸率总和及其比值，即可求得织物的经、纬回伸率。

回伸率与织物的织缩率关系：

$$a=\frac{b}{1+b}$$

式中：a 为经、纬织缩率；b 为经、纬纱回伸率。

常见棉织物的织缩率参考值见表4-8。

表 4-8　常见棉织物的织缩率

织物名称	织缩率（%）		织物名称	织缩率（%）	
	经纱	纬纱		经纱	纬纱
粗平布	7.0~12.5	5.5~8	线府绸	10~12	2左右
中平布	5.0~8.6	7左右	纱斜纹	3.5~10	4.5~7.5
细平布	8.5~13	5~7	半线斜纹	7~12	5左右
纱府绸	7.5~16.5	1.5~4	纱线哔叽	5~6	6~7
半线府绸	10.5~16	1~4	半线哔叽	6~12	3.5~5
纱华达呢	10左右	1.5~3.5	直贡	4~7	2.5~5
半线华达呢	—	2.5左右	横贡	3~4.5	5.5左右
全线华达呢	—	—	羽绸	7左右	4.3左右
纱卡其	8~11	4左右	麻纱	2左右	7.5左右
半线卡其	8.5~14	2左右	绉纹布	6.5	5.5
全线卡其	—	—	灯芯绒	4~8	6~7

二、织物匹长与幅宽的确定

织物匹长以米为单位,带一位小数。匹长有公称匹长和规定匹长之分。公称匹长即工厂设计的标准匹长,规定匹长即叠布后成包匹长。规定匹长等于公称匹长加上加放布长。

加放布长是为了保证棉布成包后不短于公称匹长的长度,由于织物在生产过程中被外力拉伸后,其纤维与纱线的缓弹性变形消失而回缩,这种变形随时间长短与布匹折叠次数而异,且与外界的温湿度有关,并随织物的组织及密度不同而变化,一般交织点愈少、密度愈稀,回缩就愈大。加放长度一般放在折幅和布端。折幅加放长度,平纹细布一般加放 0.5%～1%,纱线线密度大的织物与卡其类织物加放 1%～1.5%。布端加放长度根据具体情况确定。

织物匹长一般在 30 m 左右,并用联匹形式落布,一般厚织物采用 2～3 联匹,中等厚织物采用 3～4 联匹,薄织物用 4～6 联匹。

织物幅宽以 0.5 cm 或整数为单位,公称幅宽即工艺设计的标准幅宽。幅宽与织物的产量、织机的幅宽及织物的用途有关,供服装用织物与服装款式、裁剪方法都有关,它还根据内、外销要求而变化。

(一) 本色棉布常用的幅宽系列

中幅(cm):91.4、101.5、122;

宽幅(cm):142、150、162.5、167.5;

超宽幅(cm):200、250、280、300、400。

(二) 常见织物布幅

不同品种、不同用布的布幅见表 4-9。不同地区、国家的生活习惯、体形大小、服装款式不同,要求布幅也不同。

(三) 仿绸、装饰织物布幅

某些品种要求阔幅,如中长仿毛、仿绒、涤纶长丝仿毛、仿绸及装饰用布等,其幅宽见表 4-10。

表 4-9　布幅宽

产品名称	成品幅宽(cm)	产品名称	成品幅宽(cm)
纯棉布	101.6～152.4	涤棉布	152.4～163
漂布	160、163、188、229	窗帘布	112、122、152.4、279
横贡缎	122～132	轧光防水织物	114.3
色府绸	114.3～122	色布	114.3
羽绒布	152.4～165	家俱布	137～152.4
纯棉劳动布	112～114.3	涤纶弹力织物	114.3～117
灯芯绒	114.3、132、152.4	涤纶仿毛仿绒类织物	152.4
装饰床上用织物	142、160、185、211、224、249、259、300、400	宽幅毛毯(无梭)	280～305

三、总经根数的确定

总经根数根据经密、织物幅宽、边纱根数,按下式计算:

$$总经根数=边经根数+内经根数$$
$$=边经密度×边宽+内经密度×内幅宽$$
$$=经密×\frac{标准幅宽}{10}+边经根数×\left[1-\frac{地组织每筘穿入数}{边组织每筘穿入数}\right]$$

计算总经根数时,小数不计取整数。如经纱根数不是筘穿入数的整数倍,应修正为每筘穿入数的整数倍。

边经根数可按表 4-11 的规定选择。拉绒坯布每档增加 8 根,麻纱织物的边经根数在平纹织物的基础上每档增加 16 根。表中边经根数仅用于计算总经根数,不作标准规定。

涤棉平纹织物的边经根数按表 4-12 的规定选择。

表 4-10 仿绸、装饰织物幅宽

产品名称	织机幅宽(cm)	坯布布幅(cm)	成布布幅(cm)
装饰布、花色布、泡泡纱等	140,157,160,191	122,137,142,160	117,132,137,152
羽绒布、阔幅灯芯绒、涤纶低弹仿毛织物	191,250,285,475	152,180,250,440	147,152,225,300,400
绒类织物、涤棉印花布	142,191	122,160	117,147,152
中长仿毛织物	191	155,160	147,152

表 4-11 边经根数选择

布幅		127 cm 以下			127 cm 以上	
经纱线密度(tex)	12 以下	13～15	16～19.5	20 以上	12 及以下	12 及以上
边经根数 平纹织物	64	48	32	24	64	48
华达呢、卡其	64	48	48	48	64	48
直贡	80	80	80	64	80	64
横贡	72	72	64	64		

表 4-12 涤棉织物边纱根数

布幅		127 cm 以下		127 cm 以上
经纱线密度(tex)	12 及以下	13～19.5	20 及以上	
边纱根数	48	32	48	48

四、筘号的确定

(一) 筘号的概念

单位宽度筘片内所具有的筘齿数即为筘号。公制筘号以 10 cm 内的筘片数表示,取整数,其范围在 40～240 筘/(10 cm)。英制筘号以 2 英寸内的筘片数表示。其计算公式如下:

$$公制筘号[筘/(10\ cm)]=\frac{经密[根/10\ (cm)]}{每筘穿入数}\times(1-纬纱织缩率)$$

$$公制筘号[筘/10\ (cm)]=\frac{全幅筘齿数}{穿筘幅宽(cm)}\times10$$

$$英制筘号=\frac{公制筘号}{1.97}$$

每筘穿入数随纱线线密度、织物组织和织物密度等条件而定。穿入根数少,则经纱排列均匀、开口清晰,跳花和筘痕少;但是筘号增大,筘齿间隙小,经纱与筘齿摩擦大,断头多;每筘穿入数多,则与上述情况相反,可减少摩擦和断头,但经纱排列不匀,容易有筘痕、移位、开口不清。选择筘号时,筘齿间隙掌握大约等于纱线直径的2~3倍,每筘穿入数最好等于完全组织经纱数或其约数或其倍数,某些组织对穿入数还有特殊要求。如透孔组织应将每束纱穿入同一筘齿,经二重、二层组织等也应使同一组表里经穿入同一筘齿。本色棉布地经纱每筘穿入数可参考表4-13。

表 4-13　每筘穿入数

织物品种	每筘穿入数(根)	织物品种	每筘穿入数(根)
平布	2	直贡	3、4
府绸	2、3、4	横贡	3
三枚斜纹织物	3	麻纱	3
哔叽、华达呢、卡其	4	—	—

(二) 筘号的经验计算法

1. 适合经密小于 393.5 根/(10 cm)及府绸以外的织物

$$筘号 = (经密 - 4) \times 地部组织每筘穿入数的常数$$

每筘穿入数的常数如下:

1 根穿入,$\frac{0.95}{1} = 0.95$;2 根穿入,$\frac{0.95}{2} = 0.475$;3 根穿入,$\frac{0.95}{3} = 0.3167$;4 根穿入,$\frac{0.95}{4} = 0.2375$。

2. 适合经密大于 393.5 根/(10 cm)及府绸织物

$$筘号 = (经密 - 4) \times 地部组织每筘穿入数的常数 + 4$$

五、筘幅的确定

$$
\begin{aligned}
筘幅(cm) &= \frac{坯布幅宽(cm)}{1 - 纬织缩率} \\
&= \frac{成品幅宽(cm)}{(1 - 纬纱织缩率) \times (1 - 后整理缩率)} \\
&= \frac{\left[总经根数 - 边纱根数 \times \left(1 - \dfrac{地组织每筘穿入数}{边组织每筘穿入数}\right)\right]}{布身每筘穿入数 \times 筘号} \times 10
\end{aligned}
$$

计算筘幅时,取两位小数,第三位四舍五入,在取用筘时,两边还应增加适当余筘。

织物的公称筘幅与其经纱最大穿筘幅度的关系见表4-14。

表 4-14　公称筘幅与最大筘幅关系

经纱最大穿筘幅(cm)	100	105	120	125	133	153 147*	180 177*
织机公称筘幅(cm)	106.7	111.8	127.0	132.1	142.3	160.0	190.5

注:* 代表多臂机最大穿筘幅。

纬纱织缩率、筘号及筘幅三者之间要反复修正,可采用逐渐接近法确定。

六、一平方米织物无浆干燥质量的计算

(一) 织物无浆干燥质量

一平方米织物无浆干燥质量是织物的技术参数之一,是国家标准中的一个指标,有时也作为订货合同的一项技术指标。

(二) 无浆干燥质量计算

一平方米织物无浆干燥质量(g)＝一平方米织物经纱无浆干燥质量＋一平方米织物纬纱无浆干燥质量。

$$\text{一平方米织物经纱无浆干燥质量(g)} = \frac{\text{经密} \times 10 \times \text{经纱纺出标准无浆干燥质量} \times (1-\text{经纱总飞花率})}{(1-\text{经纱织缩率})(1+\text{经纱总伸长率}) \times 100}$$

$$\text{一平方米织物纬纱干燥质量(g)} = \frac{\text{纬密} \times 10 \times \text{纬纱纺出标准干燥质量}}{(1-\text{纬纱织缩率}) \times 100}$$

1. 织物结构参数

织物经、纬密,根数/(10 cm);经、纬纱纺出标准干燥质量$[g/(100 \ m)] = \dfrac{N_t}{10.85}$,涤棉(65/35)经、纬纱纺出标准干燥质量$[g/(100 \ m)] = \dfrac{N_t}{10.32}$;中长涤黏(65/35)经、纬纱纺出标准干燥质量$[g/(100 \ m)] = \dfrac{N_t}{10.48}$,计算至四位小数,四舍五入为两位。

2. 质量计算

股线质量应按并合后的纱线质量计算。

3. 经纱总伸长率

上浆单纱伸长率按1.2%计算(其中:络筒、整经以0.5%计算,浆纱以0.7%计算),上浆股线10×22 tex以上按0.3%,10×2 tex及以下按0.7%计算。

涤棉织物经纱的总伸长率,暂规定单纱为1%,股线为0。

中长涤黏混纺织物的总伸长率,暂规定为0%。

4. 纬纱伸长率

直接纬纱无络纬伸长率,间接纬纱的络纬伸长率较少,也略去不计。

5. 经纱总飞花率

纱线线密度大的织物按1.2%;纱线线密度中等大小的平纹织物按0.6%;纱线线密度中等大小的斜纹、缎纹织物按0.9%;纱线线密度小的织物按0.8%,股线织物按0.6%计算。

涤棉织物经纱飞花率,暂规定纱线线密度大的织物为0.5%;纱线线密度中等大小的织物(包括股线)为0.3%;中长涤黏织物的总飞花率暂规定为0.3%。

经纱总伸长率、经纱总飞花率及经、纬纱织缩率等,是计算一平方米织物质量的依据,不是规定指标。

一平方米织物经、纬纱干燥质量取两位小数,一平方米织物无浆干燥质量取一位小数。

七、织物用纱量的计算

用纱量[①]是考核企业技术与管理水平的综合指标,直接影响工厂的生产成本,计算用纱量

---

① 用纱量计算以千克为单位,千克以下一律保留四位小数,第五位四舍五入。

时,必须正确处理好用纱量与质量之间的关系。在保证质量不断提高的前提下,合理节约用纱。各地区都制订了用纱量定额计算方法,作为考核企业的基本指标和依据。

$$百米织物用纱量[kg/(100\ m)]=百米织物经纱用量+百米织物纬纱用纱量。$$

$$百米织物纬经用纱量[kg/(100\ m)]=\frac{100\times N_{tj}\times 总经根数\times(1+放码率)\times(1+损失率)}{1\ 000\times 1\ 000\times(1+经纱总伸长率)\times(1-经纱织缩率)\times(1-经纱回丝率)}$$

$$百米织物用纬纱量[kg/(100\ m)]=\frac{100\times N_{tw}\times 织物纬密\times 10\times 幅宽\times(1+放码率)}{1\ 000\times 1\ 000\times(1-纬纱织缩率)\times(1-纬纱回丝率)\times(1+损失率)}$$

式中:织物纬密为根数/10 cm;织物幅宽单位为米;棉布损失率一般为 0.05%。

经纬纱回丝率:对幅宽 94 cm(29×29 平布),29×29×236×236 根/(10 cm)平布的回纱率,经纱 0.263%,纬纱 0.647%,其他棉布回丝率采取换算办法计算,换算公式:

$$经纱回丝率=29\times 29\ 平布的经回丝率\times\sqrt{\frac{N_{tj}}{29}}\times\frac{总经根数}{2\ 232}$$

$$纬纱回丝率=29\times 29\ 平布的纬回丝率\times\sqrt{\frac{N_{tw}}{29}}$$

股线织物经纱回丝率按换算后同线密度织物的总回丝×0.8 计算;等外纱经纱回丝率按同等细度的纱线的总回丝率×1.3 计算。

内销斜、缎纹织物的纬纱回丝率,按同等细度的纱线的总回丝率×1.14 计算。

出口布纬纱回丝率按同等细度的纱线的总回丝率:平纹织物×1.085 计算;其他组织织物×1.225 计算。

军用织物经纬纱回丝率按内销布计算。

多股线(2 股以上)坯布用纱量按上式算得的经纱用纱量除以(1-经纱捻缩率)。

放码率也称自然缩率,一般为 0.5%～0.7%,军工及出口为 1%～1.2%,由于加工储存等条件的要求不一,需经实际测定而选定。如果纬纱合股成多股线(2 股以上)时加捻,则纬纱的用纱量还应在前面计算的基础上除以(1-经纱捻缩率)。自然缩率是指棉布在储存和运输中产生的长度收缩。

八、计算织物断裂强度

(一) 断裂强度

织物的断裂强度是衡量织物使用性能的一项重要指标。纺纱方法,经、纬纱线密度,织物组织及织物的经纬密度等,均与其有密切关系。

棉布断裂强度以 5 cm×20 cm 布条的断裂强度表示。

棉布断裂强度指标以棉纱线一等品品质指标的数值计算为准。特殊品种计算强力与实际强力差异过大者,可参照实际情况,另作规定。

(二) 断裂强度的计算公式

计算公式:棉布经向(或纬向)断裂强度$[kg/(5\ cm\times 20\ cm)]=\dfrac{D\times B\times P\times K\times N_t}{2\times 1\ 000\times 1\ 000}$(注:计算时小数不计,取整数)

式中:D 为棉纱线一等品质指标(低级棉专纺纱以二等品品质指标计算,坯布纬向品质指标按针织起绒纱的一等品质指标计算);P 为经(纬)密度[根/(10 cm)];B 为由品质指标换算单纱断裂长度的系数,按表 4-15 取值。

表 4-15 品质指标换算单纱断裂长度的系数 B

梳棉纱	tex	20 及以下	21～30	30 及以上	—
	B	6.5	6.25	6.0	—
精梳棉纱	tex	8 及以下	8～10	11～20	21 及以上
	B	6.3	6.2	6.1	6.0

1. K 值的确定

纱线线密度在上表范围内时,K 值按比例减之,小于上表范围内,则按比例减之。但大于上表范围时,则按最大的 K 值计。

2. 股线 K 值的确定

表内未规定的股线,按相应单纱纱线线密度的 K 值(例 14×2 按 28 tex 取 K 值)取值。

3. 麻纱和绒布坯麻纱

麻纱和绒布坯麻纱按照平布、绒布坯按织物组织取 K 值。

4. 纱线线密度大、中、小的划分

纱线线密度大是指 32 tex 及以上;纱线线密度中是指 21～32 tex,纱线线密度小是指 20 tex 以下。

5. 小花纹织物的 K 值确定

小花纹织物的 K 值根据紧度及组织按就近品种选择 K 值。

6. 涤棉织物的 K 值确定

涤棉织物的 K 值暂按本色棉布规定的相应品种的 K 值加 0.1 计算。K 为强力利用系数,其值见表 4-16。

表 4-16 强力利用系数 K

织物组织		经向		纬向		
		紧度(%)	K	紧度(%)	K	
平布	粗特	37～55	1.06～1.15	35～50	1.10～1.25	
	中特	37～55	1.01～1.10	35～50	1.05～1.20	
	细特	37～55	0.98～1.07	35～50	1.05～1.20	
纱府绸	中特	62～70	1.05～1.13	33～45	1.10～1.22	
	细特	62～75	1.13～1.26	33～45	1.10～1.22	
线	府绸	62～70	1.00～1.08	33～45	1.07～1.19	
哗叽、斜纹	粗特	55～75	1.06～1.26	40～60	1.00～1.20	
	中特及以上	55～75	1.01～1.21	40～60	1.00～1.20	
	线	55～75	0.96～1.12	40～60	粗特	1.00～1.20
					中特及以上	0.96～1.15

织物组织		经向		纬向		
		紧度(%)	K	紧度(%)	K	
华达呢卡其	粗特	80~90	1.07~1.37	40~60	1.04~1.24	
	中特及以上	80~90	1.20~1.30	40~60	0.96~1.16	
	线	90~110	1.13~1.23	40~60	粗特	1.04~1.24
					中特及以上	0.96~1.16
直贡	纱	65~80	1.08~1.23	45~55	0.97~1.07	
	线	65~80	0.98~1.13	45~55	0.97~1.07	
横贡		44~52	1.02~1.10	70~77	1.18~1.27	

7. 中长及黏胶织物的 K 值确定

中长及黏胶织物的 K 值暂按本色棉布规定取值。

九、浆纱墨印长度的计算

白坯织物按联匹数落布,在浆纱过程中打上匹印记号。浆纱墨印长度的计算公式如下:

$$浆纱墨印长度(m) = \frac{织物匹长}{1 - 经纱织缩率}$$

十、绘上机图

根据设计的组织绘出织物上机图。

十一、白坯织物设计举例

设计一全线府绸,该织物的主要规格:原料为纯棉精梳纱,经、纬纱线密度为(J6×2) tex×(J6×2) tex,经纬密度为(610×299)根/(10 cm),布幅为99 cm,三联匹,匹长为30 m。

1. 初选经、纬纱织缩率

(查表:本色棉布织造缩率参考表)取经纱织缩为11.3%,纬纱织缩率为1.8%。

2. 确定总经根数

因为是府绸织物,无边经纱。地经每筘齿穿入4根,总经根数 $= 610 × \frac{99}{10} = 6\,039$,为了使穿筘数达到循环,取6 040 根。

3. 确定筘号

$$筘号 = \frac{610}{4}(1 - 1.8\%) \approx 150^{\#}$$

修正纬纱织缩率。筘号为150,此时织缩率设为 x,

则 $150 = \frac{610}{4}(1 - x)$

$x = 1.7\%$

4. 确定筘幅

$$筘幅 = \frac{6\,040}{4 \times 150} \times 10 = 100.66 \text{ cm}$$

其他项目按前文公式计算即可。

思考题：

1. 平纹组织类棉织物主要有哪几类？各有什么特点？
2. 斜纹布织物的风格特征是什么？一般处于第几结构相，为什么？
3. 棉及棉型织物按原料如何分类？
4. 斜纹织物的经纬纱线密度与经纬密度如何配置？
5. 绒布的基本特征及起绒原理是什么？
6. 皱纱布的起皱原理是什么？
7. 涤棉烂花织物的设计要点有哪些？
8. 棉型织物设计中，化纤与棉纤维的混纺要注意什么问题？

色织物设计 | 第五章

第一节　色织物的基本特征及主要品种的风格特征

一、色织物的基本特征

（一）什么是色织物

色织物是由经过较完整的处理工艺处理过（如漂白、染色）的纱线为原料，制织而成的织物，色织物俗称为色织布。

（二）色织物的成色特点

色织物是用染色后或经过其他处理工艺处理后的纱线织造的织物，利用织物组织的变化和色纱的配合，所以花色品种丰富，外观变化多样，用途较广；涉及到棉、毛、丝、麻、化纤等各个纺织品生产的行业，也涉及到服用、装饰用、产业用三大纺织应用市场；色织物作为纺织品分类中的一个大类，与人们生产生活密切相关。织物由原纱染色后织成，染料渗透性好，因此织物色牢度比较高；

（三）色织物的设备特点

由于色织机配备多色的选纬系统及花式捻线机等，为丰富品种花色提供了方便；可同时选用不同色彩、不同原料、不同纱线结构形式织入同一产品，为设计者提供了发挥个人才智的平台，同时为多因素原料不同构成的应用提供方便。

（四）色织物的外观特点

由于组织和色彩的相互衬托，使色织物的花纹图案富有立体感和自然的感觉，在仿呢绒或丝绸织物等风格设计上有较大的优越性。可以采用不同色彩的纱线配合组织的变化构成变化丰富的图案，布面图案立体感强，外观丰满；织物可厚重密实而庄重，可轻薄飘逸而典雅；可现代风格而进取，可古典含蓄而沧桑，可浪漫清丽，可沉静温软。

（五）色织物原料的应用特点

色织物由于具备以上特点，因而产品品种不断发展。最早的是纯棉低档产品，随着化学纤维的发展与应用，产品结构起了很大变化，发展了涤棉混纺、涤黏混纺、涤腈混纺、维棉混纺、腈纶膨体、黏胶（人造棉）、涤纶长丝、空气变形丝及各种异形丝、金银丝、彩色丝等产品，且原料和纱线的规格千变万化，有棉型、中长型、低弹等，因此使色织产品繁多，除原有的线呢、劳动布、元贡呢、绒布、府绸、细纺、条格布、被单布等品种外，还有相当数量的装饰用布，如窗帘、沙发布、家具布、茶巾等，并且不断地向多工艺、精加工、中高档方向发展。

（六）色织物的市场特点

色织物在市场上具有经济、美观、实用的特点，产品档次可满足不同消费层次的人群。

二、色织物主要品种的风格特征

(一) 色织条格布

　　色织条格布属于色织布中的一个大众化品种,组织以平纹为主,有些用斜纹组织、各种联合组织,使布面效果更加富于变化。平纹组织的条格织物结构特点接近平布,斜纹组织的条格织物结构接近斜纹布或哗叽织物,联合组织织物的紧密度属于适中偏紧密。色织条格布的特点是花色多、价格经济,大部分属全纱制品,也有半线制品。色织条格布主要用于家纺装饰织物,如床上用品;也用于服用织物,如春秋服装,衬衫等。

(二) 色织府绸

　　是色织低线密度的轻薄产品,组织有平纹组织、平纹地小提花组织、条格组织,色织府绸的结构参数,基本上与白坯府绸织物的要求相同,必须使织物表面粒纹清晰、丰满匀整。由于色织府绸主要体现色纱及组织的效应,所以对外观组织纹理的要求没有原色府绸高,经纬向紧度也可稍低于原色府绸,经密是纬密的1.4～1.7倍,可根据不同组织灵活掌握。色织府绸要求外观细密,布面光洁平整,手感柔软挺滑、薄爽,花型清晰细巧,有丝绸感。该产品主要用作衬衫面料。

　　色织府绸品种按纱线结构分有全线府绸、半线府绸、纱府绸;按纺纱工艺分有精梳府绸和半精梳府绸等;按织物组织和色纱配置的变化分有条格府绸、提花府绸、缎条府绸、大提花府绸等;按原料组成分有纯棉府绸、混纺府绸、交织府绸。

　　色织府绸其部分品种的组织规格见表5-1。

表5-1　色织府绸部分品种组织规格

织物名称	纱线线密度(tex)		织物密度[根/(10 cm)]		织物组织
	经纱	纬纱	经向	纬向	
全纱府绸	14.5	14.5	472	267.5	平纹小提花
全线府绸	7.5×2	7.5×2	590.5	244.0	平纹小提花
半线府绸	14×29	17	346	259.5	平纹缎条

(三) 色织细纺

　　细纺是轻薄型单纱色织物的一大类品种。组织为平纹组织或平地小提花组织、有少量的清地大提花高档产品。色织细纺结构状态及规格类似于白坯细布类,其经纬密度不宜过高,经密是纬密1.05～1.1倍。细纺质地轻薄柔软,表面平整光洁,犹如丝绸织物中的纺类外观风格特征而得名。色织细纺有彩条、彩格等品种,适宜做男女衬衫、内衣面料等。色织细纺其部分品种的组织规格见表5-2。

表5-2　色织细纺部分品种组织规格

织物名称	纱线线密度(tex)		织物密度[根/(10 cm)]	
	经纱	纬纱	经向	纬向
涤棉彩格细纺	14.5	14.5	314.5	275.5
			362.5	275.5
	13	13	314.5	275.5
涤棉粗细支细纺	13×2+13	13×2+13	275.5	275.5

(四) 色织巴里纱

色织巴里纱是用强捻低线密度的单纱或股线织成的轻薄,稀疏的平纹组织为主的色织物,织物结构状态及结构参数与白坯巴里纱相似,服用织物巴里纱的紧度一般为 30%～40%,而装饰用巴里纱的紧度一般为 25%～35%。经向紧度是纬向紧度的 1.1 倍以内。织物具有质地轻薄,布眼清晰,手感滑,挺,爽,透气的良好特点,色织巴里纱具有类似于丝绸中"绡"类织物的外观风格,是优良的夏季服装面料,适用于男女衬衫、面纱、花边、窗帘的透帘等。

色织巴里纱一般都采用低线密度的精梳纯棉纱织制,也有一些涤棉混纺产品,混纺产品耐用、抗皱、洗可穿性能优良,所以高比例棉的棉涤混纺色织巴里纱也很受欢迎。色织巴里纱淡雅清丽,细小轻邹文静中显出华贵。品种有提花、剪花、稀密条、绞纱、以及与其他组织相联合等多种系列品种。

巴里纱产品对原纱的要求是低线密度纯棉或涤棉品种都具有的共同特征,即薄、透、爽、滑、手感柔软而不疲。纱线的特性决定了巴里纱的滑挺,其用纱必须是高捻度的精梳纱,纱线条干均匀,表面光滑,由于捻度高于一般用纱,纱线中纤维之间抱合紧密,纱线刚度大,布身挺括滑爽,富于弹性。巴里纱的经纬纱捻向相同,织物表面纤维方向互相垂直,布面纹路清晰,经纬纱相接触处纤维方向一致接触紧密,使布身挺括。同时,巴里纱织物的股线捻向应与单纱捻向一致,使得股线出现内紧趋势,增加织物的挺滑风格。

巴里纱的轻薄程度取决于纱线的线密度,一般采用 10 tex 以下的纱线,有 9.7 tex、7.5 tex、6 tex 和 5 tex 等,7.5 tex(80 英支)以下多用股线,属于高档巴里纱。

(五) 色织牛仔布

色织牛仔布(又称靛蓝劳动布、坚固呢)是一种较粗厚的色织斜纹布,组织有 2/2↖、3/1↖,也有变化斜纹,甚至提花组织。织物的结构状态和参数接近于白坯织物的卡其或华达呢织物。织物表面纹路粗犷清晰,斜纹线突出明显,牛仔布经纱一般为深色,如靛蓝、黑色及深色,纬纱为浅色,如浅灰或本白。由于经、纬纱颜色差异悬殊,织物组织又是经面组织,故织物正面为深色,反面为浅色。牛仔布的名称来源于美国西部牛仔穿的牛仔裤。这种产品在世界上已流行 100 多年,特别是在西方国家畅销不衰。20 世纪 80 年代才在我国开始流行并投入生产,目前中国已成为国际上牛仔布的重要生产国。

牛仔布的特点是纱粗,织物密度高,质地厚实坚牢,有良好的吸湿性和保形性,耐磨、穿着舒适、朴素大方。其粗犷简洁、返璞归真、回归自然的独特风格深受各界人士的喜爱。

近年来,随着经济发展和消费者需求的不断变化,牛仔织物品种也不断增多。其分类情况如下:

按单位面积质量分,有轻型、中型和重型三类。超薄型牛仔织物面密度小于150 g/m²,主要用作衬衫、内衣等夏季服装;薄型牛仔织物面密度小于 150～200 g/m²,主要用于春、夏季服装;中薄型牛仔织物面密度在 203.5～330.6 g/m²,主要用于春、夏季服装;中厚型牛仔织物面密度在 339.1～432.4 g/m²,主要用于秋、冬季服装;重型牛仔织物面密度为 440.8～508.7 g/m²,主要用于冬季服装。

按弹性分,有非弹力牛仔织物和弹力牛仔织物。弹力牛仔织物又可分为经纬双弹牛仔织物、经弹牛仔织物和纬弹牛仔织物。

按所用原料分,有全棉牛仔织物,棉与麻混纺、棉与黏纤混纺或棉与其他化纤混纺、绌丝混纺、毛混纺、氨纶包芯纱弹力牛仔织物等。

按色彩分,有深蓝、浅蓝、淡青、褐、黑、红、白、什色及彩色等。

按组织分,有平纹、斜纹、破斜纹、缎纹及提花组织等。

按后整理分,有水洗石磨、砂洗、磨绒等。

按织物品种分,有传统牛仔织物和花色牛仔织物两类。花色牛仔织物是为了满足人们对服饰多姿多彩的需要,采用不同的原料结构、不同加工工艺及不同的物理、化学方法而生产,如风行世界各地的彩色牛仔织物等。

牛仔织物用途除男女牛仔裤、牛仔上装、牛仔短裤及牛仔裙等服装外,还扩大至鞋、帽、提包、提箱及装饰用织物等。

牛仔织物部分品种的规格见表5-3。

表5-3 牛仔布部分品种规格

纱线线密度(tex)		织物密度[根/(10 cm)]		织物组织
经纱	纬纱	经向	纬向	
80	96	255.5	165	$\frac{3}{1}\nearrow$
58	58	295	165	
36	48	366	212.5	

(六) 色织泡泡纱

色织泡泡纱是由一组为泡泡经和一组地经。泡泡经和地经一般是不同粗细和不同颜色,这是由两组经纱和一组纬纱交织而成的织物。地组织和起泡组织都为平纹组织,织物结构状态和结构参数接近平布或比平布略紧密。其工艺特点在于起泡部分经纱与地部经纱在织造中分别卷绕于两个织轴,织造时地经与纬纱织成平整的地布。泡经纱较地经纱粗,送经快,与地经织缩差异大而形成有规律的条状波浪状泡泡皱纹而得名。

色织泡泡纱除条形泡泡外,也由色纱形成的格子色织泡泡纱,还可在平纹地部的基础采用异色纱进行点缀或局部使用各种联合组织或提花组织提高织物美观性。

色织泡泡纱色泽鲜艳、立体感强,泡泡的形状清晰整齐,泡形稳定,经久耐洗,质地柔软滑爽,使用时与人体皮肤处于点接触,服装穿着舒适,宜作衬衫、连衣裙及各式童装等服装面料;也可做装饰织物,如床罩、窗帘、家具套(罩)等。

色织泡泡纱织物的原料组成不同,有纯棉色织泡泡纱、棉混纺色织泡泡纱;或地部采用纯棉,泡泡部分采用涤棉;或经纱与纬纱采用不同原料形成外观,其风格独特而价格合理的多花色品种。

部分色织泡泡纱织物的规格如表5-4。

表5-4 部分色织泡泡纱规格

品名	纱线线密度(tex)		织物密度[根/(10 cm)]	
	经纱	纬纱	经向	纬向
纯棉泡泡纱	14.5+28	14.5	346.5	299
	18.2×2	36.4	314.5	236.5
涤棉泡泡纱	13+13×2	13	393.5	275.5

(七) 色织绉纱

色织绉纱为仿真丝绉类,轻薄飘逸,织物组织以平纹为主,织物表面的皱纹自然丰满。工艺特点是运用强捻的纬纱在一定张力条件下定型,结合适当的组织结构织成坯布,通过松式大整理使纬纱解捻,恢复其强捻所特具的收缩力,在织物表面呈现不规则的柳条状效应,经、纬纱通常为纬纱略粗于经纱,织物起绉效应好。经纬粗细如差异过大,成品有粗糙不协调感觉。经纱采用普通正常捻度,纬纱则全部或部分采用强捻度。织物起绉效应与纬纱捻度成正比(在临界捻度内)。一般强捻纱的捻度约为正常纬纱捻度的 2～2.5 倍。捻度过大,加捻困难,纬纱准备工艺要求高,络筒时易产生小辫子,织造时纬缩多,成品手感粗硬不自然;捻度不足,起绉效果差,达不到绉纱外观。纱细,捻系数应取偏大;纱粗,则捻系数可偏小。

色织绉纱绉纹立体感强,手感柔软,吸湿透气性良好,穿着舒适,常用作春、夏季服装面料,如衬衣、睡衣等,也用作窗帘等装饰用布。

绉纱织物的经纬纱紧度与起绉效应有直接的联系,实测数据表明:织物经纬向紧度相近,宜均在 30% 左右为好,织物的总紧度在 50%～55%,幅缩率一般在 30% 左右。布边经纱可采用 Z 捻、S 捻间隔排列的方法(或股线但粗细相当)或加阔布边宽度 1 cm 左右,以有利于整理加工。绉纱织物按其起绉风格可分为单向绉纱织物和双向绉纱织物。单向绉纱织物起绉似波浪或柳条状,双向绉纱起绉根据交织数不同可形成双绉或胡桃绉纹样,另外通过稀密筘、提花、缎条等设计手法可呈现强烈的起皱效应。

综上所述,只有在得到了纱线线密度、规格、组织、织造、后整理诸因素最佳配合后,织物起绉才能达到最佳效果。色织绉纱织物主要规格见表 5-5。

表 5-5 色织绉纱织物主要规格

原料成分	纱线线密度 tex		织物密度[根/(10 cm)]		织物组织
	经纱	纬纱	经向	纬向	
100%棉	14.5	19.5	236	181	平纹
100%棉	10	14.5	314.5	212.5	
T65/C35		13	275.5	236	提花

(八) 色织弹力绉

色织弹力绉是一种起泡起绉色织物,组织为平纹,织物的结构状态与结构参数与平布相似。原料选用聚氨酯弹性纤维(氨纶)、莱卡和高收缩涤纶长丝等。织物外观绉泡自然、灵活多变,久洗不变形,具有立体感强、手感滑爽、弹性和弹性回复性好等特点。织物具有耐化学药性、耐油污、耐腐蚀的特性。延伸性能为 45%～65%,在织物中含有 2%～16% 这种纤维就能发挥起泡、起绉、延伸的作用。

厚型织物用于布艺家具;中厚型织物用于外衣面料、家用装饰帘、盖布;薄型织物外观与丝织物的绉类有异曲同工之妙,广泛用于男女衬衫、女士裙装、时装等。

(九) 色织绒布

色织绒布是采用色纱或不同组织配合在织物上形成的条子、格子等外观的绒布。组织以平纹、斜纹为主,织物结构状态和结构参数与白坯绒布织物相似,是冬季较为适宜的内、外衣着用料。织物具有以下优点:坯布经拉绒后,织物纤维蓬松,保暖性增强,柔软厚实,吸湿性良好等。经拉绒后纬强稍有降低。内衣用料要求绒面丰满,所以纬纱线线密度大于经纱,纬紧度较大。外衣用料绒面要求低,不以绒毛为主,仅通过拉绒,使织物具有呢绒感,如彩格绒,经纬纱线线密度接近,经密大于纬密。

色织绒布根据起绒工艺不同,可分为拉绒布和磨绒布;按织物组织可分为平纹绒、斜纹绒、提花绒、凹凸绒;按拉绒方法不同,可分为单面绒、双面绒;按色纱配置不同,可分为条子绒、格绒等。

(十) 色织牛津纺

色织牛津纺又称色织牛津布。组织为平纹变化组织,如纬重平组织。织物结构状态与结构参数与白坯牛津布接近,织物制作比牛津布更轻薄,外观更细腻,具有类似丝绸"纺"类的外观,称为牛津纺,起源于英国。一般选择较细的精梳棉纱,高档的采用优质长绒棉细特纱线作经纬,也有采用涤棉混纺纱线的。常用细特经纱与较粗的纬纱以纬重平组织交织而成,具有纱支条干均匀,织纹颗粒丰满,色彩淡雅,手感柔软,滑爽,挺括,透气性好等特点。花色有素色,漂白,色经白纬和色经色纬,以及中浅色地纹上嵌以简练的条格。主要用作衬衫面料。部分品种的规格见表5-6。

表5-6　色织牛津纺主要品种规格

品名	纱线线密度(tex)		织物密度[根/(10 cm)]	
	经纱	纬纱	经向	纬向
纯棉牛津纺	7.5×2	7.5×2	590.5	244
		14.5	637.5	165
	14×2	36	377.5	204.5

(十一) 色织纯棉青年布

色织纯棉青年布,组织为平纹。是一种色经白纬纯棉织物,织物结构状态与结构参数与白坯布的中平布相似,纱线线密度21~29 tex,紧度49%~54%,经密是纬密的1.15倍以内。该产品始于20世纪50年代末,在流行初期具有粗犷的乡土气息。随着时代的变化,青年布的风格也起了相应的变化,具有布面光洁,条干均匀,手感挺括的特点。作为衬衫面料,具有良好的吸湿性、透气性,穿着舒适等的服用性能。

(十二) 色织中长花呢

色织中长花呢系用中长纤维仿毛的织物,织物组织根据仿制品种的风格特征而变化,结构状态、结构参数与风格类似于精纺毛织物,多为中厚型织物。花型条格新颖、文静大方。大多仿制各色平素花呢,织物质地厚实、坚牢耐穿。产品风格挺括、弹性好、丰满、滑爽、布面均匀。

中长花呢主要有涤黏混纺与涤腈混纺两类。涤腈织物手感丰厚,有身骨,挺而不硬,松而不软,弹性较好,抗折皱性强;涤黏织物则手感柔软,身骨与弹性不及涤腈织物,但吸湿性、抗静电性等较涤腈织物好。其抗折皱性差,可通过树脂整理来弥补。

中长花呢常以股线及花线制织。组织有平纹、斜纹及变化组织、联合组织等。也可织成隐条、隐格织物。产品常用作裤料、上衣等服装用料。

(十三) 线呢

采用纯棉色纱或色线织制而成的中厚型棉色织物,织物组织变化丰富,各类组织都可以应用,或简单或复杂,根据织物风格需要而变化,织物结构状态较紧密。织物外观花型新颖独到,可艳丽,可素雅,可华丽富贵,可乡野粗犷。织物手感丰厚柔滑,有毛型感,质地坚牢。主要用于中青年女性、儿童春秋季服装。

此外,还有色织烂花织物、色织印花织物、色织灯芯绒织物、色织纱罗织物、色织腈纶膨体粗花呢织物、色织低弹花呢织物、色织麻混纺织物、色织仿麻织物、色织双层织物、色织弹力织物等品种,在新材料、新设备、新工艺不断发展的基础上,色织新品种也不断涌现。

第二节　色织物的主要结构参数设计

一、原料的选择

由于色织物涉及的范围极其广泛,在棉、毛、丝、麻、化纤大类中都有存在,应用的原料也很广,除了棉纤维、毛纤维、蚕丝纤维外,还有涤纶、维纶、腈纶、丙纶、黏胶等化纤短纤及化纤长丝,近年来各种差别化纤维、异形纤维也大量采用,以提高色织物的花色外观。使用化学纤维,除了选用纤维种类外,更要选择合适的纤维细度与长度,以利于纺纱工序的进行,进而更好地体现产品的风格特征。因此,可根据产品的风格和外观特征选择合适的原料。色织生产工艺为在同一品种上使用多种不同的原料创造了较为良好的条件,混纺纱是使用最广泛的一种,设计混纺纱时各原料的比例是体现原料特性的主要因素。因此,混纺比设计显得较为重要,究竟各成分比例选择多少,一般都要根据所要达到的织物性能进行具体实验测试后确定。

二、纱线设计

(一) 色织纱线的特点

在色织物生产中,为了丰富织物的品种,提高织物外观的美感,改善织物的服用性能,扩大织物的应用范围,除使用传统的单纱和股线外,还广泛采用各种花式纱线。纱线使用上可考虑粗细结合、纱线结合、混纺交织、交并,以及使用合股花线、左右捻纱线、异形丝、金银线、印节纱、结子、毛圈、断丝等花式线、花色线,使织物体现不同风格。

(二) 使用花式线时应该注意的问题

1. 单纱芯的节子线

单纱芯的节子线不宜用做经纱,因其强力较差,只能做纬纱。

2. 经纬纱应用

纬向不宜同时采用两种节子线,否则易形成带纤纱。

3. 不同花色织物的应用

素色平纹地织物用纬向节子线容易形成档疵,但对条格织物就不显著,故设计时可在经向加用节子纱嵌线,使节子纱纵横交错进而避免档疵。

4. 毛巾纱、节子线

毛巾纱、节子线不宜用于单纱织物,因其断裂后纱线末梢纠缠于旁边经纱上造成断经不关车、开口不清而形成蛛网跳花织疵。

5. 金银线

金银线要选择强力较好的,在整经时略微加大张力,避免在织物中造成因经缩使金银线起圈圈、布面不平等现象。

三、织物组织设计

色织物应用的组织很广泛,原组织、变化组织、联合组织、复杂组织、多重、多层组织均可采用。可根据织物的风格特征选择合适的组织,一般常采用平纹、斜纹等较简单的组织。此外,为满足花色多变的要求,设计时通常会组合使用各种组织,配合色纱的变化,使织物新颖美观。但必须注意各种组织的选择与配置,要做到花纹清晰、便于织造,如格子组织、纵条纹组织,各条纹交界处的相邻两根经纱上的组织点的配置最好是呈经纬浮点相反的底片关系,以使条格界限分明。

四、织物密度、紧度设计

色织物进行创新设计时,其织物的密度、紧度设计可使用紧度理论设计法、经验公式计算法和参照设计法、几何结构理论、最大密度法等不同方法。

在进行仿样设计时,其织物的密度设计要保证花型、条格不变形,可采用仿制法进行,该方法在色织物的仿样设计时也常被使用。

五、色彩与图案设计

(一) 总方针

色织物色彩设计的总方针是:调和、对比、统一和变化。"调和"获得协调的美感;"对比"获得活泼的美感;"统一"体现主基调和配套性;"变化"体现个性特色和艺术感染力。

(二) 色彩设计

1. 主色调的确定

在进行色织物色彩设计时,可根据产品的用途、销售对象、销售地区和销售季节确定产品的主色调。主色调可从明度和色调两个方面考虑。

(1) 从色彩的明度方面来确定主色调

明度按视觉上的感受由黑到白等距离划分为0～10的11个等级。在实际应用中,去掉两个极端最暗的"0"和最明的"10",被分成1～9共9个明度等级。明度在1～3级的色彩称为一阶低明色调;明度在4～6级的色彩称为一阶中明色调;明度在7～9级的色彩称为一阶高明色调。低明色调:晦暗、沉幽、低沉、稳重;中明色调:含蓄、平静、沉默、平板;高明色调:优雅、柔和、明亮、外向。明度高的色调轻盈飘逸,名度低的色调凝重稳定。每一阶基本色调中又细分为三级,共为九级二阶明度色调,这样为设计者提供了更多的选择空间。

(2) 从色性方面来确定主色调

色性是指色彩所具有的冷暖性质,每一色调又称为每个色相,一个色彩就是一个色相,色相繁多。因此,对色调的外观视觉进行色性划分,可分为暖色、中性色和冷色三类。在色环上,由原色红色到原色黄色之间称为暖色;由原色红色的补色(绿色)到原色黄色的补色(紫色)之间称为冷色;紫色到原色红色和绿色到原色黄色均称为中性色,冷暖感觉均不十分明显。红、橙、黄作为暖色,使人产生舒适温暖感,知觉性强;绿、蓝、紫作为冷色,使人产生收缩的冷峻感,知觉性弱。色彩的冷暖是相对比较而言,也与审美心理有密切关系。有的色彩在色环上或视觉上冷暖感差异性不大,如黄绿色、蓝绿色、紫红色等,所以称为中性色。在同一色调中的色彩本身也存在冷暖差异,如朱红比大红暖、大红比枚红暖。非彩色系也有冷暖的感觉。明度越高,给人的冷感就越强烈;明度越低则给人的温暖感觉越强。

2. 色彩配合

设计色织物,需要涉及色光的配合与色彩的配合,以色彩搭配反映色光的视觉效果。色织物的色彩配合,主要表现为各种色纱与组织结构的配合运用,使之为各种色纱形成的色彩对比与变化。色织物产品设计一般要设计出大量的组织花型,称为系列花型,每种系列花型可有若干套配色,使之成为产品花色的系列化。

（1）要明确用途和当前的流行色彩

色织物的适应面广，可以是衣着用或装饰用织物，也可以是仿丝绸或仿呢绒类织物。人们对色彩的爱好，随民族和地区的不同而不同。所以，配色应根据织物的使用对象、地区、民族、习惯、季节、年龄、性别和城乡等的不同要求而有所差异。还有对流行色彩的要求，服装式样对色彩的要求等，色彩的流行存在着一定的周期是可以掌握的。所以，在色织物的色彩运用上应加强调查研究，把握色彩变化的周期趋势，这一点是极为重要的。

（2）色彩的主次

一种配色必须有一个主色调。主色调是色彩的主心骨，以此来体现设计的主题与产品的灵魂。一般来说主色的面积最大，可以是色彩中体现设计思想的任何色调，或冷或暖或中性的色调。其他色只能围绕主色调做文章，或统一或变化，统一如大海风平浪静，变化如大海鱼跃浪花。有时在各套色中主色调用两种色彩体现，但两个色相还应有主次之分，不能等量相用。

（3）色彩层次

色彩层次在条格织物的配色上应特别注重。有了层次能体现出作品的前后、上下、左右，极富立体感，使人们能感到有条有理，条格宽窄的搭配也显灵活美观。不然，则会产生杂乱无章、死板呆滞的不良效果。

例如，渐变色采用同种色的配合，由明度、纯度、色相之一进行色彩渐变，使经纬纱逐渐排列成多层次的条格型，植物条格极富平稳过度感。但同种色的色阶太近，会使操作困难，使配色产生呆滞感。作用对比强烈色彩的经、纬纱交织能使布面产生闪色效应，给人们富丽大方的感觉，但这种配色也易使人感觉晕眩、幼稚和粗俗。

(三) 图案设计

色织物的图案设计受到综片数的限制。色织物的图案设计不同于印花与丝绸图案，可在决定设计主题后实样描绘。它的色彩花型主要是条子和格子，寓意简单，以象形和几何形花型为主。大提花色织物的图案，多数是以条格排列和提花相结合。

1. 几何图案

以简单的经、纬浮长起花、夹线起花、多重多层组织、原组织起花等各种起花方式单用或组合，在织物表面构成由线条或点连缀成的简单的各式几何图形。如波浪折线、菱形、三角形、丁字型、类圆形等。

2. 条格图案

由色纱、组织单独构成或色纱与组织联合构成的各种大小不同的方格和条子的图案。

3. 朵花图案

在织物上采用写实题材的变化朵花图案，体现出一种象形的似花非花、似物非物的意趣。这种花型在多臂提花机上一般表现为花型简洁、线条粗直的特点，具有木刻艺术的效果，风格新颖别致，饶有趣味。

4. 组合图案

将上述方法的一种或几种方法联合应用，但要注意方法多会易显凌乱，故要处理好图案间的轻重、主次关系。

六、产品的风格设计

(一) 仿丝绸风格的色织产品

1. 色彩特点

丝绸织物的特点是外观光滑、光泽自然明丽、触感细腻柔软。彩格色织物色彩可以比较艳丽,一般织物以淡雅清新为主,如水红、豆绿、粉青等。色泽选用过深,就显示不出薄型飘逸的丝织物的风格。

2. 主要仿绸产品

色织物中府绸、细纺、巴里纱等夏令产品,都要求有类似于丝绸织物外观。色织府绸因称其"绸",是丝绸感要求较强的品种。它在长期的生产制过程中,已形成独具一格的外观风格特点,即要求表面组织点颗粒清晰有形、手感滑爽、光洁柔滑。而以纯度低而明度高为主体配色,色彩柔和,素净淡雅、有高档风格。对于平地小提花组织的府绸织物,纬纱可以采用原色异形涤纶长丝,俗称纬长丝府绸,在手感和外观上更能体现丝绸织物特点,已被广泛使用。色织剪花、烂花、色织印花等品种,也是由学习丝绸的烂花、挖花(仿绣)等传统优秀产品而来的。

(二)仿麻风格的色织产品

1. 仿麻因素

仿麻或色织物有薄型和中厚型两种,要达到麻织物的外观,主要在于组织、原料和纱线线密度的配合。织物组织以平纹为主,兼以经重平、纬重平、变化重平等组织,还可适当用一些花式纱作点缀。纱线选用高线密度的纱线,以提高仿麻织物的外观效应,尤其是中厚型仿麻织物,因低线密度纱手感柔软,削弱了仿麻织物硬、挺、爽的特点。对于轻薄型仿麻织物,采用平纹变化组织、或者采用仿麻专用纱线均可获得良好的仿麻效果。仿麻织物密度不宜太大,但要使织物具有一定的身骨、透气性和弹性。仿麻织物花型一般较简练,与粗细纱线结合使用,则更能衬托出麻织物挺爽、朴实、粗犷的特色。

2. 仿麻织物的色彩

仿麻织物色调多用低彩度的中浅色。如多以米色、浅米色、糙米色、乳黄色等较为接近原麻本色的色系为主色。麻不宜用色,切忌杂乱五颜六色,以防冲淡麻织物本来的风格。

(三)仿毛风格的色织产品

1. 主要仿毛类的品种

色织物仿毛主要围绕精梳毛纺中的薄型、中厚型花呢、格花呢等品种仿制其毛型风格,也有仿制精梳毛织物中传统品种的。但由于原料本身的差异,在色泽、风格和外观上存在较大差异,一般只作为毛织物的替代品,在低端市场销售。此外,有少量仿制纹面粗花呢的风格。

2. 仿毛织物的色彩

毛型感的仿制亦在于图案造型、织物组织及色泽的配合。毛织物的色调、造型要求浑厚、稳重、大方,常用的有咖、灰、黄、米色、蟹元、蟹灰、蟹青、草绿、翠绿等不同色调。白色用自然白代替漂白,近似羊毛本色。仿毛织物的色泽配合是很重要的,配合不当,会引起织物风格的失真。

3. 仿毛织物的纱线

色织物仿毛花呢,除有纱线捻向不同形成隐条隐格外,关键在于花线的应用。有同色线并合而成的二股异色花线、三股花线,粗细不同的花式线,不同捻度的各种低捻花线等。由于不同色泽的色纱混合,使织物表面产生不同程度的混色效应。花线的色泽配合有明调配色加捻、暗调配色加捻、邻近色配色加捻、近似色配色加捻、对比色配色加捻、补色配色加捻等不同的配合方法。不同配色加捻的合股线的外观不同,根据产品风格选用。此外,结子线、疙瘩纱等在仿毛织物上都有应用。不同花式线的应用,为增加色织仿毛花呢的毛型感提供了良好的条件。

4. 仿毛织物的组织

在组织选用上,薄型织物以平纹为多,中厚花呢多采用斜纹、变化斜纹、方平、配色模纹花型等组织。

5. 广谱仿毛试织

为了增加和丰富仿毛花呢的色谱,可采用包袱试样的方式,用五种或以上从深到浅不同色泽的经纱与从深到浅的多种纬纱交织,形成数十种色谱,便于达到更好的仿毛效果。

第三节 色织物的劈花与排花

一、劈花

(一) 劈花的定义及目的

1. 劈花的定义

在色织物设计中,经纱在整经时起点的选择称为劈花。在劈花的工艺设计中,以一花为基本单位。

2. 劈花的目的

劈花的目的是保证产品在使用上达到拼幅与拼花的要求,同时有利于浆缸的排头、织造、整理加工及产品的美观。

(二) 经向有细条或特细条织物的劈花

在细条织物中,一个花纹循环由若干个条子组成,有的条子很细,只有几根纱甚至只有1根纱。如果细条子在布边,裁剪或拼幅过程中,有可能被埋没或剪掉,使花型不完整。为了解决上述问题,需进行劈花。

例 5-1 某织物一花的色经排列如表5-7所示。

表 5-7 织物一花的色纱排列

红	酱	紫	红	黑	酱	黑	酱	红	黑	红	酱
30	2	1	2	1	2	1	1	2	1	1	2

如果按表5-7那样排下去,织物为整花,右布边紧邻酱色2根,在裁剪、拼花时易破坏,因而色纱排列起点改为如表5-8所示的排列。经过上述调整后,织物两边的部位都是红纱线较多,不易破坏。

表 5-8 劈花后的色纱排列

红	酱	紫	红	黑	酱	黑	酱	红	黑	红	酱	红
15	2	1	2	1	2	1	1	2	1	1	2	15

由表5-7和表5-8可以看出,每花纱线根数未变,由于色纱排列是循环的,除布边部位纱线排列变动外,中间完全一样,不影响设计结果。

(三) 具有提花组织的劈花

1. 缎条府绸、泡泡纱等

缎条府绸、泡泡纱等在实际生产中,提花部分、起泡部分一般要距布边1.5 cm,最少也要1 cm以上,这样才不致于产生松边、烂边。

例 5-2 某缎条织物的色纱排列如表5-9所示,对其进行劈花。

表 5-9　缎条织物的色纱排列

白色(平纹)	粉色(缎纹)	白色(平纹)	粉色(缎纹)
56	20	24	20

表 5-9 所示色纱排列,当织物为整花时,在右布边紧接着较松的缎纹组织,不利于织造和提高布面质量。如表 5-10 所示进行调整,即可使左右布边紧邻平纹组织,有利于提高布面质量和织造效率。

表 5-10　缎条织物调整后的色纱排列

白色(平纹)	粉色(缎纹)	白色(平纹)	粉色(缎纹)	白色(平纹)
28	20	24	20	28

2. 对穿筘有特殊要求的组织的劈花

透孔组织穿筘有特殊要求,在劈花时必须考虑到透孔部分不能排在紧邻边部处,离布边应 1.5 cm 以上;必须满足特殊穿筘要求。

例 5-3　有一织物其组织及一花色纱排列如表 5-11 所示,进行劈花。

表 5-11　透孔织物一花色纱排列

浅灰(平纹)	白(透孔)	浅灰(平纹)	白(透孔)
51	18	24	18

按表 5-11 所排列的色纱,若织物为整花数则在右布边紧邻透孔组织,不符合要求,现进行劈花并保证不破坏每筘穿入数,如表 5-12 所示。图 5-12 的两种劈法中,由于有特殊穿筘,只能用第二种劈花法。

表 5-12　透孔织物一花色纱劈花排列

色纱排列	浅灰(平纹)	白(透孔)	浅灰(平纹)	白(透孔)	浅灰(平纹)
第一劈花法	25	18	24	18	26
第二劈花法	27	18	24	18	24

3. 床单等宽条织物劈花

宽条织物在应用中要保持良好的对称美感。因此,劈花时只要在宽条处,浅色处进行劈花,并保证两边对称即可。

(四) 劈花时每花纱线根数加减调整

1. 增加每花根数(行话加头)

织物进行劈花时,织物的总经根数不是整花,整花后余下的纱线根数较多,将多余的纱线根数(头份)穿插到现有色纱排列循环中(使每花纱线根数增加)并保持总体外观不变,这种方法称为增加每花根数(行话加头法)。

例 5-4　有一色织物,其色经排列如表 5-13 所示,每花根数 180,总经根数 2 658。其中,边纱 48 根,进行劈花及加头处理。

$$织物总花数 = \frac{总经根数 - 边纱根数}{每花根数}$$

$$=\frac{2\,658-48}{180}=14.5 \text{ 花}$$

即 14 花余 90 根纱。该 90 根不是整花,在织物上会出现半花而影响外观,在每花上增加一定根数,使其变为整花 14 花,设加头根数为 X。则:

$X=6$(根/花),每花加 6 根纱,则加头后的每花根数为 186,现为 14 花余 6 根纱线。这 6 根纱在整经时加入最后条带中,原黑色 64 根加 4 根后,现为 68 根;原红色 50 根加 2 根后,现为 52 根。其加头后的色纱排列及劈花结果如表 5-14 所示。

表 5-13　色织物经纱排列表

酱	红	酱	红	酱	黑	酱	黑	酱	红	酱	红	酱	黑	酱	红
1	1	1	1	2	1	2	2	1	3	1	14	18	64	18	50

$$\frac{2\,648-38}{180+X}=14$$

表 5-14　加头及劈花结果

色纱排列	红	酱	红	酱	红	酱	黑	酱	黑	酱	红	酱	红	酱	黑	酱	红	加头最后
加头后	26	1	1	1	1	2	1	2	2	1	3	1	14	18	68	16	26	
调整后	29	1	1	1	1	2	1	2	2	1	3	1	14	18	68	16	23	+6↓

2. 减少每花根数(行话减头法)

织物进行劈花时,织物的总经根数不是整花,余下的纱线根数较多但又不是一整花。此时,将每花的纱线根数减少而使织物成为整花并保持织物原风格不变。以上面例子进行说明。

花数 $=\dfrac{2\,658-48}{180}=14.5$,即 14 花余 90 根纱。现在减少每花根数,设减少 X 根,使花数变为 15 花,则现在每花为 $180-X$。则 $\dfrac{2\,648-38}{180-X}=15$, $X=6$,即每花减去 6 根纱。减头后每花根数为 174 根。原黑色 64 根减 4 根后,现为 60 根,原红色 50 根减 2 根后,现为 48 根,减头后并进行劈花见表 5-15 所示。

表 5-15　减头及劈花处理

色纱排列	红	酱	红	酱	黑	酱	黑	酱	红	酱	红	酱	黑	酱	红
减头后	0	1	1	2	1	2	2	1	3	1	13	8	60	15	48
劈花	24	1	1	2	1	2	2	1	3	1	13	8	60	15	24

(五) 劈花的注意事项

1. 组织特征与配色特点

劈花时要注意产品的组织特征与配色特点,了解产品的加工工艺与用途,劈花时一般选择在色泽较浅、条形较宽的地组织部位。

2. 劈花位置的选择

经向有各类花式纱线、金银丝等劈花时应避开,选择在地经纱部位劈花。

3. 纱线在每花中的调整

劈花时要注意纱线在每花中的调整,俗称加减头。加减头时,要在纱线较多的条子部分进行,这样才不会改变原花的花型。

二、排花

(一) 排花的概念

色织物织物一花经纱的排列顺序、每花经纱根数、穿综穿筘方法构成经纱排列方式,因为以一花为单位进行,所以称为排花。

(二) 调整经纱排列的目的

1. 控制上机筘幅和总经根数

调整经纱排列,可控制上机的筘幅和总经根数。同时对于总经根数统一规定的产品,在进行工艺设计时为了把产品总经根数和上机筘幅控制在规定范围内。

2. 满足生产要求

调整经纱排列,可使产品在生产过程中经纱的排列满足劈花的要求。

3. 处理余头和分绞不清

余头即是全幅经纱根数非整花根数的倍数,而出现整数倍多一些或少一些纱线根数,这些多或少的纱线称为余头或零纱。分绞不清又称为平头,主要是由于经纱每花循环数为单数纱线的产品在分绞时出现两上或两下的情况,给穿经工序带来麻烦。当织物的总经根数能满足花数要求时,经纱在整花处有少量余头,需对余头在经纱排列时进行调整。

(三) 调整经纱排列的方法

1. 每筘穿入数相同的产品

调整经纱排列时只要在条(格)较宽的配色处抽去或增加适当的排列根数,改变经纱一花是奇数的排列,并尽量调整到是基础组织循环的倍数,最好的调整方法是调整到组织循环和穿筘入数最小公倍数的倍数。

例5-5　某产品总经根数 2 776,其中边经 28 根,每花经纱根数 215,色纱排列见表 5-16(原样)。

该织物一花经纱排列根数为215,形成了分绞不清的现象,需将经纱根数调整为偶数。

表 5-16　色织物色经排列表

色纱排列	绿	黑	灰	黄	灰	黄	绿	黄	灰	黄	灰	黑	绿		一花根数
原样	31	41	6	18	6	4	12	4	6	18	6	41	22		215
改后	30	40	6	18	6	4	12	4	6	18	6	40	22		212
劈花	26	40	6	18	6	4	12	4	6	18	6	40	26		212
调整后	22	40	6	18	6	4	12	4	6	18	6	40	30	−8↓	212

花数 $=\dfrac{2\,776-28}{215}=12.78$,即 13 花少 47 根。最后一花不完整。用减头法处理成整花或接近整花。每花减去 X 根,使其变成 13 花。

$$\frac{2\,776-28}{215-X}=13$$
$$X=3.6$$

则每花减去 3 根纱线,见表 5-16 中改后的经纱排列,每花含 212 根经纱。

现在花数 $=\dfrac{2\,776-28}{212}=12.96$,即 13 花少头 8 根(差 8 根纱才 13 花)。由于 8 根纱量很少,经减头处理后整经排列时,从最后一条带中抽去 8 根经纱即可,其调整后结果见表 5-16 所示调整后色经排列。

2. 各种花筘穿法的产品经纱排列的调整

(1)保持经纱一花总筘齿数不变,而对经纱一花排列根数作适当调整。

例 5-6 某织物总经根数为 3 036,其中边纱 36 根,缎条府绸。经纱排列如表 5-17 所示,其中每筘穿入数为平纹 3、缎纹 4,每花 126 根经纱。

表 5-17　缎条府绸经纱排列

1筘	8筘	7筘	8筘	1筘	14筘
4入	3入	4入	3入	4入	3入
酱	绿	酱	绿	酱	绿
4	24	28	24	4	42

根据产品整理要求,缎纹条要距布边 1.5 cm 以上。因而对经纱排列要进行调整。

花数 $=\dfrac{3\,036-36}{126}=23$,余 102 根。采用加头法,每花加头 X 根,花数不变,$\dfrac{3\,036-36}{126+X}=23$,$X=4.43$,则每花加头 4 根。每花含 130 根经纱。

花数 $=\dfrac{3\,036-36}{130}=23$,余 10 根。

加头后将原花中 1 筘 4 入的改为 5 入/筘,把 7 筘 4 入的分成 1 筘 5 入、5 筘 4 入、1 筘 5 入,见表 5-18。由于缎纹靠左布边,要进行劈花。劈花结果见表 5-18。同时,由于有余头 10 根,要进行余头处理,处理结果见表 5-18。

表 5-18　缎条府绸的劈花及经纱调整

	1筘 5入 酱 5	8筘 3入 绿 24	1筘 5入 酱 5	5筘 4入 酱 20	1筘 5入 酱 5	8筘 3入 绿 24	1筘 5入 酱 5	14筘 3入 绿 42	
加头结果									余头
劈花结果	7筘 3入 绿 21	1筘 5入 酱 5	8筘 3入 绿 24	1筘 5入 酱 5	5筘 4入 酱 20	1筘 5入 酱 5	8筘 3入 绿 24	1筘 5入 酱 5	7筘 3入 绿 21
调整后	9筘 3入 绿 27	1筘 5入 酱 5	8筘 3入 绿 24	1筘 5入 酱 5	5筘 4入 酱 20	1筘 5入 酱 5	8筘 3入 绿 24	1筘 5入 酱 5	5筘 3入 绿 15

调整后余头 +10↓

(2)一花经纱根数不变,对一花的总筘齿数作变动。

例 5-7 某泡泡纱织物的总经根数规定为 3 176 根。其中边纱 54 根,穿入 18 筘。织物 $P_j=346$ 根 $/(10\ \text{cm})$,$P_w=299$ 根 $/(10\ \text{cm})$,筘幅 101.35 cm,色经排列见表 5-19。其中 3 入为平纹,2 入为泡泡,每花筘齿数为 90 齿。

$$花数 = \frac{3\,176-54}{240} = 13$$

总筘齿数＝边筘齿＋每花筘齿数×花数

$$= 18+90\times13 = 1\,188\ 筘齿$$

$$筘号 = \frac{总筘齿数}{筘幅} = \frac{1\,188}{101.35}\times10 = 117.1\ 齿/(10\ cm)$$

表 5-19　泡泡纱色经排列

每筘穿入数(根)	3	2	3	2	3	2	3
筘齿数	24	10	7	10	7	10	22
纱线线密度(tex)	J14.5	28	J14.5	28	J14.5	28	14.5
色别	蓝	白	黄	白	黄	白	蓝
色经根数	72	20	21	20	21	20	66

实际生产中没有这种筘号,必须换成标准筘号。因此,对经纱排列和筘齿数作调整,如表 5-20 所示。

表 5-20　泡泡纱织物经纱调整

每筘穿入数(根)	3	2	3	2	3	2	3
筘齿数	24	9	7	9	7	9	24
纱线线密度(tex)	J14.5	28	J14.5	28	J14.5	28	J14.5
色别	蓝	白	黄	白	黄	白	蓝
色经根数	72	18	21	18	21	18	72

现在每花筘齿数为 89,则

$$总筘齿数 = 18+89\times13 = 1\,175$$

$$筘号 = \frac{总筘齿数}{筘幅} = \frac{1\,175}{101.35} = 116\ 齿/(10\ cm)$$

此筘号即为标准筘号。

(3) 对原样一花的排列根数及所穿筘齿数同时进行调整

例 5-8　某织物规格为 $(14\times2)\times17\times346\times259.5$,门幅 91.44 cm,总经根数 3 380(其中边经 36 根),筘幅 104.14 cm。织物为缎条府绸,一花经纱排列如表 5-21 所示,每花 135 根。

表 5-21　缎条府绸一花经纱排列

组织	缎纹	平纹	花区	平纹	缎纹	平纹	合计
筘齿数	4	5	4	5	4	15	37
每筘穿入数	5	3	5	3	5	3	
颜色	红	黑	蓝	黑	黑	红	黑
纱线根数	20	15	10	10	15	20	45	135

$$总花数 = \frac{内经根数}{每花根数} = \frac{3\,380-36}{135} = 25, 差\ 32\ 根$$

以上每花色纱排列的缺点：左布边紧接缎纹组织不合理；当右边除去 32 根纱线后又是缎纹组织接着布边；花纹不完整，布边不对称；每花根数为奇数，产生平头分绞不清。现进行纱线每花根数调整，在平纹宽条处减一筘 3 入，即每花减 3 根，现每花为 132 根。

$$总花数 = \frac{3\,380 - 36}{132} = 25，余头 44 根$$

在最后一花调整经纱根数，加头 42 根，织物两边对称。则织物的总经根数 $= 132 \times 25 + 42 + 36 = 3\,378$ 根，每花筘齿数为 36。调整筘齿数、劈花及加头后结果如表 5-22 所示。

表 5-22　府绸织物经纱排列情况表

项目	组织	平纹	缎纹	平纹	花区		平纹	缎纹	平纹	备注
调整每花数	筘齿数调整		4	5	4		5	4	14	36
	每筘穿入数		5	3	5		3	5	3	
	颜色		红	黑	蓝	黑	黑	红	黑	
	调整后经纱根数		20	15	10	10	15	20	42	132
调整加头后	筘齿数	14	4	5	4		5	4		
	每筘穿入数	3	5	3	5		3	5		
	颜色	黑	红	黑	蓝	黑	黑	红		
	劈花及加头	42	20	15	10	10	15	20	+42↓	

织物总筘齿数 = 花数 × 每花筘齿数 + 余头筘齿数 + 边筘齿数

$$= 25 \times 36 + \frac{42}{3} + \frac{36}{3} = 900 + 14 + 12 = 926 \text{ 齿}$$

$$筘号 = \frac{总筘齿数}{筘幅} = \frac{926}{104.14} = 88.92 \text{ 齿} / (10 \text{ cm})$$

取筘号为 89 齿/10 cm。$筘幅 = \dfrac{筘齿数}{筘号} \times 10 = \dfrac{926}{89} \times 10 = 104.045 \text{ cm}$

$$织缩率 = \frac{筘幅 - 布幅}{筘幅} \times 100\% = \frac{104.045 - 91.44}{104.045} = 12.1\%$$

三、排花注意事项

排花时，要求格形正方的产品，须验证其一花经向的长度是否与纬向宽度相等，若不相等，可改变格形中色纱引纬数；要求对花对格的产品应注意到一花的引纬数与纹板的块数是否相等或者成倍配置。

第四节　色织物设计实例

一、涤棉纬长丝织物的设计

(一) 涤纶长丝的特点及应用

自化学纤维问世以来，人类就已开始致力于化学纤维天然化问题的研究，利用化学纤维补充人类衣着和生活需要的天然纤维,尤其是补充或取代天然蚕丝。涤纶长丝仿丝绸产品的研究步步深入,因为涤纶长丝不仅具有和天然长丝相似的外观性能,且利用棉型设备织制仿丝绸产品,在设备、工艺、效益上都有很大潜力。目前,棉型仿丝绸产品多以涤棉混纺短纤纱为经纱,涤纶或其他种类长丝作纬,并采用仿丝绸整理,使产品凉爽飘逸,富有薄透感和良好的悬垂性。其外观与真丝产品有共同之处,该产品主要用于女装的连衣裙、柔姿裙料和男女衬衫面料。

目前广泛采用涤纶异形丝作纬纱,更多采用三叶异形涤纶长丝居多,主要产品有涤纶三叶异形丝府绸、胸襟花府绸、烂花府绸等品种,此外尚有巴里纱、泡泡纱等薄型花式织物。此外,五叶异形涤纶长丝、七叶异形涤纶长丝、常规园截面长丝、改性涤纶长丝和原液着色长丝等也有应用。

(二) 三叶异形涤纶纬长丝织物的设计

三叶异形涤纶丝产品,质地轻薄,手感软滑,光泽晶莹,色泽柔和,经过减量处理后既可保持涤棉织物的挺括、免烫、坚牢等特点,又具有丝绸织物的轻、薄、软、滑、悬、垂、透气等优点。

三叶异形涤纶长丝,在截面形状上大致接近于天然蚕丝,进而改善了圆形截面纤维的光反射现象,使光的反射、折射和透射更加接近蚕丝。显示了蚕丝所具有的光泽明亮、闪烁的视觉效应,同时也解决了圆形截面的蜡状感和平滑感问题,使产品滑爽并具有一定的蓬松度。由于具备以上特点,为目前国内外流行的仿丝绸产品主要原料。

为了要充分发挥原料的特性,使织物的风格特征更接近真丝绸,提高产品质量,在设计产品时,还要掌握以下要领。

1. 产品规格设计

在进行产品设计时,要根据产品用途来确定组织的结构和规格。由于仿丝绸产品以薄型细号纱织物为主,因而可参照类似的府绸、巴里纱等品种规格,并结合产品特点,可作适当变动。目前生产的涤棉纬长丝织物,其经间紧度均在50%左右,纬间紧度在40%左右,经紧度是纬紧度的1.3倍左右。部分涤棉纬长丝织物的规格如表5-23所示。

表 5-23　涤棉纬长丝织物的规格

经纱线密度(tex)× 纬纱线密度(dtex)	经密×纬密 [根/(10 cm)]	经向紧度(%)	纬向紧度(%)
13×83.3	393.5×330.5	52.52	35.32
13×83.3	401.5×315	53.57	33.64
13×83.3	413×330	55.14	35.32
13×83.3	441×315	58.87	33.64
13×75.6	441×338	58.87	34.42

涤棉纬长丝织物经纬密度配置要和产品特点及组织结构相适应!经密不宜太高,如过高则织物经面效应加强,削弱了纬长丝的显露程度。但经密又不能过稀,否则会影响成品质量的提高,如产生移位、拔丝、降低织物缝纫牢度等问题。表4-16为常用的涤棉纬长丝织物规格。

2. 组织设计及配色

为了尽量体现三叶异形涤纶长丝原料的特色,合理地选择与运用组织很重要。以13 tex涤棉纱做经、83.3 dtex做纬的涤棉纬长丝织物为例,宜在平纹或绉地组织上点缀稀疏的纬向起花组织,花型要细腻精巧,纬浮长一般不宜超过5个组织点,在一个组织循环中提花比例不能太多,以免织物疏松,影响服用性能。但如全部采用平纹组织,则因经密大,交织点多,就会失去三叶异形丝的特殊外观的作用,产生织物表面无光泽、丝绸感不强等现象。

涤纶三叶丝异形纬长丝织物,当前以夏令薄型男女衬衫、裙料为主。因此,配色要求趋向彩度低、明度高且较为淡雅的色调,以显示出明朗、轻松、飘逸、青春、活力等特点,使产品有高档的感觉。目前较为流行的有米黄、鸽灰、杏、浅蓝、水粉红、水绿等色彩。如点缀少量的印花纱、断丝、小结子纱、竹节纱等,可增强织物装饰的效果风格,使织物的外观更加新颖别致。

过去,市场上以本色三叶涤纶异形丝为主,只能用以设计白地或浅色调的内衣料,品种的发展受到一定程度的限制。为了扩大品种使用领域,增加花色品种,近年来已开拓的有原液着色三叶涤纶异形丝,这为色织物的花色品种发展提供了更好的条件。化学纤维原液着色就是在纺丝原液中加入适量着色剂进行纺丝或采用高温染料的切片与白色切片混合,从而直接制成各种色彩绚丽的有色三叶涤纶丝,其特点是染色均匀,并能耐 $250 \sim 280$ ℃以上高温,色牢度好,色光饱满。有色长丝的生产使纬长丝仿绸品种的服用面扩大,既适宜做内衣的衬衫面料,又适合做女装的各种外衣料、裙料等。如经用芥蓝、纬用藕红,或经用芥蓝、纬用浅棕,经用深茶绿、纬用茜红等,都能显示闪色效应。同时在纬向适当点缀稀疏的原组织小提花型成星星点点、闪闪烁烁,富有高档真丝绸的效果。如果有大提花织机制织,织物更可与真丝绸媲美。如经纱用浅米涤棉纱,纬纱嵌少量五彩印节纱,并用浅藕红三叶涤纶长丝,经纬纱线规格用 $13 \text{ tex} \times 83.3 \text{ dtex}$,织物密度$(440.75 \times 283.5)$根/$(10 \text{ cm})$的纬长丝织物是作为男女装衬衫、夏季裙装的典型涤棉纬长丝面料。

做裙料或柔姿衫的纬长丝产品要求凉爽飘逸,色泽不受局限,采用的色度稍高,彩度协调和谐而且艳而不俗。仿丝绸的格子细纺采用浅色调或中色偏浅色调,如纯白、血牙、浅湖绿、浅蓝、浅红莲,局部运用阴影组织过渡的手法,织物纬面效应表现充分一些,则织物的表面呈现五彩缤纷、约丽多姿的视觉外观,给人以一种活泼、明快的感觉,充分体现出青春的旋律,是很受青少年、妇女欢迎的面料。

3. 加强丝绸感的措施

为了改善纬长丝织物的手感,选用单丝纤维的线密度以小为好,使用较多的原料是 $83.3 \text{ dtex}/36F$ 三叶涤纶丝。但是,单丝线密度太小时,虽然织物手感好,但织造难度增加,易形成毛丝和造成断头。

纬长丝织物经碱减量仿丝绸整理后,能使织物失重,提高悬垂性和透气性,加强织物的丝绸感。一般情况下,减量失重超过 15% 左右时有柔软感觉,达到 20% 时手感明显改变,而强力将有 $30\% \sim 35\%$ 的损失。经生产实践,色织涤棉纬长丝织物以 $15\% \sim 18\%$ 的减量率为宜。

二、胸襟花织物的设计

胸襟花织物,顾名思义,是指提花集中在衣服的胸襟部位,该织物装饰性强,具有绣花的高档感,适宜做男性或女性的衬衫料。

胸襟花织物的设计首先要掌握好提花的部位,根据服装裁制的要求,从边组织开始至提花部位约 $9 \sim 10 \text{ cm}$,提花部位阔约 $10 \sim 11 \text{ cm}$。花型要尽量集中,突出主题,不宜太阔太散,以免影响服装裁制,地部可呈素色也可用胸襟部位的组织,利用穿综的变化点缀一些小提花以节约综页。为了方便生产,采用纬向提花组织更为适宜。因为经向起花浮长短,花型不突出,如浮长太长要卷绕两个织轴,而且由于花型集中,综丝分布不均匀,必须配备一个小织轴,工艺较为复杂,故选择纬向提花组织为好。或采用不等距离的缎条组织,光泽好,也颇雅致。如采用纬长丝等原料,纬起花更能突出原料的特色。

胸襟花织物配色不宜太强烈,胸襟部位的配色一般比地部配色稍微深一些,不妨采用同类色,雅静含蓄,而富有层次,并具有新颖感,适于男女青年穿着。另外也可仿制绣衣的形式,配色明亮清新,秀丽华贵,显示出风格高雅而富有时代的审美情趣,是女青年理想的衬衫料。

三、色织烂花织物的设计

烂花织物是目前市场上流行的高档装饰织物和衣着用料,布面具有凹凸透明的图案,花纹部分透明晶莹,质地轻薄如纱,地布致密,从而富有立体感,宜于用作台布、窗帘,床罩等装饰织物和衬衫、裙料等服用织物。

烂花织物沿自丝绸烂花丝绒生产而来,由桑蚕丝和黏胶交织的烂花丝绸产品在 20 世纪 20年代就享誉海外,在国内尤为少数民族喜爱。由于花型必须在印花工艺后完成,故又称烂印布。现在"烂花"已超出丝织物范畴,在棉及化纤行业竞相应用,已与提花、印花、绣花、剪花、轧花等不同工艺共同成为开发花色品种的一种主要工艺措施。

烂花的原理是利用两种具有不同耐化学助剂牢度的纤维采用混纺、交并、交织而成布,如一种为棉或黏胶的纤维素纤维,而另一种为动物性天然纤维或合成纤维,两种纤维经酸处在一定温度的条件下处理后纤维素纤维会被碳化。而动物性天然纤维或合成纤维的拒酸力较强,不会发生较大的脆损作用,针对这这样的特性,根据花型要求,在要除去棉或黏胶的部分印上酸剂浆料,经洗涤处理后就使该部分织物中的棉或黏胶全部烂去,呈透明的蝉翼纱状。与另一部分织物密实细致相对照,成为有凹凸花纹外观的烂花织物。

(一) 原纱的纺制

织制棉型烂花织物使用的纱线类型,最广泛的是把两种耐酸牢度不同的纤维组成包覆(芯)纱。涤棉包覆纱的纺制原理是,没有经过牵伸的涤纶长丝通过细纱机前牵伸区集棉器,与经过牵伸的棉条一起从前罗拉输出,在卷取和加捻过程中,由于长丝是连续的,刚性大于棉纤维,因而棉纤维包裹在长丝束的外面形成包芯纱。包覆纱经染色定型后,用于织制色织烂花织物。包芯纱是将纯棉纱经过包芯纱机包在涤纶丝或涤纶纱外面而成。用以纺制包覆(芯)纱的两种纤维主要有涤纶长丝和棉、涤纶长丝和黏胶、涤纶短纤纱和棉、涤纶短纤纱和黏胶,以及丙纶和棉等。

涤棉包覆(芯)纱中,芯丝(纱)的线密度根据品种要求选择,长丝太细,使薄纱部分太细太软,不宜做大型装饰织物。制织薄型产品,芯丝一般采用 50 dtex 以下较细的长丝;制织较厚的产品,芯丝采用 75.6 dtex 或 83.3 dtex 较粗的长丝,两种纤维的混纺比以包覆(芯)率表示,棉的包覆(芯)率以 43%～48% 较为适宜。

涤棉包覆(芯)纱主要规格见表 5-24。色织涤棉包覆(芯)纱宜用 14.5 tex,包覆率为 43%,芯丝用 75D/36F。

表 5-24　涤棉包芯纱主要规格

纱线线密度(tex)	涤/棉混纺比(%)	芯纱(长丝,dtex/F)
15.4	52/48	83.3/36
13	65/35	83.3/36
10.5	50/50	50/36
11.5	46/54	50/36
24.5	35/65	75.6/24

　　烂花织物亦可直接用涤棉混纺纱或涤棉低比例纱制织成坯布,同样经酸处理,亦能得到相同效果,但透明度不及涤纶丝包覆(芯)纱。

(二) 组织及规格设计

　　烂花织物的规格设计应兼顾地部的经纬向紧度和烂花后薄纱部分的紧度,以免造成过稀过密现象。过稀易产生拔丝,影响织物缝纫牢度;过密会使花型凹凸通透感减弱,经向紧度一般为48%左右,纬向紧度为43%左右,经向紧度是纬向紧度的1.15倍以下。

　　烂花织物既要突出色织,又要突出印花的特征,所以其组织主要是选用平纹为宜,或缎条、缎格、树皮绉等。烂花部分与不烂花部分的面积比例根据产品用途有所不同而定,服装用料烂花织物的烂花比例宜在30%~40%,以减少透明度,装饰用料烂花织物的烂花比例比例可到50%~70%。

(三) 色织烂花织物品种的发展及类型

　　色织烂花织物组织以平纹组织为主,烂印后,薄纱部分虽较透明稀疏,由于交织点多,仍能保持织物具有一定的保型性。包覆(芯)纱内部的涤纶是本色丝,虽然经纬间能用各种色纱,但烂印后,薄纱部分的色泽比较单调。为此,可以采用多种方法弥补,例如在包覆(芯)纱的染色方法、交织原料、组织规格、花型图案和色泽的配置等方面,以及后加工工序的改进等方面都可做一些变化,使烂花产品的艺术效果和经济价值不断提高,花色品种不断增多。

　　在包覆(芯)纱的染色方法上,改变了"一浴法"烂花一律白底、颜色单调的情况,采用"二浴法"染色,或二种染料一浴法同时染色,而用士林或纳夫妥染棉纱,分散性染料染涤纶长丝。经烂花后,涤纶长丝具有各种颜色,在色彩选择上选用同类色或对比色,以对比色为好,反差大效果明显,可使薄纱部分与地纹以不同颜色交织出现闪光闪色的效应,地纹花纹、色泽与色丝花纹色泽相配合,图案层次得以增加,是一种较好的工艺配合方法。

　　在组织规格方面,采用了多种不同的地组织,使产品有不同的外观效应。如以各种变化组织为地纹织制的烂花织物,采用较深底色,富有绒感,可做春、秋季上衣或装饰用布。

　　以树皮绉或绉纹组织做地纹的烂花织物,显得厚实丰满,花型凹凸立体感强,在适当的色彩配合下,有类似植绒织物的风格,仿绒感强。

　　以缎条、缎格为地纹的烂花织物,织物表面有组织的疏密对比和花型的凹凸对比,使织物类似"绡"的风格。

　　以表里交换双层组织为地组织的烂花织物,正反两面呈现一色块面的花纹,宜做装饰织物。

　　变化组织的烂花织物,在经纬密度上要适当加大,以保证薄纱部分的身骨。所以,利用不同规格和组织相配合所产生的效应,可以设计多种仿植绒、仿绡的烂花织物。

　　在原料上还可利用锦纶三角丝、纯涤纶、金银丝、花线、彩结、彩色丝以及毛巾线等各种花色线与包芯线相交织等不同设计手法,使产品外观风格更多样化。如纬向用包芯纱和全棉纱以一定比例交替投纬,经整理加工后烂去棉纱。布面就出现一条条横向稀路,如经纬向都以两种纱线间隔排列或经向用稀的插筘方法,就能使经纬向都有可能形成稀密条格;又如使用棉或黏胶含量不等的纱线作经纬纱,组成不同的条型或格型,能使织物表面呈现透明、半透明和不透明等多种层次和色彩,并能产生粗细结合的效应,这是烂花织物设计的又一个途径。要在烂花织物上点缀一些色彩鲜艳的图案,剪花是合适的工艺,既能增加烂花织物造型的美观,又不影响烂花织物轻薄透明的外观。此外,与印花工艺相结合等方式也为烂花织物品种的发展提供了有利条件。

四、色织涤棉巴里纱织物的设计

一般会把用强捻低线密度的单纱或股线织成轻薄的、稀疏且布面孔眼清晰的平纹织物称为巴里纱。它具有质地轻薄、外观透明或半透明、透气性良好,手感柔滑、挺爽等特点,有类似真丝乔"纱"织物的风格,是优良的服装用料。以往都用低线密度精梳纯棉纱织造,现在也有涤棉混纺(65/35)巴里纱品种,在原有的特点上又增加了挺滑与弹性好的优点。一般织物经久耐穿,宜做男女衬衫料、童装、头巾、手帕、面纱、窗帘等装饰用品,是东南亚地区人民喜爱的织物之一。

色织巴里纱的特色是在淡雅的底色上衬托各种花色线,在文静中见华丽。色织巴里纱清新飘逸是色织涤棉织物中的高档产品。此外,还有大提花、剪花、缎条加印花、裙料花、胸襟花、稀密筘条子、纱罗与其他组织配合等多种配套品种。

(一) 原纱特征

色织巴里纱系薄型、稀疏织物,都用低线密度的纱线制织。纱号一般在 9.8 tex 以下,有 9.8 tex、7.3 tex、5.8 tex 和 4.8 tex 等,7.3 tex 以下都用股线。为了保持布身挺爽的要求,必须采用高捻度的经纬纱进行交织,使纤维之间抱合紧密,纱身刚度增大,布身即挺、滑爽,而富有弹性,如捻度过低,布身太软而不挺爽,失去巴里纱的风格。以色织涤棉巴里纱用 9.8 tex 精梳纱为例,捻系数为 498。

注:古时"方孔四纱",丝绸中的乔其纱、蝉翼纱、东风纱等品种均为平纹组织的织物,不是目前经纱相互扭绞的纱组织。捻度为 157.6 个/(10 cm),经纬用相同捻向,故经纬重叠处的捻向相同,织造时摩擦较小,织物结构紧密,布面光洁匀整。

(二) 织物的规格设计

巴里纱具有良好的透气性,且织物孔眼清晰,故织物经纬向紧度不宜过高,以较一般平布较小为宜。如色织涤棉巴里纱的纱线规格为 19.8 tex×9.8 tex,经纬密度为 346.5 根/(10 cm)×283.5 根/(10 cm),织物经向紧度为 40.12%,纬向紧度为 32.83%。

(三) 色织巴里纱设计要点

1. 组织结构设计

色织巴里纱的风格既要挺爽,又要具有透视感,是稀薄的平纹组织织物。该类品种的设计手法重点在于色彩的配合和不同纱线的运用上,一般提花组织应用较少。在平纹的地纹上镶嵌缎条缎格,稀密路相间,可以增加巴里纱织物的立体感。平纹地组织部分经密小,织物透视感较强,而缎条缎格部分经密大,丰满突出,赋予织物丝绸般的光泽,显示出薄、透、爽的高档感;在织纹设计上运用双经、双纬,在地纹上形成条子或格子,富有立体感,或在地纹上稀疏地点缀提花或剪花,增加织物的装饰效果。

设计缎条缎格巴里纱织物时,要尽可能做到相邻组织的组织点相切。否则缎纹和平纹组织邻接时,有近似织疵跳纱的外观,破坏织物表面的丰满、光洁度,纬向由纬面缎和平纹间隔排列,为减少用综数,纬面缎条采用四枚或六枚不规则缎纹,纬向在两种组织相邻接时,也要注意组织点相切,以免引起纬纱移位,影响织物外观。

2. 纱线设计

在花色纱线运用上,要用得少、用得好、用得巧,利用花色线、金银丝、彩色丝等纱线的配合和装饰相互衬托,使其密密对比、粗细相间,使平整的平纹织物富有层次,并有立体感而不单调。

巴里纱织物上镶嵌金银丝,薄型织物以用细的金银丝为好,使织物既平整又光滑细巧,也可把金银丝与涤棉纱并成花线后交织,起到隐约、闪光的效果。由于有金银丝的装饰点缀,给人以一种华丽高雅、青春盎然之感;也可用彩色丝与涤棉纱交并交织,彩色丝色光明亮、鲜艳,有锦上添花的效果。

3. 色彩设计

色彩的运用以淡雅、明朗为主，不宜对比太强烈，要求和谐协调，以显示出织物的清丽飘逸，有似"绡"的高雅风格，所以巴里纱品种以浅色为多。其色彩要求清澈明净，地部可选择水粉红、杏黄、水绿、浅兰等色调，缎条缎格部分用特白或其他浅色调，构思要活泼简练，不要过于规则，造型雅致大方，是典型的女装夏季面料。

4. 织造工艺上要注意几点

（1）由于幅宽加工系数较大，故织物的坯幅定得较宽。

（2）布边要加阔，边纱密度要加大，否则由于高捻纬纱的纬向缩率较大。会影响布边的平整。

（3）对原纱条干均匀度要求较高，否则有损产品质量。

五、色织绉纱织物的设计

绉纱布曾经是国际市场上流行的主要品种之一，产品富有弹性，手感柔软、爽、滑、绉纹自然，纬向富有弹性，质地轻薄松软，穿着舒适，不贴身，是一种服用性良好的轻薄织物，适宜制作内衣、睡衣、童装、裙料和装饰织物。

绉纱布源于丝绸的"绉"类织物的构成原理而来，丝绸的"绉"类是利用经纬纱的不同捻度如经纬丝都用强捻，或经向用普捻纱，纬向用强捻纱或经用无捻丝、纬用强捻丝等，使纺织品经纬向收缩出现较大差异，绸面呈绉缩状态。丝绸产品中驰名的品种有乔其纱、顺纡绉、双绉等传统品种。

(一) 绉纱布的织造和起绉原理

绉纱布用普通捻度的经纱和高捻度纬纱交织，为了织造方便，必须将纬纱定捻，以免织造时形成纬缩起圈等疵病。经过热定型处理的纬纱与经纱交织的坯布，外观和普通棉型平布相同，通过染整加工，经高温烧碱溶液的煮炼，使织造时暂时定型的高捻度纬纱恢复了弹性收缩，使坯布沿纬向收缩而形成不规则的绉纹。

该类产品在染整加工时，必须采用松式工艺，使织物在松弛状态下煮炼，为纬向收缩创造条件。

绉纱布绉纱效应的好坏，除与染整加工有关外，还与坯布的经纬纱线密度、织物密度配置、纬纱捻系数的选择等因素有关。

(二) 绉纱布分类

绉纱布织物按组织分，有普通绉纱和提花绉纱两种。普通绉纱布全部是平纹组织，提花绉纱布是平纹地上有部分变化组织，但以平纹组织为主，因为平纹组织结构紧密，布面平整，易于形成绉纱效应。

绉纱布经、纬纱线线密度配置对绉纱布的起绉有一定的影响。实践表明，以经细、纬粗的配置较为适宜。因纬纱粗、收缩作用大，而经纱细而柔软，又易于使纬纱收缩，从而能获得良好的起绉效应，纬纱线密度以大与经纱 $30\% \sim 50\%$ 为宜。否则，成品外观会显得过于粗糙。一般经纱多用 13 tex、9.8 tex，纬纱强捻纱以 13 tex 为多。

经、纬密度配置对起绉效应有较大的作用。实践的结果是：经向紧度不宜过大，过大不利于收缩；又不能过小，导致织物透明度增高，织物稀薄。经向紧度为 $25\% \sim 35\%$，纬向紧度为 $23\% \sim 30\%$，略低于经向紧度，经向紧度以不大于纬向紧度的 1.1 倍较为理想，织物起皱后，既有良好的透气性，又不致造成织物稀薄、手感软沓的现象。

(三) 强捻纱的捻系数

强捻纬纱捻系数的选择是衡量绉纱布质量好坏的重要环节,它对纺纱生产能否顺利进行、绉纱布原料成本、起绉效应以及成品质量的好坏都有关系。目前,还很难定出一个最适宜的捻系数值,尤其是涤棉纬纱。

现在使用的强捻纬纱的捻系数如下:一般棉强捻纱为普通纱捻系数的 2.0~2.2 倍;低线密度纯棉强捻纱捻系数为普通纱捻系数的 2 倍左右,涤棉强捻纱捻系数为普通纱捻系数的 1.8 倍。

强捻纱的加工方法有两种,一是在细纱机上一次加捻;一是在捻线机上分二次进行加捻的强捻纱。一次加捻强度不匀低,但对捻纱断头后,细纱机上接头困难;二次加捻,加剧了捻度的分布不匀,生产工艺流程长,但生产稳定。在捻度不高的情况下,以采用一次加捻为多。

一次加捻的纬纱只能用本白纱,所以绉纱布色泽较淡,若要生产彩格绉纱,或要求色泽鲜艳,必须先染纱而后加捻,则多采用二次加捻的纬纱。

(四) 绉纱织物的设计

1. 绉纱织物设计原则

色织绉纱布的设计,应尽量发挥色织的特点,利用设备的有利条件,使色织绉纱较匹染绉纱有独特的风格。现有色织绉纱,原料主要有有全棉和涤棉二种。

2. 绉纱织物设计思路

(1) 纬向用一种强捻纬纱和经纱交织,经整理加工后,纬向自然收缩,形成波浪形绉纱,相当于丝织品的顺纤绉。

(2) 纬向用一种强捻纱,而经纱采用空筘的方式,使经纱排列有稀密路,形成的绉纱呈柳条状。

(3) 用二种捻向的强捻纬纱,发挥多色选纬织机的特色,用较大的投纬比交替织造,使绉纹加大,类似胡桃类绉。

(4) 用强捻纬纱和较细常捻纬纱交替织入,强捻纬纱采用起花组织,亦能形成较大幅度的绉纱纹。

(5) 设计彩条和彩格绉纱。

(6) 利用花色线配合提花、剪花等工艺,增加花纹层次,如用弹力尼龙以纬起花型式织入,作为点缀,装饰效果加强。

(7) 经向自然地夹入印线,使绉纱有自然的彩色花纹。

(8) 以二种方向的强捻纬纱以 2∶2 间隔织入,仿制双绉的特色,这类品种,设计的绉纹变化较多,配置可任意由设计者自己选择。

(9) 在用色上,绉纱织物系薄型织物,色泽淡雅调和,以显示织物的高档感。

(五) 绉纱生产的工艺要点

1. 坯幅问题

绉纱布经加工皱缩后,幅缩率达 30%~35% 左右,例如 14.5×16.6×259.75×228.5 绉纱坯布,坯幅为 114.3~116.94 cm,成品幅宽仅 81.28~86.36 cm。所以,设计时要充分考虑工厂设备特色,必须在阔幅织机上制织。

2. 布边问题

由于纬向是强捻纱,收缩较大,后整理布边易绉缩卷边,因而布边宽度应较一般品种加宽,便于后整理拉幅。或用二根 Z 捻、二根 S 捻，经纱间隔排列亦能解决绉缩问题。

3. 染色问题

有色强捻纱可采用先染色后加捻工艺或采取松式卷绕成形于筒染不锈钢筒管上，在筒染锅内，漂染和定型一浴法，一气呵成。

4. 新原料应用

可采用高收缩性能的涤纶纤维来代替强捻纱，这样既能解决强捻纱的织造困难，又开拓了新的化纤使用领域。

六、色织泡泡纱织物的设计

棉型织物的表面一般都是平坦的，但泡泡纱则例外。它的表面起泡或起绉富于立体感，手感挺括，外型美观大方，多用于中高档衣着用料和装饰用料。

泡泡纱按泡泡形成方法的不同，有染色、印花泡泡纱和色织条子、格子泡泡纱三种。

染色和印花泡泡纱都是以低线密度纱制织的细布为底坯，利用棉纤维受到烧碱溶液浸渍后会发生收缩的特性，在染整加工时，把碱液根据花纹要求，印制到布面上。印有碱液的布面会即行收缩，使没有受到烧碱作用的地方形成了波浪形的泡泡。染色及印花泡泡纱经树指整理后，能使泡泡耐久性提高，织物保型性得到改善。

色织泡泡纱多采用中、低线密度的纱制织，以平纹组织为主，采用双经轴制织，即泡、地经分别卷绕在两只经轴上。泡、地经送出的经纱长度有一定比例，使两种经纱的张力松紧不一，地经紧，泡轻松。在经向的纱线线密度配合上，一般地经纱细，地布密度小；泡经纱粗，经密大使，两种经纱的经向缩不一，纱线粗和经纱张力小的部位，布面产生凹凸有规律的宽狭不等的条状泡泡，层次分明。色织条状泡泡纱织物具有免烫、透气性好，凉爽不贴体等特点，而且泡泡经久耐洗，立体感强，不易变形，成衣保型性好，是一种传统的花色品种。

(一) 色织泡泡纱主要品种规格

织制泡泡纱，必须有地经和泡经两组经纱，这两组纱线用同一原料，但纱线线密度不一定相同，即泡、地经纱的纱线线密度可相同或泡泡经纱粗于地经纱。

色织泡泡纱织物原料有纯棉和涤棉两种，以涤棉为多。品种有全棉泡泡纱、全棉精梳泡泡纱、涤棉泡泡纱、涤棉纬长丝泡泡纱，以及它们的提花、剪花等，其主要规格见表 5-25。

表 5-25　色织泡泡纱织物品种

品名	纱线线密度 （dtex）	织物密度 ［根/（10 cm）］	成品幅宽 （cm）	坯布幅宽 （cm）	筘幅 （cm）	总经根数
全棉精梳泡泡纱	J14.5＋21×J14.5	346×299	91.44	96.52	101.68	3 180
全棉泡泡纱	(18×2)×36	315×236	91.44	95.89	99.52	2 882
涤棉泡泡纱	(13×2)×13	315×275	91.44	96.52	101.6	3 040
涤棉泡泡纱	21＋28×28	315×197	91.44	94.74	99.70	2 984

表 5-25 列举的资料系指平纹组织，如地部有剪花、提花等组织的花式泡泡纱织物，坯幅应略增。泡、地经比例示例见表 5-26，以（14.5＋28）tex×14.5 tex 全棉精梳泡泡纱为例。表 5-26 为花式泡泡纱织物，泡、地经配置示例。

表 5-26　花式泡泡纱织物的泡地经配置表

总经根数	泡(地)经根数	泡地经比值	筘号[齿/(10 cm)]	泡/地经每筘穿入根数
3 180	752(2 428)	31	116	2/3
3 175	946(2 230)	42	120	2/3
3 190	1 044(2 146)	48	122	2/3
3 162	1 114(2 046)	54	122	2/3

(二) 色织泡泡纱设计要点

1. 泡泡宽度与起泡比例

要使泡泡纱屈曲波的峰谷突出,泡泡均匀,除在织造上要控制好张力外,更为重要的是设计时要考虑泡泡的宽度和泡、地经比例,泡泡宽度太宽或太窄都会影响泡泡的丰满程度。根据实践经验,泡泡宽度最好掌握在 0.8~1.2 cm,最窄不能小于 0.4 cm,最宽不能超过 1.5 cm,而且起泡面积占织物总面积的 25%~40% 为佳。因为在整理过程中,织物的张力主要由地经来承受,当泡泡面积超过这一范围时,地经单根纱线承受的张力就大,伸长也大,泡泡部分的伸长也相对增大,这样势必会影响泡泡的均匀性,甚至被拉平,削弱泡泡的效果。

2. 组织选择与经纬密度的配置

色织泡泡纱的组织以平纹为主,泡条部位都是采用平纹组织,因为平纹组织交叉次数最多,屈曲次数亦最多,泡地经的织缩差异大,起泡效果就好,峰谷明显,泡泡均匀丰满。

花色泡泡纱,可在平纹组织的地纹上点缀少量原组织纬起花或纬起花,以增加泡泡的立体感和造型层次。一般不采用经起花组织,如必须应用时,也要控制经组织点的浮长数,以保证顺利织造。纬起花组织不影响织轴的卷绕,因而应用较多,但纬起花都以剪花型式出现,使花型既不影响泡泡部位,又能起到很好的点缀作用。如以弹力尼龙作花纬,经过整理烧毛后,尼龙收缩,就增强了剪花牢度,而且花型细巧,色泽艳丽,别具风格。

此外,可变化条型阔狭,或间断起泡,用条型、格型色彩的变化,以增添造型的美感。

采用高收缩性能的纱线,在纬纱中间隔应用,可设计成泡泡格子,由于原料性能缩率不同,使泡泡纱呈现新的风格。如选用斜纹组织,手感疲软,影响泡泡的丰满度。同时经纬色纱的排列,也不能太散太乱,否则影响泡泡的效应。泡泡纱经纬密度及纱线线密度的配置是设计中不可忽视的另一方面,因为泡泡纱与其他织物不同,如经纬密度配置不当,会影响泡泡效果。

在其他条件相同的情况下,经纬密度对泡泡效应的影响是:经密大对泡泡的效果比经密小好。因为经密大,泡经在筘齿中间隙小,与筘片摩擦大,打纬时筘把松弛的泡经推向织口,形成波浪形泡泡。纬密大对泡泡的效果比纬密小好,因为纬密大,经纱屈曲大经纱织缩大,对泡泡成形有利。同一块泡泡纱,泡经部分的经纱密度比地经部分大,泡、地经部位的经密大小与纱线的配置有关,一般泡经比地经线密度大一倍或采用相同线密度的股线起泡效果较好。

3. 泡泡纱织物的原料与配色

在原料使用上,除全棉、涤棉外,纬向还有应用涤纶长丝或异形长丝的。色织全棉泡泡纱,穿着舒适,价廉物美,纱线线密度用 18 tex×2 或 14.5 tex 精梳纱为宜。前者成品手感厚实,多用于家用装饰布;后者多用于服装。

色织涤棉泡泡纱,主要以外销为主,不但适宜作内衣料,还外销到日本等地区。配色要求彩度高,要明快、鲜艳悦目,如大红、藏青、密黄、鲜蓝等色调。泡泡的条型、格型宽狭不等,布局活泼;格型舒展色彩丰富,表现手法灵巧,如在一条泡泡中可应用 2~3 个色。可采用同类色,也可以应用对比色,这样不但可增强泡泡的立体感,还可解决因泡泡太窄影响泡泡峰谷均匀丰满度的问题,这种手法可使人的视觉上感到条子好似很精巧细致。目前还有色泽较素雅的白—藏青、白—深灰、白—深咖等配色,设计成对称的细条泡泡纱,立体感较强,泡泡效应较差,但也深受国外欢迎。

色织纬长丝泡泡纱,以素色为主,地纹呈现闪烁光泽,手感滑爽,富有高档感。如配以剪花工艺,使产品外观不单调,适宜于做服装和装饰用料。

4. 泡泡纱设计注意事项

(1) 泡泡纱的地部在整个图案循环中,应有一定宽度,投产时便于劈花,因为泡条部分不宜与布边邻接。

(2) 泡泡纱泡条部分经纱粗或经密大,张力松,局部综丝密集,为保证开口清晰,综片的安排和穿综法有以下几种形式:泡综在前,地综在后;泡综分列前后,地综在中间。

总的原则是泡经用跳穿法,以减少综丝的前后密集程度。如:泡综用四页,地综用四页。

泡综前后分开,地综在中间。

5. 泡泡纱的后整理工艺

(1) 全棉泡泡纱的整理工艺为烧毛—松式平汽—松式烘干,仅起落水防缩,熨烫平整的作用。

(2) 涤棉泡泡纱后整理为松式热定型,其工艺流程为烧毛—松式平洗—热定型超喂—无接触烘燥。未通过松式整理的产品,外观筘路多,布面丰满度差,织物缩水率大,手感粗糙。

经过松式整理后解决了筘路,经纬缩水率下降,布面丰满光洁,手感挺而不硬,富于凉爽感,泡泡比较有规律。

因此,后整理加工对泡泡形成的影响很大,除了要求全松式外,工艺流程应尽量缩短,并不拉、不轧、不丝光,无接触烘燥,没有张力进布,做到超喂,不用轧点或少用轧点,这样才能保证质量。同时,白纱的白度要求较高,最好用特白纱,色纱用丝光纱,边纱可用无光特白纱,以减少断边。

(三) 涤棉泡泡纱主,付轴之比与泡泡条形宽窄及泡泡分布的关系

泡泡宽、泡经所占的比例大(头份多),每条泡泡宽度在 30 根以上。付轴泡经轴头份 1 000 根以上,采用 1∶1.26,纯棉泡泡纱,付轴比例可酌量增加。

七、氨纶弹力织物

(一) 导言

织物的弹力概念起始于 1589 年,当时首次介绍了针织织物,因针织物具有弹性而穿着舒适,于是人们开始研究用别的办法把弹力施加于织物。20 世纪 20 年代,通过使用天然橡胶丝而获得弹性。大约到 1950 年,美国使用裸橡胶丝作为弹力纱,在拉舍尔(Raschel)经编机与其他纱线一起编织成紧身衣和游泳衣,成为弹性衣着用织物的第一代产品。后来又发展了一种用乳胶液纺制的乳胶丝,但这两种丝最大的缺点就是使用寿命短、织造性能差。随着化学纤维的发展,利用长丝变形,制成假捻弹力丝,织制成具有一定伸缩性能的弹力织物。这种织物虽在伸长与回缩方面不及橡胶丝,但其生产成本、耐用性等大大优于橡胶丝,这是弹力织物的第二代产品。

由于化纤纺丝技术的提高,美国杜邦(Du Pont)公司于 1958 年开始生产氨纶纤维,取名为莱卡(Lycra),并制织成针织、梭织等各种紧身织物。从此,弹力织物发展到一个新的阶段。60 年代以后,氨纶弹力丝织品种不断增加,从裸丝到包芯纱,从针织到梭织,从内衣到外衣,销售市场不断扩大。弹力织物穿着舒适,不仅弹力好,伸缩自如,而且用天然纤维包芯,获得良好的手感,外加其吸湿性好,不产生静电等特点,深受人们的喜爱。

(二) 氨纶纤维的性能

弹力纤维在国外统称斯潘德克斯(spandex)纤维,在中国的商品名称为氨纶。实际上,氨纶仅是弹力纤维的一个大类。

氨纶纤维有两个品种:一个是聚醚型氨纶,代表性商品名称为莱卡(Lycra);另一个是聚酯型氨纶,代表性商品名称为瓦伊纶(Vyrene)。

(1) 氨纶纤维的弹性:氨纶纤维的伸长率一般为 500%~700%,弹性回复性能好,在伸长 200%时弹性回复率 97%,在伸长 50%时回复率超过 99%。

(2) 氨纶纤维的力学性能:氨纶纤维的断裂强度为 0.45~0.9 cN/dtex,聚酯型的强力较低,聚醚型的强力较高。吸湿率一般为 0.3%~1.2%,复丝吸湿率要比单丝稍高。外观为白色或接近白色,通常无光,大多数纤维在 95~150℃时,短时间存放不会损伤纤维。安全熨烫温度为150℃以下,氨纶纤维燃烧较慢,烧后成胶状残渣。

(3) 氨纶纤维的化学性能:氨纶纤维的染色性能优良,可染各种色调,对染料亲和力强,耐酸碱性能好,耐大多数的化学剂和有机溶剂,耐干洗剂,能漂白,不发霉。

聚酯型氨纶与聚醚型氨纶的纤维性能比较如表 5-27 所示。

表 5-27　聚酯型氨纶与聚醚型氨纶的纤维性能比较

项目	聚醚型氨纶	聚酯型氨纶
断裂强度(cN/dtex)	0.63~0.81	0.50~0.59
伸长率(%)	444~555	650~700
弹性回复率(%)	95(伸长 750%)	98(伸长 600%)
密度(g/cm³)	1.21	1.20
吸湿率(%)	1.3	0.3
耐热性	于 150℃发黄 175℃发黏	于 150℃热塑性高 于 19℃强度下降
耐酸碱性	耐大多数酸,在稀盐酸和硫酸中变黄	耐冷稀酸,溶于热浓无机盐,耐冷稀碱,在热碱中很快水解
耐日光性	长期暴露于日光下,强度有下降	在日光下略变色
耐磨性	良好	良好
耐溶剂及漂白剂性	耐多数溶剂及油类,遇漂白剂退色,可用过硼酸盐漂白	耐溶剂性良好
染色性	对多数染料有亲和性,一般用分散、酸性和络合染料	用分散、金属络合和选择性的碱性染料

(三) 氨纶包芯纱的结构形式

1. 裸丝

裸丝主要用于经编机作衬线或使用纬编机编织紧身衣、运动衣、护腿袜、外科用硼带和袜口、袖口以及用于钟表、仪表行业的小型或轻型传送带等。由于氨纶的摩擦系数大,其动摩擦系数为 0.7~1.30,相当于羊毛 0.14~0.17 的 5~7 倍,为涤纶、锦纶等合纤的 3~4 倍。因此产生摩擦阻力大,在织造中容易产生意外伸长和张力不匀及静电等问题。此时,必须采取相关措施,才能正常生产。

2. 包芯纱

一般用锦纶、涤纶长丝或纱线作外包层，有单包芯、双包芯之分。以氨纶长丝为芯，外包以非弹性的合纤长丝或纱线按螺旋形式予以包裹形成弹力纱。一般以一根 44.4～1 867 dtex 的氨纶长丝为芯纱，在伸长 3～4 倍时用一根或两根或三根 22.2～155.6 dtex 的非伸展性连续长丝包缠。高弹织物则使用粗的芯纱，在较大的牵伸倍数下，以与芯轴成 70°的包缠角度进行包缠，而在中弹织物中包缠角则用 35°。

单包芯纱、双包芯纱的区别是在于包缠的层数及外层每寸圈数的不同。单包缠是外层包一层非弹性纱，包缠圈数较少；而双包缠纱外层包缠两层非弹性纱，这两层包缠方向相反，包缠圈数较密。

(四) 纺纱中的一些问题

1. 织物的弹力与弹性

弹力是指弹性体拉伸一定长度时所具有的回缩力，纤维弹力以 cN/dtex 表示。回缩力的大小随拉伸长度的大小而不同，氨纶丝在拉伸 100%时，回缩力为 0.036 cN/dtex；在拉伸 200%时，回缩力为 0.108 cN/dtex；在拉伸 300%时，回缩力为 0.288～0.36 cN/dtex。

弹性是指弹性体在变形后恢复原来尺寸与形状的情况。氨纶丝具有低负荷、高伸长弹性的特点。其初始模量为 0.71 cN/dtex，远低于其他合成纤纬。氨纶弹力丝受力伸长后，除去外力，在一定时间内变形得到回复，其回复的程度称为弹性回复率，可分为急弹性回复率与缓弹性回复率两种。这种回复率因纤维的伸长度与纤维的线密度大小而不同，如表 5-28 所示。

表 5-28　几种氨纶弹力性能

线密度(tex)	可回复伸长与施加伸长百分比					
	100%		200%		300%	
	急	缓	急	缓	急	缓
77.8	94	96	91	95	88	93
600	97	96	93	97	90	94
1 244	92	96	90	96	86	93

2. 影响纱线弹力的三个因素

(1) 氨纶芯纱的线密度。

氨纶芯纱线密度与织物的回缩力有直接关系，特别是弹力针织物。为此，对不同的织物要求用不同的线密度，如游泳衣、紧身衣为 155.6 dtex 或 311 dtex，紧身裤为 44.4 dtex 或 77.8 dtex，外衣、睡衣为 44.4 dtex，混合股线运动衣为44.4 dtex 等。

(2) 芯纱牵伸倍数

芯纱牵伸倍数越大，成纱的弹力越大，可通过试验确定。

(3) 氨纶在成纱中的百分比。

芯纱在成纱中的比重越大，则成纱的弹力就越大。

3. 纱线线密度与芯纱含量的计算

由于氨纶弹力纱具有弹性，这种弹性的性质是低负荷高伸长。因而纺纱的线密度与芯纱的数值在纺纱、织造、染整等各个工序中都是随时在变化着的。一般掌握包芯纱在织物中的成品线密度数要低于纺出线密度，因为纱线有缩率和织物成品所要求的弹性而允许松弛量。

（1）包芯纱纺出线密度与织物成品中纱线线密度之间的差值决定于织物所需要的弹性和包覆纤维收缩率。

$$纺出纱线线密度 = \frac{成品纱线密度 \times (1 + 包覆纱缩率)}{1 + 织物弹性伸长率}$$

式中：织物弹性伸长率为要求的弹性伸长率值。

包覆纱缩率经试验如下：

经纱：有氨纶为 6%，无氨纶为 4%；

纬纱：有氨纶为 8%，无氨纶为 5%。

（2）包覆纤维含量与芯纱含量百分率计算近似值：

$$包覆纤维（纱线）的线密度 = 纺出纱的线密度 - \frac{芯纱线密度}{预牵伸倍数}$$

$$芯纱含量(\%) = \frac{芯纱线密度}{纺出纱的线密度 \times 预牵伸倍数}$$

4. 包覆纱常见的疵点

（1）露芯。

露芯主要是鞘纤维对芯纱包覆不足形成。

（2）空芯。

空芯指纱的某一部分由于芯纱断头而回缩，造成这一段纱中没有弹性。

（3）空鞘。

空鞘指纱的某一部分，由外包覆纱的断头须条被吸入到吸棉箱而剩下无包覆的芯纱。

（五）织造工艺设计

1. 弹力织物分类

（1）弹力织物按织物的弹力大小分为高弹、中弹和低弹三类。高弹织物具有高度的伸长性和快速的回弹性，弹性为 30%～50%，回复性减弱，小于 5%～6%；中弹织物亦称舒适弹性，弹性为 20%～30%，回复性减弱，小于 2%～5%；低弹织物一般为合纤变形丝织物，也有低比例的氨纶弹力丝，弹性在 20% 以下。

（2）从织物弹性方向上可将弹力织物分为经弹织物、纬弹织物和经纬双弹织物三类。选择不同的弹性方向，是由于人体各部分活动时织物所受到的拉伸力的方向与大小值决定的。

2. 织物品种举例

（1）弹力灯芯绒。

弹力灯芯绒织物的经纱为 24 tex 棉纤维包覆纱，纬纱为 48 tex 纯棉纱，棉纤维含量为 97%，氨纶丝含量为 3%，条绒密度（条/10 cm）为 24、32、44。

（2）弹力斜纹。

经为 36 tex 涤棉混纺包覆纱，纬为 36 tex 涤棉混纺纱。涤纶纤维含量 62%，棉纤维含量 33%，氨纶纤维含量 5%。

（3）经纬弹塔夫绸。

用氨纶为芯，55.6 dtex 锦纶长丝作包芯纱，锦纶纤维含量为 76%，氨纶纤维含量为 24%。

3. 弹力机织物的主要工艺计算

（1）氨纶弹力织物的结构特点。

一般织物中经纬纱的特点是经纬向不会产生很大的伸长。在这类织物设计中，确定经纬纱密度时都以相对于 100% 的紧度或相对于最大密度值为依据,也就是说设计织物规格时主要控制织物的紧密度。在生产中,必须控制机上、机下坯布及成品幅宽和长度。要合理选定经纬向的织缩率及染整缩率。氨纶弹力织物不用时完全处于松弛状态。使用时织物的经纬向可以有很大的伸长率。织物设计的特点主要是控制织物经纬向弹性伸长率及成品的幅宽和长度。成品的经纬密度也应按照织物用途而定,坯布尺寸不是关键问题。为此,它的纺、织、染整工艺设计涉及三个方面的问题:纱线有足够的弹性伸长率,织造时有足够的拉伸和适当的紧度,后整理中恰当地控制热定形的温度、时间、拉伸张力和织物尺寸,以达到需要的织物成品弹性伸长率。

（2）计算公式。

织物技术设计中的主要问题是与织物弹性伸长率有关的计算。影响织物弹性伸长率的三个因素是成品宽度、织物收缩(包括织缩率及外包纤维纱线缩率)和织物弹性伸长率。计算公式如下:

纬弹织物:

$$筘幅 = \frac{成品幅宽 \times (1 + 织物弹性伸长率)}{(1 - 织缩率)(1 - 外包纤维纱线缩率)}$$

$$成品幅宽 = \frac{筘幅 \times (1 - 外包纤维纱线缩率)(1 - 织缩率)}{(1 + 织物弹性伸长率)}$$

经弹织物:

$$上机纬密 = \frac{成品纬密 \times (1 - 外包纤维纱线缩率)}{1 + \dfrac{织物弹性伸长率}{热定形效率}}$$

（3）织造时应注意的要求。

纬弹织物的关键在于控制上机幅宽。

① 纬纱设备可以用直接纬纱,也可以用间接纬纱。间接纬纱时,卷纬张力约 15 cN。

② 织造时,引纬张力要均匀,并且要有足够的张力,使纬纱的伸长接近于或等于外包纤维的伸长极限,或大致控制到弹性伸长的 95%。

③ 防止卷边,可加宽布边,通常为一般布边的一倍,斜纹织物应用反斜纹组织。

④ 平纹纬弹织物的机上经向紧度不宜太大,以利于纬弹织物的弹性伸长率,E_j 最好不大于 50%。

例 5-9 某原有平布、府绸织物的上机条件是用 27 tex 弹力纬纱制织,其幅宽变化如表 5-29。由表可知棉平布与纬弹平布的下机幅宽相差 9 cm,涤棉府绸与纬弹府绸的下机幅宽相差仅 0.5 cm,可见经向紧度加大后纬纱不易缩进。

表 5-29　弹力府绸织物的幅宽变化

织物	纱线线密度(tex)		成品密度[根/(10 cm)]		经向紧度(%)	下机幅宽(cm)
	经纱	纬纱	经密	纬密		
棉平布	28	28	236	228	46.2	91.5
纬弹平布	27	27	228			82.5
涤棉府绸	19.5	19.5	445	252	72	96.5
纬弹涤棉府绸	19.5	27		252		96

经弹织物的关键是经纱准备,要求经纱的张力均匀,要做到段(片、批)纱及单纱张力均匀一致。织造经弹织物要用大张力、大伸长。经纱的伸长率要等于或大于织物的弹性伸长率。

(六) 氨纶织物的热定形

热定形是氨纶包芯纱织物后整理的关键。织物下机后坯布的密度在弹力纱的作用下收缩到最大,织物变得又厚又窄又短。这时的织物弹性伸长和弹力都较大,可达 40%～60%,实际上并不希望其弹性伸长和弹力达到这么大,需用热定形减少它的弹性伸长率和弹力。热定形的结果是,成品织物中弹力丝变细,织物面积增加,但相对含量不变;氨纶总的弹性伸长率减小,总的弹力减小,但测定纤维每克线的密度不变。

1. 热定形效率

氨纶弹力织物经过热定形取得一定的宽度或长度。但热定形后的弹力织物再经热湿处理时织物又会发生收缩。收缩到一定后不再收缩,相对稳定。这种热定形宽度或长度保留百分率,即为热定型效率。这时的织物尺寸就是我们需要的成品尺寸。

$$热定形效率 = \frac{弹力织物的成品宽度(或长度)}{热定形时织物宽度(或长度)} \times 100\%$$

例 5-10 热定形时织物宽度为 161 cm,经热湿处理后,成品宽度为 145 cm。

$$热定形效率 = \frac{145}{161} \times 100\% = 90\%$$

不同织物的热定形效率是不同的,这是由于纱线捻度、纱线线密度、氨纶线密度、弹性伸长和组织等不同造成的。为此,不同织物的热定形效率必须通过小样试验确定。试验时,热定形宽度超过成品宽度的 10%～15%,经沸水中处理 5～10 min,松弛烘干。热定形效率测得后,成品宽度又已知时,则织物的热定形宽度便可求得:

$$热定形宽度 = 所需成品宽度 \times \frac{100}{热定形效率(\%)}$$

根据有关资料介绍,如果热定形定得较宽,就无法使织物变狭窄。因此,必须予先进行试验,取得经验后,一次热定形成功。在幅宽方面,宁可定得窄一些,还可多次扩展布幅热定形和热湿处理。

2. 热定形的温度与时间

根据有关资料,聚醚型氨纶包芯纱织物的热定形温度与时间为 196 ℃、20 s 到 177 ℃、100 s,如果热定形的温度与时间不充分,会使织物产生过分的收缩,造成窄幅和色差等问题。

(七) 弹力织物设计计算举例

例 5-11 今设计一弹力织物,成品规格为经纱线密度 19.5 tex、纬纱线密度 29 tex,织物经纬密度为(265×197)根/(10 cm),成品幅宽为 114.3 cm,面密度为 122 g/m²。要求织物的弹性伸长率为 45%,经纱织缩率为 7%,纬纱织缩率为 9%,热定形效率为 90%。求纬弹织物的纬纱纺出线密度、筘幅、筘号、总经根数、机上纬密、成品面密度等。

解: (1) 纬纱纺出线密度 $= \frac{成品纬纱线密度 \times (1 + 包覆纱缩率)}{1 + 织物弹性伸长率}$

因此,纬纱纺出线密度 $= \frac{29 \times (1 - 8\%)}{1 + 45\%} = 18.4$ tex

(2) 初算筘幅 $= \dfrac{\text{成品幅宽} \times (1 + \text{织物弹性伸长率})}{(1 - \text{纬纱织缩率})(1 - \text{包覆纱缩率})}$

$$= \dfrac{114.3 \times (1 + 45\%)}{(1 - 9\%)(1 - 8\%)} = 198 \text{ cm}$$

(3) 总经根数 $=$ 成品经密 $\times$ 成品幅宽 $= 268 \times 114.3 \times \dfrac{1}{10} = 3\,064$

(4) 筘号

上机经密 $= \dfrac{\text{总经根数}}{\text{筘幅}} \times 10 = \dfrac{3\,604}{198} \times 10 = 154.45$ 根 $/(10 \text{ cm})$

取 154.5 根 $/(10 \text{ cm})$。

如果每筘穿 2 根纱,则筘号 $= \dfrac{154.5}{2} = 77.25$ 筘 $/(10 \text{ cm})$,取 77 筘 $/(10 \text{ cm})$。

(5) 修正筘幅 $= \dfrac{\text{总经根数}}{\text{筘号} \times \text{每筘穿入数}} = \dfrac{3\,064}{77 \times 2} \times 10$

$$= 199 \text{ cm}$$

(6) 机上纬密 $=$ 成品纬密 $\times (1 - \text{不含氨纶的经纱织缩率})$

$$= 197 \times (1 - 4\%) = 189 \text{ 根} /(10 \text{ cm})$$

(7) 成品面密度

经纱质量 $= \dfrac{\text{总经根数} \times \text{经纱线密度}}{1\,000 \times (1 - \text{经纱织缩率}) \times \text{成品幅宽}} \times 100$

$$= \dfrac{3\,064 \times 19.5}{1\,000 \times (1 - 7\%) \times 114.3} \times 100$$

$$= 56.2 \text{ g/m}^2$$

纬纱质量 $= \dfrac{\text{纬密} \times 10 \times \text{筘幅} \times \text{纬纱纺出线密度}}{1\,000 \times 100 \times \text{成品幅宽}} \times 100$

$$= \dfrac{197 \times 10 \times 199 \times 18.4}{1\,000 \times 100 \times 114.3} \times 100$$

$$= 63.1 \text{g/m}^2$$

成品质量 $= 56.2 + 63.1 = 119.3 \text{g/m}^2$

第五节　色织物工艺计算

工艺规格计算是保证产品达到预期规格要求的重要工作,其工作内容包括计算产品的总经根数、坯布幅宽、上机筘幅、用纱量、纬密牙等。计算时会涉及织缩率、染缩率、捻缩率等参数。

一、确定经、纬织缩率

经、纬织缩率的计算方法同白坯布。

色织物部分大类品种的经、纬织缩率及染缩率见表 5-30。

表 5-30　织物的织缩率和染缩率

织物名称	坯布幅宽(cm)	纱线线密度(tex) 经纱	纬纱	织物密度[根/(10 cm)] 经密	纬密	织物组织	经织缩率(%)	纬织缩率(%)	染缩率(%)	备注
精梳色府绸	97.7	14.5	14.5	472	267.5	平地小花	6.71	3.3	6.5	大整理
精梳色府绸	96.5	14.5	14.5	472	267.5	（双轴）	7.47	4.5	6.8	
精梳色府绸	97.9	14.5	14.5	472	267.5	平纹	7.47	2.8	6.5	
色府绸	97.7	142×2	17	346	259.5	平、缎条	8.65	3.7	6.5	5号整
色府绸	87	142×2	17	346	259.5	平、提花	8.65	4.55	6.8	
色精线府绸	97.7	9.7×2	9.7×2	454	240	平纹		2.7	6.5	
色精线府绸	92.7	9.7×2	9.7×2	432	240	平纹		2.9	9.6	
色精线府绸	97.7	9	9	472	70	平纹		1.98	6.5	
纱格府绸	97.7	18	18	421	267.5	平纹	10.4	2.82	6.5	大整理
色精泡泡纱	87	14.5+28	14.5	314.5	299	平纹	8.35	3.89	0.6	热烫
细纺	97.7	14.5	14.5	314.5	275.5	平纹	7.69	5.7	7.69	一般整
细纺	99	14.5	14.5	362	275.5	平纹	7.69	5.1	7.69	一般整
细纺	103.5	14.5	14.5	314.5	275.5	平纹	6.5	5.9	11.7	上树脂
细纺	100.3	14.5	14.5	314.5	275.5	平纹	7.69	4.58	8.9	
单面绒彩条	96.5	28	36	295	236	2/2↗	9.56	4.4	5.3	
单面绒彩条	97.7	28	36	295	236	提花	8.17	4.3	6.5	
单面绒	90.7	28	42	251.5	283	3/1↗	12.0	4.0	10.3	
单面绒	99.5	28	42	251.5	283	2/2↗	11.2	4.8	8.1	
双面绒		28	42	251.5	283	3/1,3/1 凹凸绒	12.0	6.1	6.5	
双面绒	91.4	28	42	251.5	283	3/1↗	6.8	7.7	11.1	
双面绒	97.1	28	28	299	236	2/2↗	8.17	5.0	5.9	
彩格绒	97.7	28	28	236	224	2/2↗	8.0	4.7	6.5	
被单条	113	29	29	279.5	236	平纹	10	3.5	1.1	
被单料	113	29	29	318.5	236	2/1	9.5	3.5	1.1	
被单布	113	28	28	326.5	267.5	3/1↗,1/3↗	9.26	5	1.1	
被单布	113	28	28	299	255.5	2/1↗,1/2↗	9.85	3.9	1.1	
被单布	113	14×2	14×2	283	251.5	平纹		4	1.1	
格花呢	81.2	18×2	36	262.5	236	小邹地	10	4.08	0	
格花呢	81.2	18×2	36	299.5	251.5	灯芯条	10	5.6	0	
格花呢	81.2	18×2	36	284.5	251.5	绉地	10.8	5.2	0	
格花呢	81.2	18×2	36	259	220	平纹	10	5.2	0	

(续　表)

织物名称	坯布幅宽(cm)	纱线线密度(tex)		织物密度[根/(10 cm)]		织物组织	经织缩率(%)	纬织缩率(%)	染缩率(%)	备注
		经纱	纬纱	经密	纬密					
格花呢	81.2	18×2	36	334.5	228	灯芯条	11	4.2	0	
素线呢	81.2	14×14×14	36	318.5	228	绉地	11.8	2.97	6.92	
素线呢	82.5	14×14×14	18×2	365	236			3	7.7	3#整理
素线呢		18×2+(14×14×14)	36	330.5	220		9.8	4.41	7.8	
色线绢	96.5	18×2	18×2	297.5	212.5	平纹	2.8	2.75	6.5	3#树脂
色格布	87.5	28	28	218.5	188.5	平纹	7.28	6	4.5	
杂条	87.6	28	28	272	236	平纹	9.2	4.8	7.2	树脂
劳动布	92	58	58	267.5	173	3/1↗	11	4.6	0.7	
防缩劳动布	96.5	58	58	294.5	165	3/1↗	8.29	3.8	5.3	防缩
防缩磨毛劳动布	97.5	58	58	267.5	188.5	3/1↗	9.19	2.9	6.3	防缩磨毛
家具布		29	29	354	157	缎纹	7.25	3.5	1.67	轧光
色黏棉混府绸	97	14.5	14.5	421	275.5	平地小花	10.6	4.6	5.75	
色涤棉混府绸	97.1	13	13	440.5	299	平纹	10.86	3.4	5.9	大整理
色涤棉混府绸	97.7	13	13	440.5	283	平地小花	10.29	5	6.5	大整理
色涤棉混府绸	97.7	13	13	452.5	283	(双轴)	10.29	5.9	6.5	大整理
色涤棉混府绸	97.7	13	13	440.5	283	平纹带提花	10	6.4	6.5	4#涤棉整理
色涤棉混府绸	121.9	13	13	393.5	283	树皮皱	9.5	4.8	6.25	4#涤棉整理
色涤棉府绸	121.9	13+13×2	13	472	283	(双轴)	10.36	4.6	6.24	4#涤棉整理
色涤棉细纺	99	13	13	314.5	275.5	平纹	7.3	5.9	7.7	4#涤棉整理
色涤棉花呢	97.7	21	21	322.5	283	平纹	10.4	7.2	6.5	4#、5#涤棉整理
色涤棉花呢	97.7	21	21	362	259.5	平纹	11.96	4.56	6.5	涤棉整理,深色
色涤黏中长	93.9	18×2	18×2	228	204.5	平纹	10.4	7.9	2.7	松式整理
富纤格府绸	97.7	19.5	19.5	393.5	251.5	平纹	10.4	3.9	6.5	松式整理

幅缩率是指坯布通过后整理后的纬向收缩程度,其计算公式:

$$幅缩率 = \frac{坯布幅宽 - 成品幅宽}{坯布幅宽} \times 100\%$$

影响幅缩率的因素如下:

1. 后整理工艺

如漂白大整理与不漂白大整理,前者的幅缩率较大。

2. 织物密度

若纱线的品种和线密度相同,当织物密度不同时,幅缩率也不同。一般来说,密度稀的织物的幅缩率较大。

3. 织物组织

松软的组织如透孔组织、灯芯条组织等织物,其幅缩率较平纹组织织物大。

二、坯布幅宽的确定

色织物有直接成品和间接成品之分。直接成品是指下机的坯布不经任何处理或只经过简单的小整理(如冷轧、热轧或热处理)加工的产品,如部分男、女线呢、条格布、被单布等。间接成品是指下机坯布还须经过拉绒或者丝光、漂白、印染等大整理加工的产品,如凹凸绒、彩格绒、中长花呢、精梳府绸,涤棉府绸之类。而生产任务书都是指成品幅宽,直接成品的干坯布幅宽接近成品(一般坯布幅宽比成品幅宽大 0.6~1.3 cm,该尺寸即为小整理引起的幅度变化值),间接成品的产品幅缩较大,一般坯布幅宽要比成品大 3.8~7.6 cm。

$$坯布幅宽 = \frac{成品幅宽}{1 - 幅缩率} = \frac{成品幅宽}{幅宽加工系数}$$

三、筘幅的确定

$$筘幅 = \frac{坯布幅宽}{1 - 纬纱织缩率(\%)}$$

四、总经根数、全幅花数及全幅筘齿数的确定

(一)总经根数的计算

总经根数的计算同白坯布。

(二)全幅花数

$$全幅花数 = \frac{总经根数 - 边纱根数}{每花经纱根数}$$

如不能整除,需做加减头处理。

(三)全幅筘齿数的确定

1. 产品的全幅经纱每筘穿入数相同

全幅筘齿数按下式计算:

$$全幅筘齿数 = \frac{布身经纱根数}{每筘穿入数} + 边纱筘齿数$$

2. 产品采用花筘穿法

全幅筘齿数按下式计算：

$$全幅筘齿数 = 每花筘齿数 \times 全幅花数 + 加头的筘齿数 + 边纱筘齿数$$

五、核算经密

因为在确定筘号时，有可能要修正筘幅、总经根数、全幅筘齿数等数值，所以最后要核算其坯布经密。

$$坯布经密[根/(10\ cm)] = \frac{总经根数}{坯布幅宽} \times 10$$

色织物一般控制在下偏差范围，以不超过 4 根/(10 cm)为宜。如果由上式算得的经密与任务书中坯布经密的差异在规定范围内，则计算筘号前的各项计算可以成立，否则必须重新计算。

六、筘号

$$公制筘号[筘齿/(10\ cm)] = \frac{全幅筘齿数}{上机筘幅(cm)} \times 10$$

当计算得到的筘号不是整数时，应进行修正，选用最接近的标准筘号。当算出筘号与标准筘号相差±0.4 筘齿/(10 cm)时，则不必修改总经根数，只需修改筘幅。一般筘幅相差在 6 mm 以内可不修正。凡经大整理的品种，应严格控制筘幅和坯幅。

七、千米坯织物经纱长度(简称千米织物经长)的确定

(一) 目的

计算千米坯织物经纱长度是为了确定墨印长度及用纱量，其计算公式如下：

$$千米坯织物经纱长度(m) = \frac{1\,000(m)}{1 - 经纱织缩率(\%)}$$

(二) 落布长度

$$落布长度(m) = 坯布匹长 \times 联匹数$$

凡经过大整理的产品，落布长度公差为 $\pm^2_1$ 米；不经过大整理的产品，落布长度只允许有上偏差，不允许有下偏差。

落布长度是指坯布落布长度，如果任务书上写出的是成品匹长，则：

$$落布长度 = \frac{成品匹长 \times 联匹数}{1 + 后整理伸长率(\%)}$$

$$= \frac{成品匹长 \times 联匹数}{1 - 后整理缩率(\%)}$$

(三) 浆纱墨印长度

浆纱墨印长度的计算公式如下：

$$浆纱墨印长度(m) = \frac{千米织物经长}{1\,000} \times 落布长度$$

$$= \frac{千米织物经长}{1\,000} \times \frac{成品匹长 \times 联匹数}{1 + 总伸长(\%)}$$

$$= \frac{千米织物经长}{1\,000} \times \frac{成品匹长 \times 联匹数}{1 - 总长缩(\%)}$$

$$= \frac{千米织物经长}{1\,000} \times \frac{坯布匹长 \times 联匹数}{1 - 织长缩(\%)}$$

八、色织布用纱量计算

(一) 色织布用纱量计算的三种情况

1. 色织坯布用纱量计算

凡经大整理的产品,按色织坯布用纱量计算,并且可以不考虑自然缩率。

2. 色织成品用纱量计算

凡经小整理的产品及拉绒或不经任何处理直接以成品出厂的产品,均按此类计算,要考虑自然缩率、小整理缩率或伸长率。

3. 白坯布用纱量计算

凡纬纱全部用本白纱的产品,计算纬纱用量时,伸长率、回丝率须按本白纱的规定计算。

(二) 计算公式

色织坯布经纱用量(kg/km)

$$= \frac{总经根数 \times 千米织物经长(m) \times N_{tj}}{1\,000(1 - 染纱缩率)(1 + 准备伸长率)(1 - 回丝率)(1 - 捻缩率)}$$

色织坯布纬纱用量(kg/km)

$$= \frac{坯布纬密[根/(10\,cm)] \times 筘幅(m) \times N_{tw}}{100(1 - 染纱缩率)(1 + 准备伸长率)(1 - 回丝率)(1 - 捻缩率)}$$

色织成品经纱(或纬纱)用量(kg/km)

$$= 坯布经纱(或纬纱)用量 \times \frac{1 + 自然缩率}{1 + 后整理伸长率}$$

$$= 坯布经纱(或纬纱)用量 \times \frac{1 + 自然缩率}{1 - 后整理缩率}$$

(三) 缩率、伸长率、回丝率

1. 染缩率

染缩率(%)是指色纱的染后长度对漂前原纱长的百分比。常用纱线的染缩率见表5-31。

2. 捻缩率

捻缩率(%)是指平花线、花式线的捻后长度对并捻前原纱长度的百分比。常用纱线的捻缩率见表5-32。

表 5-31　常用纱线的染缩率

纱别	棉单纱	棉股纱	涤棉	中长		人造丝
				浅色	深色	
染缩率(%)	2.0	2.5	3.5	4	7	2

表 5-32　常用纱线的捻缩率

花线类别	平花线	复并花线	棉纱人丝复并花线	毛巾结子线	一次并三股线
捻缩率(%)	0	0.5	4	各厂自定	0

3. 伸长率

伸长率(%)是指纱线在加工过程中伸长后的纱长对其原纱长度的百分比。常用纱线的伸长率见表 5-33。

表 5-33　常用纱线的伸长率

纱别		单纱色纱	股线色纱	本白纱线	人造丝
伸长率(%)	经纱	0.6	0.8	股线 0	0
	纬纱	0.7	0.7	单纱 0.4	0

4. 回丝率

回丝率(%)是指加工过程中的回丝量对总用纱量的百分比。常用纱线的回丝率见表 5-34。

表 5-34　常用纱线的回丝率

纱线类别		经纱回丝率(%)	纬纱回丝率(%)	并线工序回丝率(%)
32 tex 及 32×2 tex 以上		0.6	0.7	0.6
29 tex 及 29×2 tex 以下		0.5	0.6	0.6
用于花线内的人丝		0.5	0.6	0.6
75~120 D 人丝单丝(用于经纱嵌线)		0.2		
格子织物换梭时带纡纱回丝	双色		另加 0.05	
	多色		另加 0.1	
本色纱线		0.2	0.25	

5. 部分品种的相关缩率

部分品种的自然缩率、后整理缩率、后整理伸长率见表 5-35。

表 5-35　各种缩率表

品种		后处理方法	自然缩率(%)	后整理缩率(%)	后整理伸长率(%)
男女线呢		冷轧	0.55		0.5
烟线呢全线		热处理	0.55	0.5	
被单	经线纱纬	热轧	0.55		2.5
	纱经线纬	热轧	0.55		2.0
绒布		轧光拉绒	0.55		2.0
二六元贡		不处理	1		
夹丝男线呢		热处理	0.55	0.8	

九、穿综工艺

穿综工艺主要取决于综片数及每片综上的综丝数。

在经密不大的情况下,不同运动规律的经纱可分别穿入不同的综片。当经密较大时,为减少经纱断头,应该减少每片综上的综丝数,增加综片数。最大综丝密度见表 5-36。

表 5-36 最大综丝密度

纱线线密度	最大综丝密度(根/cm)
粗特纱(32 tex 以上)	6
中特纱(21～31 tex)	8
细特纱(11～20 tex)	10

根据采用的综片数及穿综方法,即可算出各片综上的综丝数。

每片综上综丝数＝每花穿入本片综上的综丝数×全幅花数＋穿入本片综上的多余经纱综丝数(或减去分摊于本片综上的不足经纱数)＋穿于本片综上的边综丝数。

$$综丝密度 = \frac{每页综框上的综丝数}{机上幅宽 + 2}$$

例 5-12 生产树脂整理的色织涤棉府绸,其经、纬纱的线密度为 13 tex×13 tex,坯布经、纬密为(440×283)根/(10 cm),成品幅宽为 114.3 cm,成品匹长为 30 m。

其设计计算如下:

1. 色织条子提花府绸

地部为平纹,提花部分为 4 枚破斜纹缎条,经纱配色循环见表 5-37。由表 5-37 可知,每花含经纱 144 根。

表 5-37 色经循环

平纹 白 咖 白 红 6 次 24 根	提花 白 黄 12 次 4.5 mm 24 根	平纹 白 咖 白 红 白 咖 白 红 6 次 11.5 mm 48 根	提花 白 黄 12 次 24 根	平纹 白 咖 白 红 6 次 24 根

2. 初步确定坯布幅宽,幅缩率取 6.5%

$$坯布幅宽 = \frac{成品幅宽}{1 - 幅缩率} = \frac{114.3}{1 - 6.5\%} = 122.2 \text{ cm}$$

3. 初算总经根数

$$总经根数 = 坯布幅宽 × 坯布经密 = 122.2 × 44.0 = 5\ 376$$

4. 每筘穿入数

提花部分的成布宽度为 4.5 mm,共有 24 根经纱,其经密(成品)＝533 根/(10 cm)。

提花之间的平纹宽度为 11.5 mm,共有 48 根经纱,其经密为 417 根/(10 cm)。

提花部分经密与地部经密比 $\frac{533}{417} \approx \frac{4}{3}$。

为此,地部平纹每筘穿 3 根,花部每筘穿 4 根,边纱共用 12 筘齿(每筘齿 3 根)。

5. 初算筘幅

取纬纱织缩率为 5%,则

$$筘幅 = \frac{坏布幅宽}{1 - 纬纱织缩率} = \frac{122.2}{1 - 5\%} = 128.6 \text{ cm}$$

6. 每花筘齿数

$$每花平纹地共用筘齿数 = \frac{144 - 48}{3} = 32$$

$$每花提花部分共用筘齿数 = 24 \times 2 \div 4 = 12$$

$$每花筘齿数 = 32 + 12 = 44$$

$$平均每筘穿入数 = \frac{144}{44} = 3.27 \text{ 根 / 齿}$$

7. 全幅花数

$$全幅花数 = (初算总经根数 - 边经根数) \div 每花根数$$
$$= (5\,376 - 36) \div 144 = 37 \text{ 花} + 12 \text{ 根}$$

8. 劈花

该花型本身不对称,且红色靠近布边,这不太理想,由于多余经纱 12 根,故改加 12 根白经,达到总经根数不变,且两侧布边对称,符合劈花要求。

9. 全幅筘齿数

$$全幅筘齿数 = 每花筘齿数 \times 花数 + 多余经纱筘齿数 + 边经筘齿数$$

$$= 44 \times 37 + \frac{12}{3} + \frac{36}{3} = 1\,644$$

10. 筘号

$$筘号 = \frac{全幅筘齿数}{筘幅} \times 10 = \frac{1\,644}{128.6} \times 10 = 127.83 \text{ 齿 /(10 cm)},$$取整数,用 128 齿 /(10 cm)。

一般情况下,不修改总经根数,不变动筘齿数,而对筘幅作适当的修正。

修正后的筘幅为:

$$筘幅 = \frac{全幅筘齿数}{筘号} \times 10 = \frac{1\,644}{128} \times 10 = 128.4 \text{ cm}$$

与初算筘幅 128.6 cm 相差 0.2 cm,在允许范围内。

11. 核算坏布经密

$$坏布经密 = \frac{总经根数}{坏幅} \times 10 = \frac{5\,376}{122.2} \times 10 = 439.9 \text{ 根 /(10 cm)}$$

$$= 440 \text{ 根 /(10 cm)}$$

核算所得经密与任务书规定的经密无差异,故上述各项计算均有效。

12. 综片数及综丝密度计算

综丝最大密度见表 5-38。

平纹:$\dfrac{96}{144} \times 5\,376 = 3\,584$ 根

由于花经为 4,破斜纹至少用综 4 片,多臂机最大用综为 16 片,织造时综片数少对生产有利。今初步确定平纹用 4 片综,则平纹每片综上的综丝数见表 5-38。

表 5-38　最大综丝密度

纱线类别	最大综丝密度(根/cm)
高线密度纱(32 tex 以上)	6
中等线密度纱(21~31 tex)	10
低线密度纱(11~20 tex)	12

$\dfrac{3\,584}{4}=896$ 根,综丝密度 $=\dfrac{\text{每页综上综丝数}}{\text{箱幅}+2}=\dfrac{896}{128.4+2}\approx 7$ 根 /cm

花经每片综上的综丝密度 $=\left(\dfrac{48}{144}\times 5\,376\right)/(128.4+2)\times 4=3.4$ 根 /cm

计算结果平纹用 4 片综,花经用 4 片综,各片综上的综丝密度都在允许范围内。

13. 绘制纹板图

14. 穿综、穿箱

左边:(1、1、2、2、3、3、4、4,),(1、2、3、4)×2 次,1、2,每箱 3 人。

布身:(1、2、3、4)×8 次/3 人,(5、6、7、8)×12 次/4 人,(1、2、3、4)×16 次/3 人,(5、6、7、8)×12 次/4 人,(1、2、3、4)×8 次/3 人。

右边:1、2,(1、2、3、4)×2 次,(1、1、2、2、3、3、4、4,),每箱 3 人。

各片综上的综丝数计算:

第 1 片:平纹 32 根×37 花+3 加头+10 根边=1 197 根

第 2 片:平纹 32 根×37 花+3 加头+10 根边=1 197 根

第 3 片:平纹 32 根×37 花+3 加头+8 根边=1 195 根

第 4 片:平纹 32 根×37 花+300 头+8 根边=1 195 根

第 5~8 片:缎纹 24 根×37 花=888 根

15. 千米织物经长

取经纱织缩率为 10%,则

千米织物经长 $=\dfrac{1\,000}{1-10\%}=1\,111.1$ m

落布长度 $=\dfrac{\text{成品匹长}\times\text{联匹数}}{1+\text{后整理伸长率}}=\dfrac{30\times 4}{1+1\%}=118.8$ m

浆纱墨印长度 $=$ 落布长度 $\times\dfrac{\text{千米织物经长}}{1\,000}$

$=118.8\times\dfrac{1\,111.1}{1\,000}=124.2$ m

16. 纬密牙

变换牙数 $=\dfrac{\text{坯布纬密[根 /(10 cm)]}\times(1-\text{下机缩率})\times 37}{141.3}$

$=\dfrac{283\times(1-3\%)\times 37}{141.3}=71.88$ 牙 ≈ 72

思考题:

1. 说明色织物的特点。色织物的生产工艺与其他织物有何不同?

2. 色织物主要有哪些品种? 其特分别点是什么?

3. 什么是劈花和排花? 其目的是什么?

4. 某织物由平纹和 $R=8$ 的透孔组织构成,总经根数为 2 400,其中边经 48 根,边筘齿共 12 齿,色经排列如下:

白	黑	白	黑
(平纹)	(透孔)	(平纹)	(透孔)
60	32	48	24

(1) 对织物进行劈花及加减头处理。

(2) 如筘号选用 60 齿/(10 cm),求上机经密及机上幅宽。

(3) 计算上机工艺。

第六章 | 毛及毛型织物设计

第一节 毛及毛型织物的分类及风格特征

一、毛及毛型织物的分类与编号

（一）毛及毛型织物的分类

1. 按纺纱工艺分

（1）精纺（梳）毛织物。

纱线按精纺工艺流程加工，纱支较细，一般为 25 tex×2 以下（40/2 公支以上），目前最细可达到 2 tex×2(250/2 公支)。精纺毛纤维长度较长，一般在 60 mm 以上，纱线中的纤维伸直度高，纱线表面毛羽少。因此，成品的表面也比较光洁，一般织纹清晰，织物手感滑糯，富有弹性。

（2）粗纺（梳）毛织物。

纱线按粗纺工艺流程加工，一般情况下纱线较粗，多为 50 tex 以上的单纱。纱线中的纤维长度较短，一般在 20~60 mm，使用全新羊毛的粗纺毛织物较少，大多数情况下新羊毛所占的比重约 60%，其他原料都是利用精梳短毛、精梳落毛、下脚毛等。有些产品还掺加少量的黏胶纤维、棉纤维、合成纤维等，纱线中纤维的伸直程度较差，纱线表面毛羽较多而短，由于粗纺毛织物大都采用起毛、缩绒等后整理工序。所以，毛羽并不影响织物的外观，毛毯产品也属此类。

粗纺毛织物花色丰富多彩，外观粗犷、明朗，手感柔软、蓬松丰厚，保暖性好。所采用的纱线多数用单经、单纬，少数纹面织物用股线，除了大衣呢用经二重、纬二重及双层组织外，其他产品均为单层组织织物，其染整工艺采用缩绒和起毛两种，使产品具有呢面丰满、质地紧密、手感厚实的风格，广泛采用缩绒和起毛工艺使得呢坯经缩多、重耗大，成品平方米质量较难控制。粗纺毛织物按呢面状态一般分为三种类型：

① 纹面织物：不经缩绒、拉毛工序，重点在洗呢、烫呢及蒸呢上，使成品的纹路清晰。

② 呢面织物：必须经过缩绒或重缩绒，然后烫蒸定型，使织物呢面丰满平整、质地紧密、手感厚实。

③ 绒面织物：经缩绒与起毛，并要反复拉剪多次，使成品具有立绒或顺绒的风格。

（3）半精纺（梳）毛织物。

半精纺毛织物在生产工艺中，没有精梳工序，但比粗纺工序多了针梳工序，因此成为半精纺毛织物。纱线及织物性能介于精纺毛织物与粗纺毛织物之间，织物以纹面织物为主，外观粗犷，手感丰满厚实，光泽自然柔和，一般作为春秋面料使用。

2. 按织物原料组成分

（1）全毛织物。

全毛织物是经、纬纱均由羊毛纤维构成的织物。国家标准规定精梳毛纺织产品中涤纶等非毛纤维含量低于5％,粗梳毛纺织产品中含锦纶等非毛纤维含量低于10％者,均可算作纯毛织物。

（2）混纺毛织物。

混纺毛织物是指经、纬纱均由羊毛和其他纤维混纺而织成的织物。其他纤维有棉、麻、丝、竹原纤维等天然纤维;黏胶、天丝、竹浆纤维、大豆蛋白纤维、甲壳素等再生纤维;腈纶、涤纶、锦纶等化学合成纤维;铜纤维、不锈钢纤维等金属无机纤维。如羊毛与涤纶混纺的毛涤花呢,羊毛与涤纶、腈纶混纺以及毛与涤纶、黏胶纤维混纺的三合一花呢等。

（3）仿毛织物。

仿毛织物主要是指经纬纱均由化学纤维等非毛纤维单一或混合纺纱织成的具有毛型感或毛织物外观、风格的毛型织物。用于毛型精纺织物的化学纤维长度为76～114 mm,用于毛型粗纺织物纤维的长度为64～76 mm,细度均为3.33～5.56 dtex。生产工艺采用毛织物的加工设备和工艺流程加工而成的织物能获得良好的仿毛织物。如涤纶与黏胶纤维混纺的涤黏凡立丁、涤黏派力司、涤纶与晴纶混纺的涤晴混纺花呢等。

（4）毛交织织物。

毛交织织物为织物中一个系统的纱线为毛纤维纱线,而另一个系统的纱线为其他非毛纤维纱(丝)或毛与非毛纤维的混纺纱,二者交织而成的织物。如精纺产品中的以涤纶长丝或绢丝为经、毛纱作纬的绢丝花呢;以棉为经纱,毛纱为纬纱交织成的毛棉巴厘纱等。

3. 按染整加工工艺分类

（1）匹染产品。

匹染产品为先织成呢坯再直接染色的产品,如匹染全毛华达呢。此类产品光泽柔和、手感滑糯、颜色鲜艳。该方法染色的产品适合于商业零售产品,因为匹染的颜色总会存在不同程度的缸差。

（2）匹套染产品。

匹套染产品为纺纱前先对一种或几种纤维进行染色,待织成坯布后,再对另一种纤维进行染色的产品。一般用于毛混纺产品或纯化纤混纺产品。如毛涤产品、涤黏产品等。

（3）条染产品。

条染产品为织前对纤维就已经完成染色工程的毛织物。织前染色分毛染和纱染两种。毛染一般为毛条染色(精纺)和散毛染色(粗纺)。纱染则有筒子染色、经轴染色等。条染品种呢面光泽,手感滑爽,纹路清晰且色牢度好,如全毛啥咪呢、毛涤派力司等。该方法染色产品适合于集团性消费、制服等,因为条染产品的颜色一般不会存在色差,尤其是毛条染色的产品,因为在条染后经过复精梳、针梳、并条等工序,不同染缸的条子相互充分混合,避免了色差存在的可能。

4. 按加工色泽分类

（1）单色织物。

单色织物为呢面颜色单一(只有一种颜色)的毛织物。这种织物多由呢坯染色(匹染)加工而成,也可用条染色纱织成(色织)单色的织物。

（2）混色织物。

混色织物为呢面呈现两种或两种以上颜色的毛织物。多采用不同颜色的纤维混纺的纱线制成、用不同颜色的单纱拼合的纱线、用异色纱交织而成等原料的混色织物;还可以采用色纱与织物组织结构共同形成混色效果的配色模纹混色织物。

（3）印花毛织物。

印花毛织物可在中薄型毛织物上,印制条、格、花卉花型等以作为裙料、裤料及仿丝绸产品,别具风格。

（4）提花毛织物。

提花毛织物多采用纹织大提花织机在织物上形成素色提花织物或由带颜色的纱线织成花型五彩缤纷的织物。织物花型变化丰富，立体感强，可用作服装、装饰织物等。

5. 按织物用途分类

（1）服用织物。

服用织物主要用于各类男女外衣或秋冬季男式保暖衬衫、大衣。

（2）装饰织物。

装饰织物多用于美化环境。

（3）工业用呢。

工业用呢多为根据各工业部门的特殊要求而制织的各种不同性能的织物。如造纸毛毯、工业用毡、吸油毡、抛光呢、皮辊呢等。

6. 按织物组织分类

（1）简单组织。

简单组织织物多采用三原组织、变化组织和联合组织三类。

（2）复杂组织。

复杂组织织物多采用重组织、双层组织和起毛组织三类，这种组织在粗纺毛织物中应用较多。

（3）大提花组织。

这种组织一般在提花毛毯和边部应用。

7. 综合分类

毛及毛型织物的风格是指织物的呢面、光泽、品种、手感、边道等多种效应的总称。

呢面是指织物的花型、织纹、光泽及表面状态。按呢面的不同，又可分为光面织物和呢面织物。对于光面织物的呢面要求应是织纹清晰细致、平整光洁、经纬平直、毛纱条干均匀。对于呢面织物要求混色均匀，呢面茸毛均匀细密，织纹隐而不露或露中带隐，毛茸紧贴呢面，不发毛，不起球。

目前所具有的呢面类型有五种：第一种为光呢面，要求呢面覆盖短而均匀的茸毛，织纹清楚；第二种为低呢面，要求呢面覆盖轻而均匀的茸毛，织纹略清楚；第三种为正呢面，要求呢面覆盖较轻而均匀的茸毛，织纹稍清楚；第四种为亚呢面，要求呢面覆盖重而均匀的茸毛，织纹隐约可见；第五种为高呢面，要求呢面覆盖密而均匀的茸毛，织纹不清楚。

对呢面的光泽要求则应是色光油亮、自然柔和、鲜艳滋润。手感是指毛织物与手掌接触时的心理感觉。毛织物的风格因不同的品种、不同的工艺及不同的染整加工过程，其风格各不相同。可按织物外观特点、结构特点、工艺特点进行分类，这种分类方法能够较综合地概括出织物的外观性能，同时在商业上也能形成一种大众化的认识。因此，在各类纺织品分类中的应用较为广泛，如府绸、哔叽、华达呢、巧克丁、麦尔登、双绉等就是这种分类法。

（二）毛及毛型织物的分类编号

1. 精纺毛织物的分类编号

精纺毛织物的分类编号由两位大写的英文字母与五位数字组成，从左到右排列，最左边的英文字母代表精纺毛织物的产地，第二位英文字母代表精纺毛织物的生产厂家。英文字母后面的五位数字，左起第一位数字代表精纺毛织物所用的原料，"2"—全毛，"3"—混纺，"4"—纯化纤,"5"—长毛绒,"8"—旗纱;第二位数字代表产品类别,"1"—哔叽和啥味呢类,"2"—华达呢类,"3"—单面花呢类,"4"—中厚花呢类,"5"—凡立丁和派力司类,"6"—女士呢类,"7"—贡呢类(含马裤呢、巧克丁、驼丝锦、色子贡、贡丝锦),"8"—薄花呢类,"9"—其他精纺毛织品;第三到第五位数字代表企业内的生产代号,如 SB31500 代表上海三毛生产的混纺哔叽,SB21501 代表上海三毛生产的全毛啥味呢,JV27601 代表无锡协新毛纺厂生产的全毛驼丝锦。旗纱的分类编号:＊＊88001～＊＊88999 区段为全毛旗纱;＊＊89001～＊＊89999 区段为混纺旗纱;无纯化纤旗纱。长毛绒织物的分类编号见表 6-1,其中"＊"代表产地和生产厂家的两位英文字母。

表 6-1　长毛绒织物的分类编号表

产品类别	纯毛	混纺	纯化纤
服用长毛绒	＊＊55101	＊＊55141	＊＊55171
衣里用长毛绒	＊＊55201	＊＊55241	＊＊55271
工业用长毛绒	＊＊55301	＊＊55341	＊＊55371
家具用长毛绒	＊＊55401	＊＊55441	＊＊55471

2. 粗纺毛织物的分类编号

粗纺毛织物的分类编号方式与原则与精纺毛织物相同,由两位大写的英文字母与五位数字组成,从左到右排列。最左边的英文字母代表该粗纺毛织物的产地,第二位英文字母代表粗纺毛织物的生产厂家。英文字母后面的五位数字,左起第一位数字代表粗纺毛织物所用原料,"0"—全毛,"1"—混纺,"6"—毛毯,"7"—纯化纤;第二位数字代表产品类别,"1"—麦尔登类,"2"—大衣呢类,"3"—制服呢类(含海军呢),"4"—海力斯类,"5"—女式呢类,"6"—法兰绒类,"7"—粗花呢类,"8"—大衣呢类,"9"—其他(含纱毛呢、劳动呢等)类;第三到第五位数字代表企业内的生产编号,如 PB01001 代表北京清河毛纺厂生产的纯毛麦尔登。毛毯织物的分类编号见表 6-2。

表 6-2　毛毯织物的分类编号

产品类别	纯毛	混纺	纯化纤
素毯(棉×毛)	＊＊61000	＊＊61400	＊＊61700
素毯(毛×毛)	＊＊62000	＊＊62400	＊＊62700
道毯(棉×毛)	＊＊63000	＊＊63400	＊＊63700
道毯(棉×毛)	＊＊64000	＊＊64400	＊＊64700
提花毯(毛×毛)	＊＊65000	＊＊65400	＊＊65700
印花毯	＊＊67000	＊＊67400	＊＊67700
格子毯	＊＊68000	＊＊68400	＊＊68700
特殊加工毯	＊＊69000	＊＊69400	＊＊69700

二、毛及毛型织物的风格特征

(一)精纺毛织物传统品种的主要风格特征

1. 华达呢

华达呢的组织有三枚经面斜纹右斜纹、四枚双面右斜纹、十一枚七飞纬面加强缎纹等三类组织。织物的正面有明显光洁的右斜纹线,斜纹线突出挺直,"贡"字光滑圆顺,呢面光洁,斜纹线夹角大于60°。纹路清晰,手感丰满、厚实,富于弹性,保暖性好,颜色为深素色,适于西装或大衣面料。华达呢多为匹染产品,有时为达到更丰富的色彩和更高的牢度要求,采用条染。条染华达呢有混色、经纬异色、花并纱和素色之分。华达呢品种较多,按原料有全毛华达呢和毛粘华达呢、毛涤华达呢、毛棉华达呢、毛涤锦华达呢、丝毛华达呢等。纱线结构多样化,但以经纬双股线为主,纱支一般为48/2~63/2公支。

(1)中薄型华达呢。

中薄型华达呢三枚经面为右斜纹组织,斜纹线夹角60度以上,经密是纬密的1.7~1.8倍正面斜纹线明显,反面斜纹线较平坦,织物手感柔软活络滑糯,光泽自然柔和,膘光润泽。主要用于男女套装(裙)等,尤其在女装中应用更广。

(2)中厚型华达呢。

中原型华达呢为四枚双面右斜纹组织,斜纹线夹角达63度,经密是纬密的1.8~1.9倍,正反面均有明显的斜纹线。正面斜纹线挺、直、匀、密,"贡"字突出圆顺,织物手感紧实、挺滑、活络、弹性好,光泽丰润,膘光足。主要用于男女套装(裙)等,尤其在男装中应用更广。

(3)厚重型华达呢。

厚重型华达呢又称缎背华达呢,表面为华达呢纹外观,背面有缎纹组织特点,织物组织为11枚7飞纬面加强缎纹组织1.8~2.0倍。缎背华达呢用纱较细,一般纱线范围为(20~14)×2特(50/2~72/2公支),织物密度较高,以14×2特毛纱为例,其成品经密接近700根/(10 cm),常见面密度为480~570 g/m²,比一般华达呢面密度高出35%左右,织物手感丰厚紧密坚实,表面光泽自然亮洁,膘光肥润幽深。主要用于男女风衣、大衣面料、男装西套装等。

2. 哔叽

哔叽的组织是2/2右斜纹组织(也有少量采用2/1斜纹的,称为单面哔叽)。织物正反面均有斜纹线,正、反面纹路相似,斜纹纹道的距离略宽,斜纹线显得平坦粗松,"贡"字较扁平,斜纹线夹角在45°~50°。

哔叽按原料分有全毛哔叽、毛混纺哔叽和化纤哔叽三类。其中,毛混纺以毛涤、毛黏居多;化纤哔叽多以毛型涤纶、黏胶等为原料。光面哔叽产品呢面要求光洁平整、纹路清晰、不起毛。其经纬多用双股线,也有纬用单纱的,捻度适中,纱线线密度33 tex×2~16.7 tex×2,经密是纬密的1.1~1.2倍。哔叽表面光泽自然柔和,有膘光,手感柔糯有弹性,飘逸感强,主要用于男女各式服装。

3. 啥味呢

啥味呢又称精纺法兰绒,其名来自Cheviot的音译,意为"有轻绒面的后整理"。组织为2/2右斜纹,也有采用2/1右斜纹的。有些以平纹、破斜纹组织作出的有轻绒面的毛及毛型织物,也称为啥味呢。

啥味呢是条染混色品种,以中浅灰、混色黑、混色蓝为多,混色均匀一致,织物正反面有斜纹线,斜纹线夹角为50°左右,由于混色效果,斜纹效果被弱化,啥味呢经缩呢整理有单面和双面分。在原料上有全毛和混纺两种,其中混纺产品一般为毛涤、毛黏、毛黏锦、丝毛等。常用纱线线密度为13.5 tex×2~16.7 tex×2,织物紧度与哔叽相似,经密是纬密的1.15~1.25倍。织物光泽柔和,手感丰满温润,膘光自然,混色均匀,素雅大方,织物耐磨,不起极光,主要用于男女各式套装(裙)。

4. 凡立丁

凡立丁的组织为平纹,其名称是英文Valitin的音译,是精纺毛织物中质地轻薄的重要品种之一。按原料有全毛和混纺之分,混纺有毛粘混纺和毛涤混纺等。其匹染产品颜色鲜艳漂亮,以浅米、浅灰为多。其条染产品则分为素色、条子、格子、隐条、隐格(配正、反捻纱)等。经密是纬密的1.1～1.2倍,常用面密度为170～220 g/m²。凡立丁的呢面织纹清晰、光洁平整、经直纬平、手感柔软有弹性、滑爽不糙有身骨、不板不烂、透气性好、光泽自然柔和,呢面呈现浓郁羊毛织物的天然光泽。一般采用优质原料,经纬多用双股线,纱线线密度小、捻度较大。凡立丁主要用于夏季男女各式套装、职业装等。

5. 派力司

派力司织物组织为平纹,其名称来源于英文 Palace,是精纺毛织物中最轻薄的品种之一。派力司是经纱为股线、纬纱为单纱的双经单纬的薄型织物,外观呈现混色效应,具有单根或几根浅色纤维在织物表面形成经向不规则雨丝状条花,派力司一般为条染产品。常用纱线线密度:经纱常用 7.1 tex×2～8.3 tex×2,纬纱常用 22.2～25 tex,经纬纱捻度均较大,经密是纬密的1.2～1.3倍,面密度为110～140 g/m²。从原料上分有纯毛派力司、毛涤派力司、纯化纤派力司几种。派力司的呢面要求光洁平整、不起毛、织纹清晰、经直纬平、手感滋润、滑爽,不糙不硬、柔软有弹性、有身骨。主要用于夏季各式男女衬衫、裙装等服装面料。

6. 花呢

花呢是呢绒产品中变化最多的品种,一般为条染产品。常利用不同纱支、不同捻度、不同捻向的纱线,不同颜色的毛纱、混色毛纱、异色合股花线、花式纱线以及变化经纱的穿筘密度,不同的经纬密度比采用各种不同的嵌条等,再配上外观多样的花式组织,织成品类繁多、外观新颖的不同花色品种的精纺毛织物。

(1) 按面密度分类。

花呢按面密度分类有薄花呢、中厚花呢和厚花呢三种。薄花呢的面密度在 195 g/cm² 以下,中厚花呢的面密度在195～315 g/cm²,厚花呢的面密度在315 g/cm² 以上。

(2) 按原料分类。

花呢按原料可分为纯毛花呢、毛混纺花呢和毛交织花呢三种。

(3) 按组织结构、外观花型综合分类。

花呢按组织市场、外观花型等综合分类,目前已形成市场认可并保留下来的常见品种,主要有以下几种:

① 薄花呢。薄花呢常用平纹组织,采用中浅色,色泽鲜艳,多用于夏季各类男女套装、裙装等。一般经纱与纬纱常用的纱线线密度为7.1 tex×2～12.5 tex×2,纱线捻度为 420～860捻/m,经密是纬密的1.2～1.3倍。织物广泛采用纱线不同捻向配合,在织物表面形成暗条暗格,不同角度和不同亮度光照下,外观有不同的色泽变化,具有"全息"特效,手感挺滑活络,弹性优良,广泛用于春夏季各式男女服装。

② 素花呢。素花呢主要以深、浅两种毛纱做 A/B 花线作经纬纱,采用 2/2 斜纹组织,经密是纬密的1.1～1.2倍,外观新颖大方、活泼,主要用于女装时装等。

③ 条花呢。条花呢以股线作经,单纱作纬,组织采用斜纹或斜纹变化组织,利用嵌条线勾勒形成竖条形,其嵌条线有棉丝光线、绢丝、涤纶丝及异色毛纱等;经密是纬密的1.15倍左右,条花呢的呢面分光面和呢面两种,适于春秋季男休闲套装等。

④ 格子花呢。格子花呢的经纬都是采用两种及两种以上不同色泽的毛纱织成的。一般用平纹、斜纹等组织,利用不同颜色的毛纱做经纬间隔排列,产生格子效应,其格子以大、中、小互相嵌套。经密是纬密的1.05～1.15倍,外观大方、活泼,主要用于男女春秋装、时装等。

⑤ 粗平花呢。粗平花呢因纱线线密度大(粗支)、组织采用平纹而得名。一般以深浅 A/B 混色毛纱作经纬纱,再配以隐条、隐格和彩色嵌条,具有各种明暗、立体花式的综合条格效应,经

密是纬密的 1.2 倍左右。外观花型变化丰富,粗中有细,织纹活泼清晰,手感丰厚柔滑。主要用于各式男女时装、套装、休闲装等。

⑥ 板司呢。板司呢采用 2/2 方平组织为基础组织,用色纱与组织配合的配色模纹色织工艺,在织物上形成阶梯状花纹外观。有人把这种配色模纹花型称为"步步高",常用纱线线密度为 16.7 tex×2～25 tex×2。经密是纬的 1.2～1.3 倍,面密度为 270～320 g/m²。外观阶梯花型细巧,用色对比可明显也可含蓄,花样活泼不张扬。板司呢呢面平整,手感丰厚,软糯而有弹性。主要用于男女西装套装、西裤(裙)等。

⑦ 海力蒙。海力蒙主要是以 2/2 斜纹做基础组织而形成的中细条经破斜纹组织,由 Heyying bone 音译而来,意为"鲱鱼骨"。其外观呈人字破斜纹,斜条宽 8～12 mm,生产上采用经纬异色的色织工艺,常用纱线线密度为 16.7 tex×2～25 tex×2。经密是纬密的 1.2～1.3 倍,面密度为 250～290 g/m²。海力蒙织物结构紧密,外观稳重大方,细条人字纹精雅脱俗,色泽素洁,光呢面色光自然,光泽丰润;轻绒面的光泽柔润,手感丰满温软。主要用于男女西装套装、西裤(裙)等,女装应用更广泛。

⑧ 丝毛花呢。丝毛花呢广泛应用各种织物组织,以天然丝和绵羊毛为原料织制的花呢,属高档精纺呢绒。它有丝毛交织、丝毛合捻、丝毛混纺几类。其中,丝毛交织物外观银光闪烁,手感细腻柔滑,舒适宜人,通常用 10 tex×2 以下(100/2 公支以上)的绢丝与毛纱交织,还有丝经毛纬和丝毛混用两类。丝经毛纬适于夏令薄织物,毛纬多用混色,色彩在丝光衬托下更加艳丽。丝毛经纬混用以经纬都用 2 毛 2 丝或 1 毛 1 丝排列为多见。丝毛捻合的成品风格与丝毛交织相仿,通常用 7.1 tex×2 以下(140/2 公支以上)的绢丝或更细的厂丝与毛纱合捻成花线。一般丝取本色或浅色,使丝点明朗。丝毛混纺产品中的丝质感虽能在整个织物中呈现出来,但光泽不及交织或合捻的亮。在丝毛混纺纱线中,丝的比例一般控制在 10%～20%。丝毛花呢手感润滑活络,光泽润亮,悬垂飘逸感强。丝毛花呢主要用于男女套装(裙)、高档休闲服、商务休闲服等面料。

⑨ 单面花呢。单面花呢俗称牙签呢,表里组织均以平纹组织为基础组织,表里经纱不交换只纬纱进行表里交换的双层织造结构,属中厚花呢类。因织物正反面外观一般不相同,故称单面花呢。单面花呢多用彩色嵌条,提花嵌条等嵌条线,或利用正、反捻纱线,再配合纬纱表里交换产生的交换直痕,在织物表面织成细狭如牙签宽度的隐条,所以又称牙签长呢。它常用的纱线线密度为 16.7 tex×2～25 tex×2。经密是纬密的 1.4～1.6 倍,面密度为 270～312 g/m²。织物结构紧密,手感丰满厚实、活络、弹性优良,光泽自然,呢面细洁匀净,织纹清晰,花型稳重大方。主要用于男女风衣、大衣面料、男女装西套装等。

7. 女式呢

女式呢采用平纹地起花,以变化斜纹提花、绉纹组织等织成它的原料应用较为广泛。除纯毛产品外,还有毛混纺产品和纯化纤产品,一般混纺比例毛占 60%～80%,化学纤维占 20%～40%。其混纺产品一般为条染,花型有平素、直条、横条、格子及不规则的花式组织。经纱常用线密度为 16.7 tex×2～22.2 tex×2,纬纱常用线密度为 25～33.3 tex,也可以经纬采用相同粗细的股线。经密是纬密的 1.1～1.2 倍,面密度为 180～250 g/m²。可以在原料、纱线、组织、染整工艺等方面充分运用各种技法,充分展示女式呢外观新颖多变的风格,丰富其品种。织物结构偏松,手感柔软,色彩艳丽,活泼而不俗套,随意而不随便,主要用于各式女装。

8. 贡呢

贡呢采用缎纹组织、缎纹变化组织、急斜纹组织。其中以 5 枚加强缎纹为主,贡呢为紧密细洁的中厚型毛织物。贡呢表面有非常细、密、匀直的斜纹线。其中,斜纹夹度在 14° 左右的称为横贡呢,纹路线夹角在 $63°\sim75°$ 的称为直贡呢。一般以直贡呢为多,颜色多为深色,以黑色为主,黑色贡呢又称礼服呢。经纱常用线密度为 14.3 tex×2～20.0 tex×2,纬纱常用线密度为 25～33.3 tex。直贡呢经密是纬密的 1.7～1.9 倍,横贡呢经密是纬密的 0.65～0.75 倍,面密度为 235～350 g/m²。贡呢呢面平整光洁,手感挺括滑糯,织物紧密丰厚,光泽自然明亮,膘光丰润,主要用于制作西服套装、礼服、大衣等面料。

9. 马裤呢

马裤呢是采用加强 $\dfrac{1\ 51}{112}\nearrow$,$S_j=2$ 的变化急斜纹组织的厚重型毛织物,其英文名称为 Whipcord,意为"鞭子的扭曲状"。织物表面有粗壮如鞭子的急斜纹线,斜纹线夹角为 $63°\sim75°$。马裤呢有匹染产品和条染产品两种。其中条染产品的色泽较好,色差小,织物以深色为主。草绿色的马裤呢又称为将军呢,因在军官制服中广泛应用而得名。经纱常用线密度为 16.7 tex×2～31.3 tex×2,纬纱常用线密度为 24.4～27.8 tex,经密是纬密的 1.9～2.0 倍,面密度为 340～420 g/m²。织物斜纹线粗壮清晰、陡急,外观粗犷豪放、庄重严肃,有很强的力量感。织物质地厚实坚挺,弹性好,耐磨耐用,纹路清晰,呢面光洁,膘光自然,色调鲜明。适宜做骑马裤、大衣、便衣、风衣、军装等。

10. 巧克丁

巧克丁的织物组织为 $\dfrac{3\ 311}{1\ 121}\nearrow$,$S_j=2$;$\dfrac{4\ 141}{1\ 122}\nearrow$,$S_j=2$;$\dfrac{5\ 351}{1\ 122}\nearrow$,$S_j=2$ 的复合急斜纹组织,其名称来自英文 Tricotine 的音译,含有"针织"的意思。巧克丁有全毛和混纺之分,混纺品种中羊毛占 60%～80%,化纤占 20%～40%,经纱常用线密度为 16.7 tex×2～25 tex×2,纬纱常用线密度为 22.2～33.3 tex。经密是纬密的 1.7～1.9 倍,面密度为 270～320 g/m²。巧克丁织物外观呈现针织物般的明显罗纹条,每两根细斜纹条为一组构成一根粗斜纹条,一组内的两根细斜纹条间距离较近,沟纹较浅,每组斜纹条之间凹槽距离宽,粗斜纹凸出明显,恰好两根一组的罗纹,斜纹角度为 63°左右。一般以匹染素色为主,织物手感丰厚、活络,弹性好,耐磨耐用,感观豪放。主要用于制作便装、风衣、女装、西服和裤裙等。

11. 驼丝锦

驼丝锦织物分为四枚纬面缎纹、五枚经面缎纹、十三枚、十六枚纬面加强缎纹等不同种类,其名称来自英文 Doeskin 的音译,原意为"母鹿的皮",用以比喻织物的品质精美、光润。经纱常用线密度为 12.5 tex×2～16.7 tex×2,纬纱常用线密度为 13.9 tex×2～20.0 tex×2,经密是纬密的 1.5～1.7 倍,面密度为 280～360 g/m²。织物外观织纹细致、光泽滋润、手感柔滑、弹性良好、质地紧密,为厚型素色织物。织物颜色以深色为主,如黑、深藏青、灰、紫红等色。织物手感细润嫩滑、活络润泽、柔糯丰厚,常用于礼服、套装等。

12. 色子贡

色子贡织物组织采用方平、十枚三飞加强缎纹,缎纹加强处呈四个组织点的方形块在织物表面形成清晰的网纹状细小的颗粒,类似于麻将牌中骰子上的点子。经、纬纱常用线密度为 16.7 tex×2～25.0 tex×2,经密是纬密的 1.2～1.4 倍,面密度为 250～320 g/m²,为中厚型精梳毛或毛型织物。织物紧密厚实、纹样细巧、平整光洁、光泽自然柔和,颜色以中深色为主。手感弹性良好,紧密丰实,适宜做礼服、套装,草绿色常用于军装、军服。

13. 鲍别林

鲍别林为紧密的平纹薄型织物,经纬纱的线密度一般在 16.7 tex×2 以下,也有用单股纱做纬的,纬纱线密度为 22.2～27.8 tex,经密约为纬密的 2 倍,所以经纱的屈曲比纬纱大得多,为典型的高结构相经支持面织物,使织物表面呈现出由经纱凸起而形成的明显匀称的菱形颗粒,类似棉织物府绸外观,织物的面密度为 $190\sim210$ g/m²。织物织纹清晰、颗粒匀称突出、颜色滋润、光泽柔和、平整光洁,手感紧密、滑挺结实、弹性良好、质地坚牢,适宜做风衣、外衣、套装(裙)等。

14. 毛涤纶

毛涤纶织物的组织以平纹或平纹地小提花组织为主,是羊毛和涤纶的混纺产品,其混纺比例一般为羊毛 45%、涤纶 55%。涤纶纤维可以选择常规涤纶,也可以选择常规涤纶纤维与异形涤纶纤维,如三角形、椭圆形截面涤纶纤维,可增强织物光泽、改善织物性能,经密是纬密的 $1.1\sim1.2$ 倍。在毛涤纶织物中,按纱线粗细和产品质量可分为薄型毛涤纶、中厚型毛涤纶和加厚型毛涤纶三类。

(1)薄型毛涤纶。

薄型毛涤纶织物又称为快巴,组织为平纹、平纹地小提花组织。经纬纱线密度为 12.8 tex× $2\sim14.7$ tex×2,捻度约为 $780\sim1\,020$ 捻/m,面密度为 $138\sim150$ g/m²。条染产品颜色以灰、驼、蓝为主,产品滑、挺、爽,具有良好的洗可穿性,适宜夏季穿着。

(2)中厚型毛涤纶。

该织物组织以平纹为主,经纬纱线密度为 15.6 tex× $2\sim22.2$ tex×2,捻度为 $560\sim910$ 捻/m,成品面密度为 $150\sim190$ g/m²。条染产品颜色以浅灰、中灰、蓝灰居多,可采用不同纱线捻向形成隐条隐格,还可采用经纬异色和花式纱线开发产品。中厚型毛涤纶呢面光洁平整、手感细腻、质地轻薄挺爽、弹性好,适宜春秋穿着。

(3)加厚型毛涤纶。

该织物组织为平纹或平纹变化组织,经纬纱线密度为 22.2 tex× $2\sim33.3$ tex×2,捻度为 $450\sim720$ 捻/m,成品面密度为 $187\sim248$ g/m²,多为条染产品,也有套染的。花型以素色和条子居多,以深色为主。织物呢面平整、光洁、洗后免烫、耐磨耐用,适合春秋穿着。

15. 胖哗叽

胖哗叽织物的组织为平纹组织,是一种交织薄型毛型织物,名称来自美国商标名 Pahnbeach 的音译。该商标为美国佛罗里达州的著名消夏旅游胜地,含有凉爽之意。一开始,经纱用棉纱,纬纱用马海毛,因为马海毛是较名贵的动物毛,所以后来发展为经纱用化纤纱,纬纱用精梳毛纱,织物面密度为 200 g/m² 左右。织物以素色的中浅色为主,也有条染混色的织物,织物光泽较好,透气性舒爽,手感挺滑,弹性好,适宜做夏季的套装、西裤等。

16. 麦斯林

麦斯林织物的组织为平纹组织,也有的采用 $\frac{2}{1}$ 斜纹组织。由 Musilin 音译而来。麦斯林为轻薄稀疏的精梳毛织物,有全毛、棉经毛纬的交织物、毛涤混纺织物之分。麦斯林织物为单经单纬毛织物,经纬纱线密度为 $16.7\sim33.3$ tex,纱线捻度比一般织物偏大,织物面密度为 $90\sim150$ g/m²。麦斯林织物质地疏松、轻薄细洁、柔糯有弹性、不易起皱,同时广泛采用印花工艺,在织物表面形成变化丰富的各种花型。轻薄透明或半透明的多用于头巾、裙料,其他产品主要用于春夏女装面料。

17. 罗丝呢

罗丝呢织物的组织以平纹为主,是用精纺毛纱和棉纱合捻的纱线制织而成的花呢。由于毛粗棉细,合捻后的股线如藤缠树的如螺丝状而得名。经纬纱用 $22.2\sim27.8$ tex 的毛纱与 $11.1\sim13.9$ tex 的精梳棉纱合股加捻,通常棉纱线密度为毛纱线密度的一半,织物面密度为 $165\sim$

185 g/m²。罗丝呢织物结构紧密、外观光泽柔和、呢面有"多角状"团斑皱纹花样,色泽素雅、穿着舒适,手感薄爽,主要用于夏季女装。

18. 维也勒

维也勒织物的组织为 $\frac{2}{2}$ 斜纹组织,由英国古老商标 Viylla 音译而来。织物采用毛棉混纺,一般混纺比为毛55%、棉45%及毛50%、棉50%两种。羊毛采用超细毛、精梳短细毛,如毛纤维太长,则将其切断为40～50 mm 与棉纤维混纺,采用棉纺设备纺纱工艺。织物可以采用色织呈条格外观,可以采用白织匹染,如果只染一种纤维,在织物表面会形成啥味呢混色外观。经纬纱线密度为 11.2 tex×2～13.9 tex×2,或 16.7～25.0 tex,纱线捻度比一般织物略大,经密是纬密的 1.1 倍以内,织物面密度为 90～140 g/m²。织物轻薄松软,外观有短绒感,手感温软舒适,活络飘逸,主要用作内衣、衬衫、童装等。

(二) 粗纺毛织物传统品种的主要风格特征

1. 麦尔登

麦尔登织物主要组织为 $\frac{2}{2}$ 斜纹组织,其次是 $\frac{2}{1}$ 斜纹组织和平纹组织。它是在英国地方 Melton 音译为麦尔登创制而得名,是以高品级羊毛为主要原料的重缩绒不经起毛且质地紧密的高档织物。麦尔登按原料结构不同可分为纯毛麦尔登和混纺麦尔登,纯毛产品常采用品质支数 60～64 支羊毛或采用一级改良毛80%以上和精梳短毛20%以下的原料配比。混纺产品则用品质支数 60～64 支或一级改良毛50%～70%,精梳短毛 20%以下,黏胶纤维及合成纤维 20%～30%混纺而成。经纬纱线密度为 62.5～100 tex,面密度为 360～480 g/m²。其染色方法有散毛染色和匹染两种,颜色以藏青、元色等深色为主,高档麦尔登采用两次缩呢法,低档麦尔登常用一次缩呢法。麦尔登织物表面呈平整毡化状绒面,呢面丰满、平整光洁、不露底、有膘光、不起球、耐磨性好,手感紧密而挺实、有身骨、不起绉、富有弹性。主要用于冬季服装,如西套装、大衣、夹克衫、风衣等。

2. 海军呢

海军呢织物为 $\frac{2}{2}$ 斜纹、$\frac{2}{2}$ 破斜纹组织,原为海军制服用呢而得名。海军呢有全毛和混纺之分,用料等级比麦尔登稍差。纯毛海军呢的原料配比:品质支数 58～60 支羊毛或二级以上改良毛70%以上,精梳短毛30%以下;混纺海军呢则采用品质支数 58～60 支羊毛或二级以上改良毛50%,精梳短毛 20%～30%,黏胶纤维 20%～30%。经纬纱线密度为 77～125 tex,面密度为 390～500 g/m²。织物采用散毛染色或匹染,后整理经缩绒或缩绒后拉毛的素色织物,颜色以藏青为主,也有墨绿、草绿等色,军民共用,只是颜色上有差异。呢面丰满平整,光泽均匀自然,不露底或微露底,无色差,质地紧密,手感挺实、弹性好,有身骨。主要用作冬季服装,如西套装、大衣、夹克衫、风衣、海军军装等。

3. 制服呢

制服呢织物的组织为 $\frac{2}{2}$ 斜纹组织,按原料分组有纯毛制服呢和混纺制服呢。纯毛制服呢的原料配比为:三、四级毛70%以上,精梳短毛30%以内。混纺制服呢的原料构成为:三四级毛40%以上,精梳短毛30%以下,黏胶纤维30%左右。经、纬纱线密度为111～166.7 tex,面密度为 400～520 g/m²。颜色为素色,匹染深色,属重缩绒,不起毛或轻起毛,经烫蒸整理的呢面织物。制服呢呢面匀净平整,微露底或半露底,绒毛丰满,不易起毛起球,质地较紧密,手感不硬不糙。由于织物使用三四级羊毛,羊毛中含有一定数量的死腔毛,因此,织物手感略粗糙、被匹染成深色后,呢面色泽不够匀净丰润,必须在选毛和染整工艺上采取适当措施,以提高外观质量。制服呢主要适用于秋冬季制服、外套等。

4. 女式呢

女式呢织物的组织为 $\frac{1}{2}$ 斜纹、$\frac{2}{2}$ 斜纹、$\frac{3}{1}$ 破斜纹、皱组织、小花纹或平纹等,一般为匹染素色,也有混色和色织产品。广泛应用原料变化、纱线线密度不同、织物组织变化等手段以获得风格、外观多变的女装需要,女式呢织物各种原料都可以采用,可高档也可低档,但外观须具有很好的时尚特点。女式呢织物的经纬纱线密度为 $56\sim100$ tex,面密度为 $300\sim420$ g/m^2。女式呢织物外观时尚新颖,绒面织物绒毛平整、丰满均匀、有膘光,手感柔糯温软;纹面织物表面润洁,织纹新颖,具有良好的时代性,手感有弹性,不易起毛起球。女式呢织物主要用于女装。

5. 大衣呢

大衣呢品类繁多,质地丰厚,保暖性强,缩绒或缩绒起毛织物,根据生产工艺和外观不同,综合分为以下几种:

(1) 平厚大衣呢。

平厚大衣呢的单层织物组织采用 $\frac{2}{2}$ 斜纹为主,还有 $\frac{2}{2}$ 破斜纹、$\frac{3}{3}$ 斜纹、$\frac{4}{2}$ 斜纹或破斜纹;双层织物组织采用 $\frac{1}{3}$ 斜纹或破斜纹为基础组织的纬二重组织等。因使用原料不同,可分为高、中、低档。高档的以使用一级改良毛或支数毛为主,甚至可以采用部分羊绒;中档的以使用二至三级改良毛为主;低档的以使用三至四级改良毛为主;每档中均可掺入适量的精梳短毛、回弹毛和化纤。经纬纱线密度为 $83\sim250$ tex,面密度为 $430\sim700$ g/m^2。

平厚大衣呢可以匹染或散毛染色,也可混色,一般以中深色为主,是缩绒或缩绒起毛织物。平厚大衣呢质地丰厚、外观呢面平整、匀净光洁、不露底、有膘光,手感丰满、不板硬,润滑活络、弹性好、耐起球。雪花大衣呢是采用一部分白色毛纤维或有光人造丝短纤维与深色毛纤维进行混色而成的平厚大衣呢,因在深色地上有白色,形成类似与大地上铺雪状的外观而得名,是平厚大衣呢的典型代表。主要用于男装大衣、较轻的女装大衣等。

(2) 立绒大衣呢。

立绒大衣呢织物的组织为 $\frac{5}{2}$ 纬面缎纹、$\frac{2}{2}$ 斜纹、$\frac{1}{3}$ 破斜纹组织等。按原料组成有纯毛和混纺两类产品,纯毛产品的原料为品质支数 $48\sim64$ 支羊毛或一～四级改良毛80%以上,精梳短毛20%以下;混纺产品则用品质支数 $48\sim64$ 支羊毛或一～四级改良毛40%以下,精梳短毛20%以下,黏胶纤维或腈纶40%以下;立绒大衣呢原料使用范围较广,除羊毛外,还可采用兔毛、驼毛、马海毛等特种绒毛及特殊截面化纤等,以获得特殊外观。经纬纱线密度为 $71.4\sim166.7$ tex,面密度为 $420\sim780$ g/m^2。经向紧度为 $75\sim80\%$,纬向紧度为 $80\%\sim90\%$。产品可匹染,也可散毛染色。立绒大衣呢整理时,经过缩绒和起毛两道工序,织物呢面上有一层耸立的浓密绒毛,绒面丰满平整、绒毛密立平齐、无明暗癍块、光泽鲜润,手感柔软、有弹性、不松烂、丰厚活络。立绒大衣呢主要用于男、女大衣。

（3）顺毛大衣呢。

顺毛大衣呢织物的组织为 $\frac{5}{2}$ 纬面缎纹、$\frac{2}{2}$ 斜纹、$\frac{1}{3}$ 破斜纹及六枚不规则缎纹组织等，根据表面绒毛的长短外观分为长顺毛、短顺毛、粗纺驼丝锦。大类产品的原料组成与立绒大衣呢接近，但其产品丰富，广泛用到各种纤维，如马海毛、有光人造丝、羊绒、驼绒、兔毛等。经纬纱线密度为 71.4～250 tex，面密度为 380～780 g/m²。经向紧度为 70%～80%，纬向紧度为 75%～90%。顺毛大衣呢采用散毛染色工艺，整理时经过缩绒和起毛两道工序。起毛工序分两次：第一次为起绒，把绒毛拉出；第二次起毛力量柔和，主要对绒毛进行梳理。织物呢面上有一层浓密的绒毛，绒毛向一个方向倒伏，绒毛平顺、光泽丰润、膘光明丽自然、呢面平整、手感顺滑柔软、不松烂、不脱毛。顺毛大衣呢主要用于男女大衣，特别是女装大衣。

长顺毛大衣呢，为表面顺服的毛绒长，原料选择时要多用新毛，保证织物具有丰满顺服的绒毛外观。银枪大衣呢是长顺毛大衣呢的代表品种，采用深色毛纤维为主要原料，再使用马海毛与之混合纺纱，织成织物经过缩绒与起绒整理后，在深色底面上有与毛羽顺服的对比较强烈白色马海毛纤维，白色马海毛纤维显得粗、直、硬，有突出感，因此称为"银枪"；生产中也有用异形化纤代替马海毛纤维生产的银枪大衣呢。银枪大衣呢主要用于大衣，特别多用于女装大衣。

短顺毛大衣呢，主要采用羊绒与羊毛混纺，织物表面具有短而密、光泽柔润的毛绒，手感轻软滑糯、细洁光润、柔韧飘逸，主要用于男女高档大衣、夹克衫、休闲装等。

粗纺驼丝锦，织物组织为五枚或八枚经面缎纹组织，也有 $\frac{1}{2}$ 斜纹、$\frac{3}{1}$ 斜纹或加强斜纹组织。粗纺驼丝锦采用品质支数 60 支以上的细羊毛为主要原料，经纬纱线密度 52.6～55.6 tex，制织成面密度为 240～360 g/m² 的高档粗纺毛织物。织物经过重缩绒后经过轻柔拉绒（以刺果起绒为主），在织物表面形成密集绒毛，将绒毛剪平，再朝一个方向梳齐倒伏，最后经过压呢而成。织物具有鹿皮状外观特征，主要用于女装。

（4）花式大衣呢。

花式大衣呢织物的组织有 $\frac{2}{2}$ 斜纹为主、$\frac{3}{3}$ 斜纹；$\frac{1}{3}$ 斜纹或破斜纹为基础组织的纬二重组织等、$\frac{2}{2}$ 斜纹为基础组织的双层组织；小花纹、平纹。

花式大衣呢按原料组成分有纯毛和混纺两种，纯毛花式大衣呢一般采用品质支数为 48～64 支羊毛或一至三级改良毛 50% 以上，精梳短毛在 50% 以下。混纺花式大衣呢一般采用品质支数 48～64 支的羊毛或一～四级的改良毛 20% 以上。经纬纱线密度为 62.5～500 tex，织物面密度为 360～600 g/m²。按表面状态分纹面和绒面两种：纹面大衣呢包括人字、条格等配色花纹组织，纹面均匀，色泽谐调，花纹清晰、手感不糙，有弹性；绒面大衣呢包括各类配色花纹的缩绒起毛大衣呢，绒面丰满平整，绒毛整齐，手感柔软厚实。主要用于各类男女大衣。

（5）拷花大衣呢。

拷花大衣呢织物的组织多用异面纬二重或异面双层组织，里组织采用较紧密的组织，如平纹组织，表组织多用以双面加强斜纹为基础组织的山形、破山形人字纹等，该织物最早出现于德国，是粗纺产品中的高档织物，技术含量较高。原料配比常用品质支数 58～64 支羊毛或一至二级羊毛及少量羊绒。拷花大衣呢用散毛染色或混色，颜色以原色、藏青、咖啡色为主。经纬纱线密度为 62.5～125 tex，织物面密度为 580～840 g/m²。织物经起毛后形成纤维束，再经剪毛机剪到一定高度,然后经搓呢机加工,使纤维束形成凸起耸立的毛绒效应。又因组织纹路的肌理分布关系,显现出有规律的组织沟纹,使外观优美,富有立体感。拷花大衣呢的风格分立绒和顺毛两种,立绒型要求绒毛纹路清晰均匀,有立体感,手感丰满,有弹性。顺毛型要求绒毛均匀,密顺整齐,手感丰厚有弹性。此外,拷花大衣呢还可以采用经纬异色织造,加强织物外观的花型效应,主要用于各类大衣面料。

6. 法兰绒

法兰绒织物的组织首选平纹,其次是 $\frac{1}{2}$ 斜纹、$\frac{2}{2}$ 斜纹等组织,是以高品质羊毛为原料织成的散毛染色的具有混色外观的产品。绒有纯毛与混纺两种,纯毛产品多用品质支数 60～64 支羊毛或二级以上改良毛 60%,精梳短毛 40% 以下;混纺产品多用品质支数 60～64 支或二级以上改良毛 50%,精梳短毛 20%,黏胶纤维 30%。为了增加弹性和强力,也可加少量的锦纶或涤纶。经纬纱线密度为 62.5～125 tex,织物面密度为 280～400 g/m²,经向紧度为 60%,纬向紧度为 55%。

法兰绒按花型颜色可分为素色法兰绒和花式法兰绒两类。素色法兰绒多指纤维以黑白混纺成的浅灰、中灰、深灰等颜色,或以棕白色混纺成的浅米色,组织为平纹。花式法兰绒是指条子法兰绒和格子法兰绒,它以素色法兰绒为底色,在经向每一定间隔加进一定宽度与底色相协调的深色嵌线,即成条子法兰绒,若经纬向同时加深色嵌线即成格子法兰绒。重缩绒,不露底,产品以素色主,也有条子及格子花型。呢面丰满细洁,混色均匀,色泽朴素大方,色光娴雅,不起球,手感柔软,不松烂且有弹性,主要用于男女套装、风衣、休闲装等。

7. 粗纺花呢

粗纺花呢织物的组织变化丰富,无固定组织,主要根据织物风格、性能来确定。粗纺花呢按原料品质分为高、中、低三档,纯毛高档产品采用品质支数 60～64 支羊毛或一级改良毛 60%,精梳短毛 40%;中档采用品质支数 56～60 支或二级改良毛 60%,精梳短毛 40%;低档采用三～四级改良毛 70%,精梳短毛 30%。其混纺产品则在以上配比基础上加入 20%～30% 的黏胶纤维或合成纤维。按织物外观不同分为纹面粗花呢、呢面粗花呢、绒面粗花呢:纹面粗花呢不缩绒或轻缩绒,织物表面花纹清晰、纹面匀净、光泽鲜明、有身骨、富有弹性;呢面粗花呢为缩绒或缩绒后轻起毛织物,绒毛呈毡状、短绒芯盖、呢面平整、质地紧密、手感丰满、不板不硬,不露底或微露底;绒面粗花呢为缩绒后钢丝起毛织物,表面有绒毛芯盖,绒面丰满,绒毛整齐,手感柔软,绒毛丰满平整,不露底。粗花呢织物广泛利用单色纱、混色纱、花式纱等与各种花纹组织相配合织成的花色织物,有人字、条格、小花纹及提花织物,品种丰富多彩。

8. 海力斯

海力斯织物组织为 $\frac{2}{2}$ 斜纹、$\frac{2}{2}$ 破斜纹。纯毛海力斯常用原料配比为三至四级改良毛 70%以上,中粗短毛(或精梳落毛)30% 以下;混纺海力斯的原料配比为三至四级改良毛 40% 以上,中粗毛(或精梳落毛)30% 以下,化纤 30%～50%。经纬纱线密度为 125～250 tex,织物面密度为 360～470 g/m²。海力斯织物是用低档原料混色毛纱或各种单色毛纱织成的轻缩绒不起毛织物,纺纱时可以加入一些彩色短纤维球,织成织物表面有彩点效果,改善织物外观,海力斯织物身骨轻柔有弹性,主要根据织物色彩确定男装、女装应用,可作套装、休闲装、风衣等。

9. 学生呢

学生呢织物组织为 $\frac{2}{2}$ 斜纹、$\frac{2}{2}$ 破斜纹,又称大众呢。常用原料配比为品质支数 60 支羊毛或二级以上改良毛20%～30%,精梳短毛(精梳落毛)或回弹毛30%～50%,黏胶纤维20%～30%混纺,经纬纱线密度为62.5～83.3 tex,织物面密度为400～520 g/m²。学生呢织物是重缩绒产品,颜色以藏青、墨绿、深红为主。呢面细洁、平整均匀,基本不露底,无浮毛,质地紧密有弹性,呢面风格近似麦尔登(低档的麦尔登)。主要用于各类套装、大衣、夹克衫等。

10. 粗服呢

粗服呢织物的组织为$\frac{2}{2}$斜纹,是一种棉经毛纬的粗纺呢绒。经纱采用28 tex×2棉线。纬纱则以回弹毛为主,为提高可纺性和耐磨性,适当加入黏胶纤维(30%左右)和四级改良毛,一般采用200 tex毛纱,成品经、纬向紧度分别为60%和90%,织物面密度为350～460 g/m²。产品经缩绒整理,织物半露底,织物手感坚实稍糙、质地紧密耐磨。主要用于学生服、工作服等。

11. 钢花呢

钢花呢织物的组织为平纹、$\frac{1}{2}$斜纹、$\frac{2}{2}$破斜纹,也称火姆司本,属于粗花呢的传统品种。因表面除一般花纹外,还均匀散布着红、黄、绿、蓝等彩点,似钢花四溅而得名。钢花呢分纹面织物和呢面织物两类,其原料、纱支、平方米质量、整理工艺均与其他粗纺花呢类似。任何纹面、呢面型粗花呢加入适量的彩点都可制成钢花呢,生产该类产品的关键技术是彩点原料的选择、彩点的制作与投撒、彩点纱纺纱工艺的确定。彩点是用64支平梳短毛为原料,先经炭化,再将散纤维染成各种颜色,然后在改装的梳毛机上做成粒子,粒子的大小可调节工作轴,道夫与锡林的隔距而获得。粒子毛的使用比例为10%左右,钢花呢一般只经轻缩绒整理,缩绒时间要短,否则易造成沾色、花纹模糊等现象。钢花呢织物外观别具一格,色彩斑斓,色光鲜艳,色泽饱满,手感紧密,质地厚实坚牢,活络弹性好。主要用于男女西上装、风衣等。

第二节　毛及毛型织物构成因素的设计

一、精纺毛织物构成因素的设计

(一) 原料的选用

1. 纯毛产品

在选用原料时,偏重于可纺性,纤维的品质支数越高,其细度越细,长度与细度离散度越小,纤维越均匀,可纺纱线线密度也越小,但纤维价格高,成本大。为确保纱线的条干均匀和强力,精纺毛纱的截面纤维根数应为30～40根,对于要求条干均匀、呢面洁净、手感柔软、滑糯的薄型高档产品,一般应选用较细的羊毛,可纺20 tex以下的高档产品。若要求手感坚挺、滑爽、富有弹性、光泽好的套装面料,则选用中等细度的半细毛(品质支数为50～58)或混用一部分半细毛,可纺25×2 tex左右或更高的线密度的纱线,以适合中档产品的要求。对于既要求坚挺又要求外观手感细腻的毛织物,则应选用较细的羊毛纺低线密度纱线,通过增加捻度和经纬密度的方法,达到坚挺的风格要求。若既要高线密度纱又要松软,则选用较粗的羊毛并通过降低捻系数和经纬密度的措施或粗细羊毛混用或通过柔软整理的方式来达到柔软的要求。关于羊毛的其他品质指标,如强力、白度、光泽、弹性等,应根据不同的风格特征来选用。毛纤维的质量以品质支数来进行综合表示,外毛毛条和国毛毛条的品质支数如表6-3和表6-4所示,羊毛的品质支数与毛纱可纺细度对照表如表6-5所示。

表6-3 外毛毛条的品质指标

品质支数	平均细度(μm)	品质支数	平均细度(μm)
70	18.1～20.5	60	23.1～25.0
66	20.6～21.5	58	25.1～28.0
64	21.6～23.0	56	28.1～31.0

表6-4 国毛毛条的品级标准

支数毛		改良毛		土种毛	
品质支数	平均细度(μm)	级数	平均细度(μm)	级数	平均细度(μm)
70	18.1～20.0	一级	21.5～24.5	三级	甲 24～28
66	20.1～21.5	二级	22.0～25.0		乙 25～29
64	21.6～23.0	三级	23.0～26.0	四级	甲 25～30
		四级	24.0～28.0		乙 27～32
					丙 28～34

表6-5 羊毛品质支数与可毛纺细度对照表

品质支数	可纺细度(tex)		品质支数	可纺细度(tex)	
	最高	一般		最高	一般
80	12.5	14.5～15.5	60	22.0～22.2	22.5～23.3
70	14.3	15.5～16.7	58	22.7～24.7	26.3～30.3
66	15.5～17.0	17.2～19.2	56	28.6～33.3	30.3～50.0
64	17.7～19.2	20.0～22.0			

2. 混纺产品

化纤具有羊毛纤维所无法相比的优良性,例如:涤纶的强力好、弹性足、抗皱性、保形性及免烫性都很好;黏胶的柔软性、吸湿性和染色性较好;腈纶的强力好、卷曲好、保暖性、弹性及染色性均好;锦纶的强力高且耐磨。特别是利用化学纤维截面形状的改变使得纱线的可纺性及织物的光泽和抗起毛起球性得到改善,如三角形截面光泽强烈、三叶型截面光泽柔和、椭圆截面使织物起毛起球性得到改善。表6-6为常用化纤对毛织物性能的影响。

表6-6 常用化纤对毛织物性能的影响

项目	涤纶	锦纶	腈纶	黏胶纤维	表中符号说明
弹力	A	A	O⁺	O⁺	
折皱回复性	A	C	B	O⁺	
洗后稳定性	A	A	A	O	
褶缝持久性	A	A	A	O⁺	A——作用显著
膨松丰厚性	O⁺	O⁺	A	O⁺	B——作用较大
抗热熔性	O⁺	C	B	A	C——作用较小
抗起球性	O	O	B	B	O⁺——纯纺尚可
抗静电性	O	O	O	A	O——不可纯纺
耐磨性	A	A	O⁺	O⁺	

混纺产品常见的混纺比:毛涤混纺,羊毛45%、涤纶55%或羊毛80%、涤纶20%;毛黏混纺,羊毛70%、黏胶30%;毛腈混纺,羊毛20%~30%、腈纶70%~80%;毛锦混纺,锦纶含量不超过15%。另外,在纯毛织物中加入5%~8%的锦纶或涤纶,可提高纱线质量,改善织物品质。

(二) 纱线结构与精纺产品设计的关系

1. 纱线线密度的确定

毛织物所用的纱线,主要是由短纤维纺成的单纱和股线。目前,我国精纺毛织物多采用股线,少数采用线经纱纬。纱线线密度对成品的外观、平方米质量、手感以及物理力学性能等均有影响,在织物组织和紧密度相同的条件下,低线密度纱线的织物比高线密度纱线的织物细腻、紧密。

一般地,精纺毛织物所用纱线的线密度主要根据织物的平方米质量确定。通常高线密度纱用于制织厚重织物,但有些高档的厚型织物也采用低线密度纱,通过复杂的多重组织或多层组织而得到表面细腻、紧密、厚重的织物。

2. 捻向的选择

纱线的捻向的选用上,对于中厚型织物,经纬纱采用不同的捻向。织物的表面光泽好,经纬交织点处,纤维排列方向相反,接触不紧密,织物丰厚、柔软。若经纬纱捻向相同,织物表面经纬纱纤维的排列方向不同,织物表面反光无趋向散射,织物表面光泽柔和,经纬纱交叉处相互紧密接触,织物较坚牢,手感较坚挺。当织造斜纹织物时,还应注意经纬纱的捻向与斜纹方向的配合问题。

3. 捻度设计

纱线捻度的大小,对织物的强力、手感、起球性及织物光泽等都有显著影响,若要求织物承受较大的张力及摩擦,捻度宜较高,纯毛比混纺纱捻度宜偏高掌握。单纱和股线捻度的配合,对织物性能有显著的影响,当股线捻度小于单纱的捻度,俗称内紧外松时,织物身骨较软;当股线捻度和单纱捻度相接近时,强力好,生产顺利,织物弹性也好;当股线捻度大于单纱捻度,俗称内松外紧,织物显得硬挺,当股线捻度接近单纱捻度的1.5倍时,织物的硬挺手感显著增强。在精纺毛织物中,一般均采用单纱捻系数小于股线捻系数的配置,这样可使纱线结构内松外紧,使产品外观饱满、贡子清晰。

(三) 精纺毛织物的组织结构设计

1. 组织设计

传统精纺毛织物的组织已固定下来,对于新开发的织物,其组织由设计者根据具体产品的特征要求进行设计。

2. 织物结构相的确定

织物结构相的确定,对来样设计的毛织物尤其重要,它不仅对产品的风格、手感、物理力学性能等有影响,而且对经纬异色织物的色泽也有很大影响。经纬浮点所构成的色点,在织物表面的显露程度具有一定的比例,不同色点以空间混合的方式得到一定的颜色。如果织物的几何结构相不同,虽然经纬纱颜色完全一致,也会使织物的颜色具有一定的差距。

(四) 精纺毛织物的规格设计

1. 覆盖度设计法

芯盖度是毛织物紧度的另一种称呼。由于毛纤维的特性与其他纤维有较大差异,织物紧度这一物理量不能充分体现毛织物的结构特点。因此,用芯盖度代替紧度这一传统称呼,毛织物的总芯盖度是经向芯盖度与纬向芯盖度的算术和,这一点与织物总紧度的概念是有差异的。利用芯盖度设计公式进行密度设计,首先确定精纺毛织物的芯盖度,选择好纱线的线密度后计算出毛织物的密度。

$$\kappa(\%)=0.04\times\sqrt{N_t}\times P$$

$$P=\frac{\varepsilon}{0.04\times\sqrt{N_t}}$$

式中:κ 为织物芯盖度(%);N_t 为纱线线密度(tex);P 为织物工艺密度[根/(10 cm)]。

常见织物的经纬芯盖度参数见表 6-7。

表 6-7 常见织物的经纬向芯盖度

织物品种	$\kappa_j+\kappa_w$	κ_j/κ_w
粗平花呢	90.0~92.4	1.13~1.30
华达呢	134.0~142.0	1.78~2.00
单面花呢	152.6	1.39
凡立丁	87.6~90.0	1.17~1.22
毛涤纶	78.2~84.8	1.03~1.21

注:表中 κ_j、κ_w 分别表示织物的经、纬向芯盖度。

2. 勃利莱公式设计法

利用勃利莱公式设计织物的最大上机经纬密后,选择恰当的紧密程度百分率,确定织物的上机工艺参数。

(五) 精纺毛织物的配色设计

1. 毛条混色

用两种或两种以上的有色毛条进行混合,以达到预期的色彩要求为目标。

(1) 纯色纠偏。

对于条染品种,毛条染色后的色光如不能完全达到标准要求,要采用混毛的方法纠正偏光(包括色相的纠偏和明度的纠偏)。纠偏要掌握好两个方面:

① 符合标样所要求的颜色(色相)、偏光(纯度)和明暗(明度)程度。

② 根据品种特点要求,正确辨认纠偏的基础,采取正确的混合法。

混毛与绘画调色不同,黄蓝两色,水粉相混为绿色,远近的感觉一致。黄、蓝两色毛条相混,蓝色纤维还是蓝色,由于纤维经过混合,难免还有"集束",纺纱后织成的织物表面容易产生黄蓝雨丝状混色不匀的现象,不能达到单一纯色的效果。明度差异过大相混,也会产生同样的不良现象。

(2) 混色效应。

不同色相,不同明度,差异较大,混合成雨丝状夹花(如派力司)就是以混毛夹花为特征的。如白与黑、白与灰、白与驼等色彩因明度不同、色相不同,可混成特殊的外观风格。毛条采用印花,织物表面虽无雨丝风格,但纤维颜色不同,较之纯色织物,可获得丰富柔和的特点。为此,不同品种的混色要求也各不相同,纯色织物、平素织物、花色织物、特殊织物等各有不同要求。

纯色织物,如凡立丁、华达呢等混合各方面的色相、明度力求接近。这类织物的颜色要达到"净"的要求,则以采用匹染工艺,最为理想。条染的色光不可能一染就准,若要采用混色"净"的要求很难达到。

平素织物，根据要求不同，区别对待，如花线素色织物的混毛要求，与纯色织物接近。派力斯、啥味呢等织物，虽属平素织物但混毛时色相、明度等方面差异较大。

花色织物，条子花色可以属于平素织物中的花线素色织物的要求，而格子花色织物，混色的明度、色相差异一般比前两种织物要求可低些。

特殊织物，根据具体风格要求，区别对待。如仿麻织物、仿马海毛织物的外观粗犷，对比强烈、线条粗野，不拘一格。

2. 花线的配色

花色线的结构可分为双股纱、多股纱、双粗纱、弱捻纱、结子纱、彩点纱、粗细纱、圈圈纱等，大量的配色主要是双股纱，花线配色时应注意以下几点问题。

（1）明度。

明度的对比，如设由黑到白10级明度。构成花色线的两级差在4级之内的称为"暗花线"，超过4级的称为"明花线"。全毛织物一般以暗花线为主，根据地区之别也有例外。明花线以化纤或混纺织物用得较多。多股线、双粗纱的级差较双股纱的级差可略大些。

（2）色相。

两色合股的花线，深浅两色合股时的基调关键在深色，而浅色是起衬托的作用。要突出深色，则浅色应是中性色或对比的偏光色，忌同色偏光。如深蓝配正灰或略偏红光的灰，特别在冬季织物中以咖啡配驼色或偏蓝光的驼色较好。但如前者配蓝光灰，则有清淡、平薄之感。后者配红光驼色，则有火爆热辣之感，除地区特殊要求一般都很少采用，特别在男装花呢中，花线的配色是具有决定性的。

彩点纱、结子纱等花式线的配色，一般都采用对比强烈的颜色，但也有采用调和色和中性色的。花色彩色纱、结子纱本身有冷色调与暖色调的区别。对比色，以红色、橙暖色及中性色为主，可根据织物的基本色调及风格做出适当选择。调和色的结子、彩点也是一种风格，如浅蓝配深蓝、驼色配红棕、红咖或灰色配黑或白等。

（3）纯度。

在色相、明度选择满意的基础上，纯度的选择恰当则可达到炉火纯青的效果。如咖啡地配红嵌线，但如红色纯度过高，则感觉织品不够协调。

3. 嵌线的配色

精纺毛织品中嵌线的配色，是设计工作中的重要部分，使混毛的配色满意，花线的配色满意。如果嵌线的配色设计运用不当，整个设计工作就会失败，特别是来样设计，嵌条的配色不当，就不符合交货要求。其中，有嵌条用纱的粗细不当而影响嵌条颜色效果，或者是嵌条本身颜色不符，也有嵌条染色牢度不好而褪色，影响成品的花色效果。有的地纱染色牢度不好而沾色，影响成品的花色效果等等。自行设计包袱样的嵌条，除了要掌握嵌条的原料质地、规格、嵌条线的染色牢度、地纱的染色牢度以外，配色是设计的主要方面。设计好嵌条的唯一秘诀是"力戒急于求成"，要不厌其烦地反复比较。特别对于嵌条的选择，务必要使其色相、纯度、明度三者的对比度达到满意。

（1）嵌条（格）颜色相组合的种类。

① 本色嵌条。本色嵌条线的颜色与地经纱的颜色相同。嵌条有不同纱线结构的嵌条，如粗支纱、多股纱、正反捻纱、粗节纱、大肚纱、结子纱、圈圈纱等。也有不同组织结构的嵌条，如平纹地、斜纹地、缎纹条、斜纹条、双平条、急斜纹条、正斜纹地反斜纹条等，它们呈不同的纹纱线排列。如果地纹是配色花纹平纹的1A1B；斜纹的1A1B由于排列的改变或重复，而破坏了原来的

配色花纹,形成与地纹同色的嵌条。

② 单色嵌条。单色嵌条大量的主要是中性色、或者是同类色、调和色。单色嵌条不等于单线嵌条,可以是单色双线或多线。

底色与嵌条的颜色关系是复色与中性色的关系。要求协调和谐,其明度对比的选择,幅度很大,需要根据消费地区、对象、用途的不同而决定,一般选用中性灰色嵌条的明度,对比差异较大,选用调和色的明度差异相对较小,更为协调。底色的深浅与选用嵌条的明度,力求协调一致。

③ 双色嵌条。双色嵌条是条花呢中较普遍的花型设计,两种颜色的嵌条之一是中性色,之二为对比色或同类色、调和色。为了求得比较稳重的效果,一般采用中性色与调和色组成一个配色单元。如深蓝地配深灰(中性色)与深蓝(调和色)为一个配色单元,深咖啡地配灰与深棕色为一个配色单元。如果用中性色、对比色两种嵌条,组成一个配色单元,则对比色的明度要慎重选择,以暗为宜,比采用调和色的选择更谨慎。

④ 多色嵌条。设计多色嵌条,一般起主花作用的是以中性色为多数。中性色可以是一种或两种,再配对比色或调和色。如果中性色用一种,则其他两种颜色必然选用对比色,这样才能达到多色嵌条应起的丰富多彩的效果。当然,这个丰富多彩的效果要在掌握适当的前提下,起到恰如其分的作用,否则喧宾夺主、层次不明,反而看起来杂乱无章,并不舒服。其次,也有以对比色为主花的嵌条。

多色嵌条有三色、四色甚至更多的色。设计多色嵌条时,颜色用得过多,只是花俏并不高雅,掌握不当,花俏过头,反而显得轻薄、飘浮。这在精纺产品特别是在全毛产品花型设计中并不多见,量大面广的公共场所和日常便装很少应用。

(2) 构成嵌条的方法。

① 用不同纱线结构。普通纱一般用双股细特其他纤维的纱线,经染色后应用。如棉纱、绢丝等,还有的用与地组织相同的原料和导数的彩色纱线。花色纱线,多股线、粗支纱、正反纱,这类嵌条一般都是本色的,在织物花型设计时,没有色彩效果,只有平面与主体折光的花型效果。如大肚纱、粗花纱、彩点纱、结子纱、圈圈纱、印花纱等,这些花色纱可以是本色的,也可以是彩色的,选用这类纱线作嵌条,花型都比较花俏。这是因为色彩的对比比较强烈,但在对比强烈的前提下也有一个主与次、调和与对比相互矛盾之间统一的问题。

② 用不同组织结构。不同组织可以是本色条,也可以是彩色条,颜色的选择应根据选用的组织决定。

(3) 嵌条的原料种类。

① 棉纱。一般用丝光棉纱,其线密度根据织物纱线线密度及组织不同来决定。中厚花呢一般用 10 tex×2、7 tex×2。有些织物的纱线线密度较小,也有组织紧密细致的花型用更小线密度的纱线。毛涤纱、薄花呢等平纹织物要达到较好的细致效果,应该采用 7 tex×2、6 tex×2,甚至以 5 tex×2 以下的棉纱线为宜。但线密度小的纱线强力低,会给织造带来困难。

② 绢丝。绢丝在国内常用的是 4 tex×2

③ 人造丝。人造丝用的比较少,一般用于薄型织物,主要为求其光泽,宜少量采用。

另外,还有涤棉纱、涤纶短纤维纱、涤纶长丝纱、锦纶长丝纱等其他原料的嵌线。

(六) 花型设计

1. 组织花纹花型

组织花纹花型是运用织纹组织变化而构成的花型,为最简单的组织花纹。如由斜纹山形斜纹组成的哗叽海力蒙,用急斜纹、变化斜纹组成的马裤呢、巧克丁,用凹凸组织构成的灯芯条和大提花,以及各种联合组织等都是运用织花纹组织所构成的花型。

2. 配色花纹花型

配色花纹花型是运用组织与经纬间色纱排列变化的配合,形成的几何形配色花纹。

3. 装饰花纹花型

装饰花纹花型是在素色织物上,运用不同原料、不同结构的纱线作为装饰材料,通过经、纬纱线排列,织纹组合,交织而成。其可装饰为条子花、格子呢、满地花等。如用不同原料、不同颜色的纱线(棉纱、绢丝、人造丝、涤纶长丝、金银丝等)作为装饰嵌线的条子花呢、格子花呢,是普通采用装饰的方法。又如采用不同结构的各种纱线作为装饰的花纹。如正反捻纱、粗支纱、彩点纱、粗节纱、大肚纱、结子纱、圈圈纱等花色纱线。

4. 特殊工艺花型

特殊工艺花型是利用工艺上的特殊处理和结构上的特殊设计而形成的花型。如用混合各种形态的原料采用特殊的纺纱工艺等方法纺制而成的各种花色纱线,以及由在织造、染整加工中的特殊工艺处理所形成的花型。如由圈圈线构成的珠地花、稀密箔、粗节花、稀弄花、印花、剪毛、印经花、乱丝花以及用色节纱构成的特殊工艺花型。

二、粗纺毛织物构成因素的设计

(一) 原料的选择

1. 原料选择的依据

粗纺产品的品种多、风格不一,可以使用的原料广泛又复杂。在产品设计时,选用什么原料更为合理,或对现有原料如何使用使之成为更优良的产品？这些问题涉及原料的选择与合理搭配,需扬长避短。因此,原料的选择是产品设计中极为重要的环节。

(1) 按羊毛纤维的性能和分级选用原料。

一般 60~66 支羊毛与一级改良毛用于高档产品,如高级大衣呢、麦尔登、高级女式呢、薄型法兰绒等;48~56 支羊毛二级改良毛用于起毛大衣呢、圈形大衣呢及部分花式产品;二级、三级改良毛主要用于毛毯,其次是起毛大衣呢、海力斯、粗服呢等产品。

使用中值得注意的是,过去级数毛比较粗,如华北春毛一级(25 μm 以上);二级(25.1~31 μm);三级(31.1~37 μm);四级(37.1~55 μm);而现在改良细度是比较细的。各级之间细度差别不大,主要是粗腔毛含量多少之别,如能除去则级数就可被提高。现行标准,64 支改良毛的细度规定为 21.6~23 μm,多在 18.92~22.33 μm(取 20.6 μm 为平均值)。其中,最高可纺线密度为 57.37 tex,经济可纺线密度为 53.82 tex,实用可纺线密度为 58.93 tex。可见,64 支改良毛纺 58.8 tex 以上细纱。可纺线密度降低对织物质量是有现实意义的,如纯毛混色法兰绒等品种,国外一些产品中常采用 58.8 tex 左右的毛纱,成品质量较高线密度的纱更好。

对品种优良的土种毛要充分发挥纤维特性,用于特定的产品中。如河南的寒羊毛细度均匀,纤维卷曲多,缩绒性能好,是生产重缩绒产品的上等原料。山东春毛纤维较细长,色较白、光泽较好,不但适于大路产品,还能染成中浅色做花式产品。新疆和田毛长度长、强力大、弹性好,色泽光亮,花毛少,宜做起毛大衣呢。青藏毛长而匀,光泽好、拉力大,是生产工业用呢的良好原料。此外,尚有粗次毛可适当处理搭配,织制起毛大衣呢、粗花呢。

(2) 按羊毛纤维的细度、长度、强度、含杂量选用原料。

粗纺产品一般采用的羊毛纤维平均长度在 20~65 mm,20 mm 以下的短纤维只能适当掺用,不宜单独纺纱。大于65 mm的长纤维,只在产品特殊要求时采用。

羊毛与化纤混纺,其他化纤长度一般选用50～75 mm。一般来说长纤维、粗纤维用于拉毛产品;短纤维、细纤维用于缩绒产品;而强力差、不宜纺低线密度或对毛纱强力要求高的产品,如细腰毛、弱节毛、黄线毛等只能在一般产品中搭配使用。

就羊毛含杂方面,凡草籽(刺草果)含量超过0.15%,就必须除净后方可使用,以防损坏针布,产生毛粒、草疵,影响条干增加修补工时。对炭化毛的草屑含量一般控制在0.1%以下,但对用于低线密度、薄型、深色匹染织物的炭化毛,则要求除净杂草。如到成品熟修时挑草,会产生钳损疵点。此外,羊毛中的柏油点、羊皮屑、羊皮、麻丝等也会带来纺纱断头等质量问题。毡并毛一般控制在3%以下。毡条结块严重的要经过弹松后才可使用。特别对于纺制低特纱、点子纱及三合一混纺纱的羊毛等,要力求松散。

(3) 尽力利用副次原料,提高经济效益。

粗纺产品常用回弹和生产回用毛,生产回用毛指毛纺加工落毛下脚,经整理后可在另一批或另一品种中使用。主要有精梳短毛,软回丝、硬回丝等。

精梳短毛除长度较短外,其余均与原新毛相同,是粗纺产品的主要原料之一,有圆梳短毛、平梳短毛、复梳色短毛(毛条染色发生捻缩,需复精梳,其短毛比白毛短、毛粒少,没有草屑)之分。

软回丝指梳毛机或精梳机下来的副产品,如梳毛、粗纱、精梳回丝等。未加捻可直接与新羊毛混合使用。硬回丝指纺纱过程中的副产品。毛纱已加捻,不成纤维形态,产生在精纺,并捻、准、织的过程,应拣选。硬回丝分为染色、白纱、强捻和弱捻等。

染色下脚或呢头指洗呢、缩呢加工产生的落毛屑、拉毛、剪毛屑、呢头及呢样碎料。

回弹毛质量较差,可与适当原料混合使用。根据品种可分为长再生毛(或称长弹毛)、短再生毛(或称短弹毛)。长弹毛是用未经缩绒的织物或针织物,拆开后所得的纤维长度在20 mm以上,可制廉价粗纺织物。短弹毛是用缩绒或紧密的旧碎布片,经过强烈开松,多用于廉价的织物或供双层织物的里纬用。

副次原料有一定的纺纱性能,可生产价廉物美的呢绒。例如,用精梳短毛制纺织粗纺呢绒。其绒面较用正常散毛为好,如法兰绒、大众呢、大衣呢、粗花呢多用此类原料。

下脚毛的主要缺点是纤维长度短,细毛精梳短毛长度在20 mm左右、粗毛精梳短毛可达30～35 mm,针织物回弹毛纤维约30～40 mm,粗呢碎片回弹毛约为20～25 mm。因纤维短,当混料中加入20 mm长的回弹毛20%时,会使混料纤维长度减短,梳纺条件差,断头高,细纱不匀率提高。因之可加入适当化纤,纺制低高线密度的低档产品。因之,经纱混料宜根据生产条件少用或不用再生纤维,或混用适当化纤,而在纬纱混料中加入较多的短纤维,既有利于降低断头,还有助于改善缩绒过程,得到覆盖性良好的产品。

根据生产经验,各种精梳短毛可纺111～200 tex毛纱,各种回丝可纺90.9～500 tex毛纱,如与其他原料混用,可提降低线密度。碎衣片回弹毛40%、黏纤50%、棉纶10%的混料,可纺100～83.3 tex的粗纺纱。

(4) 正确使用化学纤维,生产混纺产品。

羊毛与化纤混纺的目的在于充分发挥各种纤维的优点,弥补其缺点,改善织物性能,降低纺纱线密度、降低成本等。

① 混纺比例的选择。毛黏混纺时,黏纤具有生产成本低、强力好、手感柔软、吸湿性好等优点;与羊毛混纺,特别是与低品质支数羊毛混纺,可以降低纺纱线密度,提高强力,降低成本,可改善织物外观的细洁程度。由于黏纤缩绒性差、易折皱,所以粗纺重缩绒产品中一般只用

25%～30%，不缩绒或轻缩绒织物可混用 30%以上，一般为 35%～40%。如不影响织物外观的情况下可加入 50%或以上，也可用纯黏纤生产制织粗花呢、童装大衣呢和毛毯。它们色泽鲜艳美观，但湿强较低，为干强的一半。

毛涤混纺时，织物强力随涤纶含量的提高而增大，折皱回复性也随之提高。粗纺花呢、法兰绒混用涤纶比例有 30%、35%、50%三种。涤纶、羊毛、黏纤三合一花呢中，一般羊毛为 20%～30%，涤纶为 20%～40%，黏纤为 30%～40%。毛腈混纺时，是利用腈纶纤维质轻、蓬松、保暖和染色鲜艳等特点，一般用于织制大衣呢等起毛织物及各种花呢。

异形纤维近年来较多使用异形断面的涤纶或锦纶。如利用扁丝、三角丝的光学效应，使织物的表面有闪光效果。采用腰圆形和扁形断面的纤维，由于纤维的抗弯刚度增大，可使织物减少起球；空心纤维则可提高织物的弹性和手感，这些纤维不仅增加织物美观，而且提高了纺纱性能和成纱强力，以及织物的染色鲜艳度与服用性能。目前各种花呢、大衣呢、女式呢、人造毛皮和长毛绒、毛毯等产品中也会混用异形纤维，其比例通常为 10%～20%。

② 纤维细度、长度及其他品质的选择。对纤维细度，应根据纺纱支数和织物风格品质要求进行选择。重缩绒产品，如麦尔登，必须选用缩绒性好的 64 支或以品质支数接近于 64 支的细羊毛为主。并在保证纺纱强力的条件下，适当掺用精梳短毛 20%。高档绒面平厚大衣呢需采用 60 支或一、二级毛 70%～80%，精梳短毛 10%～30%。纹面织物多属花式产品，因不需要缩绒，所以可选用细度较粗的羊毛和部分化纤。目前常采用异形纤维混纺，以改善织物的弹性、毛型感、保暖、抗起球等性能。人造毛皮中混用 3.33 dtex、6.67 dtex 和 10 dtex 腈纶纤维，既增加了保暖性，又增加了毛皮皮感。

对纤维长度、含杂等品质的选择，粗纺系统的使用原料范围很广。其纤维长度一般在 20～100 mm，但是 20 mm 左右的短纤维只能适当掺用，不能单独使用。用于粗纺系统的化纤长度一般为 50～70 mm。纤维长、纱线强力好、断头少、条干光洁。

风格不同的产品对纤维长度也有不同要求，拉毛织物如顺毛大衣呢。要求羊毛有较好的长度、强力、白度、光泽和弹性。粗纺纹面产品对毛纱条干要求较高。所以纤维长度及其均匀度要好，以使纹面清晰。

对于漂白、浅色和鲜艳度要求较高的织物，原料要有好的白度和光度，忌用黄残毛等。浅色织物要注意毛条中黑花毛的含量；深色织物要注意死枪毛和麻丝、草屑的含量；粗纺低线密度薄型深色匹染织物所用的炭化毛，要求除净草屑，弱节毛只能在一般产品中应用。毡并毛一般控制在 3%以下，点子纱力求松散、草籽含量不能超过 0.15%。

(5) 其他动物纤维的应用。

兔毛、山羊绒、马海毛、驼绒和牦牛绒用于高级毛织物中，使织物手感、外观等品质均有显著改善。山羊绒粗毛含量一般在 0.3%～0.7%，根据产品要求选用。山羊绒为高档大衣呢、女式呢原料。质量最好的开司米羊绒具有轻、暖、柔、滑等特点。羊绒与细羊毛混纺，一般羊绒比例 40%～80%较多，为了降低价格，羊绒含量可降到 30%以下，但不宜低于 15%。山羊绒分色时，紫绒染中色，白绒染浅色，紫绒也可本色生产。

兔毛是粗纺优质的原料，因价格贵，且性质滑腻，纤维松，抱合力差，强度较低，生产中静电作用较严重，故一般与羊毛混用，混入量一般不超过 50%，在大衣呢、女式呢中为 20%～40%。兔毛单纤维比羊毛性能差，但保暖性远胜于绵羊毛。

驼绒纤维长，质地柔软，有光泽，缩绒性能较差，不易毡并，与羊毛混纺制织立绒、顺毛大衣呢等。

马海毛的长度大，强力大，弹性足，具有强烈光泽。马海毛是异质毛夹杂一定量的髓毛和死腔毛。优质马海毛中,髓毛含量不超过 1%。优质马海毛常呈白色,有明晰闪光,与染色毛混纺,所得织物呈闪光,起装饰作用。一般用量在 10%以内、顺毛大衣呢可用 30%~50%。

牦牛绒是我国特产,一般与 64 支羊毛混纺,用于织造名贵的双层大衣呢等,含量一般为 80%~90%。

(6) 按照产品风格和质量要求选用原料。

粗纺产品品种虽多,但就其风格工艺特点来划分,基本上分为不缩绒(或轻缩绒)产品、缩绒产品和拉毛产品、缩绒拉毛产品四类。

不缩绒的产品多数是花色产品,选用原料可以不强调缩绒性能,也可以选择细度较差的羊毛或部分化纤。缩绒产品必须强调选用缩绒性能好的纤维,在保证纺线强力的条件下可适当掺用精梳短毛和下脚原料,使获得较好的缩绒呢面质量。拉毛产品强调纤维的强力和长度,易于将纤维拉出,在织物表面获得绒毛效果;缩绒拉毛产品则要考虑对两者的兼顾。生产高档产品可选用其他动物纤维,如山羊绒、马海毛、驼绒、牦牛毛等。

① 麦尔登。呢面要求细洁紧密,所以一般选用 60 支以上支数毛或一级改良毛。一般加入 10%~20%精梳短毛,也可以用高品质弹毛回丝代替。缩绒后,呢面要丰满。为了加强呢面耐磨性,可加入 10%以内的锦纶。

② 海军呢。呢面要求与麦尔登同,但没有麦尔登细洁,允许有少量死腔毛。一般加入 10%~20%的精梳短毛,为增加耐磨加入 10%以内锦纶,混纺织物可加入 25%~30%黏纤。

③ 制服呢。呢面要求紧密,一般是用三、四级毛,因毛粗,表面有少许粗腔毛。呢面是用缩绒、拉毛剪毛工艺,而拉毛程度不能过大,以免影响身骨与牢度。除用三、四级毛外,还要加精梳短毛与回弹毛等,使缩呢后能填充毛孔,增加绒面丰满。混纺制服可加入 30%黏纤。为增加强力和耐磨可加入 10%以内的锦纶。

④ 海力斯。一般为混色和配色织物。织物表面露底或半露底,手感要挺实、紧密有弹性。这类产品多做上衣用。一般多用三、四级毛,可加少许精梳短毛。也可混纺,加入 30%~50%黏纤,加入黏纤后的身骨没有纯毛挺实,弹性也没有纯毛好。

⑤ 女式呢。呢面细洁柔软,花色品种较多,用料不一,主要是细羊毛。混纺产品加黏纤 30%~50%。高档女式呢加入兔毛、驼毛与羊绒等。

⑥ 大衣呢。品种类型多,使用原料广,有的用 60%以上支数毛制织,也有用三四级毛生产的,还有的加入羊绒,其含绒为 10%~70%。100%羊绒大衣呢、纯驼绒大衣呢是名贵高档产品。

顺毛大衣呢,多系纬向拉毛,纬向用的原料比较长,还可加入高级动物毛。拉毛系纬向,经向可用棉纱,可降低成本,减轻质量。

在立绒大衣呢的银抢大衣呢中,最好是马海毛,纤维粗而发光。目前多采用异形合纤代替,但弹性不及马海毛,剪毛不易平齐,质量不及马海毛。

⑦ 法兰绒羊羔毛织物。选用羊羔毛为原料的法兰绒可制织高级女装呢,特点是柔软、细腻和轻薄,在后整理工序中有的在湿整时经过湿起毛,再经烘干和剪毛,因而织物细腻平整。

⑧ 粗服呢。该产品一般经纱用棉,纬纱用下脚毛,为增加表面绒面可用一些较高品质再用毛,如回弹毛、回丝等,为增加强力可加入一些四级毛,一般用量 20%~30%,根据下脚毛质量而定,再混入 20%~30%黏纤,提高服用和纺纱性能。

⑨ 大众呢。呢面细洁,不要有腔毛,价格便宜,对强力与耐磨的要求不高,一般多用精梳短毛或回弹毛等,加入 25%~30%黏纤,如果精梳毛长度较短,为保证成品弹性,需加入 20%左右改良毛。这是粗纺大路产品。

2. 原料性能与呢绒质量的关系

（1）纤维的细度与产品质量的关系。

① 羊毛细度与纺纱线密度的关系。羊毛越细，在同样粗细的毛纱断面中纤维根数愈多，纱线的强力好，纺纱过程中的断头少。因此在纱线品质要求一定时，细纤维可以纺较低线密度的毛纱。通过生产实践，粗纺毛纱最细可纺线密度与羊毛平均细度的关系式如下：

$$N_t = \frac{1\,000}{41.1 - 羊毛平均细度(\mu m)}$$

计算时，常以毛纱断面内含有 120 根作为经济可纺线密度（N_{t1}），如控制在 134 根时，即作为实用可纺线密度（N_{t2}），其计算式：

$$N_{t1} = 0.124 \times 羊毛细度(\mu m)$$
$$N_{t2} = 0.139 \times 羊毛细度(\mu m)$$

② 羊毛细度与毛纱条干不匀率的关系。根据数量统计分析，毛纱的截面积不匀率即变异系数（C）与纱中纤维的截面积不匀率（F）、毛纱截面中毛纤维的根数（n）、纱线线密度（N_t）、纤维线密度（N_{tw}）之间的关系如下：

$$C = \sqrt{\frac{1}{n} \times (1 + F^2)}$$
$$= \sqrt{\frac{N_{tw}}{N_t} \times (1 + F^2)}$$

如不考虑纤维细度不匀率（F），则 $F = 0$。从上式可知，N_{tw} 愈小，C 愈低，也就是说纤维根数愈多，纱线条干愈均匀。但如果选用的羊毛过细，加工中纤维易纠缠或折断，不易梳匀，从而影响毛纱质量。

③ 羊毛细度与织物品质的关系。选择羊毛细度不完全取决于纺纱线密度，在某些情况下，取决于成品风格特征和产品质量要求。

在制织要求条干均匀，呢面洁净、手感柔软、缩绒呢面丰满的织物时，应选用 60～70 支的细羊毛，平均细度约 14～25 μm，这类产品如女装、单装及麦尔登、短立绒绒女式呢等。在制织要求手感坚挺，光泽好，蓬松而有弹性等产品时，要选用 50～58 支的半细毛，平均细度在 25.1～31 μm，织物弹性好，坚挺而有身骨。在制织要求外观粗犷、结构疏松，有较好弹性的产品时，可选用半细毛或混一部分粗毛和粗腔毛，多用二至四级毛，其平均细度可达 32～45 μm，如用作海力斯、粗花呢及运动装、便装等。

④ 多档细度混用与织物品质的关系。羊毛细则手感柔软，缩绒后呢面好，但易起球，使用粗毛后，手感差但抗起球性有改善。为此采用多档细度混用，如以 58 支、60 支和 64 支毛混用来代替单一的 60 支羊毛，对起球、弹性、身骨等均有改善，起到刚柔并齐的作用。

混纺织物设计时，更应多档细度混用。因为在成纱的经向分布时，往往细纤维转移在纱的内层，而粗纤维转移在纱的外层，如毛纱混纺织物中所用的黏胶应比羊毛稍细，有利于成纱的条干和强度，而且黏胶有分布在毛纱内层的倾向，羊毛位于毛纱外层，增加了织物的毛型感。

值得注意的是，混纺纱选用同样纤度的两种纤维，由于纤维密度不同，其纤维粗细也是不同的。如已知其中一种纤维的直径，则另一纤维直径也可以算出，如下式所示：

$$(A 纤维直径)^2 \times A 纤维密度 = (B 纤维直径)^2 \times B 纤维密度$$

（2）毛混纺织物的化纤细度选择。

混纺织物必须降低混料纤维的细度不匀率。如与羊毛混纺化纤过细，将造成毛网质量差、纤维易断裂等现象，同时易形成大量毛粒。如与羊毛平均细度粗的化纤混纺时，将造成细纱强度不高，工艺条件恶化的现象。如两者平均细度相同，但是羊毛细度是不一致的，即使在同一品质支数或同一等级范围内，其细度往往有超出范围的。因此，下面按不同类型的羊毛，分别阐述混纺时化纤细度的选择方法。

① 与同质毛混纺时化纤细度的选择。同质毛的主体细度（M_m）常小于它的平均细度（M_a），因此它的主体细度（M_1）作为选择化纤细度的第一参数。为了使混料细度比羊毛平均细度更细，并得到较低的混料细度不匀率，要确定第二个化纤细度参数（M_2）。羊毛细度均方差以 σ 表示。两个参数的计算式如下：

$$M_1 = M_m$$
$$M_2 = M_a - \sigma$$

化纤细度（单位为 μm）控制在 M_1 与 M_2 之间，同时考虑化纤平均线密度也有偏差，因此引入修正系数（0.90~0.95），在细纱断头率很高或需要提高纺纱性能时才采用。

② 与异质毛混纺时化纤细度的选择。异质毛纤维含有绒毛、两型毛和刚毛，因此选择化纤细度（M_3）时，第一参数为绒毛部分的主体细度（M_{m_1}），第二参数为绒毛部分的细度均方差 σ_1。绒毛平均细度（M_{a1}）接近于两型毛的化纤细度（M_4），与两个参数之间的关系式如下：

$$M_3 = M_{m_1}$$
$$M_4 = M_{a1} + \sigma_1$$

在绒毛平均细度（M_{a1}）和（$M_{a1} - \sigma_1$）之间选择化纤，则混料的不匀率将增大。如果在 M_{a1} 和（$M_{a1} + \sigma_1$）之间选择化纤，则化纤细度（M_4）接近于两型毛的细度，此时混料纤维的细度不匀率将降低。

由于异质毛中绒毛部分的主体细度比其中平均细度细得多，所以可不考虑化纤不匀率的修正系数，如混料中加入细度与绒毛部分主体细度相适应的化纤时，则混料中粗于主体细度的纤维数量将不增加。因此，第二个参数 M_4 应考虑修正系数。

（3）纤维长度与产品质量的关系。

羊毛长度与毛纱质量的关系。羊毛长度与细度有关，一般是细度越细，长度越短，反之亦然。用较长的纤维纺纱则纤维间接触面大，外力作用下不易滑脱，成纱强度大，均匀度好，表面较光洁。但过长也不利，一般以不超过 70 mm 为宜。

选择长度应根据织物品质要求定。如果是纺制低线密度纱做薄型、轻缩绒织物，应选用长度稍长、细度均匀的纤维；如果是生产重缩绒，呢面要求丰满细洁的产品，应选用缩绒性能较好的短毛（中档产品可掺用短毛 50%左右，高档产品可掺用短毛 10%左右）。对重起毛织物，如顺毛、绒面织物等，应用较长纤维为主体。

毛混纺织物对化纤长度的选择。选用较长化纤则混料中长纤维比重增加，使牵伸过程易于进行，可以纺低线密度纱，且制成率高，断头率和不匀率均可降低，织物物理性能好。化纤长度一般比羊毛平均长度稍长，混料的离散系数不能大，以利于加工顺利进行为目的，一般在下列范围内进行选择。

① 与同质毛混纺。化纤长度的选择范围如下：

$$L_1 = L_A \cdot B_1 \cdot B_2$$
$$L_2 = L_A + \sigma$$

式中：L_1、L_2分别为选择化纤长度的最小、最大参数；L_A为羊毛平均长度；σ为长度均方差；B_1为考虑化纤长度不均匀的系数（$1.05 \sim 1.10$）；B_2为考虑化纤长度在梳理过程中有所减短时用的系数，其值与梳理方法、机器构造、纤维种类、细度、长度、强度和含量等有关。

当$B_2 > 1$时，它在纺特高强力和较低线密度的毛纱时使用，然后在L_1和L_2范围内选择化纤长度。

② 与同质半细毛或异质毛混纺。化纤长度的选择范围如下：

$$L_3 = L_A \cdot B_1 \cdot B_2$$
$$L_4 = L_A + \sigma + NI$$

式中：I为长度组距，$I = 10$ mm；N为长度组数（对于同质半细毛，$N = 1 \sim 2$；对于异质毛，$N = 1 \sim 3$）。

③ 多档长度的混用。羊毛混料时采用多档化纤长度，主要作用是以长补短，提高混料的长度品质，从而改善产品的质量。化纤采用多档长度（不等长度）混用，主要是改善纺纱性能，适应牵伸装置和降低细纱不匀率。多档长度混用一般采用三档不同长度，以接近的比例混合。

（4）纤维其他性能与产品质量的关系。

羊毛纤维随回潮率的增加，强度下降，伸长增加，纤维变得柔软，塑性变形增加，表面摩擦系数变大。如过大则纺纱时不易牵伸，过小则抱合力差，对纺纱不利。羊毛和黏纤吸湿后膨胀度较大，在染色时可以染得深，合成纤维因具有疏水性，因而染色困难。合纤与羊毛混合加工，有利于消除静电。

纤维的密度、卷曲度和弹性影响产品的体积、蓬松度和芯盖能力。羊毛特别是兔毛密度小，卷曲度和弹性均优于化纤，因此，同体积的羊毛制品保暖轻便。

要获得鲜艳色泽的毛织物，必须选用光泽和白度良好的纤维。羊毛系半透明纤维，由于羊种不同分为四种，全光毛如马海毛可制成特殊风格产品，如银枪大衣呢。半光毛系半粗毛绵羊的同质毛，具有半光泽（玻璃光泽），可染成很好的颜色用以制造花呢等品种。银光毛如美利奴等细羊毛和半细毛，具有银色光泽，洗毛工艺正确，可以染成鲜艳的颜色。无光毛一般为次品羊毛，与营养、管理、生产加工工艺有关，染色后色调晦暗。羊毛的天然颜色一般为白色，也有灰、棕、黑等色，漂白或浅色产品不能含有色毛。近年来，国际市场流行彩色羊毛，有浅红色、天蓝色、金黄色，五彩缤纷。据报道，彩色羊毛是由于微量元素掺到食品中喂羊所致，也有生物基因技术产生的，这种未经染色的彩色毛制成的织物和服装鲜艳夺目。化纤的光泽也分有光、半消光及消光三类。有光纤维可与光泽差的羊毛混纺但混用比例不能太多，否则会产生极光，降低毛型感。此外，有光化纤抱合力差，防止纱条发毛，半消光化纤与羊毛天然纤维比较接近。采用消光化纤加工，抱合力增加，但强度、抗弯曲性能降低。化纤白度高于羊毛，可提高混料的色泽品质，对产品外观起到良好作用。

此外，纤维的力学性能如初始模量、弹性回复力。断裂强力和断裂伸长等与织物手感、耐磨性、抗皱性有关。

（5）纤维含量与产品质量的关系。

① 纯化纤纺纱性能。纯黏胶纤维织物紧密度大，弹性较差，纤维较长，纤维网不易分割得均匀。实践表明，要纺低线密度纱，最好用较粗的纤维。一般黏胶短纤维的可纺线密度在$41.7 \sim 50$ tex，最好由长度为$65 \sim 75$ mm的5 dtex纤维纺制。

锦纶纤维易产生静电,表面光滑,捻合力差,纺纱比较困难,一般纯锦纶的可纺线密度不超过 $83\sim100$ tex。涤纶的强度较高和弹性较好,加工正常。纯涤纶一般可纺 $29.41\sim35.7$ tex。

② 粗纺混纺织物的原料组成率。由于生产过程中各原料制成率不同,成品的原料组成发生变化。如某混纺织物由三种纤维构成,成品质量为 T,三种纤维的质量分别为 T_1、T_2、T_3;混料总质量为 R,三种原料的质量分别为 R_1、R_2、R_3,三种原料的含量分别为 a_1、a_2、a_3;加工过程中,总制成率为 P,三种原料的制成率分别为 P_1、P_2、P_3;成品中三种原料的组成率分别为 E_1、E_2、E_3。它们之间的关系如下:

$$R = R_1 + R_2 + R_3$$

式中:

$$R_1 = R \cdot \frac{a_1}{100}$$

$$R_2 = R \cdot \frac{a_2}{100}$$

$$R_3 = R \cdot \frac{a_3}{100}$$

$$P = \frac{T}{R}$$

$$T = T_1 + T_2 + T_3$$

式中:

$$T_1 = P_1 R_1$$
$$T_2 = P_2 \cdot R_2$$
$$T_3 = P_3 \cdot R_3$$

即:

$$T = PR = P_1 R_1 + P_2 R_2 + P_3 R_3$$

也即:

$$PR = P_1 \cdot R \cdot \frac{a_1}{100} + P_2 \cdot R \cdot \frac{a_2}{100} + P_3 R \cdot \frac{a_3}{100}$$

或

$$100 = \frac{p_1 \times a_1}{p} + \frac{p_2 \times a_2}{p} + \frac{p_3 \times a_3}{p}$$

由于 $E_1 + E_2 + E_3 = 100$,所以成品中的各原料组成率分别如下:

$$E_1 = \frac{p_1 \times a_1}{p}$$

$$E_2 = \frac{p_2 \times a_2}{p}$$

$$E_3 = \frac{p_3 \times a_3}{p}$$

在织物设计时应注意的是,化纤细度和长度不匀率降低,在加工过程中落下的废料较少,往往在成品中含量增加。因此,在考虑混纺品的投料成分时,要使羊毛的投料比重比成品的羊毛比量大一些,反之化纤投料比重少一些,使成品组成率达到预期的效果。

③ 混纺纱中各纤维径向分布状态对织物质量的影响。混料中各种纤维在成纱断面内经向分布是不均匀的。如果较多细而柔软的纤维分布在纱的表层,织物手感较柔软。如果较多粗而

刚性大的纤维分布在纱的表层,则织物手感粗硬而较挺括;如果较多的强度高而耐磨性能良好的纤维分布在纱的表层,则织物耐穿耐用,这些状态均是纤维径向分布的问题。环锭纺纱的构成原因主要是纱线加捻过程中不同性质的纤维产生了不同的向心压力,而向心压力与纤维长度、细度、密度、杨氏模量、捻系数等有关。一般来说,纤维长度长、杨氏模量大、细度较小时,纤维向心压力大,比较易于分布在纱线内层,而纱的捻系数、纤维密度影响纱的直径。因此,对于混纺纱所用纤维要仔细选择,如毛粘混纺时,应由羊毛和大于平均长度,细于羊毛平均细度的黏胶纤维混纺,使羊毛较多地分布在纱的外层,这将使织物外观毛感强。

在制织混色织物时,更应注意这一问题,例如毛黏混纺织物的混料成分是羊毛 70% 及黏胶 30%,其混色比例是黑色 30% 和白色 70%,则羊毛与黏胶纤维应分别按此比例混合,才能达到混色均匀的要求,如局部摩擦也无变色现象。

④ 纤维性能与拼色织物质量的关系。纤维不同其染色牢度不同,对酸碱及高温反应不一,会产生落色和沾色。深浅色拼混做混纺织物时,纺纱较困难,易沾色的纤维宜淡色。如毛涤混纺时,涤纶宜淡色,这样纺纱性能好及抗升华牢度好,沾色少,染色成本低。羊毛染深色对可纺性、牢度、成本等影响小。素色织物中,两种纤维的颜色差异要小,光泽好的纤维宜稍偏深一些。拼毛百分比小的色泽,宜拼用强度好的纤维。拼用白色或淡色,不宜用静电现象严重的纤维,否则容易沾污。用粗毛形成的颜色比细毛明显,所做产品要突出某种色泽时应尽量染在粗毛或色泽光亮且长度较短羊毛上。含有粗次毛的混料,粗次毛宜染不易暴露的中间色如淡黄、橘黄等。

耐磨性差异大的纤维混纺时。宜深浅色均混有两种纤维,如黏锦混纺,白色锦纶和黑色黏胶相混,或者黑色锦纶和白色黏胶相混,则长期穿着后,黏胶局部磨损,结果只呈现锦纶颜色,如果锦纶或黏胶均是黑白各半,则无局部磨损变色现象。

(二) 纱线设计

1. 纱线线密度的确定

纱线线密度对成品外观、手感、产量、后整理以及力学性能均有影响。粗纺纱较精纺纱含有大量各种不同细度、不同长度的纤维,具有较多的起伏波状的表面,具有较多的自由端纤维,有助于缩绒,单纱有助于起毛,合股线会减弱起毛而多股更增加起毛的阻力。可见,纱线结构与缩绒起毛密切相关。

平纹组织的女式呢,采用较低线密度的纱,外观呢面平整、细洁、纹路清晰。平方米质量适宜,反之,如采用高线密度的纱,即使纱的条干均匀,色泽好,呢面也平整,纹路清晰。但因纱粗,交织点大,织物太厚,不能产生平细的风格,有粗糙厚重的缺点。而猎装呢选用较粗的纱,不仅纱粗而且经纬均为合股线,虽然如此,呢面不但没有粗陋之感,反而为高中档产品。其有效的办法就是利用纱合股和混色毛纱,选用低级毛,使织物光泽自然、弹性好、质地松紧得当,也可采用合股花线和色纱嵌条配成各式花型,使织物花型立体感强,改变人体视觉,掩盖了毛粗和纱线线密度数大的缺陷,再加上合适的后整理,使织物独具一格。如采用棉经,则经密要偏小而纬密偏大,属中低档产品。如纬纱是低级原料,缩绒不良,采用棉经纱,那么经密不仅要偏小,经纱线密度还是偏低。如纬纱缩绒性好,经纱线密度可高一些。可见,纱线线密度的选择与织物风格、原料性能、后整理等均有关。

对于厚重织物,合理应用纱线线密度极为重要。厚织物设计可以采用两种方式,一种是越厚越用高线密度纱线,运用不同组织制织单层织物;或选用较低线密度或不同线密度的纱制织多层组织织物。例如,厚重大衣可用高线密度的纱,采用经密小、纬密大的缎纹组织或较低线密度纱的双层组织、纬二重组织等,哪种方法更合理要视具体情况而定。使用珍贵原料如羔绒、兔毛、驼绒等,因成品价格高,配合流行产品质量,一般多为单层或纬二重。要外观细致也可采用双层组织,表层原料好,里层原料差相搭配,使产品价格适当。用优质原料高线密度纱做成厚重织物全面考虑,综合优选设计方案,用较高线密度纱设计厚织物,则应采用纬面四枚破斜纹或 $\dfrac{1}{2}$ 斜纹组织,使之能掩盖纱线线密度高、呢面粗的缺点。

2. 纱线的捻度和捻系数

捻系数的大小对毛纱强力与直径有直接关系,对成品呢绒的强力、手感、厚度及呢面外观又有密切影响。所以在产品设计时应根据产品的特征、原料种类、纤维长短、经纱或纬纱等恰当地选择捻系数。

一般情况是纹面织物用纱的捻系数大于缩绒织物,纯毛纱捻系数大于混纺纱,混纺纱捻系数大于纯化纤纱。短毛含量高的纱的捻系数大于短毛含量少的,纤维短的纱的捻系数大于纤维长的,点子纱的捻系数大于一般混色纱,纱线线密度低的捻系数大于纱线线密度大的,用于经纱的捻系数大于用于纬纱的等。粗纺毛纱常见捻系数如表 6-8 所示。

表 6-8　粗纺毛纱常见捻系数

类别		捻系数
单纱	纯毛纱	13～15.5
	化纤混纺纱	12～14.5
	纯化纤纱	10～13
	纯毛起毛纬纱	11.5～13.5
	化纤混纺起毛纬纱	11～13
合股线	弱捻纱(起毛大衣呢及女式呢)	8～11
	中捻纱(粗纺花呢等)	12～15
	强捻纱(平纹板司呢)	16～20

缩呢是大多数粗纺产品织物整理的基础,初步形成产品风格,而纱线捻度与缩绒工艺有关,影响织物的质量。一般纬纱采用松捻纱,使其具有良好的缩绒性,而经纱则常用双股少或紧捻纱。纱线的捻度有三方面的影响,一是纤维相互紧缩而改变了纱线的实际直径;二是纱线变硬;三是改变纱线的缩绒性。相同原料的紧缩线与织物组织之间的缩绒力有一定的差异,一般平纹组织的差异小于斜纹组织的差异。即使延长缩绒时间,可能促使紧捻纱逐渐开展它的缩绒力,但是,这种办法还是不能显著改变织物原有的坚硬手感。缩绒包括毡缩与收缩,如果经纬捻度相似,就会增加毡收缩时收缩的阻力;如果经纬纱的捻度不同,它们的摩擦握持较少,则可增进收缩与毡缩量相同,双股线较单纱结实,但织物的缩绒性较差。一般有三种合股方式:一是合股纱纱同一方向捻合,采用普通捻度,股线较坚硬,缩绒性较弱;二是合股时单纱捻度减少一些或者股线的捻度减少一些,使股线具有柔软的结构;三是多股线中一根或几根单纱减少捻度,而另外的单纱则增加同样的捻度,这样的合股会引起复杂的缩绒状态。总之,捻度愈小,则缩绒程度愈佳。

起毛与纱线的捻度有关,一般紧密的织物是由于织纹紧密及纱线捻度较大,这时起毛困难,如果纬纱捻度小,仅满足织造需要,则易于起毛。相反,品质较优而组织紧密的纱线,其捻度较大,只能表面起绒毛,也就是说原料好,但由于坚实,毛纤维被捻紧压在一起,因而缺乏起毛因素。

3. 纱线的捻向

经纬少捻向不相同,经纬纱接触角容易相互交错缠结,易于缩绒,合股纱如单纱与股线捻向相同,捻度大,缩绒性差;如单纱与股线捻向相反,捻度小,易于缩绒。合股纱捻度大,缩绒性小;捻度小,缩绒性大。经纬纱捻向不同的织物,起出的毛绒平顺而均匀,捻向相同的织物,起出的毛绒,厚而不平顺,但较为丰满。

(三) 织物组织

1. 原组织

(1) 平纹组织。

平纹组织在粗纺中用于薄型女式呢、薄型法兰绒、合股花呢,粗花呢及粗细持松结构等产品。

(2) 斜纹组织。

由于交织点比平纹少,可织制的密度就比平纹大,使织物比较细密柔软,有利于缩绒。因此,斜纹组织是粗纺产品中应用最广的组织,特别是 $\frac{2}{2}$ 斜纹,用于麦尔登、大众呢、海军呢、制服呢、女式呢、海力斯、粗花呢及粗服呢等。其次是 $\frac{2}{2}$ 斜纹与 $\frac{3}{3}$ 斜纹,在麦尔登、法兰绒与粗花呢、女式呢等也常用,$\frac{4}{4}$ 斜纹用于一般大衣呢,$\frac{1}{3}$ 破斜纹用于女式呢、大衣呢等产品。

组织运用时,要综合考虑产品特征和品质要求,以 $\frac{2}{2}$ 斜纹和 $\frac{1}{3}$ 破斜纹为例说明如下:

$\frac{2}{2}$ 正则斜纹运用于纹面织物时,有正则斜纹和以 $\frac{2}{2}$ 为基础组成的人字斜纹、角度斜纹等。正则斜纹表面平整,经纬异色,色泽随密度不同而变化。平素织物呢面多数要求平整,因此,$\frac{2}{2}$ 斜纹的经纬密常常十分接近。如要求显纹路,可适当加大密度,经面斜纹加大经密,纬面斜纹加大纬密。如 $\frac{2}{2}$ 斜纹用于绒面织物时,对于混色、表面要求平整的织物,经纬密度接近。而匹染、缩绒及起毛品种,如系顺毛或立绒风格且要求人字清晰,则可考虑加大经或纬密度。对于相同原料、相同线密度、相同的织物密度,$\frac{2}{2}$ 破斜纹与 $\frac{2}{2}$ 斜纹比较,前者身骨好,质地紧密。$\frac{2}{2}$ 破斜纹对于绒面织物应用最大优点是不易出现斜纹线,经纬密接近,呢面显得不平整。反之,经密大纬密小反而显得平整。

$\frac{1}{3}$ 破斜纹系纬面组织,纬密大,纬纱起毛,用于顺毛、立绒大衣呢中,产品多为匹染或混色,后整理工序多,反复要求起毛。因此,纬密要求较大。否则,立绒、顺毛风格均较难于体现,这时应选择较高档次产品,或采用较低线密度的纱线。

厚重大衣是用高线密度纱,可采用适当的织物组织,如 $\frac{3}{3}$ 斜纹、$\frac{4}{4}$ 斜纹、$\frac{1}{3}$ 破斜纹、$\frac{1}{2}$ 斜纹等。

（3）缎纹组织。

缎纹组织的交织点少，可具有更高的经纬密度，又因织物表面浮线较长易于起毛，如果采用毛纤维较长的原料起毛时不致脱落毛，而且起毛长即使密度小也易于盖底，该组织一般用于起毛大衣呢及粗花呢等。

纬面缎纹起毛点与纱线交错接触，在起毛作用剧烈或生产丰满或紧密绒毛时，易拉掉纤维，而经面缎纹作用较缓和。起毛时起毛点以纱线经向运行，开始使长纤维平伏理直，而后作用于较短的纤维。因而，可获得平整的绒毛表面。两种经纬向不同组织起毛的差异可以采取纱线品质不同和缩绒程度来缩小之，较优良的纱线以及增大经纬密度，可增进织物的绒面，有利于起毛效果。

2. 变化组织

此类组织多用于女式呢、粗花呢、大衣呢、并与不同排列的经纱与纬纱组合成配色花纹，以及组成条、格与小花纹等花式产品。

3. 联合组织

采用联合组织为了用简单图案点缀组织的表面，使它具有各种形式的外观。例如，条格组织、绉组织、凸条组织、蜂巢组织及其他形式的各种组织等。一般用于纹面女式呢、粗花呢、粗服呢与松结构织物等。

4. 复杂组织

制织厚织物一方面可采用较大线密度的纱，运用不同织纹的单层织物；另一方面是选用较低线密度纱的二重织物、多层织物等。哪种方法合理，要看具体情况，如采用珍贵原料，成品价格高，一般多采用单层或纬二重织物，应轻暖、精致。如较贵重的原料，可选用双层织物，表里应用不同原料，使产品价格适当，外观质量好。

5. 粗纺提花组织

粗纺提花织物一般以平纹、$\frac{2}{2}$斜纹以及$\frac{2}{2}$方平组织为基础，做表里换层双层组织，用于提花女式呢等产品。

(四) 织物的密度

粗纺产品大都经过缩绒及拉毛工艺，成品密度随着缩绒及拉毛程度而变化很大，而产品多数用单股毛纱做经纬纱，断头率较高，因此要合理选择上机密度。确定上机密度时，不仅要考虑包括整理工艺在内的织物紧密程度，还应考虑呢坯上机的最大密度，而最大密度与织物组织有关，一般粗纺织物上机密度都不超过各类组织和各档纱线线密度数配合时的最大密度。因此，可利用呢坯的上机密度与上机最大密度的比值来反映纱线在呢坯中的充满程度，该比值称为粗纺织物的紧密程度百分率，该指标可比较不同组织织物的织造难易程度和紧密程度。也可以说，以各类组织和各档纱线线密度相配合的最大密度为100%，其选用的百分比为紧密程度百分率。

例 6-1 $\frac{2}{2}$斜纹 100 tex 毛纱的最大上机密度为 169 根/(10 cm)，如做女式呢，紧密程度百分率为 80%，则呢坯上机密度＝169×0.8＝135 根/(10 cm)。

呢坯的最大密度指的是在正常工艺条件下可能达到的最大纱线排列密度，取决于纱线线密度、组织结构、纤维密度、纤维在纱线中的压缩程度和纱线在织物中的变形情况，以及织机的机械特性。由于其因素复杂，目前根据勃利莱公式设计。

在织物设计时,一般根据品种要求选择紧密程度百分率,根据计算出的最大上机密度求出上机密度。由于粗纺织物密度相差很大的,以及缩绒与不缩绒的差别,呢坯紧密程度分为六种结合品种要求,列出紧密程度百分率选用范围见表 6-9。

表 6-9　粗纺毛织物紧密程度百分率选用范围

织物紧密程度		紧密程度百分率	品种
特密		95％以上	平纹合股花呢,精经粗纬与棉经毛纬产品
紧密		85.1％～95％	麦尔登、紧密的海军呢、大众呢与大衣呢、细支平素女式呢、平纹法兰绒与细花呢
适中	偏紧	80.1％～85％	制服呢、学生呢、海军呢、大众呢、大衣呢、细支平素女式呢、平纹法兰绒与细花呢
	偏松	75.1％～80％	制服呢、学生呢、海军呢、大众呢、大衣呢、法兰绒、海力斯、粗花呢、女式呢
较松		65.1％～75％	花式女式呢、花式大衣呢、轻松粗花呢、粗支花呢
特松		65％以下	松结构女式呢、空松织物

选择紧密程度百分率时应注意:

① 大部分粗纺缩绒产品的呢坯上机密度,都在"适中"的范围内。但对具体品种讲,海军呢、大众呢、学生呢、大衣呢可取"适中、偏紧",法兰绒及粗花呢、深色的宜"偏紧",中浅色可"偏松",海力斯、女式呢可"偏松"。

② 对于一般缩呢产品,经向紧密程度百分率大于纬向紧密程度百分率 1％～15％,以 5％～10％较为普遍。但对于轻缩绒急斜纹露纹织物,经向紧密程度百分率大于纬向紧密程度百分率 20％左右。若单层起毛织物,则纬向紧密程度百分率大于经向紧密程度百分率 5％以上为宜。

选择纬向紧密程度百分率时,可先定出经纬平均紧密程度百分率,再分别定出经纬向紧密程度百分率。如海军呢,选定经纬平均紧密程度百分率 82％,然后定出经向紧密程度百分率 85％、纬向紧密程度百分率 79％,两者相差 6％。

织物密度影响外观手感,如呢面织物,经密要大,则身骨较好,绒面织物,纬密大些则绒面较好。密度大难于缩绒,长缩过大,手感硬板。羊绒大衣呢要求绒面丰满,整理时采用缩绒后反复起毛、剪毛,从纬纱中起出较为丰满的绒面。因此,织物采用较低纱线线密度和较高纬密使产品绒面平整细密。

例 6-2　某平厚大衣呢采用以 1/3 破斜纹为基础组织的纬二重组织,经纬纱都用 9.5 支毛纱,织物紧密程度要求适中,求织物的经纬密。

解: 根据平厚大衣呢缩绒与起毛的要求,选用经纬比例为 1∶1.45。织物紧密程度适中,选定经向紧密程度百分率为 80％,因纬二重组织中经纱是一个系统,上机最大经密仍按单层计算:

$$P_{max} = 41\sqrt{N} \times F^m = 41\sqrt{9.5}\left(\frac{4}{2}\right)^{0.39} = 165.6 \text{ 根}/(10 \text{ cm})$$

经密 = 165.6 × 0.8 = 132.5 根/(10 cm)

纬密 = 132.5 × 1.45 = 192 根/(10 cm)

(五) 粗纺毛织物配色特点

1. 各类织物的配色特点

(1) 素色织物。

素色本身不涉及色之间的对比与调和问题,系单一色相,如黑、咖啡、墨绿、锈红、藏蓝、深灰、紫红等。多色相混合的复色涉及哪个色相比重大，就倾向哪个色光（通称色头）。如黑色由红、黄、蓝组成，哪个色多就偏于哪个色光。一般多数人喜欢蓝色光的黑，越偏冷色的黑越觉得黑的深沉。任何色均有偏冷，偏暖问题，根据要求配置。

女式呢，中深色的色泽艳丽大方，而浅色的织物色泽柔和淡雅。色相可用原色红、黄、蓝，也可用间色橙、绿、紫等，视要求而定，首先要注意确定偏冷或偏暖色调。

（2）混色织物。

混色织物是两种或两种以上不同的纤维通过和毛、梳理、纺纱而织成的产品，如法兰绒、混色大衣呢、海力斯等。

同类色混合，如红色和白色得粉红色，橙色和白色得浅橙色。邻近色混合，如红色和黄色得橙色。对比色混合，如红绿混合含灰调的灰绿或灰红。黑色和白色混合得灰色。随色相、明度、饱和度的不同，可得到不同的混色织物。

（3）交织织物。

交织织物包括花呢、花式女式呢、花式大衣呢等。从花纹区分，可有小花纹、大块面条格，丰富多彩。小花纹混色属空间混合，配色时要注意类比色的对照关系和对比色的统一法则。格呢要注意色彩的变化与统一关系，既要多种多样，又要有统一色调，注意色与色的比例，即有明暗、浓淡的比例，又有块面大小即轻重和虚实的比例。

在色彩的对比中，冷暖的对比、深浅的对比决定于色调的关系。块面大小的对比是位置的配置，因格型而分为大、中、小三种不同的面积。

虚实对比是远近关系。色彩对比处理得当，产品色彩就会色调明朗、层次分明，产生对比又和谐的效果。

2. 粗纺格呢织物色彩的配置特点

（1）同类色的配置。

色彩要呈现和谐、舒展、柔润，应注意块面大小的变化，要有大有小，切不可相等，否则显得保板。

（2）邻近色的配置。

格呢中使用这种色彩，除块面变化外，一般认为最好与白色搭配，其色彩显得既协调又鲜明。随要求不同，色彩可偏明或偏暗。

（3）对比色的配置。

要使产品外观生动，气氛强烈，活跃而富于变化，必须突出重点色，色块面积不能相等。主色统治产品外观，次色是衬托，几个色明度不能接近，要有强弱之分，

——色被较亮色包围将变暗，反之变亮。明度差别越大，则明暗变化越强。

——色被其他色包围，将改变色相，好似掺有对比色，明度越差别小，变化越强。

——色被对比色包围，将增加纯度。

——纯度高的颜色与色距相近，明度差别不大的颜色包围时，将失去自己的纯度。

——颜色被比它面积大、明度差别大的包围，对比强烈。

（4）嵌条线的配置与作用。

对比色拼在一起，边缘分界产生互相反拨、不平的效果，可使用黑、白、灰、金、银色作为过渡。与织物条格部分大面积色相同的颜色作嵌条线。如果其明度偏亮或偏暗则可以增加层次，提高外观效果。条格使用嵌条或细格时，要有疏密变化，显得生动。由于受错觉影响，明度强弱不同，而面积相同时，会感觉明度强的宽大，而明度弱的细小。

（5）格呢色彩的层次处理。

格呢层次有深、中、浅三色或更多的层次，外观生动突出。

（6）花色成套。

花色织物，特别是格呢，一个花型要有四五个（套）配色，色调可为红、绿、蓝、驼，也可为其他色。不论几套色，都要注意色调的统一性。

第三节　毛织物后整理

一、精纺毛织物对纺、织、染工艺的要求

（一）掌握织物质量及风格特征

1. 织物外观质量要求

一般，实物质量要求主要是风格、手感、呢面、光泽等四个方面，其质量要求项目如 6-10 所示。

表 6-10　精纺织物质量要求项目表

性能	要求	防止
身骨	质地好，有身骨	松烂，无身骨，不挺括
手感	活络，有弹性，滋润丰满，毛涤织物要求滑挺爽	板硬、粗涩、粗糙、滞手，全毛、毛/黏防止薄瘦感
呢面	平整，洁净，织纹清晰，边道平直	发毛，不净爽，不平整，织纹模糊
光泽	自然持久，色泽鲜明，有膘光	光泽呆滞，有陈旧感，出现蜡光

2. 产品类别与织物质量要求

（1）薄型织物。

薄型织物多用于夏季衣料，要求呢面平整，有光泽，手感滑、挺、爽、糯，既挺又薄。

（2）中厚型织物。

中厚型织物多用于春秋季衣料，要求手感滑润、活络，弹性好，光泽自然，呢面平整洁净，抗皱耐磨。

（3）厚型织物。

厚型织物多用于秋冬季，要求手感丰满活络，身骨坚实有弹性，光泽自然，有膘光，呢面平整光洁，织纹清晰饱满，手感丰厚挺实，弹性好，耐磨耐用。

3. 织物技术规格要求

掌握好织物幅宽、经纬密度、单位面积质量、缩水率、断裂强度等指标，达到国家标准或行业标准要求。

（二）掌握好原料、纺织工艺特点、呢坯情况

1. 原料性能

羊毛缩绒性能对后整理质量有密切的关系。纯毛产品重点考虑原料性能的好坏，混纺产品要考虑羊毛含量多少，以便在整理过程中充分发挥出羊毛纤维的特性，获得良好的整理效果。

2. 纺织工艺特点

（1）不同纱线结构整理出的织物手感上的差异。

高线密度纱，捻度小的纱，单纱与股线捻向不同的线，未经蒸纱或只蒸股线，定型较弱的纱

等织成的织物易洗(缩)出手感。低线密度的纱,捻度大的纱,单纱与股线捻向相同的线,单纱、股线均经蒸纱,定型足的纱等织成的织物较难洗(缩)出手感。

(2) 不同织物组织结构整理出手感的差异。

呢坯密度较小,松结构织物,斜纹组织、破斜纹组织、缎纹组织等平均浮长长的织物,在整理中易洗(缩)出手感。呢坯密度较大,结构紧密的织物,平纹等平均浮长短的织物,在整理中不易洗(缩)出手感。

(3) 其他工艺。

需要考虑条染、匹染在织物洗呢、煮呢、蒸呢等加工中的高温处理对织物色泽的影响,以及织疵、油污状态等,确定合适的整理工艺。

(三) 精纺毛织物整理工艺上的几个关系

1. 洗呢与煮呢的关系

洗呢的作用是洗去织物上的污渍,同时兼具轻缩绒的作用,发挥毛纤维的缩绒性,消除纤维、纱线的内应力,使组织点产生合理位移,使织物手感丰满活络。煮呢的作用是定型,在一定程度上限制了羊毛的缩绒作用,使织物表面平整,获得弹性和身骨。两者先后次序的安排对毛织物质量有不同的影响,如先洗后煮、先煮后洗;轻煮重洗、重煮轻洗等安排对成品质量有明显影响。

2. 大张力与小张力的关系

整理过程中正确掌握织物经纬向张力也是影响产品风格的重要因素。较突出的是煮呢与烘呢张力的大小,薄型织物要适当加大张力,对毛/涤织物、涤/黏等薄织物采用大张力,使烘干定型出来的产品经直纬平,织物弹性好、有光泽。对中厚、厚型织物,纬向张力适当减小,经向可用小张力或超喂,力求保持经过洗呢后获得丰满的手感,但要防止张力过小而起皱。

3. 去湿与给湿的关系

烘呢去湿较剧烈,因此要掌握好烘呢的温度,保持毛织物具有一定的含湿量,防止去湿过度使毛织物手感发糙和失去光泽。在蒸呢、罐蒸、电压前增加给湿工序,使呢坯保持18%的回潮率,才能保证织物具有较好光泽和手感。

二、粗纺毛织物对纺、织、染工艺的要求

(一) 纺织工艺

原料是产品质量的根本,应与产品品质要求相适应,又因原料成本占产品成本的80%左右,应力求原料搭配经济合理,选择适当原料及其混合比例。

纺纱设计时,应根据产品质量要求,在已定原料成分及混合比例基础上,正确选择加工工艺如拣选、洗毛、炭化等,使原料纯净,并尽量减免在加工过程中受到机械和化学损伤。根据设计确定的纱线结构参数制订混毛、梳毛及纺纱等工艺条件,在加强生产管理的条件下,掌握生产过程中质量变化的规律,务使前道生产的半制品质量能适应后道加工的要求,做到预防为主,为生产优质产品创造条件。

织造工艺设计是实现织物规格设计的主要环节,要确定整经、浆纱、穿经、卷纬、织造等工艺参数,使坯布具有良好的质量,为优质成品奠定基础。

染整工艺是粗纺呢绒质量的关键,不同的染整工艺往往使成品风格各具特色。所以染整工艺与呢绒质量关系极为密切。

(二) 染整工艺

1. 洗呢工艺

洗净呢坯,为染色制造良好条件,使产品保持羊毛固有的优良特性如弹性、光泽,使产品色光鲜艳、染色牢度好。影响洗呢效果的因素有下述七个方面。

(1) 洗呢温度。

温度高,虽然洗涤效果好,但在碱性液中,羊毛制品的手感粗糙,光泽差。因此,保证洗涤效果条件下,以采取低温为宜。一般纯毛织物和混纺织物洗呢温度在 40 ℃左右,纯化纤织物可达 50 ℃左右,应防止条折痕与改进毛型感,并要注意色织物的褪色问题。

(2) 浴比。

浴比过小则织物润湿不均匀,易产生条折痕。一般呢绒浴比为 1∶5~1∶6,化纤可稍大。

(3) 洗呢时间。

粗纺呢绒洗呢时间短,一般为 30~60 min。对组织结构较松的织物,为了防止呢面发毛,时间应短些,对厚重紧密织物要求手感柔软丰厚的,时间定长些。

(4) 洗液的 pH 值。

pH 值高易于洗净织物,但毛织物易受损伤,影响成品手感、光泽和强度。用皂碱法时,pH 值大约为 9.5~10,合成洗涤剂时 pH 值约为 7~9.5。

(5) 压力。

压力大易使污垢脱离织物表面,但对黏纤或腈纶混纺织物,因纤维抗皱性差,压力大易使织物产生折痕,故比纯纺织物压力要小。

(6) 冲洗。

要掌握适宜的握水流量、温度和冲洗次数,呢坯出机时 pH 值接近中性冲洗时不能发生冷热骤变,以免产生折痕,出机时呢坯温度与车间温度相近,黏纤混纺织物可在 40~45 ℃,并应立即拉平,防止折痕。

(7) 洗涤剂性能。

洗涤剂离子型要与污垢微粒电荷相同,一般常用阴离子和非离子型洗涤剂。

从上述分析可知,呢坯在加工中运行变位不良,或受冷热刺激定型,先产生折痕,若再受摩擦发展成条痕,呢面反光不同,出现假条花,正视不如斜视明显等现象,如染色后各方面均明显,即真条花疵点,此外车间保温不良,出机呢坯绳状下堆积时间稍久,也会出现折痕。

2. 缩呢工艺

是粗纺毛织物整理的基础,它初步奠定了产品的风格。缩呢时按产品风格和原料性能。注意缩剂的选择和方法。掌握缩呢的轻重。

(1) 针对产品风格选用缩呢工艺。

纹面织物中的粗花呢,一般不缩或适当轻缩,应达到预定的身骨和外观,不使花纹模糊和沾色。为了色相良好,混色和花色织物,则不应重缩。

呢面织物中的麦尔登、制服呢类是重缩织物,要缩得紧密,使绒毛短密地复盖在呢面,制服呢只在缩呢绒面不够丰满的情况下,才轻起毛以改善绒面。其中麦尔登要求呢面细洁耐磨,还应采用缩呢后剪毛再缩呢的工艺。立绒、顺毛、拷花等起毛织物,一般不采用重缩呢,以利于以后的起毛加工。是偏重纬缩的织物,手感蓬厚、柔软。

(2) 原料纱线和织物性状与缩绒工艺的关系。

一般来说,羊毛愈细,鳞片和卷曲数愈多,其缩绒性愈强。反之,粗毛较差,羊毛细度相近的情况下,羊毛品种不同,缩绒性也不一样,一般美利奴羊毛大于国毛,改良毛大于土种毛,短毛大于长毛,新羊毛大于再用生毛。加工工艺不同使羊毛性质有差异也影响缩绒,如炭化毛不如原毛,同种染色毛不如本色毛,酸性染料染的色毛比碱性媒介染色的色毛缩绒性强。

　　毛纱对缩绒的影响,一般是纱特数高的,捻度小的好缩;纱中纤维排列较乱、纤维短的粗纺纱比精纺纱好缩;单纱与合股相比,如合股捻向与单纱拈向相同,捻度增加,缩绒性就差,如合股纱与单纱捻向相反,则捻度减小,缩绒性增强。

　　织物性能方面,经纬纱线线密度相同,经纬密度大的较密度小的难缩。织物组织中,交错次数多则经纬浮线短,就比较难缩;又如$\frac{2}{2}$斜纹与$\frac{1}{3}$破斜纹的经纬交错次数相同,但$\frac{1}{3}$破斜纹排列较乱,浮线较长,其缩率较大。

　　(3) 缩绒工艺参数对缩绒的影响。

　　缩呢时织物含的水份影响羊毛的润湿、膨胀及羊毛的相对运动,所以缩绒的湿度要适当,过小产生缩呢斑且延长缩呢时间,水份过多,纤维间摩擦减小,减弱缩呢作用。温度是一重要参数,碱性缩绒中高温使羊毛受损伤,酸性缩绒时可随温度的适当提高而增加缩率,所以一般碱性温度较低,中性与之相近或略高;酸性温度则偏高。缩呢液的 pH 值羊毛织物小于 4 或大于 8 时,缩绒效果较好。当溶液 pH 值为 4～8 时,羊毛膨润性最小,羊毛鳞片的定向摩擦效应较差,其面积收缩率较小。在酸性范围内,缩率随 pH 值的减少而增加,碱性缩绒适宜的 pH 值为 9～10,酸性缩绒适宜的 pH 值为 2～3。至于缩绒时的压力以不损伤羊毛品质为原则,一般压力大缩绒快,纤维缠结也较紧。

　　(4) 缩呢与前后工序之间的配合。

　　① 缩呢与洗呢的关系。花呢或高档产品要求色泽鲜艳的织物,应先洗呢后缩呢,易于退色的花呢,则宜用中性洗、酸性缩。松结构织物,洗呢时间要短,虽不经过缩呢,但由于原料变化及蒸纱与否等关系,在洗呢中收缩不同,会影响纹面的清晰及手感的丰满。

　　织物事先洗净与否,缩剂配方也不同,已经洗净的织物,缩呢时不必加碱,缩后再洗呢,甚至可不经过皂洗而直接进行冲洗。但未洗净织物,如用肥皂作缩剂时,应加入一定量的纯碱,洗呢时必须经过加碱的皂洗阶段,才能洗净污垢。

　　毛织坯经过洗呢,除去了杂质、油污,使被染毛还色光鲜艳,染色坚牢度好,发挥了羊毛特有的光泽、弹性,使织物手感松软、丰满、光泽柔和、并具有良好的身骨。织坯洗呢后,质量损耗为15%～20%,优质羊毛的轻型织物的油剂和杂质较少,洗后重耗一般仅有 8%～12%,使用长、短回弹毛等纤维时,织坯质量损失率高达 30%左右。

　　洗呢后织坯收缩,纬向收缩多,其收缩程度与所用原料,纱线结构(如捻度大小)织物组织不同而有差异,优质原料大于原料较差的相同织物,松结构织物的织坯比紧结构织坯收缩多些。

　　② 缩呢与前加工的关系。呢坯在缩绒前经过起毛,则纤维松开,就易于缩绒。如经过染色或煮呢定型等工艺,纤维受到损伤,缩绒性必将减弱。

　　通过缩绒,呢坯质地紧密,厚度增加,强力提高,弹性、保暖性增加,大大提高了织物的使用价值,缩呢增加了织物的美观,并能获得丰满、柔软的手感,缩呢固定了织物的形状,是控制织物规格的重要工序,缩呢使呢坯上的某些轻微的织物疵得到掩盖,可见缩呢是粗纺织物的基本工程。

(三) 起毛工艺

1. 按织物的风格确定起毛方法

由于使用起毛机械和方法不同,使织物具有不同的外观和风格。例如钢丝起毛的绒毛散乱,刺果起毛的绒毛顺直,干起毛绒毛蓬松,湿起毛绒毛卧伏,通过热水浸渍的刺果水起毛则会产生波浪形。

呢面织物改变成绒面可用钢丝轻度干起毛,起出的绒毛松散,还可去除部分草刺杂质。

绒面织物如立绒、顺毛,拷花在起毛达到一定程度时进行剪毛去除绒毛上较长的部分,然后调换上机方向,再进行起毛和剪毛。目前单独使用钢丝起毛的较少,往往将已洗缩的呢坯先经过钢丝湿起毛使绒毛拉毛再用刺果起出长而柔顺的绒毛。立绒织物中兔毛大衣呢和顺毛织物,用逐步加重的刺果湿起毛,起毛后织物手感柔软,光泽自然,为了提高效率,某些厚重织物也可采用钢丝湿起毛,然后刺果湿起毛。一般粗纺产品,为了简化工序,提高效益,降低成本,多采用染后干坯起毛。

2. 织物原料、纱线、密度、组织与剪毛的关系

羊毛细而短,起出的绒毛浓度,反之绒毛较稀,新羊毛比再生毛起的绒面要好。羊毛与化纤混纺织物,合纤中涤纶、锦纶不易起毛,黏纤易起毛。

毛纱线密度高、捻度小,较易起毛,反之难起毛。对于合股线难起毛,如并线无捻织物则易起毛,毛纱捻度少,起毛后纬向收缩大,伸长少,织物丰厚,手感柔软,如经纬拈向相反,织物起毛后绒毛排列整齐,平顺而均匀。

呢坯粗松起毛后,绒毛长而稀。经纬密度大的织物起出的毛绒细而短,较难起毛,经纬交错点少,纬纱浮线长的织物容易起毛。如斜纹比平纹易起毛,同一交错次数的 $\frac{3}{1}$ 与 $\frac{2}{2}$ 斜纹,$\frac{3}{1}$ 斜纹易起毛。对起毛后要求盖底的产品,可用 $\frac{2}{2}$ 破斜纹代替 $\frac{2}{2}$ 正则斜纹。破斜纹的织纹比较不规律,起毛后不易露底纹,对要求绒毛厚密为主的产品,多采用 $\frac{1}{3}$ 破斜纹,或采用五枚至八枚纬面缎纹,纬浮长有利于纬纱起毛,使毛绒顺直而厚密。

3. 起毛工艺参数与染化助剂对起毛的影响

干起毛、绒毛不齐且落毛多,湿起毛长且落毛少,如水温提至 50 ℃左右,降低 pH 值至 5~6,比中性低温水起毛容易。毛织物用酸或碱处理后,因纤维发生膨化拉伸纤维容易,易于起毛,在同一 pH 值下,弱酸比强酸处理后的呢坯更易于起毛,因羊毛膨化作用较明显。中性盐类抑制纤维膨化,而且增加纤维间摩擦力,影响起毛,但用还原性盐类处理呢坯后,因二硫键破坏而易于起毛。

染料 pH 值愈低,愈易起毛(媒介染料除外)。毛黏混纺织物最好黏纤用原液染色或散纤染色,然后进行匹套染羊毛,对起毛有利,各种染料因其性质不同,起毛难易有所不同。

针布质量影响起毛效果,一般要求针尖光滑,弹性好,新针布使用前要经过研磨使其光滑,使用一定时期后,针布要按要求调换,还可在顺、逆针辊上的针调换使用。起毛时织物以经常左右移动为好,以免边部及中部针尖锐钝程度不同造成破边现象。

此外,起毛前工序对起毛也有影响,如缩呢后织物紧密,较强起毛,但织物不易露底,且绒毛丰满而坚牢。如果缩绒适当,洗呢干净,还是有利于起毛的。

(四) 剪毛工艺

各种粗纺织物表面的绒毛要采用不同的方式剪毛,以符合织物的要求。

麦尔登和一般绒面积织物不须过分剪毛,不应使织物表面露底,影响其穿着性能,但表面的浮毛必须剪除,以免穿着后起球,剪前注意蒸刷毛工序,使织物表面的浮毛疏松平顺,便于剪除。

不露底的顺毛重缩织物剪成均匀平整的绒头,使织物表面获得均匀、光泽、稠密的绒面。剪毛如过量,织物经纬纱太显露,制成的服装易发亮,影响外观。

某些纹面或色纱组成花纹的织物为了使织物表面有良好的外观,其起毛目的是为了剪毛作准备,利用干起毛起出疏松和挑起贴伏在织物表面的散乱纤维,然后剪毛过程中剪去。反之,如织坯在缩绒和拉幅烘干后直接进行剪毛,就会得到比较粗糙而有绒面的整理效果,即使重复剪毛,也不能达到织纹清晰的纹面。

(五) 定型工艺

织物经定型后,可消除织物内应力,增强织物尺寸稳定性,提高织物光泽手感使织物丰满、平整、抗皱性好。此外,在整理过程中定型,还可调节和制约前后工艺的关系,恰当控制织物的缩率,以获得独特的风格。

生产上常用的定型方式有煮呢、蒸呢和热定型等。烫呢和烘呢也有定型作用。一般来说,湿热处理的煮呢,其定型的效果要比干热处理的蒸呢为强。

确定定型工艺要针对织物的风格、色泽、结构松紧、薄厚等具体情况而定。如薄型全毛松结构织物,为防止加工过程中各种应力应变,要经过全定型工艺,但对于要求膨松丰满、手感软糯、活络的织物,则采用半定型或免定型较好。

第四节　毛及毛型织物新品种及发展趋势

一、毛及毛型织物新品种

(一) 精纺毛织物的新品种

1. 丝毛花呢

丝毛花呢是以天然丝和绵羊毛为原料织制的花呢,属高档精纺呢绒。按制造工艺的不同分为丝毛交织、丝毛合捻、丝毛混纺三种。

(1) 丝毛交织。

丝毛交织外观银光闪烁,手感细腻柔滑,舒适宜人,通常用绢丝与毛纱交织,还有丝经毛纬和丝毛经纬混用两类。丝经毛纬适用于夏令薄织物,毛纬多用混色毛纱,使色彩在丝光衬托下更加艳丽。

(2) 丝毛合捻。

丝毛合捻成品风格与丝毛交织相仿,厂丝与毛纱合捻成花线。一般丝取本色或浅色,使丝点明朗,加捻方法可按花型外观要求,一次并捻或两次并捻,后者是一根毛纱与一根丝先并捻成中间产品,再与另一根毛纱并捻成丝毛花线。

(3) 丝毛混纺。

丝毛混纺的丝质感虽能在整个织物中显现出来,但光泽不及交织或合捻的明亮。丝的比例一般控制在 10%～20%。织物风格有两种:一种是丝纤维平均长度与羊毛相仿,成纱光洁匀净,织物手感柔软而细腻;另一种用丝纤维平均长度比羊毛短得多的绢落绵,成纱出现"大肚""疙瘩",似花式纱线,织物手感柔糯,外观粗犷朴实,具有浓烈的乡土气息。

2. 羊绒精纺花呢

花呢产品中含有一定比例的羊绒,羊绒花呢的组织规格与全毛花呢相仿,略偏松,其花型配色以传统典雅的花型为主,稳重大方。羊绒是一种高贵的动物纤维,所以一般号称羊绒花呢的并非纯羊绒制品,通常羊绒含量在 10%～30%,其他为羊毛。

羊绒花呢除了具有一般精纺全毛花呢的优点外,还具有特别滑糯、光泽滋润、悬垂性好的风格特征,给人以舒适、温暖的感觉,主要用于各类男女高级套装。

3. 驼绒精纺花呢

驼绒精纺花呢为原料中含有驼绒的精纺花呢,驼绒精纺花呢的组织与全毛花呢相同,其加工要点与羊绒花呢相同。骆驼毛含有细毛和粗毛两类,通称细毛为"驼绒",它与羊绒相类似,属高贵的动物纤维。通常驼绒精纺花呢的驼绒含量只在 10%～20%,其余是细羊毛,驼绒精纺花呢较一般全毛精纺花呢滑糯细腻,其保暖性尤为出色。驼绒因带有不同程度的天然驼色,所以驼绒精纺花呢的色谱受局限,以中深色为主。驼绒精纺花呢适宜做各类套装。

4. 马海花呢

马海花呢是用马海毛做原料的花呢。马海毛属山羊毛一类,它光泽明亮、顺直、光滑、纤维稍粗、弹性较好,所以马海花呢一般都是薄型的春夏令织物,中厚型花呢较少见。马海薄花闪现出丝一般的光泽,手感滑爽、挺括、弹性优异、耐磨,具有华贵高贵感。由于马海毛纤维表面鳞片比羊毛少,比较平坦,不易沾尘,且尘屑易于拂落。所以,较为耐脏,也不易毡缩,洗涤方便。

马海花呢有马海毛纯纺的,也有与羊毛混纺的。混纺比例一般为马海毛为 50%、羊毛 45% 或马海毛 33%、羊毛 67% 等。

薄型的马海花呢以平纹组织为主,面密度 150～200 g/m^2。稍重一些的花呢也有用变化斜纹组织织制,但织物密度稍疏松。

5. 丝马海毛薄花呢

丝马海薄花呢是以天然丝和马海毛为原料的薄型花呢,外观花型呈彩色横纹,闪闪有光,华丽,手感滑挺薄爽,弹性好。

丝马海毛薄花呢采用细于 10 tex×2 的绢丝作经,用马海毛纯纺或马海毛与羊毛混纺纱作纬,纬纱以单纱较见。一般面密度在 200 g/m^2 左右。为了充分利用原料的光泽感,除了平纹组织、斜纹组织外,还经常采用缎纹组织,以增添成品的闪光效果。织物以丝经的颜色作衬底,以毛纬的颜色作表现的主体。毛纬多用混色或彩色,使色彩在丝光衬托下更显得生动而丰富。

6. 毛麻花呢

毛麻花呢用羊毛与苎麻或亚麻混纺,或交织制成的花呢。织物外观有全毛薄花呢的风格,也有的呢面上杂有粗节、大肚、毛粒等纱疵,有花式纱线的装饰效果,粗犷自然,突出了麻纤维的个性美。色泽以中浅色为主,手感干爽、松软而有弹性,吸湿,透气,导热性好。毛麻花呢扩大了羊毛在夏令衣着方面的用途。

毛麻混纺花呢常见比例有毛 70%、麻 30% 及毛 80%、麻 20% 等。毛麻交织花呢中麻可占 50%左右。混纺用麻的细度约 6.7 dtex,纱线细度一般在 25 tex 以下,织物组织以平纹为主,也有变化重平等,面密度为 170～230 g/m^2。

7. 涤毛麻薄花呢

涤毛麻薄花呢系采用化学变性处理的苎麻与羊毛、涤纶混纺的精纺纱线制成的薄型花式织物。呢面细洁平整,外观风格与涤毛薄花呢相仿。苎麻织品挺括、吸汗、透气、凉爽,是夏季服装的良好材料,但手感硬板,抗皱性差。用涤毛麻三种纤维混纺,成品既有麻织品的凉爽、舒适、透气性好的特点,又有涤毛薄花呢弹性好、免烫、易洗快干等特点。

涤毛麻薄花呢的纱线较细,一般用 14～18 tex×2 纱线,组织多用平纹,面密度为 140～170 g/m^2。常用混纺比:涤纶 50%、毛 30%、苎麻 20%。

8. 珠光毛涤纶

珠光毛涤纶是呢面呈现银色金属般光泽的薄型涤毛混纺织物。织物滑爽、挺括、外观晶莹闪烁,光泽好,别具风格。珠光毛涤纶的混纺比为:羊毛 45%、涤纶 55%,而在 55% 的涤纶中,常规涤纶为 25% 左右,闪光的异形截面涤纶为 30% 左右。异形截面近似于三角形者,光泽较强烈;近似于三叶形者,光泽较柔和。以三角形的使用较多,纤维细度常用 6.7 dtex 和 5 dtex 两种。6.7 dtex 光泽好,但纺纱较困难,5 dtex 的光泽虽差,但皱皮纱等疵点少,可按需要选用。

(二) 粗纺毛织物新品种

1. 弹力法兰绒

弹力法兰绒是部分纱线由毛纱与氨纶弹力长丝合股而制成的法兰。法兰绒的外观与传统法兰绒无异,只是部分经纱采用毛纱与氨纶弹力长丝合股纱,又称为经向弹力法兰绒。一般毛纱与氨纶弹力长丝合股纱与毛纱排列比一般采用 1:1 或 1:2。部分纬纱采用毛纱与氨纶弹力长丝合股纱的则称为纬向弹力法兰绒。若经纬同时有部分毛纱与氨纶合股后制成的则称为经纬双向弹力法兰绒。弹力法兰绒中氨纶的面密度一般不超过织物面密度的 2%,氨纶长丝与毛纱合股时应对氨纶预加牵伸,并使之包芯在毛纱的外层。成品具有弹性以使服装如裤子的膝盖、臀部处,上衣的肘部处,在多次弯曲后,仍能保持挺括为度。

2. 花式法兰绒

花式法兰绒主要指条子法兰绒和格子法兰绒。以素色法兰绒的色泽为底色,在经向、纬向或经纬双向采用一定宽度与底色同色调的深色嵌线,如灰色类底色一般加黑色嵌线,即成花式法兰绒。花式法兰绒外观一般为同类色嵌线的条子、格子效果。织物外观花型活泼、新颖、时尚,可以广泛用于男女时装大衣、套装(裙)等。

二、毛及毛型织物的发展趋势

(一) 向功能性方面发展

1. 保健功能毛织物
(1) 远红外功能毛织物。
(2) 纳米自洁功能毛织物。
(3) 防虫防蛀毛织物。

2. 物理化功能整理毛织物
(1) 拉伸羊毛毛织物。
(2) 等离子处理羊毛织物。
(3) 放水洗收缩毛织物。

(二) 织物质量指标的发展趋势

1. 织物厚度
逐渐从中厚型向中薄型方面转化。

2. 外观质量
外观细腻,光泽自然,光面织物织纹清晰;呢面织物呢绒丰满,平整;绒面织物绒毛平齐,光泽均匀润泽。

3. 综合服用性能
织物轻盈、悬垂良好、薄柔有弹性、活络爽糯。

4. 织物花型色彩
将更加丰富多彩,采用中小格及套格、嵌条线的变化使用、花式线的使用,都将使毛织物产品品种更加繁荣。

（三）原料应用的发展趋势

原料的种类除羊毛外，广泛应用于马海毛、羊驼绒、兔毛、化纤、异形截面的纤维、再生蛋白纤维等。采用多种原料混纺开发多组分毛及毛型织物。

第五节　毛织物规格设计与上机计算

一、精纺毛织物规格设计与上机计算

（一）规格设计的内容

1. 产品的基本信息

产品的基本信息包括产品的品名、品号（编号）、风格要求、染整工艺等。

2. 产品的原料

产品的原料包括使用原料及其品质特征。

3. 产品的度量

产品的度量包括产品的幅宽、匹长、织物面密度等。

4. 产品的结构

产品的结构包括织物的组织、织物的上机图（包括色纱排列循环、布边组织）。

5. 产品的纱线

产品的纱线结构包括纱线细度、捻度、捻向和合股方式等。

6. 织物规格及参数

织物规格及参数包括密度、织造缩率及染整缩率、染整重耗等。

7. 产品的工艺

产品的工艺包括各工序的工艺参数。

（二）上机工艺的计算

1. 坯布匹长

$$坯布匹长(m) = \frac{成品匹长}{(1 - 染整长缩\%)}$$

2. 整经匹长

$$整经匹长(m) = \frac{坯布匹长}{(1 - 织造长缩\%)}$$

3. 坯布幅宽

$$坯布幅宽(cm) = \frac{成品幅宽}{(1 - 染整幅缩\%)}$$

4. 坯布经密

$$坯布经密[根/(10\ cm)] = 成品经密 \times (1 - 染整幅缩\%)$$

5. 上机经密

$$上机经密[根/(10\ cm)] = 坯布经密 \times (1 - 织造幅缩\%)$$

6. 筘号

$$\text{筘号}[\text{齿}/(10\ \text{cm})]=\frac{\text{上机经密}}{\text{地经每筘穿入数}}$$

7. 坯布经密

$$\text{坯布经密}[\text{根}/(10\ \text{cm})]=\text{成品经密}\times(1-\text{染整长缩}\%)$$

8. 上机经密

$$\text{上机经密}[\text{根}/(10\ \text{cm})]=\text{坯布经密}\times(1-\text{下机缩率}\%)$$

注:下机缩率一般取 $2\%\sim3\%$。

9. 上机幅宽

$$\text{上机幅宽}(\text{cm})=\frac{\text{坯布幅宽}}{(1-\text{织造幅缩}\%)}=\frac{\text{地经每筘穿入数}+\text{边经每筘穿入数}}{\text{筘号}}$$

10. 总经根数

$$\text{总经根数}=\text{地经根数}+\text{边经根数}$$

$$=\text{成品幅宽}(\text{cm})\times\frac{\text{成品经密}}{10}+\text{边纱根数}\left(1-\frac{\text{布身每筘穿入数}}{\text{布边每筘穿入数}}\right)$$

11. 每页综片上的综丝数

$$\text{每页综片上的综丝数}=\frac{\text{一个穿综循环内每页综片上应穿综丝数}}{\text{一个穿综循环的综丝数}}\times\text{地经根数}$$

$$+\text{每页综片上所穿的边经综丝数}$$

注:每页综片上的综丝数一般取 $1\,000\sim1\,200$。

12. 全幅一米长成品质量

全幅一米长成品质量＝全幅一米长成品经纱质量＋全幅一米长成品纬纱质量

$$\text{全幅一米长成品经纱质量}(\text{g})=\left[\frac{\text{地经根数}\times1\times N_{\text{tj}}}{1\,000\times(1-\text{染整长缩}\%)(1-\text{织造长缩}\%)}\right.$$

$$\left.+\frac{\text{边经根数}\times1\times N_{\text{tj}}}{1\,000\times(1-\text{染整长缩}\%)(1-\text{织造长缩}\%)}\right](1-\text{重耗}\%)$$

$$=\left[\frac{\text{地经根数}\times1}{N_{\text{j}}\times(1-\text{染整长缩}\%)(1-\text{织造长缩}\%)}\right.$$

$$\left.+\frac{\text{边经根数}\times1}{N_{\text{j}}\times(1-\text{染整长缩}\%)(1-\text{织造长缩}\%)}\right](1-\text{重耗}\%)$$

$$\text{全幅一米长成品纬纱质量}(\text{g})=\frac{\text{成品纬密}[\text{根}/(10\ \text{cm})]\times\text{上机幅宽}(\text{cm})\times N_{\text{tw}}}{1\,000\times10}\times(1-\text{重耗}\%)$$

$$=\frac{\text{成品纬密}[\text{根}/(10\ \text{cm})]\times\text{上机幅宽}}{N_{\text{w}}\times10}\times(1-\text{重耗}\%)$$

式中:N_{tj}、N_{tw} 分别为经、纬纱的线密度;N_{j}、N_{w} 分别为经、纬纱的公制支数。

注:重耗是指织物在整理时的质量变化,包括织物含油减少、烧毛时烧去部分茸毛,以及成品与原料之间的回潮率变化等。染整重耗值,全毛条染织物一般取 4%～5%,全毛匹染织物随染色深浅而变,浅色重耗多,深色重耗少,有时可略去不计。

13. 每平方米成品质量

$$每平方米成品质量(g) = \frac{全幅一米长成品质量(g)}{成品幅宽(cm)} \times 100$$

14. 全幅一米长坯布质量

全幅一米长坯布质量＝全幅一米长坯布经纱质量＋全幅一米长坯布纬纱质量

$$全幅一米长坯布经纱质量(g) = \frac{地经根数 \times 1 \times 地经 N_{tj}}{1\,000 \times (1 - 织造长缩\%)} + \frac{边经根数 \times 1 \times 边经 N_{tj}}{1\,000 \times (1 - 织造长缩\%)}$$

$$= \frac{地经根数 \times 1}{N_j \times (1 - 织造长缩\%)} + \frac{边经根数 \times 1}{边经 N_j \times (1 - 织造长缩\%)}$$

$$全幅一米长坯布纬纱质量(g) = \frac{坯布纬密[根/(10\ cm)] \times 筘幅(cm) \times N_{tw}}{1\,000 \times 10}$$

$$= \frac{坯布纬密[根/(10\ cm)] \times 筘幅(cm)}{N_w \times 10}$$

15. 每平方米坯布质量

$$每平方米坯布质量(g) = \frac{全幅一米长坯布质量(g)}{坯布幅宽} \times 100$$

16. 每匹织物用纱量

每匹织物用纱量＝每匹织物经纱用量＋每匹织物纬纱用量

$$每匹织物经纱用量(kg) = \left[\frac{地经根数 \times 整经匹长(m) \times 地经 N_{tj}}{1\,000} + \right.$$
$$\left. \frac{边经根数 \times 整经匹长(m) \times 边经 N_{tj}}{1\,000} \right] \times \frac{1}{1\,000}$$

$$每匹织物纬纱用量(kg) = \frac{坯布纬密[根/(10\ cm)] \times 筘幅(cm) \times N_{tw}}{10 \times 1\,000}$$
$$\times 整经匹长 \times (1 - 织造长缩\%) \times \frac{1}{1\,000}$$

(三) 设计实例

例 6-3 设计一全毛华达呢,要求成品幅宽为 149 cm,成品匹长为 60 m,成品经密为 523 根/(10 cm),成品纬密为 296 根/(10 cm),全幅一米长成品质量为 398 g,经纬纱的线密度相同。计算上机工艺。

解: 从类似产品知,条染华达呢的织造长缩为 10%,染整长缩为 7%,织造幅缩为 1.8%,染整幅缩为 5.6%,重耗为 5%。

(1)坯布匹长 $= \dfrac{60}{(1 - 7\%)} = 64.52$ m

(2)整经匹长 $= \dfrac{64.52}{(1 - 10\%)} = 71.68$ m, 71.5 m

(3) 坯布经密＝523×（1－5.6％）＝493.7 根/（10 cm）

取 494 根/10（cm）。

(4) 上机经密＝493.7×（1－1.8％）＝484.8 根/（10 cm）

取 484 根/（10 cm）。

设每筘齿穿入数为 4 根。

(5) 筘号 $= \dfrac{484}{4} = 121$ 筘齿/（10 cm）

(6) 坯布经密＝296×（1－7％）＝275.2 根/（10 cm）

取 275 根/（10 cm）。

(7) 上机经密＝275×（1－3％）＝266.7/（10 cm）

下机缩率取 3％，上机纬密取 267 根/（10 cm）。

(8) 坯布幅宽 $= \dfrac{149}{（1-5.6％）} = 157.8$ cm

(9) 筘幅宽 $= \dfrac{157.8}{（1-1.8％）} = 160.6$ cm

(10) 总经根数计算。

地经、边经每筘穿入数均为 4 根，边经根数取 36×2＝72

总经根数 $= 149 \times \dfrac{523}{10} + 104\left(1 - \dfrac{4}{4}\right) = 7\,792.7$，取 7 792 根

(11) 总筘齿数÷4＝1 948 齿

修正筘幅 $= \dfrac{1\,948}{121} \times 10 = 160.99 \approx 161$ cm

修正织造幅缩 $= \dfrac{161 - 157.8}{161} = 1.9％$

(12) 预计成品幅宽＝161×（1－1.9％）×（1－5.6％）＝149.1 cm

(13) 假设采用 8 片综顺穿法制织，边组织采用 $\dfrac{2}{2}$ 方平，边经与地经每筘穿入数相同，又设

边宽为 1.0 cm，则边经根数 $= 1.0 \times 523 \times \dfrac{1}{10} = 52.3$（取 52 根），则地经根数 $= 7\,792 - （52 \times 2） =$

7 688，边经分别穿在第 1、3、6、8 这四片综上。

第 1、3、6、8 页综上的综丝数 $= 7\,688 \times \dfrac{1}{8} + \dfrac{104}{4} = 987$ 根

第 2、4、5、7 页综上的综丝数 $= 7\,688 \times \dfrac{1}{8} = 961$ 根

(14) 按既定的每米成品质量求经、纬纱公制支数（N_j、N_w，此处 $N_j = N_w = N_T$），即：

$$398 = \left[\dfrac{7\,792 \times 1 \times N_T}{1\,000 \times （1-7％）（1-10％）} \times （1-5％）\right] + \left[\dfrac{296 \times 161 \times N_T}{10 \times 1\,000} \times （1-5％）\right]$$

所以，$N_T = 30$ 公支。

(15) 每平方米成品质量 $= \dfrac{398}{149} \times 100 = 267.1$ g

(16) 全幅每米坯布质量 $= \dfrac{7\,792 \times 1}{(1-7\%)(1-10\%) \times 33.5} = \dfrac{296 \times 161}{33.5 \times 10} = 420.1\ \mathrm{g}$

(17) 每匹织物经纱用量 $= \dfrac{7\,792 \times 71.5}{33.5 \times 1\,000} = 16.63\ \mathrm{kg}$

每匹织物纬纱用量 $= \dfrac{275 \times 161}{33.5 \times 10 \times 1\,000} \times 71.5 \times (1-10\%) = 3.5\ \mathrm{kg}$

每匹织物用纱量 = 每匹织物经纱用量 + 每匹织物纬纱用量

$= 16.63 + 3.5 = 19.98\ \mathrm{kg}$

二、粗纺毛织物规格设计与上机计算

正确的品种规格设计既要符合使用要求又要达到预期效果,但实际生产中,往往成品的物理指标(如幅宽、经纬密、面密度)与原设计出入较大,影响交货合同的完成。若织物手感、风格达不到要求也影响合同的履约,造成实际与设计不符合的主要原因是设计参数掌握不好,因为影响参数的因素太多、太活。因此,在实际生产的应用中,以理论计算为基础,以生产经验为辅,以其取得较适当的工艺参数。

(一) 织物规格设计中参数的选择与确定

1. 织物的缩率

织物的缩率包括织造缩率和染整缩率。它不仅是工艺设计中的重要工艺参数。而且对成品的强力、弹性、手感和外观均有很大影响。

缩率与纺织、染整工艺条件(如张力)、织物组织、织物密度、纱线线密度、纱线捻度、原料等因素有关。

(1) 织造缩率。

$$织造长(幅)缩率 = \frac{织物中纱线伸直长度 - 坯布长度}{织物中纱线伸直长度} \times 100\%$$

影响织造缩率的因素有很多,如织造中的经纱张力大,则织造幅缩增大,长缩相对减小。当经密大于纬密时,则幅缩较大,经纱的线密度低于纬纱时,则长缩较大,织物组织中交织点多的比较点少的缩率要大。此外,原料的性能也会影响织缩的大小,粗纺织物的织缩率一般为3%～10%。

(2) 坯呢下机缩率。

坯呢在织机上呈紧张状态,下机后呈松弛状态,两者之间有长缩。

$$下机坯呢缩率 = \frac{上机坯呢长度 - 下机坯呢长度}{机上坯呢长度} \times 100\%$$

$$= \frac{上机坯呢纬密 - 下机坯呢纬密}{上机坯呢纬密} \times 100\%$$

(3) 染整缩率。

坯布在染整过程中也会产生收缩,经向缩率称染整长缩率,纬向缩率称染整幅缩率,可用下式表示:

$$染整长(幅)缩率 = \frac{坯布长(宽)度 - 成品长(宽)度}{坯布长(宽)度} \times 100\%$$

影响染整缩率的因素除坯布的原料、织物组织等外,主要取决于染整工艺。粗纺产品经过重缩绒的幅缩和长缩都大,如经过一般缩呢的织物,其染整幅缩率通常为 15%～20%,轻缩呢织物在 15% 以下,拉毛产品约为 5%～6%,棉经毛纬交织物只有幅缩甚至长度还有所伸长。

(4) 织整总长(幅)缩率。

$$织整总长(幅)缩率 = \frac{织物中纱线伸直长度 - 成品长(宽)度}{成品长(宽)度} \times 100\%$$

将织造长(幅)缩率、染整长(幅)缩率的计算式代入上式,得到:

织整总长(幅)缩率 = 1 - [1 - 织造长(幅)缩率 %] × [1 - 染整长(幅)缩率 %]

2. 染整重耗

染整重耗主要由染整过程中拉毛、剪毛等产生的落毛损耗所致,也与和毛油及其他杂质的清除有关。染整重耗以下式表示:

$$染整重耗 = \frac{坯布匹重 - 成品匹重}{坯布匹重} \times 100$$

影响染整重耗的因素有加工工艺和原料性能等,如匹染比条染损耗大,匹染重耗又视色的誉浅而异,深色损耗少,浅色损耗多。化纤织物比纯毛织物损耗少,粗纺织物为 8% 左右。经缩绒而不拉毛的织物一般为 5%～6%,重拉毛而轻剪呢的织物为 12%～16%,重拉毛又重剪绒的织物高达 20% 左右。

总之,影响缩率和重耗的因素很多,而且各因素间互有影响。确定时,应从产品风格要求和加工工艺等方面综合加以考虑。例如,织物幅宽有严格要求,而其变化又大,故确定上机幅宽时,要考虑原料粗细、织物组织和织机条件等多方面,避免由于用毛较粗,缩率较小或织物组织较紧密而在湿整理过程中发生幅宽缩不进的情况。又如,织造中纬纱因络纱和引纬而张力较大,增加了坯布下机幅宽,因之湿整理时,幅缩也相应增加,因而不得不加大烘呢拉幅。影响成品手感和弹性,初步设计时,一般参照本厂以往生产过的类似产品选定,并在试制过程中加以修正。

(二) 织物上机规格计算

1. 织物的密度

(1) 上机经密。

上机经密[根 /(10 cm)] = 最大上机经密 × 经向紧密程度百分率 = 筘号 × 每筘穿入数

(2) 上机纬密。

上机纬密[根 /(10 cm)] = 最大上机纬密 × 纬向紧密程度百分率

(3) 坯呢经密

$$坯呢经密[根 /(10 cm)] = \frac{总经根数}{坯呢幅宽(cm)} \times 10 = \frac{上机经密}{1 - 织造幅缩率 \%}$$

$$= \frac{成品经密(根 /10 cm) \times 成品幅宽(cm)}{呢坯幅宽(cm)}$$

$$= 成品经密 \times (1 - 染整幅缩率 \%)$$

(4) 坯呢纬密。

$$坯呢纬密[根 /(10 cm)] = 成品纬密[根 /(10 cm)] \times (1 - 染整幅缩率 \%)$$

$$= \frac{每米坯呢纬纱质量(g) \times N}{上机筘幅(cm)} \times 10$$

$$= \frac{上机纬密[根 /(10 cm)]}{1 - 下机坯呢缩率 \%}$$

(5) 成品经密。

$$成品经密[根/(10\ cm)]=\frac{坯呢经密[根/(10\ cm)]}{1-染整幅缩率\%}=\frac{总经根数}{成品幅宽(cm)}\times10$$

(6) 成品纬密。

$$成品纬密[根/(10\ cm)]=\frac{坯呢纬密[根/(10\ cm)]}{1-染整长缩率\%}$$

2. 织物匹长

呢绒成品的每匹长度,主要根据订货部门要求,以及织物厚度、每匹质量、织物的卷装容量等因素确定。目前较普遍的成品每匹长度是 40~60 m,或大匹 60~70 m(或码),小匹 30~40 m(或码)。

(1) 呢坯匹长。

$$呢坯匹长=\frac{成品匹长}{1-染整长缩率\%}$$

(2) 整经匹长。

$$整经匹长=\frac{呢坯匹长}{1-织造长缩率\%}$$

实际生产时,对大匹和厚重的产品,成品的每匹长度在交货允许的范围内,要考虑包含与搬运方便及设备条件等问题。一般每匹质量掌握在 40 kg 以下(如脱水机直径为 91.44 cm,即36 英寸时,要控制在 35 kg 以下);同时也要相应考虑织机卷装长度,或对大匹适当减少长度,对厚重产品不能采用双匹织制,只能单匹开剪。此外要考虑产品的生产难易,结合成品一等品率及可能产生的结辫放尺数量,防止成品长度发生不足的情况。

3. 幅宽

成品幅宽主要根据订货部门要求,以及设备条件(织机筘宽、拉、剪、烫、蒸的机幅)等来确定。粗纺产品成品幅宽一般为 143 cm、145 cm(或不低于 56 英寸)及 150 cm(不低于 58 英寸)三种。

在产品设计时,要根据成品幅宽换算成呢坯幅宽及上机筘幅。

(1) 呢坯幅宽。

$$呢坯幅宽(cm)=\frac{成品幅宽(cm)}{1-染整幅缩率\%}$$

(2) 上机筘幅。

$$上机筘幅(cm)=\frac{坯呢幅宽(cm)}{1-织造幅缩率\%}=\frac{地经每筘穿入数+边经每筘穿入数}{筘号}\times10$$

4. 总经根数

$$总经根数=地经根数+边经根数=上机幅宽(cm)\times上机经密[根/(10\ cm)]$$
$$=\frac{上机幅宽(cm)\times筘号}{每筘穿入数\times10}$$
$$=成品经密\times成品幅宽/10$$

5. 成品质量

(1) 每米成品质量

$$每米成品质量（g）=\frac{每平方米成品质量（g）\times 成品幅宽（cm）}{100}$$

$$=\frac{每米坯呢质量（g）\times（1-染整重耗\%）}{（1-染整长缩率\%）}$$

$$=\frac{每匹成品质量（kg）\times 1\,000}{每匹成品长度（m）}$$

（2）每匹成品质量

$$每匹成品质量（kg）=\frac{每米成品质量（g）\times 每匹成品长度（m）}{1\,000}$$

6. 坯呢质量

（1）每米坯呢经纱质量。

$$每米坯呢经纱质量（g）=\frac{总经根数\times 1\times N_{tj}}{（1-织造长缩\%）\times 1\,000}$$

$$=\frac{每匹坯呢经纱质量（kg）\times 1\,000}{坯呢匹长（m）}$$

（2）每米坯呢纬纱质量。

$$坯呢每米纬纱质量（g）=坯呢纬密\times N_{tw}\times 上机筘幅（cm）\times 10^{-4}$$

$$=\frac{每匹坯呢纬纱质量（kg）}{坯呢匹长（m）}\times 1\,000$$

（3）每米坯呢质量。

$$每米坯呢质量（g）=每米坯呢经纱质量+每米坯呢纬纱质量$$

$$=\frac{每匹坯呢质量（kg）}{坯呢匹长（m）}\times 1\,000$$

$$=\frac{每米成品质量（g）\times（1-染整长缩率\%）}{1-染整重耗\%}$$

（4）每匹坯呢经纱质量。

$$每匹坯呢经纱质量（kg）=\frac{总经根数\times 整经匹长（m）\times N_{tj}}{1\,000\times 1\,000}$$

$$=\frac{总经根数\times 整经匹长（m）}{N_j\times 1\,000}$$

（5）每匹坯呢纬纱质量。

$$每匹坯呢纬纱质量（kg）=坯呢纬密\times 上机筘幅（cm）\times 坯呢匹长（m）\times N_{tw}\times 10^{-7}$$

$$=\frac{坯布纬密\times 上机筘幅（cm）\times 坯呢匹长（m）}{N_w}\times 10^{-4}$$

（6）每匹坯呢质量。

$$每匹坯呢质量（kg）=每匹坯呢经纱质量（kg）+每匹坯呢纬纱质量（kg）$$

$$=每米坯呢质量\times 整经匹长\times（1-织造长缩\%）\times 10^{-3}$$

（三）粗纺产品规格设计举例

某混纺海军呢,成品每平方米质量为 489.5 g,要求成品质地较紧密,幅宽 143 cm,试设计上机规格。

1. 原料、纱线线密度、织物密度、筘幅及参变数的选择

（1）产品特点。

根据海军呢的产品特征、品质要求及纱线线密度的范围，确定原料选用二级改良毛60%、60支精短毛15%、5.56 dtex 黏纤25%，纺 $N_t=100$ tex 的毛纱，Z 捻向，捻系数为140，捻度为440捻/m。织物组织用 $\frac{2}{2}$ 斜纹，有利于重缩绒后呢面平整。

（2）产品要求。

成品质地较紧密，故呢坯要"适中偏紧"，使缩绒后达到质地紧密。选定上机密度紧密程度百分率，经向85.5%、纬向80%。则：

坯呢上机经密[根/（10 cm）]=上机最大密度[根/（10 cm）]×紧密程度百分率（%）

$$P_{max}=\frac{C}{\sqrt{N_t}}F^m \times 紧密程度百分率（\%）$$

$$P_{max}=\frac{1\,230}{\sqrt{100}} \times 2^{0.39} \times 0.85.5 = 144 \ 根/（10\ cm）$$

上机纬密=上机最大密度[根/（10 cm）]×紧密程度百分率（%）

$$=\frac{1\,230}{\sqrt{100}} \times 2^{0.39} \times 0.80$$

$$=135 \ 根/（10\ cm）$$

（3）缩率选择。

选定织造长缩率为6%，下机坯呢缩率为3%。海军呢为重缩绒产品，根据生产经验，总幅缩率为24.8%。

$$上机筘幅=\frac{成品幅宽}{（1-染整幅缩率）（1-织造幅缩率）}=\frac{143}{1-24.8\%}=190\ cm$$

确定染整重耗为6%，染整长缩率为25%~27%。

2. 产品规格

（1）总经根数。

总经根数=上机经密[根/（10 cm）]×上机筘幅（cm）/10

$$=\frac{144 \times 190}{10}=2\,736$$

每筘齿穿入4根经纱，筘号选用36筘齿/（10 cm），边纱每边16根，总计16×2=32根，包括在总经根数内。

（2）每米坯呢经纱质量。

$$每米坯呢经纱质量=\frac{总经根数 \times 1 \times N_t}{（1-织造长缩率）\times 1\,000}$$

$$=\frac{2\,736 \times 1 \times 100}{（1-6\%）\times 1\,000}=291\ g$$

（3）坯呢纬密。

$$坯呢纬密=\frac{上机纬密}{1-下机坯呢缩率}=\frac{135}{1-3\%}=139\ 根/（10\ cm）$$

（4）每米坯呢纬纱质量。

$$每米坯呢纬纱质量＝坯呢纬密×上机筘幅×纬纱线密度×10^{-4}$$
$$＝139×190×100×10^{-4}＝264\ g$$

（5）每米坯呢质量。

$$每米坯呢质量＝291＋264＝555\ g$$

（6）每米成品质量。

$$每米成品质量(g)＝\frac{每米坯呢质量(g)×(1－染整重耗\ \%)}{(1－染整长缩率\ \%)}$$

因每米成品质量已计算出 700 g（489.5×1.43），符合成品单位面积质量，现仅求染整长缩率（%）：

$$染整长缩率＝1－\frac{555×(1－6\%)}{700}＝25.5\%$$

染整长缩率 25.5%，在拟定 25%～27% 范围内，故以上计算成立，不需要再调整。

（7）成品经密。

$$成品经密＝\frac{总经根数}{成品幅宽(cm)}×10＝\frac{2\ 736}{143}×10＝191\ 根\ /(10\ cm)$$

（8）成品纬密。

$$成品纬密＝\frac{坯呢纬密[根\ /(10\ cm)]}{1－染整长缩率\ \%}＝\frac{130}{1－25.5\%}＝187\ 根\ /(10\ cm)$$

（9）成品紧密率。

$$成品紧密率＝1－\frac{上机筘幅}{成品幅宽}＝1－\frac{143}{190}＝1－75.2\%＝24.8\%$$

（10）织整总长缩率。

$$织整总长缩率＝1－[(1－织造长缩率)×(1－染整长缩率)]$$
$$＝1－[(1－6\%)(1－25.5\%)]$$
$$＝30\%$$

思考题：

1. 精纺毛织物的风格特征有哪些？

2. 粗纺毛织物的风格特征有哪些？

3. 精纺毛织物与粗纺毛织物有哪些区别？

4. 精纺毛织物的密度如何计算？

5. 粗纺毛织物的密度如何确定？

6. 粗纺毛织物的原料混用应该注意什么？

7. 如何在毛织物中正确使用化学纤维？

8. 对于精纺毛织物，如何确定纱线的捻度和捻向？

丝织物设计 | 第七章

第一节　丝织物的分类及风格特征

丝绸织物的原料是桑蚕丝、柞蚕丝、人造丝和合纤长丝等,主要是桑蚕丝。我国是第一个创造和使用丝绸的国家,用蚕丝织成的丝绸织物已有数千年的历史,具有相当精湛的工艺和独特的风格。

一、丝织物的分类

(一) 原料分类法

1. 真丝绸类

经纬均采用桑蚕丝织成的织物,如电力纺、双绉、塔夫绸、真丝软缎等。这类面料的特点是光泽柔和丰富,色彩纯正鲜艳,手感柔软滑糯,悬垂性优良,穿着轻薄舒适。

2. 柞丝绸类

经纬均采用柞蚕丝织成的织物,如千山绸、鸭江绸等。柞丝绸的外观比真丝绸厚实粗糙一些,色彩也不如真丝绸,但它坚牢耐用、富有弹性、穿着舒适且价格较低。

3. 黏丝绸类

经纬均采用黏胶人造丝为原料的丝织物,如美丽绸、有光纺、富春纺等。此类面料的吸湿性、通透性均较好,夏季穿着凉爽舒适。缺点是湿牢度大,织物易皱易变形,外观风格远逊于真丝绸。

4. 合纤绸类

采用纯合纤长丝为原料的丝织物,均属于这一类产品,如尼丝纺、尼龙绸、涤双绉等。它们的特点是外观平整光滑,牢度大。缺点是穿着舒适性较差,有些产品的光泽欠柔和,垂感较差。且由于纤维光滑,制成服装后,在经常受力的缝合处易损坏。

5. 交织绸类

凡用不同类纤维做原料交织而成的丝织物均属交织绸类。但其中的主要原料一般不能离开天然丝或人造丝。这类产品的种类很多,能充分运用各类材料的特长,外观美丽,具有民族风格。有用真丝与人丝或其他原料交织的产品,如织锦缎、留香绉、天香绢等。也有用人丝与棉纱或其他原料交织的产品,如羽纱等。

(二) 组织结构分类法

1. 普通型丝织物

经、纬线成直角交织且在织物中经、纬线各自相互平行的丝织物。从简单组织到重组织均属此类,如电力纺、塔夫绸、织锦缎等。

180

2. 起绒型丝织物

有一组经线或纬线在织物表面形成毛绒或毛圈的丝织物,如乔其绒、利亚绒等。

3. 纱罗型丝织物

经线在与纬线交织时互相扭绞而形成纱孔的丝织物,如杭罗、莨纱等。

(三) 染整加工分类法

1. 生织物(全练织物)

未经染色的经纬线先加工成丝织物,而后再经染整加工,如乔其、素绉缎、留香绉等。

2. 熟织物(先练织物)

经纬线先染色,织成后即为成品,如塔夫绸、织锦缎等。

3. 半熟织物(半练织物)

部分经纬丝先经过染色,织成后再经练染或整理加工所形成的丝织物,如天香绢、修花绢等。

(四)《丝织物分类标准》分类法

首先以丝绸织物的组织结构(如平纹、斜纹、纱罗组织等)为主要依据,其次以生产工艺(如生织、熟织、经纬线是否加捻等)为依据,再参照织物的实质形状(如轻、重、厚、薄等),将丝织物分为纺类、绉类、绡类、绸类、缎类、绢类、绫类、罗类、纱类、葛类、绒类、锦类、呢类、绨类共十四大类。

二、丝织物的品名和编号

(一) 品名

品名即织物的商品名称,如乔其纱、电力纺、双绉等。但由于有些丝织物的名称与其所属的大类并不一致(如乔其纱并不属于纱类,塔夫绸也不是绸类),并且也存在着名称相同或相似的丝织物其原料、规格截然不同的情况,所以在品名上,还必须统一编号。

(二) 编号

1. 外销编号

外销编号由五位阿拉伯数字组成。

(1) 左起第一位数字:代表丝织物的原料属性,用1~7表示。

"1"表示桑蚕丝类原料及桑丝含量占50%以上桑柞交织的织物;"2"表示合成纤维长丝、合成纤维长丝与合成短纤维纱线(包括合成短纤与黏、棉混纺的纱线)交织的织物;"3"表示天然丝短纤维与其他短纤维混纺的纱线所织成的织物;"4"表示柞蚕丝类原料及柞丝含量在50%以上的柞桑交织的织物;"5"表示黏胶纤维长丝或醋酯纤维长丝与短纤维纱线交织的织物;"6"表示除上述五类以外的经纬由两种或两种以上的原料交织的交织绸类;"7"表示被面。

(2) 第二位或第二、三位数字:代表丝织物所属大类的类别。

"0"表示绡类;"1"表示纺类;"2"表示绉类;"3"表示绸类;"40~47"表示缎类;"48~49"表示锦类;"50~54"表示绢类;"55~59"表示绫类;"60~64"表示罗类;"65~69"表示纱类;"70~74"表示葛类;"75~79"表示绨类;"8"表示呢类;"9"表示绒类。

(3) 第三、四、五位数字:代表品种的规格序号(从缎类至绨类,第三位数字有双重涵义,既表示所属的大类类别,又表示品种规格序号)。

例如编号为11 001的丝织物,表示的是纯桑丝的纺类丝织物,规格序号为001。又如编号为

64 001 的丝织物,表示的是交织的缎类丝织物,规格序号为001。

2. 内销编号

目前内销编号共用五位数字表示。左起第一位数字不用1~7,而用8和9,"8"表示衣着用绸,"9"表示装饰用绸。第二位数字代表所用原料属性。第三位数字代表品种。第四、五位数字代表规格。

三、丝织物的主要品种和特点

(一) 纺类

纺类是采用平纹组织,经纬线不加捻或加弱捻,采用生织或半色织工艺,外观平整细密的素、花丝织品。

1. 电力纺

电力纺俗称纺绸,最早用手工织机织造,后改用电力织机,故名电力纺。电力纺是平经平纬(即经纬丝均不加捻)的桑丝生货绸,织后再经练染整理,是平纹组织的素织物。经纬均采用22.2/24.4 dtex(即 20/22 D)的生丝,绸身平整紧密,光泽柔和,较一般丝织物轻薄透凉,但比纱类丝织品细密,充分体现出桑蚕丝织物的独有特点。

电力纺有厚型与薄型之分。厚型的面密度在 40 g/m² 以上,可达到 70 g/m²,多用于衣着面料;薄型的面密度在 40 g/m² 以下,一般约为 20~25 g/m²,适用于头巾、绢花、彩绸及高档毛料和丝绸服装的里料。

2. 杭纺

杭纺又名素大绸,由于它主要以杭州为产地,所以称之为杭纺。经纬均采用 55.0/77.0 dtex×3 的桑丝作原料,平纹组织,也属于生货绸。因所用丝线粗,因此杭纺是纺类产品中最重的一种。绸面光洁平整,质地紧密厚实,坚牢耐穿。大多为匹染,色彩较为单调,一般有本白、藏青和灰色三种。

3. 洋纺

洋纺属于轻磅纺绸的一种。经纬一般均采用单根 22.2/24.2 dtex 的生丝,织物的质量很轻,呈半透明状。

4. 绢丝纺

绢丝纺一般用 4.8 tex 或 7 tex 的双股绢丝线做原料,采用平纹组织。面料外观平整,质地坚牢,绸身黏柔垂重。但因绢丝纺所用的原料是天然丝的短纤维纱线,所以它的绸面就不如以天然长丝为原料的电力纺来得光滑,细看之下其表面有一层细小的绒毛,手感也比电力纺等纺类产品更丰满。

5. 富春纺

富春纺属于黏纤绸类。经线采用 133.3 dtex 的无光或有光人造丝,纬线采用 55.6 tex 的人造棉纱(即黏胶短纤维纱线)以平纹组织织造而成。由于纬线较粗,所以它的外观呈现出横向的细条纹。面料色泽鲜艳,手感柔软,穿着舒适滑爽。缺点是易皱,湿强低,但因其价格比真丝便宜很多,所以不失为价廉物美的夏季面料。

6. 无光纺

也属于黏丝绸类产品。经纬均采用 133.3 dtex 的无光人造丝,平纹组织,与电力纺相似。绸面平挺洁白,手感柔软,爽滑不沾体肤。有光纺除将原料换成 133.3 dtex 的有光人造丝外,其组织结构均与无光纺相同。

7. 尼丝纺

尼丝纺属于合纤绸类产品,经纬一般采用 77 dtex 的尼龙丝以平纹组织织造。经热处理后面料质地平挺光滑,坚牢耐磨,不缩水,易洗涤。除在服装上经常作为里料使用外,还可做包袋、晴雨伞等。

(二) 绉类

绉类是采用平纹组织、绉组织或其他组织,运用加捻等各种工艺条件(如经纬加强捻或经不加捻而纬加强捻、经线上机张力差异、原料伸缩性不同等),外观呈现明显的绉效应,并富有弹性的素、花丝织品。

1. 双绉

双绉是最常见最典型的绉类丝织物。它属于全真丝生货绸,采用平纹组织,经用 22.2/24.4 dtex 的两根或三根的生丝并合线,纬用 22.2/24.4 dtex 的三根或四根的生丝强捻丝,由于平经绉纬(经线不加捻或仅加一些弱捻而纬线加强捻),并且织造时纬线又以两根左捻、两根右捻的次序投纬,因此经练染后,面料表面呈现隐约可见的细小绉纹。

双绉质地轻柔,光泽柔和,手感富有弹性,穿着飘逸凉爽,是畅销不衰的夏季服用面料。有练白、素色和印花三种。

2. 碧绉

碧绉又称为单绉。它与双绉同属于采用平纹组织的全真丝生货绸,也是平经绉纬的结构。所不同的是碧绉纬线的加捻与双绉不同。双绉是采用二左二右的纬线织入,而碧绉的纬线是用三根 22.2/24.4 dtex 的生丝捻合线再加上一根单丝回抱成为一根单向强捻的螺旋纹线(也叫碧绉纬)织入。

碧绉的特点是经练染后绸面呈现比双绉略明显的皱纹,光泽和顺,质地润滑,有弹性,绸身比双绉略厚。和合绉也是与碧绉相似的品种,两者的主要区别是和合绉的纬线是用一根无光人造丝加捻和一根生丝加捻的并合线。

3. 留香绉

留香绉是我国的传统织品,属于交织绸类。经丝由主经与副经组成:主经是由两根生丝并合成的股线;副经是有光人造丝,在织物中起提花作用。纬线是由三根生丝捻合成的复捻丝,用于形成绉纹。

留香绉的特点是平纹绉底,经向缎纹提花,由人丝提花所形成的花纹显得特别明亮,质地柔软,色彩艳丽。由于织物中有两种原料,染色后可显双色。这种面料适宜做中式棉袄面料、唐装等具有鲜明民族特色的服装。

(三) 绡类

绡类一般采用平纹组织或假纱(透孔)组织,经纬丝一般均加强捻,经纬密度小,是质地轻薄、透明透孔的素、花丝织品。

1. 乔其纱

乔其纱属真丝绸类产品,采用平纹组织,经纬线均采用两根 22.2/24.4 dtex 的生丝加捻成的强捻丝,并且经纬线的捻向均采用二左二右的方式相间交织,加之经纬密度小,经练染后,经纬丝在织物中扭曲歪斜,绸面上有细微均匀的绉纹和明显的纱孔,质地轻薄飘逸,透明有如蝉翼,极富弹性。

乔其纱有素色的印花两种,一般作为纱巾等,如用作服用面料需用真丝里料。现在市场上也有涤纶乔其纱,除原料采用涤纶丝外,其组织结构与真丝乔其完全相同。涤纶乔其挺括、滑爽、牢度大,但在吸湿透气性方面不及真丝乔其,当然服用舒适性也要差一些。

2. 东方纱

东方纱采用斜纹变化组织,经纬多用四根生丝加捻成的强捻丝,且采用二左二右的捻向。织物经练染后,也有绉效应,绸身比乔其纱厚实坚韧,伸缩性较强。

(四) 缎类

缎类是地组织全部或大部分采用缎纹组织,外观平滑光亮的素、花丝织物。经丝略加捻,纬丝除绉缎外,一般均不加捻。

1. 软缎

软缎分素软缎、花软缎和人丝软缎等品种。素软缎属于真丝与人丝的交织绸类产品。生货,平经平纬(经纬线均不加捻),通常以一根 22.2/24.4 dtex 的生丝作经,以 133.3 dtex 的人造丝作纬,采用八枚经面缎纹组织织造而成。素软缎由于真丝作经大多在织物正面,人丝作纬沉于织物背面。因此,其正面手感柔软且平滑光亮,而反面则手感粗硬,光泽也欠柔和。用于服用时,作较为高档的睡衣睡袍的较多。

花软缎与素软缎一样是真丝与人造丝的交织品,主要是花织与素织之间的区别。花软缎是由纬丝即人造丝提花、经缎作地组织的提花丝织物,也是生货绸。经练染后织物可显示出色泽绚丽、光彩夺目的花纹,异常美观。

人丝软缎是经纬均采用人造丝的平经平纬的生货绸。其结构与上述两类基本相似,但外观手感方面要逊色很多。

2. 绉缎

绉缎属于真丝生货绸类产品。它采用缎纹组织,平经绉纬,经丝为两根生丝的并合线,纬线采用三根生丝的强捻丝,并且在打纬时以二左二右的捻向排列织入纬线。绉缎的最大的特点是织物的两面从外观而言相差很大。一面是不加捻的经丝,十分柔滑光亮;另一面是加强捻的纬丝,光泽暗淡,经练染后有细小的绉纹。传统上人们习惯于把光泽暗的绉纹地作为正面。但随着潮流的改变,现在人们往往喜欢将光亮的缎地穿在正面。

绉缎分为素绉缎与花绉缎两种,主要就是素织与花织的区别,适用于各类夏季女装,是久负盛名的畅销品种。

3. 九霞缎

九霞缎与留香绉一样也是具有民族特色的传统产品。它属全真丝提花生货绸,平经绉纬。地组织采用纬面缎纹或纬面斜纹。因此,经练染后织物的地部有绉纹,光泽较暗;而花部采用经面缎纹,由于经丝不加捻,因此花纹特别明亮。九霞缎绸身柔软,花纹鲜明,色泽灿烂,主要为少数民族服饰用绸。

(五) 绢类

绢类是采用平纹或平纹变化组织,经纬丝先染成一种或几种不同颜色后再熟织的素、花丝织物。经丝加弱捻,纬丝不加捻或加弱捻。绢类织物的特点是绸面细密、平整、挺括。

1. 塔夫绸

塔夫绸是丝织品中的高档品种,为全真丝熟货绸。它通常以 22.2/24.4 dtex 的生丝为原料,采用平纹组织织造而成。根据色相不同或组织变化可分为素塔夫绸、闪色塔夫绸、格塔夫绸、花塔夫绸等。素塔夫绸虽然绸面颜色是一种,但其不是用生丝织成坯绸后再经脱胶染色的,而是先将桑蚕丝脱胶染色形成熟丝后再进行织造。所以,它是一色的熟经熟纬织成的熟货绸,虽然在外观上与染成一色的生货绸无明显差别,但形成过程大不相同。闪色塔夫绸分别用不同颜色的经纬线,一般采用深色经、浅色或白色纬,形成织物的闪色效应。格塔夫绸与色织的格棉布类似,经纬线都配用深浅两色形成格效应。花塔夫绸是以平纹素塔夫为地提出经缎花纹。

由于塔夫绸的密度大,因此绸面光滑平挺,不易沾污,并且蚕丝特有的丝鸣在塔夫绸上表现得尤为明显。但织物不宜折叠、重压,否则易起折痕,且痕迹不易熨平。因此,成匹的塔夫绸为保持平整,都采用卷筒式包装。塔夫绸可做高级礼服、宴会服。英国皇室在举办婚礼时曾专门向我国苏州某丝织厂订购了一批高级塔夫绸。

2. 天香绢

天香绢是以真丝与人丝为原料,平纹地提花熟货绸。其经线用 22.2/24.4 dtex 的生丝,纬线为 133.3 dtex 的有光人造丝,花纹为纬缎花,纬线有二至三种颜色,花型为满地中小散花。天香绢的绸面平整,正面平纹地上起有闪光亮花,反面花纹晦暗无光。

3. 挖花绢

挖花绢也是以桑蚕丝和人造丝交织的平纹地提花的熟货绸。经丝用两根生丝的加捻线,纬丝用 133.3 dtex 的有光人造丝。挖花绢的风格是在缎纹的花纹中还嵌有突出的彩色小花,此花是用特殊的小竹梭精细地用手工挖挠而成,使得绸面花纹图案立体感大大增强,更为生动美观,具有苏绣的风格,其缺点是不耐洗涤。

(六) 绫类

绫类是采用斜纹组织或斜纹变化组织,外观具有明显斜向纹路的素、花丝织品。一般采用单经单纬,且均不加捻或加弱捻,质地轻薄,亦有中型偏薄的。

1. 真丝斜纹绸

斜纹绸属真丝绸,经纬均采用 22.2/24.4 dtex 的生丝,为生货绸,分为练白、素色及印花三类。绸面有明显的斜纹纹路,质地柔软轻薄,滑润凉爽,具有飘逸感,适于做夏季的裙衫及围巾等,也可用于高档呢绒及真丝服装的里料。

2. 美丽绸

美丽绸属黏丝绸类产品,经纬均采用 133.3 dtex 的有光人造丝,组织结构与斜纹绸相同,也是采用斜纹组织。绸面纹路清晰,光泽明亮,手感滑润,但比斜纹绸粗硬一些,是较好的服装里料。

3. 羽纱

羽纱属黏丝绸类,为黏胶与棉的交织产品。经用 133.3 dtex 有光人造丝,纬用 28 tex 的棉纱,采用三枚或四枚斜纹组织织造而成。绸面外观起斜向纹路,正面富有光泽,反面无光,手感滑爽,一般用于秋冬季服装的里料。此外,棉线绫、棉纬绫也是类似产品。

4. 广绫

广绫为真丝绸类产品,经为 22.2/24.4 dtex 的生丝,纬用两根 22.2/24.4 dtex 生丝的并合线。广绫有素广绫和花广绫之分,前者为素织而后者为花织。花广绫为斜纹地上起缎纹亮花,绸身手感略硬。

5. 尼棉绫

尼棉绫属交织绸,经向采用 122.2 dtex 锦纶丝,纬向采用 23.8 tex×2 的丝光棉线。织物采用 $\frac{3}{1}$ 的斜纹组织,由于织经纬线的色泽不一,使面料在不同的视觉角度形成闪色效应。如将锦纶丝染成黑色,棉线染成红色,形成正面以黑色为主闪红色,反面以红色为主闪黑色。

(七) 罗类

罗类丝织物是其全部或部分采用罗组织,构成简等距或不等距的条状纱孔的素、花丝织品。

若纱孔呈横条状(即与布边垂直)叫横罗;若纱孔呈直条状(与布边平行)叫直罗。

罗类织物中最具代表性的是杭罗,主要产地是浙江省的杭州一带,它生产的历史较长,产品质量较好,在国内有一定影响。杭罗属真丝绸类产品,经、纬均采用纯桑蚕丝土丝,以平纹组织和罗组织交替织造而成。杭罗的绸面排列着的整齐的纱孔,有七梭罗、十三梭罗、十五梭罗等(即经纱每平织七次、十三次或十五次后扭绞一次形成纱孔),使得杭罗罗纹的阔狭有所不同。

杭罗为生货绸,以练白、灰色、藏青等素色为多。绸身紧密结实,质地柔软而富有弹性,多孔透气。

(八) 纱类

纱类是采用绞纱组织,在织物的全部或部分构成均匀分布的纱孔及不显条状的素、花丝织品,经纬可加捻也可不加捻。

1. 庐山纱

庐山纱是全真丝类产品,为浙江湖州的特产品种。经纬线均加捻,以平纹为地组织提暗花织成。绸面起绉,有暗花和清晰的小纱孔,绸身轻薄透气而凉爽,质地坚韧。

2. 莨纱

莨纱也叫香云纱、莨纱绸或拷皮绸,是我国广东地区的传统产品,也是我国特有的丝质拷胶夏季衣料。在解放前和解放初的南方一带比较流行,后因化纤的发展曾一度消失,现在又重新出现在市场上。

莨纱有两类,一类是用普通织机织造的平纹带纱孔的素绸称为拷绸;另一类是用大提花机织造的平纹地提暗花的花织物,称为香云纱。

莨纱采用桑蚕丝做经纬丝,织造后经拷胶而成。莨纱的拷胶是先将绸坯练熟,水洗,晒干。然后将它们浸泡在莨液(从一种茨莨植物的根部提取)里反复浸晒后,再将河泥芯盖在绸面上,使绸面逐渐形成油亮的黑褐色,未盖芯泥的一面呈红棕色。莨纱的拷制目前只有在广东的某些地区可以生产。

莨纱有乌黑油亮的外观,很像皮革,手感凉爽滑润,挺括不皱且有弹性,穿着爽滑、透凉、舒适,容易散发水分。同时莨纱耐晒、耐洗、耐穿,洗时不需用肥皂,只要在清水中浸泡后漂洗几遍即可。但缺点是洗时不能用力搓刷,否则易脱胶;洗后不能熨烫,否则易折裂;绸面经常摩擦之处易脱胶露底,如服装的臀部、肘部、袖口等部位。

(九) 葛类

葛类是采用平纹组织、经重平组织或急斜纹组织,经细纬粗,经密纬疏,外观有明显均匀的横向凸条纹,质地厚实紧密的素、花丝织品。其经纬原料可相同,也可不同,且一般不加捻。

1. 特号葛

特号葛是平纹地上起缎花的全真丝丝织物。经线通常采有两根生丝的并合线,纬线采用四根生丝的捻合线。其绸面平整、质地柔软、坚韧耐穿,平纹地上的缎花古朴美观。

2. 文尚葛

文尚葛属经纬用两种原料的交织丝织品。经用真丝、纬用棉纱的为真丝文尚葛;经用人造丝、纬用棉纱的为人丝文尚葛。其绸面上有明显的细罗纹,质地厚实,色泽柔和,结实耐用。

3. 芝地葛

芝地葛属交织绸,是采用平纹变化组织为地的提花丝织物。经为染色熟丝,纬为人造丝,且以一粗一细的次序相间织入,加上提花的衬托,使绸面有不规则的细罗纹和轧花型状的特殊效果,质地平挺紧密。

(十) 绒类

绒类是采用经起绒或纬起绒组织,表面形成全部或局部有明显绒毛或毛圈的丝织品。它们外观华丽,手感糯软,光泽美丽耀眼,是丝绸中的高档产品,属于生货练熟织物,悬垂感很强。

1. 乔其立绒

乔其立绒为桑蚕丝与人造丝的交织产品。它为双层分割法起绒织物,采用真丝做地经、地纬,人造丝作绒经起绒,织成后经割绒机剖割成为两块起绒毛的织物,最后经练熟成为成品。乔其立绒正面绒毛丛密,短且平整,竖立不倒。面料质地柔软,光泽和顺,富丽堂皇,手感滑糯,富有弹性。面料多以深色为主,如宝蓝、深红、纯黑等。

2. 烂花乔其绒

烂花乔其绒是以乔其绒为绸坯,根据桑蚕丝与人丝的耐酸碱性不同,利用人造丝怕酸的特点,将乔其绒绸坯经特殊印花酸处理,使部分人造丝遇酸脱落,呈现以乔其纱为底,绒毛为花纹的镂空丝绒组织。烂花乔其绒花纹凸出,立体感强,是中式女服的极佳面料。

3. 金丝绒

金丝绒与乔其绒类似,也是双层起绒组织。地经采用桑蚕丝,绒经采用有光人造丝;纬丝采用桑蚕丝,也有用人造丝的。织成后需经割绒工序。金丝绒的绒毛浓密且长度较长,因此绒毛有顺向倾斜,不如乔其立绒那么平整。面料质地滑糯,柔软而富有弹性。

4. 漳绒

漳绒是我国的传统面料,起源于福建漳州地区,属于彩色缎面起绒的熟货产品。经纬均采用染色桑蚕丝,主经织成缎面地纹,副经织成起绒提花,经割绒后,绒毛花纹美丽而清晰地耸立在缎面上,立体感强,光泽和顺醇厚,特别适合做礼服。

(十一) 锦类

锦类是采用缎纹组织、斜纹组织等色织多重纬,外观绚丽多彩、精致典雅的提花丝织品。锦类丝织品一般为真丝与人丝交织,经纬组织紧密结实,色彩变化繁多,艺术性很强,是结构最复杂的熟货织物。

1. 织锦缎

织锦缎是我国传统的熟织提花丝织品,是在我国古代锦的基础上发展起来的品种,织制工艺复杂精巧。织锦缎的经向采用染色熟丝,纬向采用染色人丝,绸面为经缎地起纬缎花,花纹的色彩通常在三种以上,有时可达六、七种之多,花纹精巧细致,光彩夺目,由于密度很大而使织物的质地紧密厚实,平挺而有糯性,属于丝织品中的高档产品,可做冬季中式服装的面料及装饰物。缺点是不耐磨、不耐洗。

织锦缎不仅可用真丝与人丝交织,也有尼龙织锦缎、人丝织锦缎等,它们仅仅是原料上的差异,结构特点都是一样的。

2. 古香缎

古香缎的组织结构与织锦缎基本相同,也是经缎地起纬缎花的熟货织物。它和织锦缎的主要区别仅是花纹不同,织锦缎的纹样以花卉图案为多,而古香缎的花纹是以亭台楼阁、风景山水为主,有古色古香的风格,多用于装饰,也可作为民族服装面料。

3. 云锦

云锦是江苏南京地区的传统丝织品,距今已有六百多年的历史。云锦用料考究,采用金、银丝和五彩丝交织而成,面料上呈现出光彩夺目、富丽堂皇的花纹,望之有如天上的五彩云霞,故名"云锦"。云锦又可根据用料的不同分为库缎、库锦和妆花缎三种。

（1）库缎

库缎为缎纹地上起本色或其他颜色花纹的熟货织品。有亮花与暗花之分，亮花库缎花纹明亮闪耀，暗花库缎则花纹光泽平淡。

（2）库锦

库锦的花纹全部用金银线、五彩丝线织成，分为两色库锦（用金线和银线织成花纹）和彩色库锦（除金银线外还掺有部分彩色线织成花纹）。由于库锦由金银线织成，所以绸面金光闪耀，如再掺入部分彩色丝线，金银两色更是交相辉映，彩色丝线也被衬托得更加艳丽。今天的云锦也用真丝、人造丝和金属丝织造。

（3）妆花缎

妆花缎是缎地上织成彩色花纹的熟货织物。经纬丝的原料用桑蚕丝和金银线外，也采用人造丝等化纤。妆花缎配色复杂，色彩多变，花纹富有民族风格，华丽庄重，是云锦中最有代表性的一种。

云锦在国际上享有一定的声誉，用它制成的服装充分体现了中华民族服饰文化特色。2003年春节晚会上节目主持人的礼服就采用了这种质地结实、花纹富丽、色光灿烂而极富民族特色的面料。

4. 宋锦

宋锦始创于宋代，其经纬丝采用全真丝（即真丝宋锦）或全人丝（即人丝宋锦），地纹多为平纹或斜纹组织，提花花纹一般有龟背纹、绣球纹、剑环纹、席地纹等四方连续图案或朱雀、龙、凤等吉祥纹样，淳朴文雅，具有宋代织锦的风格。其绸面质地柔软，色泽光亮，花型雅致，古色古香，适用于装帧书画、碑帖。

5. 蜀锦

蜀锦是四川富有盛名的传统丝织产品。它属于熟货绸，织物紧密，质地坚韧，图案丰富多彩，色彩对比强烈，具有浓郁的地方特色。常见的有方方锦、雨丝锦、条花锦、花锦等，大多是根据其绸面花纹的特色及构图方法来命名的。

6. 壮锦

壮锦是广西壮族人民的一种精美的手工艺品，是采用棉纱做经、丝线做纬的交织织物，其图案丰富，有梅花、蝴蝶、鲤鱼、水波纹、万字纹等，花纹色泽对比强烈，十分浓艳，可用于制作各类装饰品，如被面、台布等。但其幅宽较窄，一般只有0.4 m左右。

(十二) 䌷类

䌷类是采用平纹组织，以各种长丝做经，棉纱做纬交织的质地比较粗厚的素、花丝织品。这类产品属于较低档的服饰用绸。

1. 线䌷

线䌷属交织产品，是由人造丝做经，蜡纱线做纬的交织织物。根据织物提花与否可分为素线䌷与花线䌷。前者素织，表面无提花纹样；后者花织，绸面以平纹地提亮点的小花图案为最多。线䌷质地厚实，价廉物美。

2. 一号䌷

一号䌷是与线䌷相似的品种，质量较线䌷为高。主要区别是一号䌷采用的纬线是棉纱的股线，因而一号䌷较线䌷紧密厚实，坚牢耐用。

(十三) 呢类

呢类是采用或混用基本组织和变化组织，采用比较粗的经纬，或经用长丝纬用短纤纱，表面粗犷而不光亮,质地丰厚似呢的丝织品,经纬加捻与否不拘。

1. 四维呢

四维呢为全真丝生货绸。它采用联合组织,经用两根生丝的并合线,纬用四根生丝的捻合线。绸身柔软,正面光泽柔和,背面光泽较亮,绸面平整,有均匀的凸形罗纹条,一般以素色为多。

2. 大伟呢

大伟呢属全真丝绸类产品。它采用斜纹变化组织,经用两根生丝的并合线,纬用六根生丝的加捻丝,并采用二左二右不同的捻向织入。其绸身紧密,手感厚实,有毛料感,正面为绉地,光泽柔和,反面光泽发亮,美观大方,坚实耐用。

（十四）绸类

地组织采用或混用数种基原组织和变化组织,无上述十三类特征的素、花丝织品,都可归为绸类。

1. 绵绸

绵绸属于天然丝短纤维产品,平纹组织,采用缫丝和丝织过程中所产生的下脚为原料,经加工后纺成较次的绢丝而织成。由于纱线中丝纤维较短,整齐度差,含蛹屑多,纱支粗细不均匀,所以绵绸的绸面不平整,上面有较多的杂质,手感粗糙,也不如其他丝绸产品那样富有光泽。但绵绸的质地厚实坚牢,富有弹性,垂感好,手感黏柔,多次洗涤后屑点会渐渐脱落,使绸面比原来光洁,穿着时更舒适透气,是一种价廉物美的丝织品。

2. 双宫绸

双宫绸属于高档的真丝绸产品。平纹组织,其经向采用 31.1/33.3 dtex 的桑丝,纬向采用两根 111～133 dtex 的双宫丝,有生织与熟织之分。双宫绸的绸面不平整,经细纬粗,手感较为粗糙,纬向呈雪花一样的疙瘩状,是双宫绸的独特风格。

3. 柞丝绸

柞丝绸为纯柞蚕丝织物。它一般采用平纹组织,由于经纬所用的柞丝的粗细、合股数各产地均有不同,因而柞丝绸有厚有薄,其规格较多。柞丝绸的原料也是天然丝,因此其大部分性能与桑丝绸很相似,但两者还是有一些差异,如柞蚕丝比桑蚕丝的回潮率更大,单丝线密度更粗,且其截面三角形比桑蚕丝更尖。因此,柞丝绸的吸湿与散湿能力较强,穿着舒适,绸面有闪光的效应,且坚韧耐穿。缺点是沾水后有水渍(如同普通衣物沾了油迹),但多次洗涤后这一现象会逐渐减轻。

4. 涤丝绸

涤丝绸属于合纤绸类产品。涤丝绸是一个统称,具体品种有涤爽绸、涤纤绸、涤盈绸等。它们全部或部分采用了涤纶丝作原料,共同的特点是质地坚牢,手感滑,耐磨性优良,易洗快干,但缺点是吸湿透气性差,穿着时发闷。但近年来的涤丝绸产品经过各种改良后也能部分地解决这个问题,且产品的外观风格各个方面都有很大改观,更接近真丝绸的风格。

丝绸产品主要分为这十四大类,尽管近年来各地各厂家的新产品层出不穷,名称也千变万化,但如果细细研究其特征结构的话,一般终究可以将它归到十四大类中的某一类中去。

第二节　丝织物的构成因素设计

一、经纬原料设计

在丝织物生产中,广泛地采用了各种性能的原料,并能与生产工艺相结合。

（一）桑蚕丝

桑蚕丝由人工饲养的家蚕所结的茧缫制而成，按生产需要和加工方式的不同，又可分为以下几类：

1. 白厂丝

白厂丝是由优质蚕茧直接缫制成的长丝，条干均匀，弹性好，加捻后有良好的绉缩现象，是制作真丝绸的优良原材料。其常用规格如表 7-1 所示。

表 7-1　白厂丝常用规格

dtex	10/12.2	12.2/14.4	14.4/16.7	18.9/21.1
D	9/11	11/13	13/15	17/19
dtex	22.2/24.4	24.4/26.4	26.4/28.9	30/32.2
D	20/22	22/24	24/26	27/29
dtex	31/33	33/35	44.4/48.9	55.6/77.8
D	28/30	30/32	40/44	50/70

2. 土丝

土丝是用鲜茧手工缫制而成的长丝。光泽好，但条干不匀，品质不及白厂丝。有些传统丝绸产品（如杭罗）是以土丝为原料的。其常用规格如表 7-2 所示。

表 7-2　土丝常用规格

dtex	31/35	33/38.9	38.9/44.4	55.6/77.8	77.8/100
D	28/32	30/35	35/40	50/70	70/90

3. 双宫丝

双宫茧是由两条或两条以上的蚕共筑一个茧，是一种疵茧。由于每个双宫茧有两个或两个以上的丝头，缫出的丝中几根茧丝松紧不一，互相缠绕，称为双宫丝，是丝绸产品中的高档原料，用双宫丝织出的产品（如双宫绸）风格极为独特。

4. 绢丝

绢丝是利用下脚茧和缫丝中的下脚经精梳加工纺制而成的天然丝短纤维纱，质地柔软，光泽、强度和条干均较好，但色泽呈淡黄色，织物易泛旧。绢丝有单、双股之分。其常用规格如表 7-3 所示。

表 7-3　绢丝常用规格

双股绢丝				单股绢丝	
dtex	公支	dtex	公支	dtex	公支
47.6×2	210/2	100×2	100/2	83.3	120
51.5×2	194/2	125×2	80/2	125	80
71.4×2	140/2	166.7×2	60/2	166.7	60
83.3×2	120/2				

5. 绌丝

绌丝是以缫丝的废丝及绢丝生产中的下脚为原料纺制而成的短纤维纱，其纤度较粗，且含有较多的茧皮等杂质，故条干不均匀，强力弹性均较差，用于生产粗犷型的低档真丝织物（如绵绸）。

(二) 柞蚕丝

柞蚕丝是我国北方地区生产的一种野生的柞蚕茧缲制而成的天然丝。由于柞蚕丝的丝胶含量少,结构不如桑蚕丝紧密。因此,柞蚕丝的光洁度、条干均匀度都比不上桑蚕丝。柞绸遇水后,织物上留有明显的水迹。因此,柞蚕丝的应用不如桑蚕丝那么广泛。柞蚕丝常用规格如表7-4所示。

表 7-4　柞蚕丝常用规格

dtex	36.7/42.2	36.7/44.4	44.4/66.7	66.7/72	66.7/88.9
D	33/38	33/40	40/50	50/65	60/80

(三) 棉纱

棉纤维色微黄,强力较高。纤维品种根据其长、细度分为长绒棉、细绒棉和粗绒棉。长绒棉和细绒棉可纺中高支纱,制织各类细洁棉布和绨类丝织品。现今丝织工业中使用棉纱的品种除绨类以外,还有一些新品种,如长丝与棉交织、绢丝与棉纱交织的交织品等。

(四) 人造丝

人造丝是以天然纤维素为原料,经化学加工而制成的纤维。这类纤维质地柔软,光泽明亮,吸湿透气性好,但下水后强力明显下降,其耐酸碱的能力弱。

1. 黏胶丝

黏胶丝的光泽明亮但欠柔和,染色性良好,色泽明亮鲜艳,在提花丝织物中,常用黏胶丝作纬线提花,使花纹饱满突出。但普通黏胶丝的湿强度低,不利于织造。在织造时一般用作纬线,且需经保燥工艺。

2. 黏纤纱

黏纤纱俗称人造棉,是黏胶短纤维纱,质地柔软,有优良的吸湿透气性和染色吸色能力,是丝织生产中最普通的低档原料。黏纤布易皱、缩水率大,一般都需进行预缩防皱处理。其常用规格有 14.6 tex×1(40 英支)、19.4 tex×1(30 英支)、14.6 tex×2(40 英支/2)、19.4 tex×2(30 英支/2)。

3. 醋酯丝

醋酯丝有丝一般优雅的光泽和良好的吸湿性,但强力和耐磨性均较差,一般只做纬丝。

(五) 合成纤维类

合成纤维的种类很多,丝织工业中常用的有涤纶、锦纶和丙纶等。

1. 涤纶丝

涤纶即聚酯纤维,强度、耐磨性、弹性、抗皱性均十分优良,织物具有很好的保形性。由于涤纶丝的比重与真丝接近。因此,在新型仿真丝面料中用得最多,通过一系列新型加工技术做出来的涤纶仿真丝产品可与真丝绸媲美。

2. 锦纶丝

锦纶俗称尼龙,其最大的优点是结实耐磨,且富有弹性、化学稳定性好,对染料的亲和力比涤纶强,通常采用酸性染料。

3. 腈纶丝

腈纶即聚丙烯腈纤维,外观具有羊毛的风格,又称为合成羊毛,传统上多以短纤维的形式仿羊毛或与羊毛纤维混纺而成。自从腈纶长丝纱问世以来,由于其在丝绸风格上有许多鲜明的特征,如发色鲜艳和有优美的色光效果,手感细腻、松软,有良好的湿传输能力等,用腈纶长丝仿丝绸愈来愈受到重视。

4. 丙纶丝

丙纶即聚丙烯纤维。它最大的优点是质地轻、强力大,对酸碱的抵抗力强,但耐光性特差,易老化,吸湿性很差,在仿丝绸风格的面料上目前丙纶的运用不是很广泛。

(六) 金属丝

最早的金属丝是以金、银、铜等为原料,经人工敲打而成,价格昂贵。现在丝织物中所应用的金属丝通常将铝箔外表黏合两层塑料薄膜,再经切割形成五彩缤纷的金银丝,主要适用于各类提花熟货绸,其色泽漂亮华贵,光泽明亮优美。但由于其使用性能比一般的纤维材料差,造价又昂贵,所以在织物中用量较少,主要用于局部点缀,以增加织物的装饰效果。

二、经纬原料的组合

(一) 纯纺丝织品

经纬采用一种在属性的纤维制织的织物称为纯纺织物。在丝织产品中,纯纺的有桑丝织物、柞丝织物、人丝织物、合纤织物等几大类,他们各有特色。其中纯桑蚕丝织物以其外观华丽、穿着舒适受到人们的喜爱。但由于其穿着时易皱,并且比较娇嫩,不易打理而影响了真丝绸的发展。柞丝织物外观比桑丝织物粗糙一些,且由于产量有限,其应用不如桑丝织物广泛。人造丝织物由于纤维本身的弱点,使用时显得身骨疲软,牢度不高,一般只能用于服装里料、民族工艺服装及像景、壁挂之类不常洗涤和揉搓的产品。合纤丝织物在外观上比人造丝织物要挺括得多,在仿真丝绸上也是做得最成功的,但在吸湿透气方面和桑丝及人丝织物相比还有差距。

(二) 交织丝织品

由于纯纺织物存在着这样或那样的问题。因此,往往采用交织产品来取长补短,因为交织丝织品不仅容易取得理想效果,而且设计手段也十分丰富,同时企业的经济效益也较高。

在设计交织丝织物时,主要考虑在满足外观效果的前提下其前后加工工艺有何要求,能否给织造练染等后处理和使用造成麻烦。具体来说,应注意以下四项原则。

1. 有利于企业获得最大经济效益

产品在市场上要有较强的竞争力,企业才能取得较好的经济效益。应尽量做到以最低的成本获得最高的经济效益,以产品的低消耗、高质量争取更多的顾客,使社会效益与经济效益双丰收。从这个角度考虑,应把原料分档排队,优劣搭配。如桑蚕丝与人造丝、柞蚕丝与涤纶、涤纶与棉纱、锦纶与人造丝、锦纶与涤纶等交织或混捻,在较好地体现织物风格的基础上,又降低了成本。

2. 有利于生产的正常进行

使用相同原料或两种以上不同的原料交织混捻时,必须考虑生产工艺能否进行如织造时经纬丝是否易起毛断裂?其断裂程度如何?织造条件是否具备(如甲乙纬排列时是否有多梭箱装置,织缩率相差悬殊时是否有双经轴)?整经、过筘、穿综是否方便?后处理工艺能否行得通等等。如设计者考虑不周,常会使产品在试织时就被淘汰。

细度不匀的丝,如强疙瘩丝、大条丝、花式线等,一般因其穿综过筘不方便而不宜选作经丝;纤纱与长丝交织,一般短纤纱不做经丝,如非用不可则必须经过浆纱工艺。另外,要考虑纱线并股,以提高经纱强力,改善织造效果。有时还将一根长丝并入股线中以提高耐磨等性能;合纤原料如涤纶、锦纶等,织造作经丝时,应注意因其吸湿性差,易起毛起球产生静电,织造工艺及车间温湿度应采取相应措施;烂花织物以平素织物为主,因坯绸经烂花工艺处理后得到不同花纹,所以需要选择耐酸碱性差异较大的纤维或长丝交织,如桑丝与人造丝、柞蚕丝与涤纶丝、涤纶与棉纱、丙纶与人造丝等交织,都可达到理想的烂花效果;绸面提有各种花纹的织物,为显示地暗花明的效果,通常起花的丝线用光泽较高的丝线,地部则用光泽较暗的丝线,目前采用的有光人造丝起花料多,在加工过程中应注意控制各道工序,注意人造丝的保燥。

交织产品生产时应综合各种因素制定规格,若考虑不周,就可能给生产带来许多意想不到的问题而造成损失。如桑丝或柞丝与涤纶交织的产品,因为两种纤维的性能尤其是耐热温度差异较大,涤纶耐高温而桑丝、柞丝不耐高温。因此,为了同时兼顾,只能用两种性能不同的染料分别对两种纤维染色,并严格控制染色温度和其他工艺配方。

此外,在设计交织产品时,在满足产品外观风格要求的前提下,应尽量减少原料的种类和规格,尽量简化生产工艺。

3. 充分发挥各种原料的优良性能

各种纤维材料性能各有其优缺点,为取得良好的设计效果,将几种纤维进行交织,以达到取长补短的目的。如天然纤维与合成纤维交织,主要是利用天然纤维吸湿性好、服用舒适及合成纤维的保形性好的优点。

交织织锦缎是在真丝缎面上起有光人造丝花型的传统产品。纹色滋润艳丽,外观效果不输于全真丝织锦缎,是发挥原料特性的较好的设计实例。

也可结合工艺,将原料的缺点变为优点。如柞涤包芯纱,柞绢纱本应完全将涤纶包住,使织物练染后色泽均匀,但由于生产工艺的原因,柞绢纱没把涤纶丝全部包住,由于两种纤维对染料的上染率不同,绸面会出现染色不匀的星星点点的效果,风格独特。

4. 有助于提高织物的艺术效果

织物的艺术性要达到一个较高的层次,原料的选用得当与否是一个较为关键的因素。如丝织物上多用金银丝来装饰织物,增加织物的艺术魅力;也可以通过原料本身光泽的差异来达到较为含蓄的隐条隐格隐花效果;如制织有浮雕感的高花织物,可用回缩性大的锦纶丝作织物的背衬等。

三、线型设计

选定原料规格后,将原料按设计要求加工成所需的形状的过程称为线型设计。

丝织物中不论是经丝还是纬丝,任何一种组合都要由特定的生产工艺条件来提供,一般要经过络丝、并丝、捻丝、浆丝、整经、卷纬等工序,而与线型结构及其所体现织物的风貌有紧密联系的是并丝和捻丝这两道主要工序。

(一) 并丝

并丝是将几根丝线并合成一股的过程。按照不同品种要求,经丝和纬丝在织造之前不一定只一次并合,有时需反复几次并合。并丝是在并丝机或并捻联合机上进行。并丝工艺对改善织物的品质有重要的作用。丝织用的丝线都是按一定的规格进行生产的,当这些规格不能满足工艺设计的要求时,如真丝织物的面密度要求很严,通常使用的真丝线规格不能满足织物对质量的要求,需要把数根经线并合;此外要改善丝织原料的纤度不均匀状态,减少薄弱环节,以得于织造的顺利进行,也需采用并丝工艺。

1. 并丝的作用

(1) 将两股或两股以上不同的原料并合成一股,以期达到某种外观及质量要求。

(2) 并丝可改善细度均匀度。

（3）使织物的经丝或纬丝具有一定的强力。

（4）有时采用几根并合是为了达到一定的质量要求。

2. 并合股线(丝)的表示方法

（1）每股的细度值(dtex)×并合股数及原料名称。

如：22.2/24.4 dtex×2(2/20/22 旦)桑蚕丝；19.4 tex×3 人造棉。

（2）不同规格的丝线几股并合时的表示方法：原料1＋原料2＋原料3＋…。

如：83 dtex×1(1/75 旦)涤纶丝＋55.6 dtex×1 锦纶丝；

133.3 dtex×1(1/120 旦)有光人造丝(蓝)＋133.3 dtex×1(1/120 旦)有光人造丝(白)。

（二）捻丝

捻丝是将丝线经捻丝机加上捻度的过程，是产品设计的重要手段之一。利用丝线加捻后的变化，使织物外观的内在质量都有了较大的改善。丝线的捻向有Z捻向与S捻向。如果用加捻程度分，丝线有强捻(20～30 捻/cm)、中捻(10～20 捻/cm)、弱捻(10 捻/cm 以内)三种。有时丝织厂也用捻数/m来表示捻度。

1. 捻丝的作用

（1）增加丝线的强力和耐磨性。

加捻后丝线的强力减小，织造时与机械摩擦断裂。

（2）增强绉效应。

将加有中、强捻的丝线分别作经、纬，织后经精练处理，使捻线本身的扭曲张力有所消除，丝线沿不同方向收缩，使经纬线交织点发生轻微不规则的位移，织物表面出现均匀面凹凸不平的绉效应。

（3）减弱织物表面光泽。

加捻后丝线表面的光泽呈漫反射状，有些原料如有光人丝、涤纶丝、锦纶丝等光泽太亮，欲取得柔和的光泽，可将其加上适当的捻度。

（4）改善织物的弹性与手感。

对于中厚型的丝织物，为了获得良好的弹性、抗皱性与柔软的手感，常将丝线进行多次反复的并捻，以减轻和消除因不加捻而带来的松疲和弹性、抗皱性差的缺点。

（5）减少织物的披裂现象。

某些光滑长丝做经纬时由于交织点处摩擦力小，织物易产生披裂，利用加捻后丝纤维扭曲可增加经纬丝间的摩擦力的特点，克服披裂病疵。

2. 捻(线)丝的表示方法

和并丝一样，表示丝线的加捻情况要按一定的格式，有时需和并丝放在一起，应按加工工艺的前后次序正确地表达。其书写格式：原料规格、原料名称、捻回数、捻向/cm。

如：133.3 dtex×1(1/120 D)有光人造丝，4S 捻/cm；

22.2/24.4 dtex×3(3/20/22 D)桑蚕丝，26 捻/cm，2S、2Z。

复捻丝的表示如：30/32.2 dtex×1(1/27/29 D)桑蚕丝，8S 捻/cm×2，6Z 捻/cm。

对于复杂的并捻丝线，应按照加工过程的先后次序并加括号表示，先加工的用小括号，后加工的用中括号，以此类推。

如[22.2/24.4 dtex×4(4/20/22 D)桑蚕丝，20 S 捻/cm＋22.2/24.4 dtex×1(1/20/22 D)桑蚕丝]18Z 捻/cm，表示的是 4 股 22.2/24.4 dtex 的桑蚕丝并合后每厘米加 20 个 S 捻，再将此捻线

与单股的 22.2/24.4 dtex 的桑蚕丝并合,每厘米加 18 个 Z 捻。

(三) 几种线型设计

虽然采用一样的并、捻加工工艺,但由于选用材料不同,工艺加工程度亦不一样,所得到的丝线结构性状也不完全相同,会直接影响织物的外观与性能。下面就介绍几种典型的线型结构。

1. 平线

即真丝或化纤丝不经加捻或稍加并捻就用于强行和一种线型结构,就是所谓的弱捻丝。通常加 4～6 捻/cm,加弱捻的主要目的是为了增加丝线的强度和增加经纬丝间的摩擦力。设计时,可同时用于经纬向或只用在一个系统,常用来设计纺、绸、缎类等丝织物。这种丝线的线型稳定、坚牢并富有弹性,还保留真丝的天然光泽,所织成的织物表面平整,手感柔软。

2. 绉线

通常指 20 捻/cm 的强捻丝。其主要应用是①使织物表面皱缩,产生绉效应;②增加织物的强度和弹性;③利用绉线的回缩力,设计高花织物。

强捻丝具有较强的扭力,为使织物平伏,常用 S、Z 捻的丝线间隔排列,保持力的平衡。经实践证明,经纬丝以二根 S 捻、二右 Z 捻排列的织物绉效应较好,生产也较为简便。用 2×1 梭箱,投梭程序最简单。

在丝织物中,经常采用经丝无捻,纬丝用二左二右排列的强捻丝,如平纹组织的真丝双绉织物,经丝不加捻,纬丝采用 2S、2Z 的强捻丝。由于这种线型结构的固定搭配,使练成后的成品有细腻的鱼鳞状绉纹,光泽柔和、弹性及抗皱性均较好,服用性优良;还有象斜纹组织的九霞缎和缎纹组织的桑花缎、绉缎等都是典型产品。

经纬丝如都用 2S、2Z 的强捻丝,为使经纬丝线得以充分收缩,织物的密度可设计得小一些。此类织物轻薄、透明,抗皱性及弹性俱佳,如真丝绡类产品中的乔其纱与东风纱。

强捻丝也有用单向捻丝上机织造的,一般用于纬丝,因捻丝在织物中呈同方向收缩,因而绉纹扩大,并沿纵向呈起伏很大且较规则的波浪形绉纹,如真丝顺纤绉。此类产品后加工处理幅度较难控制,生产难度较大,但因其风格独特而很受市场欢迎。

3. 复杂线型

凡需经反复并捻或经特殊加工的线型都属复杂线型,主要有以下几种。

(1) 熟双经。

熟双经指真丝熟货或半熟货织物的经丝。如馥香缎的经丝为[22.2/24.4 dtex×1(1/20/22 D)桑蚕丝,8 S 捻/cm]×2(色),6.8 Z 捻/cm,该经丝是先对一股 22.2/24.4 dtex 桑蚕丝加捻,然后将两种加捻丝并合,再反向加捻,共需三道工序。

(2) 碧绉线。

碧绉线此种丝线结构比较特殊,其基本线型为[22.2/24.4 dtex×3(3/20/22 D)桑蚕丝,17.5 S 捻/cm+22.2/24.4 dtex×1(1/20/22 D)桑蚕丝]16 Z 捻/cm,构成方法是由一根加捻的粗丝线(往往用几股丝并合而成)与一根较细的无捻丝并合,再反向加捻。在碧绉线中,较细的一根平线在丝线中做芯线,较粗的一根加捻丝在小的张力下均匀地环绕在芯线周围,使丝线柔软、蓬松而富有弹性,织物表面呈现出含蓄的水浪波纹。

(3) 花式线。

花式线的截面分布不规则、结构不同或色泽各异的特殊线型统称为花式线。花式线是近年来较流行的一种新式线型,种类繁多,风格多变,专门用于织物的纬线。可增加织物的装饰效果,改善其服用性能。这种线是用并捻丝的机理,加工时改变送丝量和张力而形成的。花式线一般由 3 根丝线组成:芯线、饰线和固结线。程序是,将芯线和饰丝抱合并加捻,芯线张力大而匀,饰线不断地有规律地变换速度一张力。这样,饰线即在芯线周围形成规律性的毛圈。为不使毛圈在芯线上滑动,还须复并一根细纤度的固结线,反向加捻。若不断地变换饰线的送丝方式,即能得到不同风格的各种花式线。

四、经纬密度的设计

丝织物中经纬密度的确定是产品设计中的一个复杂而重要的工作。密度直接涉及到织物的饱满度、手感及其他外观风格,同时影响织物的质地、牢度及其他性能。另外,经纬密在很大程度上还影响到上机设计,如筘号的选择与穿法、经丝根数的计算、提花织物的装造以及织物上机后和各种工艺调整等。因此,设计时必须综合考虑,处理好密度与其他因素的关系,认真对待密度设计的每一环节。

(一) 原料选用与密度设计的关系

丝织原料的种类很多,其品种繁多,规格各异。由于各种原料的物理、化学性质不同,加工后丝线的结构形状也会不同,这样构成织物所需求的经纬密度便会有不小的差异。

桑蚕丝质地柔软、光滑。它的纤度较细,为了较好地反映出桑丝织物细腻、滑润的特点,设计时密度可适当偏大些。生织真丝绸、生丝纤维外包 25% 左右的丝胶,丝身硬且滑,纬密不易打足,下机练染后常会感到密度不足。可采用浸泡、水纤、给湿等工艺措施使丝线柔软,以达到增加织物纬密的目的。常见桑丝绸主要大类品种的成品密度范围如下:

(1) 绡类。P_j: 30~60 根/cm;P_w: 30~60 根/cm。

(2) 纺类。P_j: 41~70 根/cm;P_w: 31~50 根/cm。

(3) 绉类。P_j: 50~70 根/cm;P_w: 30~60 根/cm。

(4) 锦、缎类。P_j: 90~140 根/cm;P_w: 40~50 根/cm。

(5) 绫类。P_j: 60~80 根/cm;P_w: 45~50 根/cm。

合成纤维制织的织物吸湿性及透气性差,影响服用效果,且织物热处理后手感变硬,故设计时应适当减少密度。经假捻膨化处理的合纤丝纤维卷曲,丝线中空隙增加,对改善织物的外观,手感及透气透湿性都有很大作用。选用这样的低弹或高弹丝线,还就选用较小的上机密度和较稀疏的组织结构,使纤维在后处理时能得到充分收缩和膨化。但要注意由于合成大部分丝条较光滑,如密度太小,织物很容易产生披裂现象。

各类短纤维,因其表面有茸毛,用于纯纺或与长丝交织,一般不易产生经纬丝滑动移位的披裂现象。从降低原材料消耗考虑,也可适当减少经纬密度而不影响织物的使用。

(二) 丝线细度与密度设计的关系

丝线越粗,单位长度内所能排列的根数越少。当然,细度相同的丝线,直径也不相同,因为还与纤维的比重及丝线束中的单纤根数有关。表 6-7 所列的为几种常见丝线及纱线在单位长度内所能排列的最多根数。设计时由于经纬要互相交错,则一般的密度低于此值。又因为组织交织规律不同,因此不同的组织划不同品种的密度配置也略有不同,即使是同种经丝,但如果纬丝原料、细度不同,则经纬密也有差异。

(三) 丝线捻度与密度设计的关系

丝线经过加捻后,纤维间的抱合增加,由于扭转应力的作用,使坯绸经练染后产生一定的收缩,捻度越大,收缩性越强,织物的密度越大。一般来说,中捻以下的丝线对密度的影响不太明显,而中捻以上的丝线就应酌情考虑其加捻程度的大小对织物密度的影响。对使生绸中的丝胶等易于去除,并达到理想的绉纹效果,织物密度应随捻度的增加而减少。

(四) 组织结构与织物密度设计的关系

织物的组织对密度设计影响很大,因为织物中经、纬两系统的丝线按照一定的浮沉规律而相互交织,而经纬每一次交织除本身直径所占的位置外,还产生约等于所用经线直径70%的交错空隙。因此,经纬线的交织次数越多,交织空隙也越多。由此可见,在基元组织中,平纹组织的交织点最多,交错空隙也最多;缎纹组织的交织点最少,交错空隙也最少。所以,在相等的条件下,要达到相同的织物紧度,平纹结构所需的经纬密度最小,斜纹次之,缎纹最大。

丝织物组织的应用远不是仅限于简单的基元组织。通常还应用在各类变化组织及重组织、双层组织等。而提花织物都是采用两个以上的组织联合构成的,故而这类产品的密度设计要比一般织物复杂。应根据组织的主次和其他不同情况确定织物的密度。

一般单层变化组织的织物,共密度应参照基元组织中交织次数相仿的组织。单层提花织物的密度设计应以地组织为主,也可以起主导作用的纹部组织为设计依据。

重组织与双层组织的经纬丝线可能是两组、三组或更多组,但因彼此相互重叠,并不另占交错空间。因此,可以表层组织为设计密度的主要依据,而里层或背衬的经纬密应根据设计需要而定,一般不能超过表层的密度。

(五) 织物用途与织物密度设计的关系

设计织物密度,还应结合织物的用途。例如,绡类织物的特点是轻薄、透明,为使它保持这一特点,应选用较小的经纬密度并配以细纤度的经纬丝线。为使织物保持良好的弹性,不疲软,不披裂,经纬密度应尽可能的趋于平衡,并给予经纬丝较多的捻度。又如,纺类织物常用做夏季衣料及高级服装的衬里,其密度比绡类要大些,有时可配合较粗的原料来实现其使用要求。而装饰绸中的喇叭绸,为了不影响音质,保持优良的透气性,应尽量减少经纬密度。做各种裱糊用的装饰绸,如中国画裱装用的绫、书籍装帧的面料、糊壁绸、礼盒用的锦缎等,在保证具有浓郁的装饰效果的前提下,都可尽量减小经纬密度。

相反,用于制作高级礼服的真丝塔夫绸,为使织物坚硬、挺括,并充分反映出真丝绸特有的"丝鸣"特点,织物的密度通常比普通平纹织物大得多。此外某些需要特殊后处理织物的密度,应根据后处理的特点及要求进行选择。如涤纶仿真丝织物的密度在考虑一般因素的同时,还应根据织物减碱量处理后失重率的大小加以考虑。一般来说,比同类的真丝织物的密度应小些,但不宜太小。丝织物线形较少,细度规范,在我国生产历史长。因此,对于不同线密度的丝线,已形成成熟的织物密度设计,排列密度见表7-5。

表7-5　常用丝线排列密度

名称	线密度		直径(mm)	排列密度(根/cm)
(密度,g/cm³)	D	dtex		
桑蚕丝 (1.33~1.45)	1/13/15	15.6	0.055 2	181
	2/13/15	31.1	0.078 2	128
	1/20/22	23.3	0.067 6	148
	2/20/22	46.6	0.095 7	106

名称 (密度，g/cm³)	线密度		直径(mm)	排列密度(根/cm)
	D	dtex		
桑蚕丝 (1.33~1.45)	3/20/22	70	0.117 1	85.5
	4/20/22	93.3	0.135 4	74
	1/28/30	93.3	0.079 5	126
	2/28/30	64.4	0.112 5	89
	3/28/30	96.7	0.137 9	73
	4/28/30	128.9	0.158 9	63
	1/30/40	38.9	0.087	115
人造丝 (1.5)	1/25	27.8	0.063 3	158
	1/40	44.4	0.08	125
	2/40	88.9	0.112 9	89
	1/60	66.6	0.097 9	102
	2/60	133.3	0.138 6	72
	1/75	83.3	0.109 6	91
	2/75	166.6	0.154	65
	1/100	111.1	0.126 5	79
	2/100	222.2	0.178 9	56
	1/120	133.3	0.138 6	72.2
	2/120	266.7	0.196 1	51
	1/150	166.7	0.154	65
	2/150	333.3	0.218 9	46
	1/250	277.8	0.2	50
涤纶丝 (1.34)	1/40	44.4	0.078	128
	1/45	49.95	0.083	121
	1/50	55.5	0.087	115
	1/70	77.7	0.103	97
	1/75	83.3	0.107	93
	1/100	111	0.123	81
锦纶丝 (1.14)	1/40	44.4	0.079	126
	1/45	49.95	0.084	119
	1/50	55.5	0.089	113
	1/60	66.6	0.097	103
	1/75	83.3	0.109	92
	1/100	111	0.125	80
	1/120	133.2	0.137	73
	1/150	166.5	0.153	65
	1/250	277.5	0.198	51

对于各种不同用途的产品,如服用绸、工业用绸、医用绸及其他用绸,应根据不同的穿用场合及使用特点迁配合适的密度,并且在织物上机后,还需进行必要的调整,尤其是纬密的调整。

(六) 装造形式与织物密度设计的关系

1. 穿筘

筘号越大,上机经密越大,对于同一筘号的钢筘,穿筘数越多,则经密也越大,反之亦然。凡属经纬密度配置不当,可用改换筘号或改变筘穿入数的办法调节经密。如某设计经丝筘穿入数为 2 根,筘号用 25.5 羽/cm,折合机上经密约 51 根/cm,筘号改用 26 羽/cm,织物机上经密即为 52 根/cm,若筘号改用 25 羽/cm,则减至 50 根/cm。但此法费工费时,且织物成品幅度也随之改变。影响产品的生产和使用,通常以更改纬密方法来纠正密度配置不当的弊病。

2. 穿综

在同种条件下,经密随穿综数的增加而增加。对于边组织而言,为达到边部经密大于布身经密的目的,可有目的地在每个综眼中穿 2 根或 2 根以上的经丝。

3. 提花机装造

提花织物的经密受纹针数和花幅的限制。当花幅不变时,纹针数越多,经密越大。如纹针数一定,花幅越大,则经密越小。而在实际设计时,往往根据上机经密和花幅来确定采用何种装造形式。在纹针数相同的条件下,双把吊、三把吊、四把吊的经密,分别是单把吊经密的二、三、四倍。因此,为了既要保证一定的花数,又要增加经密,可充分利用把吊装置。

另外,织物纬密在试织过程中可随意调节,故纬密设计比经密有较大的灵活性。但一些对纹样的外形有严格要求的圆形、团花、方形装饰绸、像景等织物,都不能随意更动纬密。否则,会使花型产生变形,造成次品。

织物的纬密应比经密小,原因如下:

(1) 经丝采用的原料较好,上机张力大,丝线平整,丝光足,对织物的质地有较大影响。

(2) 经丝纤度一般比纬丝细,有利于提高生产效率。在同样车速下,纬密少产量高。

(3) 便于生产,当产生织疵时拆纬方便。

经密与纬密之比应依据经纬丝的纤度、织物组织结构和织物的使用特点而定。有的丝织品的经纬密度十分接近,两者差异一般少于 10%,如乔其纱,而有的经纬密度可相差50%～60%。一般情况下,平纹织物纬密少于经密 20%～30%,斜纹为 30%～40%,而缎纹则在 50% 左右为好。

总之,织物经纬密度设计得恰当与否,对整个设计成败有着举足轻重的影响。对密度有影响因素较多且又比较复杂的织物,在设计时,除考虑以上因素外,还应借鉴历史品种,做到织物密度设计既稳又准。

五、丝织物幅度的设计

丝织物幅度即成品的纬向长度,又称门幅、幅宽。设计织物幅度的目的是为了合理选择钢筘,只有确定了织物的成品幅宽,才能根据织物的幅缩率来计算筘幅及设计经丝的每筘穿入数。

(一) 成品幅宽

确定成品幅度的主要依据有以下几点:

1. 织物用途

丝织物的用途主要可分为服装应用与装饰应用两种。服装用织物,其成品幅宽是随不同历史时期的不同款式和流行趋势而变化的,且裁剪方式的不同也会影响幅宽。装饰用丝织物,幅宽关键所在由装饰内容的结构和要求而定。装饰织物日趋多样化,了解这一消费特点也将有助于幅宽的设计。

2. 生产工艺

主要指织物织造、染整及服装工业的设备对幅宽的影响。从方便生产、便于管理的角度分析,不希望织物的幅宽规格太繁杂。制衣工业中的机械化裁剪也不希望幅宽的规格太多。为了适应生产工艺的要求,应尽量减少丝织物门幅规格种类,并逐步实现规范化、标准化,便于生产及使用。

常见丝织物的成品幅宽如表 7-6 所示。

表 7-6 常用丝织物成品幅宽范围

分 类		主要用途及适用范围	规 格(cm)	
			成 品 幅	长 度
服用	内 销（外幅）	中式服装面料	70~80	
		服装、裤料	92	
		薄型衬衣、裙料	114	
		仿毛类面料	144	
	外 销（内幅）	日本(和服料)	37 或 74	
		港澳、欧美	114 或 144	
		亚非	90	
装饰用	被面	普通	135	196
		加长	140	220
	床罩	单人床	160	254
		双人床	224	267
			244	274
		大号双人床	259	305
	台毯	小方台毯	98	98
		中方台毯	120	120
		大方台毯	134	134
		花缎台毯	145	200
		织锦台毯	156	100
	靠垫	方靠垫	46	46
		大方靠垫	58	58
		圆靠垫	直径 35	

从发展趋势看,无论是内销还是外销,门幅窄的产品越来越不受欢迎,织物都有向阔幅方向发展的趋势。

(二) 筘幅计算

织物成品幅宽确定后,应按织物所采用的原料、经纬密度、组织结构等情况制定上机所需的筘幅及筘内幅。

$$\text{幅缩率} = \frac{\text{筘内幅} - \text{成品内幅}}{\text{成品内幅}} \times 100\%$$

$$\text{筘内幅(cm)} = \text{成品内幅} \times (1 + \text{幅缩率})$$

$$\text{筘幅(cm)} = \text{筘内幅} + \text{筘边幅} \times 2$$

幅缩率的确定一般先凭经验或借鉴历史资料初步选定一数值,当试织得出结果后,再根据实测织物的宽度求出有关的幅缩率,再重新调整设计。边幅与绸身一样,也有一定的幅缩率,但因边幅小,幅缩率可忽略不计,可直接用边幅代替筘边幅。筘边幅的设计视品种而定,一般不超过1 cm。习惯上,素绸边幅控制在0.5~0.75 cm,提花绸边幅在0.75~1 cm。

六、筘穿入数的设计和筘号的选择

(一)筘穿入数的设计

经丝按一定规律穿过钢筘,每筘齿穿入经丝的根数称为几穿筘或几穿入。确定筘齿穿入数的原则是既要保证织造工艺的正常进行,又要考虑对织物外观和质量的影响。一般情况下穿入数以少为好,但最低不少于2,最多不超过8。如果采用1穿入的话,织物平整细洁,但由于丝织物经密比其他织物大得多,1穿入需要很大的筘号才能制织,筘号的制作还达不到这个要求。目前只有经密小的大条丝织物等粗犷型呢类产品才选用1穿入。如果筘入数大于8,则筘齿所隔经丝的筘路就越明显,影响织物外观。在设计筘穿入数时,一般根据以下几点来确定:

1. 组织结构

组织结构是确定筘穿入数的重要依据。一般而言,筘穿入数为织物组织经丝循环数的整数倍或约数,能使织物较少出现规律性很强的筘痕。还需注意的是缎纹组织的穿筘数一般不能与其飞数相吻合。如五枚缎的穿入数一般不选用2或3,2穿入需要很大的筘号,一般不采用,3穿入时面料会出现明显筘痕。所以,五枚缎的穿入数一般为4或5。

2. 经丝的密度和丝线线密度

经丝密度越大,每筘穿入数越多。同一筘齿内的穿入数又受丝线纤度的限制,经丝越粗,在其提升过程中相互夹带就越厉害。所以,从这点来说,穿入数应随着经丝纤度的增加而减少,以避免互相影响。

3. 经丝原料

经丝在织造过程中,受到反复拉伸与摩擦,因此其上机工艺应适应原料本身的性能。如桑蚕丝由于强力较高,线密度较小,且生丝外有一层丝胶,不易擦毛与断裂。故,允许采用最大的筘号(39羽/cm),若采用4穿入,最大上机经密可达156根/cm,如塔夫绸。黏胶丝线密度较大,强度不高,所以筘号不宜太大,穿入数一般在6以内。合纤丝在织造过程中会产生静电,为了尽量减少经丝的摩擦,宜选用较小的穿入数。

(二)筘号的选择

筘号是钢筘规格的一种表示方法。丝织行业以一厘米宽内含有多少筘齿即为多少号筘,也称之为多少羽。

丝织工业常用筘号是12~32羽/cm,最低可用6羽/cm,最大可用39羽/cm。筘号的计算公式:

$$\text{筘号(羽/cm)} = \frac{\text{内经丝数}}{\text{筘内幅} \times \text{每筘穿入数}}$$

筘号计算时取小数点后一位,并归并到 0.5 或 0,即 2、7 舍,3、8 进。如计算结果为 11.3,应取 11.5;如为 11.2,应取 11;而 11.8,则进到 12。筘号选定后,应按此筘号重新调整计算内经丝数。

第三节 丝织物新品种的开发

一、真丝交织产品

(一) 丝棉交织产品

1. 丝棉交织产品开始出现发展势头

丝绸面料以其固有舒适、华贵的品质一直受到世界各国人民的喜爱。但丝绸面料也因其在抗皱、保色性较差及价格较贵等方面的因素,一直制约着服用市场的进一步拓展。因此,找到一种既具有丝绸面料的特性,又在价格和服用上具有优势的面料成为面料生产厂家、服装厂家和各中间商共同感兴趣的课题。近两年来,对于丝棉交织面料的开发和应用已成为市场发展的热点。

2. 丝棉交织面料的发展原因及其前景

(1) 随着全球气候的变暖,对于轻薄型的贴身服用面料的市场需求势必会进一步扩大。

(2) 随着人们生活水平的提高,一般消费者购买一件衣服,特别是春夏装不可能穿用三年或则五年。这样,消费者服用周期的缩短,也导致了市场对轻薄型面料需求的扩大。

(3) 作为春夏服用的面料大多都是贴身穿着,这样对于面料的纺织纤维使用上势必要求是纯天然的,或者至少具有天然纤维特性的部分人造合成纤维。一般的化纤面料不可能成为市场主导。

(4) 纯丝绸面料由于近年来原料市场上价格的异常波动及蚕丝本身价格的昂贵,导致了面料价格的昂贵和面料织造厂家、服装厂家及各中间商的贸易风险。而丝棉交织产品由于用丝量的减少,而棉纱的价格相对于蚕丝的价格又十分低廉和稳定。所以,丝棉交织面料价格上要比纯丝绸面料低一半以上,再由于棉纱价格的相对稳定导致了丝棉交织面料价格的相对稳定。这一点就给织造、服装加工及各贸易商降低了市场风险,容易形成产业链。

(5) 丝棉交织面料的舒适性、透气性比纯丝绸面料更好。棉纱的吸湿回潮率在所有的天然纤维中是较好的,而棉纤维制品的服用面料和家纺面料的舒适性是其他纤维无可替代的。这样丝棉交织面料既有纯丝绸面料华贵的一面、又有棉织面料舒适性的一面。所以丝棉交织面料的服装有价格低、穿着舒适等特点。

(6) 春夏装面料以轻薄型为主。纯棉织面料如果要做到 20 m/m(即 86 g/m²)以下,就十分困难,即使能够做到,面料风格的局限性很大。丝棉交织面料主要是 20 m/m 以下,一般以 8～15 m/m 更为常规。再通过面料组织的变化,既可以做成网眼空状的,又可以做成经纬密十分细密的风格,这些都是轻而易举的事情。所以,特别适合春夏装面料需求的多样性,并且进一步有助于推动春夏装的时装化。

(7) 丝棉交织面料在后处理及服装洗涤后的打理上比纯丝绸面料的服装更为容易。这也为人们快节奏的生活和服用市场的扩大提供了便利和可能。

(二) 珍珠真丝纤维护肤内衣

现代气流粉碎技术将不适用于珠宝饰物的中低档珍珠的超细粉碎。这样会使粉体中的角硬蛋白和无机碳酸钙等矿物与再生纤维素(黏胶)溶液混炼纺丝成珍珠纤维。这种纤维含有

16 种微量元素和 15 种以上氨基酸,若与天然真丝等纤维配伍开发内衣,其氨基酸含量将大为增加。其中,以碳酸钙为主的矿物元素能与人体汗液中的乳酸反应生成能溶于水的乳酸钙等盐类等物质,后会被皮肤吸收,可能增进人体健康,减缓皮肤衰老。珍珠纤维与真丝两种纤维优势叠加,长短互补,使护理和保健功能通过贴身内衣直接作用于身体。产品经过甲壳素整理后具有明显的抑菌性,通过这些技术措施可使产品达到保湿、护肤、保健和持久抗菌等多方面效果。

二、节能环保新产品——蚕丝针刺无纺布

由江苏某丝绸公司新近自主研发的新产品——蚕丝针刺无纺布,采用纯天然蚕丝原料,运用蚕丝新型精练技术和丝胶固化技术,直接利用纤维通过各种纤网成形的方法,形成新型纤维制品。该产品具有多种特点:一是纯天然、透气保湿,利于护肤保健;二是不脱胶,不添加任何化工助剂,节能环保,降低生产成本;三是原料丰富,成本低廉,投资效益明显。蚕丝针刺无纺布保留了蚕丝原有的优良性能,实现了工艺技术的创新。其生产过程安全卫生,不会对环境造成污染,达到了蚕丝制品不板结、不发黄、防虫蛀、寿命长的特点,大大提升了绿色健康丝的适用性,改变了蚕丝仅能用作服饰的单一用途。它可广泛应用于美容护肤、卫生保健、饮用过滤、服装、床上用品、医用纺织品和婴幼儿用品等多个领域。蚕丝针刺无纺布技术的研发促进了丝绸纤维材料的创新,提高了产业的科技水平和深加工水平。

三、丝绸家纺产品

家纺行业在原料使用上,除传统的棉、羊毛外,真丝及包芯、交织混纺产品更多地进入家纺产品行列。真丝床上系列产品、提花窗帘、装饰墙布、毛巾等系列产品及挂毯、台布产品相继推出。它拥有高档华贵感并且保健、绿色、环保,受到越来越多消费者的喜爱,产品市场份额在逐年递增。我国作为丝绸大国,发展家用丝绸产品具有独特优势。目前我国在不断提高传统丝绸服用产品质量档次、开发新产品的同时,正大力发展家用丝绸产品、产业用丝绸产品,以适应国内外市场的变化需求。家用丝绸产品作为新兴的家纺产品成员之一,有较大的市场发展潜力,前途十分广阔。

我国发展家用丝绸产品还具有良好的原料设备基础。随着电子提花织机引进、电脑设计、数码喷墨印花技术的推广,新型原料及各种复合工艺技术的采用,加之具有艺术感、时代感、民族感的产品设计,为家用丝绸产品的开发和生产提供了坚实的基础。同时,随着功能性后整理技术的发展,如各种涂层、阻燃、变色、驱蚊、去污等后整理技术的应用,增加了家用丝绸产品的柔软性、舒适性以及产品遮光性、透气性、变色性和驱蚊性等功能,大大提高了产品附加值,扩大了家用丝绸产品的应用领域。

针对提花或印花织物易污及不易清洗的缺点,目前除了美国公司研制生产的集防油、防水、防污多种功能的整理剂之外,纳米技术和纳米材料 Teflon Nanotec 已开始运用于丝绸家纺产品中。普通丝绸家纺产品的表面经物理、化学两种纳米方法处理后,便有了很强的自洁能力,不沾水、不沾油,并具有很强的抗紫外线功能。又如纳米技术应用在蚕丝上,使纳米丝胶溶于纤维空隙及织物表面,面料既保持了真丝特有的天然性,又具有防尘、防污和防紫外线等功能,这一新产品的研制成功,解决了以前用丝绸面料做家纺产品难保养的问题,为丝绸产品进入家纺领域提供了便利。

思考题：

1. 丝织物的风格特征是什么？
2. 如何确定丝织物的密度？
3. 丝织物的原料混用应该注意什么？
4. 如何在丝织物中正确使用化学纤维？
5. 掌握丝织物产品中经纱为股线和纬纱为单纱结构与织物风格的关系。
6. 掌握丝织物的分类编号方法。

麻织物设计 | 第八章

第一节　麻织物的分类及风格特征

一、麻纤维概述

(一) 麻纤维的特性

　　麻纺织品是以麻纤维或麻纤维与其他非麻纤维混纺制成的纱线和织物,包含各种含麻纤维的交织物。麻织物具有吸湿散湿快、断裂强度高、耐腐蚀、具有一定的抗菌性等优点,也有弹性差、断裂伸长小、耐磨性差等缺点。麻的范围很广,品种繁多,不下百余种,其纤维性能差异悬殊很大。因此,麻纺织品须从其原料上进行区分。

　　在我国麻的概念是泛指属于麻类的双子叶多年生或一年生的草本植物茎杆上的韧皮中的纤维。如苎麻、亚麻和黄麻等,不仅指它们的植物,而且其韧皮纤维都可称为麻。因其纤维取自韧皮,故常称为韧皮纤维。此外,麻纤维还包括单子叶植物从其叶脉、叶鞘获得的维管束纤维等。如剑麻、蕉麻等,常称其为叶纤维。

　　各种麻纤维的性能各异。纺织加工的工艺设备、产品品质及其用途也各不相同。目前发现的产品中,最精细的织物面密度仅为 $42.87 \ \mathrm{g/m^2}$(湖南马王堆汉墓出土的精细夏布);最粗糙的麻袋布面密度达 $500 \sim 600 \ \mathrm{g/m^2}$。由于叶纤维粗硬,常称为硬质纤维,但因其强度高且耐海水腐蚀等特点,故广泛用于制作船用绳缆和网具等产品,很少用于织物。

(二) 麻纤维的种类

　　麻纤维可分为苎麻、亚麻、黄麻、洋麻、苘麻、大麻、剑麻、蕉麻等八类。其中前六类为韧皮纤维,后两类为叶纤维。此外,还有列为野杂纤维的胡麻与罗布麻等。

(三) 麻纺织品的种类

　　按不同类别的麻纤维特性,采用四种不同的工艺设备,纺织成四种类别的麻纺织品。

　　1. 苎麻纺织品

　　以纯纺为主,也可与其他纤维(涤纶、棉等)混纺和交织。

　　2. 亚麻纺织品

　　以纯纺为主,也可与其他纤维混纺和交织,其油用种亚麻(俗称胡麻)因纤维粗硬,目前只能用于粗织物;因大麻纤维的性状与亚麻相似,在欧洲常用作亚麻的代用品。在我国大麻尚未用作纺织原料,仅用于民用手工线和绳索等。

　　3. 黄麻纺织品

　　原料除黄麻外,洋麻及苘麻均视作它的类似纤维或代用品,可单独或混合使用。尤其是洋麻,在我国更显突出,已占黄麻、洋麻总年产量的 80% 以上。苘麻因其纤维粗硬,已逐渐被淘汰,仅有少量生产,供一般民用。

以上三种麻纺织品均有麻纱线和麻织物两类产品。

4. 叶(硬质)纤维纺织品

以剑麻或蕉麻为原料,除国外有少量用于编织麻袋布等粗织物外,一般都用于纺制绳、缆等,供船用、渔业和其他工业用,其绳、线产品在我国称之为白棕绳。

(四) 苎麻纤维及织物特点

苎麻织物的风格由苎麻纤维的特性所决定,但也与脱胶、梳纺工艺、织物的组织结构及印染后整理工艺等有密切关系。苎麻纤维由一个单细胞形成,纤维横截面有椭圆形或腰圆形等,纵向呈带状,表面光滑,无自然转曲,但有结节,单纤维细度为 4.4~8.3 dtex,长度为 20~300 mm以上,在麻类纤维中以苎麻纤维较细长(与大麻、黄麻、亚麻相比)。因此,苎麻纤维适合纺低线密度麻纱和制织轻薄麻织物。苎麻纤维中间有一条沟状的空腔,故其透气性好,湿传导率高,易向外发散,吸收水分快、发散亦快,有利于散热散湿。故使苎麻及其混纺交织织物具有透气,吸湿排汗和出汗不贴身等优点。织物随着苎麻纤维含量的增多,凉爽感增强,适宜做夏季衣料以及各类窗帘、蚊帐和装饰布等。

苎麻纤维分子结构排列整齐,结晶度及取向度均高,所以苎麻纤维断裂强度高,断裂伸长小,不耐曲折,勾结断裂强度差,湿强比干强增加 16%~18%。因此,苎麻与其他纤维混纺、交织及合捻的织物手感挺括。

苎麻纤维结晶度及取向度高,使染料分子不易渗透,上染率和湿摩擦色牢度差,且色光不鲜艳。同时织物伸长小,在漂练前处理工艺上,染料助剂筛选、染色工艺研究及花型选择、色彩配合上,应考虑苎麻纤维的弱点,扬长避短。

由于苎麻纤维与棉、毛、丝等天然纤维相比,细度粗且不匀。苎麻纤维的品质受品种、种植条件、收割时期、栽培地区等不同条件的影响,以头麻最好,二麻次之,三麻最差。在同一麻株上,纤维细度差异也较大,从根部到梢部纤维细度由粗变细,差异在 20%~25%。梢部未成熟纤维多,纤维之间的胶质难以去除,再加煮练均匀度和拷麻操作上的差异,脱胶后仍遗留部分纤维束存在,俗称"硬条"并丝,这是梳纺过程中形成大小节较多的原因之一。由于苎麻纤维半制品回潮率变化大,以及操作上的原因,会造成麻纱长片段不匀、布面粗细不匀、条影明显,故而形成麻织物独特的外观特点,织物中苎麻纤维含量越高,麻织物的外观特点愈明显。由于苎麻纤维伸长小,纵向呈带状,无自然转曲,故抱合力差。短麻纺与长麻纺相比,其抱合力、条干、大小节和布面平整度等方面较好。短麻纺的可纺线密度较大,能使织物具有一种粗犷的线条,适宜做各种外衣面料及装饰用布等。

为了突出麻织物的风格,采取较稀疏的经纬密度,组织结构上采用重平、方平、提花等组织,增加透气性及长片段不匀,亦可采用加入各种短纤,人为纺出很多不规则的大小节,更能突出麻的风格,苎麻织物手感较硬挺,线密度较大,布面显得粗糙,穿用初期有刺痒感。因此,在印染时采用碱处理、液氨处理以及柔软整理等加工工艺;对涤麻织物采用碱减量及树脂柔软整理,使织物具有滑、挺、爽的手感,提高服用性能。

苎麻纤维有不易受霉菌腐蚀和虫蛀等特点,故其纯纺、混纺、交织、合捻等织物能经久耐用。但机制麻布在结实耐用方面比不上夏布,因为夏布纤维间有伴生胶质,这些胶质是天然树脂保护层,减少纤维间的摩擦,使纤维耐磨增加,如有些夏布蚊帐可用四五十年。

二、服用麻织物的分类

(一) 按纤维种类分

服用麻织物按纤维种类可分为苎麻织物、亚麻织物、黄麻织物、荨麻织物、大麻织物、罗布麻织物及其他麻织物。

（二）按原料组成分

服用麻织物按织物原料组成有纯纺麻织物、混纺麻织物和交织麻织物之分。

（三）按印染加工分

服用麻织物按印染加工可分为漂色布、印花布、色织布与整理布四种。

1. 漂色布

苎麻及其混纺交织布的布匹出口较多,但一般不使用本色坯布,必须经印染整理。它包括平纹及提花组织,坯布经烧毛退浆、漂练丝光、复漂增白或染色、拉幅等工序,根据漂练染色要求的不同,可分为漂白布及染色布。

2. 印花布

坯布经漂练后,再经印花工序而成的织物称印花布。

3. 色织布

用色纺纱、染色纱或花式线、花式纱所织成的织物,根据织物用途不同进行不同印染及整理而成各类色织布。

4. 整理布

除上述各种印染加工外,为使织物具有特定的外观和性能,还可采用轧花、树脂、柔软、防水、防缩或阻燃等不同工艺分别制成具有一定特性的织物。

为与国内外市场要求统一起见,我们采用了按纤维种类分类的方法,分为纯苎麻布、苎麻与化纤混纺交织布及苎麻与天然纤维混纺、交织、合捻布。由于其纤维和用途不同,产品的印染工艺和整理要求也不同。

（四）按用途分

服用麻织物按用途可分为服用麻织物、装饰用麻织物和产业用麻织物三种。

服用麻织物是各类男女服装用麻织物。装饰用麻织物,主要如麻烙花壁挂装饰布、麻毯、地毯基布、家具罩等。产业用麻织物,主要如各类管带基布、消防水龙带、水土保持与植被培育用麻织物等。

第二节　麻织物的分类编号与风格特征

一、麻织物的分类编号

（一）麻织物分类编号状况

1. 苎麻与亚麻织

苎麻织物由于开发较早,形成了一定产品系列和生产工艺方法。因此,其分类编号较为规范完整,亚麻织物也有较为规范的编号。

2. 其他麻织物

近几年开发的新型麻织物品种,由于生产时间短,还没有形成自己的产品系列和较完整的生产工艺,大多数都是在苎麻生产工艺方面的改进。产品也是由棉产品和苎麻产品风格及品种等进行开发生产,所以其他麻织物分类编号仿照苎麻织物的分类编号进行。

（二）苎麻织物的分类编号

1. 编号方法

苎麻织物编号由原料代码加四位数字组成,原料代码用大写英文字母表示,如♯＊＊＊＊＊。

亚麻织物的品号由三位数字后跟短横线短横先后再跟两位数字表示,如＊＊＊—＊＊。

2. 苎麻织物的编号

英文字母中,R—纯苎麻,RC—苎麻与棉混纺,TR—苎麻与涤纶混纺等。四位数字中,最左边第一位表示加工类别:1—漂白布,2—染色布,3—印花布,4—色织布;第二位数字代表品种类别:1—单纱平纹织物,2—股线平纹织物,3—单纱提花布,4—股线提花布,5—单纱交织布,6—股线交织布,7—单纱色织布,8—股线色织布。最后两位是生产序号。

苎麻坯布编号由英文字母与三位数字组成,英文字母 R—纯苎麻,RC—苎麻与面混纺,TR—苎麻与涤纶混纺等。三位数字左边第一位代表加工类别,后两位为产品生产序号。

3. 亚麻织物的编号

亚麻织物编号中,左起第一位表示品种类别:1—纯亚麻酸洗平布,2—纯亚麻漂白平布,3—亚麻交织布,4—亚麻绿帆布,5—棉麻交织帆布,6—亚麻原色布,7—斜纹亚麻布,8—提花组织亚麻布;第二、三位数字表示生产序号;横线后两位数字代表加工工艺:01—丝光工艺,21—色织工艺,41—染色工艺,61—化学整理工艺,81—印花工艺。

二、麻织物的风格特征

(一)苎麻织物

1. 苎麻纤维的纺织特性

苎麻纤维具有吸湿、散湿快、光泽好、断裂强度高、湿强更高、断裂伸长率小、遇水膨润性良好等特点。苎麻织物挺爽透气性好,适宜做夏季服装、床单、被褥、蚊帐和手帕等。也可用作有特殊要求的国防和工农业用布,如皮带尺、过滤布、钢丝针布的基布、子弹带、水龙带等。苎麻织物的抗皱性和耐磨性较差,折缝处易磨损,吸色性差,表面毛羽较多,如作为衣着或家用织物时,在使用前宜先浆烫。由于苎麻纤维的长度差异较大,纺纱工程中易形成粗节纱、大肚纱,并表现于织物表面。因此,一般仿麻织物常用竹节花色纱织制,以形成麻的风格。

苎麻的单纤维长度整齐度差,最长者可达 600 mm,平均长度仅约 60 mm。因此,在纺纱工艺中必须采取切断或拉断工艺,并要通过精梳工艺去除短纤维,以改善其可纺性。

2. 苎麻织物按纤维长度分类

(1)长苎麻纤维麻织物。

长苎麻纤维麻织物以纯纺为主,其大宗产品经纬纱多为 27.8 tex 的平纹、斜纹或小提花织物,大多是漂白布,也有浅杂色和印花布。中国的抽绣品,如床单、被套、台布等,常以苎麻织物为基布。也有线密度为 20.8 tex、16.7 tex、13.9 tex,甚至小于 10 tex 的苎麻纱制织的精细苎麻布;有的采用未经缩醛的维纶纤维与苎麻纤维混纺纱,织成织物后再溶除维纶,制成精细的纯苎麻织物;还有苎麻与化纤混纺或交织产品,如苎麻和涤纶混纺,既有苎麻凉爽透气的特性,又有涤纶的挺括、耐磨和坚牢等优点。

(2)短苎麻纤维织物。

用苎麻精梳落麻或切段成棉型长度(一般为 40 mm)的苎麻为原料,以混纺为主的织物。混纺比一般为苎麻和棉各 50%,织制经纬纱线密度为 55.6 tex 的平布或斜纹布,专供缝制低档服装、牛仔裤以及茶巾、餐布、野餐布等大宗产品。苎麻短纤维也可与其他纤维混纺,制成别具风格的雪花呢或其他色织布,供缝制外衣用。

(3)中等长度苎麻纤维织物。

用切段成中等长度(90～110 mm)的苎麻纤维为原料,以混纺为主的织物。一般与涤纶混纺,混纺比为涤/苎麻 65/35、45/55 等,织制经纬纱线密度为 18.5 tex×2 或其他线密度的混纺织物,用作春秋外衣料;也可织制经纬纱线密度为 18.5 tex 的单纱织物,做夏季衣料。其特点是苎麻纤维无需经精梳工艺,制成率高,成本低,适宜做大众衣料,尤以色织效果较好,经整理加工后既有毛型感,又有挺爽透气之特点。

中等长度苎麻纤维织物还有苎麻与其他中等长度纤维,如黏胶等化纤、丝、毛等的混纺织物,也可与棉混纺,该类织物工艺灵活,品种广泛。

3. 苎麻织物的品种及风格特征

(1)纯苎麻布。

用苎麻原麻经脱胶、梳理,取其精梳长纤维纺制成纯苎麻纱织制的布称为纯苎麻布。它多数是中、低线密度的纱织成单纱织物,具有强度高、手感挺爽、丝一样光泽、透气性好、吸湿散湿快、服用卫生良好等特点。但易起皱,不耐曲磨,成衣的袖口、领口处易磨损,一般用作床单、床罩、枕套、台布、餐巾等工艺美术抽丝品及夏令服装。常见规格如表8-1所示。

表 8-1　纯苎麻织物规格

织物名称	幅宽(cm)	原纱线密度(tex)		织物密度[根/(10 cm)]		无浆干燥面密度(g/m²)	断裂强力(N)		织物组织
		经向	纬向	经向	纬向		经向	纬向	
苎麻细布	107	18.5	18.5	275	309	105	333.2	490	平纹
苎麻细布	81	27.8	27.8	205	232	116	509.6	588	平纹
苎麻细布	85	27.8	27.8	205	232	116	509.6	588	平纹
苎麻细布	97	27.8	27.8	205	232	116	509.5	588	平纹
苎麻细布	107	27.8	27.8	205	232	116	509.6	588	平纹
特阔纯苎麻布	261.5	27.8	27.8	214.5	242	124.8	529.2	607.6	平纹
纯麻单纱提花布	97	27.8	27.8	205	232	116	509.6	588	提花

(2)爽丽纱。

爽丽纱是纯苎麻细薄型织物的商业名称。因具有苎麻织物的丝样光泽和挺爽感,又是低线密度单纱织成的薄型织物,略呈透明,薄如蝉翼,相当华丽,故取名爽丽纱。

爽丽纱的经纬向都是苎麻精梳长纤维纺成的 16.7～10 tex 单纱。由于苎麻纤维刚性大,细纱表面的毛羽多而长,弹性伸长率和耐麻性较差,给织造带来了困难,尤其是单纱织物的生产难度更大。过去采取单纱烧毛、单纱上浆和大幅度降低织机速度等方法以利织造,但生产效率很低,产量少。由于该织物在国际市场上属名贵紧俏的商品,是制作高档衬衣、裙料、装饰用手帕和工艺抽绣制品的高级布料,原有产量难以满足市场需求。近年来,研究成未经缩醛化的水溶性维纶纤维与苎麻长纤维混纺,混纺比例一般为麻 65%～75%、维纶 35%～25%。两种纤维混纺后,改变了纯麻纱的物理性状和外观质量,有利于织造的顺利进行。用一般织造方法织成坯布后,在漂白整理过程中溶除掉维纶纤维,可获得纯麻低纱线线密度的薄型织物。我国在 20 世纪 80 年代初进行试制,并投入了批量生产,进入国际市场后供不应求。

(3)涤麻混纺织物。

以涤纶短纤维与苎麻精梳长纤维混纺的纱线织制的织物称为涤麻(麻涤)混纺织物。混纺比例中涤纶含量大于麻纤维的称涤麻布;麻纤维含量大于涤纶纤维的称麻涤布。涤麻(麻涤)混纺后,两种纤维性能可取长补短,既保持了麻织物的挺爽感,又克服了涤纶纤维吸湿性差的缺点,是夏令衬衫、上衣及春秋季外衣等的高档衣料。成衣穿着舒适,易洗快干,常称为麻的确凉。

其大宗产品有以涤纶 65％、苎麻 35％混纺的涤麻布；麻 55％、涤纶 45％或麻 60％、涤纶 40％混纺的麻涤布。涤麻混纺坯布的主要品种规格如表 8-2 所示。

表 8-2　涤麻混纺坯布的主要品种规格

织物名称	幅宽(cm)	原纱线密度(tex)		密度[根/(10 cm)]		断裂强力(N)		织物组织	涤麻混纺比(％)
		经	纬	经	纬	经向	纬向		
涤麻细布	96.5	18.5	18.5	303	286	352.8	313.6	平纹	65/35
涤麻细布	96.5	20.8	20.8	276	264	392	392	平纹	65/35
涤麻半细布	93.5	10×2	20	272	260	441	392	平纹	70/30
涤麻全线布	97	13.9×2	13.9×2	302	252	588	490	平纹	65/35
涤麻全线布	97	18.5×2	18.5×2	236	206	637	529.2	平纹	65/35
涤麻全线布	97	20.8×2	20.8×2	228	201	607.6	548.8	平纹	65/35
涤麻全线布	93.5	10×2	10×2	272	201	441	441	平纹	70/30
涤麻单纱提花布	96.5	18.5	18.5	303	286	313.6	313.6	提花	65/35
涤麻半线提花布	93.5	10×2	20	272	260	392	392	提花	70/30
涤麻全线提花布	91.5	10×2	10×2	327	300	656.6	480.2	提花	70/30

（4）涤麻混纺花呢

涤麻、麻涤混纺花呢是指以苎麻精梳落麻或中等长度精干麻等苎麻纤维，与涤纶短纤维混纺的纱线，织制成的中厚型织物。其产品大多设计成隐条、明条、色织、提花，染整后具有仿毛型花呢风格，故以"花呢"命名。织物中，涤纶含量大于 50％的，称涤麻花呢；反之则称麻涤花呢。

混纺用的苎麻纤维，一般采取苎麻精梳落麻和中等长度苎麻纤维（长 90～110 mm）两种。混纺用的涤纶纤维规格一般为细度 2.8～3.3 dtex、长度 65 mm 的散纤维。

纺纱可在化纤中长纺纱机械或略加改造的棉纺机械上进行，也可采用粗梳毛纺（紬丝纺）设备系统等。采用中长纺纱设备可纺制线密度 20.8～18.5 tex 的混纺纱。

生产涤麻和麻涤混纺花呢的纺织加工工艺要点：一般采用小量混棉，经二刀二箱的清棉机组进行充分混合，以梳针滚筒开松及综合式打手清棉机为宜；在纺纱各工序中麻纤维的损落较多，且麻与涤的回潮率又不同，在投料时适当增加麻纤维的磅见量，以保证成品的混纺比例；织造时用一般棉织、色织、提花的工艺设备，股线织物可不经定捻处理；染整以松式并经蒸呢处理者更具毛型感，但紧式染整也可应用。

涤麻或麻涤混纺花呢是近年来开发的新品种，成品外观类似毛料花呢，但具有苎麻织物的挺爽感，又有洗可穿、免烫特点；内在质量比一般涤粘类化纤织物有"身骨"，成品缩水率在0.5％～0.8％，适宜做春秋季男女服装的面料，其单纱织物也可用于制作衬衫料。主要品种规格如表 8-3 所示。

（5）涤麻派力司。

涤麻派力司是一种按毛织物"派力司"风格设计的涤麻混纺色织物。布面具有疏密不规则的浅灰或浅棕（红棕）色夹花雨丝条纹，采用平纹组织，形成了派力司独到的外观风格。涤麻派力司有纱织物、半线及全线织物等。

表 8-3　涤麻混纺花呢织物规格表

织物名称	幅宽(cm)	原纱线密度(tex)		织物密度[根/(10 cm)]		织物组织	涤/麻混纺比(%)
		经向	纬向	经向	纬向		
涤麻隐条呢	92	18.5×2	37	223	206	平纹隐条	65/35
涤麻隐条呢	92	18.5×2	18.5×2	225	212	平纹隐条	65/35
涤麻明条呢	92	18.5×2	18.5×2	220	205	平纹明条	65/35
涤麻条花呢	92	18.5×2	18.5×2	228	212	平纹色织	65/35
涤麻格子花呢	91.4	18.5×2	18.5×2	242	235	色织提花	65/35
涤麻单纱布	91.4	18.5	18.5	303	286	平　纹	65/35
涤麻板司呢	92	20.8×2	20.8×2	244	236	色织提花	65/35
涤麻锦花呢	92	20.8×2	20.8×2	244	236	色织提花	65/35
麻涤树皮绉	92	20.8×2	20.8×2	220.5	205	色织提花	50/50
麻涤菱花呢	92	20.8×2	20.8×2	220.5	205	色织提花	50/50
麻涤影格呢	91.4	20.8×2	20.8×2	220	197	色织提花	50/50

涤麻派力司采用的苎麻纤维是精梳长纤维；涤纶为细度 3.3 dtex、长度 89～102 mm 的毛型纤维。混色方法可按产品色泽深浅要求，以有色涤纶与本白涤纶纤维相混成条，再和苎麻精梳条按涤麻额定混纺比进行条混，纺成夹花有色纱线后织造。也可采用纱线扎染方法，染成间断条纹状色纱线后织造。

涤麻派力司既具有苎麻织物的吸湿放湿快、手感挺爽的特点，又具有快干易洗及免烫的特点。改善了一般化纤织物的穿着闷热感，宜作春末秋初及夏季男女服装用料。涤麻派力司品种规格如表 8-4 所示。

表 8-4　涤麻派力司织物规格表

织物名称	幅宽(cm)	原纱线密度(tex)		织物密度[根/(10 cm)]		涤/麻混纺比(%)
		经向	纬向	经向	纬向	
涤麻派力司	92	25(40)	25(40)	224	216	75/25
涤麻派力司	96.5	13.9×2(72/2)	25(40)	232	223	80/20
涤麻派力司	92	12.5×2(80/2)	18.5(54)	245	226	65/35
涤麻派力司	92	16.7×2(60/2)	16.7×2(60/2)	250	206	65/35

（6）鱼冻布。

鱼冻布是我国古代用桑蚕丝与苎麻交织的织物，又名鱼谏绸。据明代屈大钧《广东新语》记载，这种交织物起始于广东东莞一带，当时从捕鱼的破旧渔网中拆取苎麻纱（渔网原用苎麻编织而成）与桑蚕丝交织。丝经麻纬，桑蚕丝柔软，苎麻坚韧，两者均有光泽，织成布后"色白若鱼冻，愈浣则愈白"，故称鱼冻布。

现在采用生苎麻化学脱胶，精梳成单纤维后，取其长纤维纺成纯苎麻纱，与绢丝进行交织。织物主要规格有：经纱 5 tex×2 绢丝双股线；纬纱 18.5 tex 苎麻单纱；织物经纬密度 472×287 根/10 cm，织物组织为平纹，布幅 112 cm、137 cm、152.5 cm 等；也有经纱 5 tex×2 绢丝双股线，纬用 27.8 tex 苎麻纱交织的；还有的在经向绢丝中夹入一根 22 dtex 桑蚕丝，以增加织物的光泽。

这种织物的纺纱工艺要求与成本较高。另外由于经向是蛋白质纤维，纬向是纤维素纤维，两者的缩水率及印染效果等都存在较大差别,在织物后整理技术上还有待进一步研究提高。目前仅有少量供应外销,尚未形成系列化的批量投产。

(7) 麻交布。

麻交布泛指麻纱线与其他纱线交织的布。现在专指苎麻精梳长纤维纺制的纱线(长麻纱线)与棉纱线交织的布。

我国最早的麻交布始于明代,当时人们从破旧渔网中拆取苎麻纱线,以棉为经、麻为纬交织而成。明末清初,我国苎麻纺织开始进入工业化生产阶段,苎麻脱胶后,可制取其长纤维纺纱。19 世纪中叶,我国出现了以 18.5 tex 双股棉纱线为经、50 tex 纯苎麻纱为纬交织的中厚型细帆布状的本白色平纹布,其布面纬向突出纯麻风格,定名为麻交布。这种织物曾作为夏季西服面料风行一时,目前已很少见。

此外,还有迄今最细薄的麻交布。它是用 10 tex 纯苎麻纱与棉纱交织制成的手帕,可在国际市场上作为高档装饰用巾,但低线密度纯麻纱的生产难度较大。

麻交布都为棉经麻纬交织而成,其织造工艺技术与纯棉布基本相同。主要品种规格如表8-5 所示。

表 8-5 麻交布主要品种规格

织物名称	幅宽 (cm)	原纱线密度(tex)		织物密度[根/(10 cm)]		无浆干燥面密度 (g/m²)	断裂强力(N)		织物组织
		经向	纬向	经向	纬向		经向	纬向	
棉麻交织布	98	棉 27.8	麻 31.3	203	230	123	333.2	588	平纹
棉麻交织布	107	棉 27.8	麻 31.3	203	230	123	333.2	588	平纹
棉麻交织布	80	棉 27.8	麻 31.3	196	224	119	333.2	588	平纹
棉麻交织布	82.5	棉 27.8	麻 31.3	196	224	119	333.2	588	平纹
棉麻交织布	98	棉 27.8	麻 31.3	196	224	119	333.2	588	平纹

(8) 麻棉混纺织品。

麻棉混纺织品是以麻棉混纺纱为原料,经机织或针织制成的纺织品。麻棉混纺纱及其织物的外观与耐用情况均不如纯棉,但含有麻纤维(主要是苎麻精梳落麻,一般含麻比例超过棉纤维)而呈一定程度的麻风格,以中厚型机织物占多数。主要品种规格如表 8-6 所示。

表 8-6 麻棉混纺织品品种规格

织物名称	幅宽 (cm)	原纱线密度(tex)		织物密度[根/(10 cm)]		断裂强力(N)		织物组织	麻棉混纺比(%)
		经向	纬向	经向	纬向	经向	纬向		
麻棉混纺平布	98	55.6	55.6	206	187			平纹	55/45
麻棉混纺平布	123	55.6	55.6	201	185	588	539	平纹	55/45
麻棉混纺细帆布	120	55.6×2	55.6×2	173	118			平纹	55/45
麻棉混纺斜纹布	98	55.6	55.6	293	184			$\frac{3}{1}$斜纹	55/45
麻棉混纺斜纹布	117	55.6	55.6	299	185	882	539	$\frac{2}{2}$斜纹	55/45

(二)亚麻织物

1. 亚麻纤维的纺织特性

亚麻织物是以亚麻纤维为原料的麻织物。其表面具有特殊的光泽,不易吸附尘埃,易洗易烫、吸湿散湿性能良好。

亚麻纱在织造之前,根据织造与染整要求,有以纺成原纱(包括湿纺纱与干纺纱)直接织布;有将原纱进行煮练、漂白或染色处理后织造。湿纺纱有时将煮、漂、染放在粗纱上进行,粗纱不经干燥直接送往湿纺机纺纱。亚麻纤维含杂多,漂白困难,传统的要进行四次漂白。亚麻漂白布通常用 1/2 漂纱(二次漂白)织造,原色细布用煮练纱织造,工业用布大多用原纱织造。

亚麻工艺纤维的色泽为灰色至浅褐色(视原茎的色泽与沤制脱胶的条件而异),色泽自然大方,很受人们的欢迎。

2. 亚麻织物的类别

(1) 按用途分。

亚麻织物分为亚麻细布、亚麻帆布和水龙带三大类。

(2) 按工艺分。

有一部分细布以亚麻原色作为成品,称为原色布,也有以 1/2 漂白纱织成布的,称为半漂原色布。

(3) 按原料组成分。

亚麻织物还包括棉麻交织及麻涤混纺等织物。与涤纶混纺,既有亚麻的特性,又克服了亚麻易皱的缺点。亚麻与其他纤维混纺,大都采用脱胶亚麻。如与棉、绢、羊毛等混纺,仍用棉、绢、毛等纺纱设备,产品类似于棉、绢、毛织物。

3. 苎麻织物的品种及风格特征

(1) 亚麻细布。

亚麻细布一般泛指低线密度纱、中线密度亚麻纱织制的亚麻织物,是相对于厚重的亚麻帆布而言的。亚麻细布包括棉麻交织布、麻涤混纺布。

亚麻细布的外观具有竹节纱形成的麻织物的特殊风格,吸湿散湿快,有柔和光泽,不易吸附尘埃且易洗易烫。

亚麻细布包括服装用布、抽绣工艺用布、装饰用布、巾类用布等。这类织物可以是亚麻原色,也有半白原色、漂白、印花、染色等,并多数由湿纺纱织制,少量也可由干纺纱织制(如巾类织物),还可织造一些工业用布,如胶管衬布等。

亚麻细布的紧度中等,一般坯布经纬向紧度为 50% 左右,组织以平纹为主,部分外衣织物可用变化组织,装饰品用提花组织、巾类织物与装饰布大多用色织。

织造时,针对纱的强度高、伸长小的特点,布机后梁到胸梁的距离宜稍大,投梭采用中投梭,护经用积极护经装置为宜,以减少断头并增加纬密,近年来也有采用片梭或剑杆织机织制麻织物的。

亚麻与涤纶混纺能改善成品的弹性。其混纺比中涤纶占 65%、50% 以下(45%~48%),最少占 20%。亚麻与棉、绢、毛混纺是 20 世纪 80 年代的新产品,混纺比中一般亚麻占 30%~55%。

(2) 亚麻外衣服装布。

亚麻外衣服装布 20 世纪 50 年代占亚麻布量的 5%,80 年代已接近 50%。外衣用亚麻布有原色、半白、漂白、染色、印花等。织纹组织从平纹组织发展到人字纹、隐条、隐格等。

外衣用亚麻织物用纱较粗,通常在 70 tex 以上,股线则用 35 tex×2 以上。要求纱的条干均匀,麻粒子少。一般用长麻湿纺纱或精梳短麻湿纺纱织制。有些亚麻外衣的外观风格要求粗犷,则用 200 tex 的短麻干纺纱织造,对条干要求则稍低。

亚麻纱强度虽高,但伸长小,织造紧密织物有困难,故一般织造时紧度不大,在 50% 左右(经向或纬向),但在后工序可采用碱处理,使织物收缩,增加紧度。

　　亚麻织物易皱、尺寸稳定性差,用碱处理和树脂整理或用涤纶混纺纱织制可改善这种性能。合成纤维(涤纶)混入量一般在 20%~70%。几种外衣用亚麻布的成品规格如表 8-7 所示。

表 8-7　亚麻外衣服装布的成品规格

布幅(cm)	原纱线密度(tex)		织物密度[根/(10 cm)]	
	经纱	纬纱	经密	纬密
140	55 长麻湿纺染色	55 长麻湿纺 1/2 白度	208	192
90	165 短麻干纺	165 短麻干纺	104	80
75	21×2 棉	55 长麻湿纺 1/2 白度	224	157

　　(3)亚麻交织布。

　　亚麻交织布为亚麻纱线与其他纤维的纱线交织的织物,常用的是以棉纱作经纱,亚麻纱作纬纱,产品仍能发挥出亚麻的特点,且织造较纯亚麻方便,成本低,几乎每类产品中都有棉麻交织产品。一般棉经纱与亚麻纬纱比例相近,棉约占 40%,麻占 60%,以便更好发挥出亚麻的特点。此外,也有与化学纤维交捻成纱或化纤与亚麻纱交织的产品。

　　(4)亚麻混纺布。

　　亚麻混纺布有与天然纤维棉、毛、绢等混纺,也有与化学纤维混纺。混纺用的亚麻,要先经练漂脱胶,制成与其混纺纤维类似的纤维长度后,才能进行混纺。在国外称其为改良亚麻,改良亚麻有棉型和毛型两种。脱胶方法有机械法和化学法,机械法单纯用机械把亚麻纤维打短,细度随之增大;化学法在机械处理之前先煮练漂白,不仅白度好,可纺性能也有所提高。以下是混纺产品有以下几大类:

　　① 在亚麻设备上与涤纶混纺。一般混纺比为麻 65%、涤 35%,可纺线密度为 27.8~23.8 tex,成纱强度高。织物有 27.8 tex(36 公支)和 23.8 tex(42 公支)单纱织成的内衣织物,也有合股后织成的外衣织物。

　　② 在棉纺设备上混纺。与棉混纺,混纺比为麻 55%、棉 45%,通常要求麻超过 50%。可纺线密度 53.7 tex(11 英支),成纱强度低一些。纱有两种用途:一种机织,织制 5147 布号为主(51 为每英寸经密,47 为每英寸纬密);另一种在针织横机上织成针织衫,最后,把麻棉纱纺纱号数降低到 39.4~36.9 tex(15~16 英支)。最好的经过精梳,可纺成 21.1 tex(28 英支),条干均匀度也大大改善,主要用于织制内衣织物;与涤纶混纺,混纺比中亚麻占 35%,有把纱染色后织成类似粗梳毛织物的条格花呢,作外衣用,也有织成如与棉混纺的 5147 类织物。

　　③ 在毛纺设备上混纺。毛纺混纺都采用化学脱胶的亚麻纤维,因用机械脱胶的亚麻纤维难于染整。与毛混纺能增强毛织品的透气性,亚麻纤维混入量一般为 20% 左右,在精梳毛纺和粗梳毛纺中均有应用,尤以后者为多。

　　(5)苎亚麻格呢。

　　苎亚麻格呢系用苎麻与胡麻(油用种亚麻)混纺纱织成的织物。采用平纹变化组织,布面上呈现隐隐约约的小格效应,较好地掩盖了苎亚麻混纺纱条干不匀的缺陷。织物既光洁、平整、挺括、滑爽,又保持了苎麻、亚麻的良好风格,具有一定的特色。如在后整理时印上深色的格型图案,更增添了织物粗犷、豪放及较强的色织感。

　　苎亚麻混纺纱的混纺比为苎麻 65%、亚麻 35%;细纱的线密度为 31.3 tex;后经络筒、并合、加捻,制成 31.3 tex×2 股线,进行整经、浆纱等常规工艺路线织造。

　　某种织物组织为 $\frac{1}{1}$ 变化平纹。经密为 185 根/(10 cm),纬密为 162 根/(10 cm)。经向紧度为 54.4%,纬向紧度为 47.4%,总紧度为 76.0%,布幅 97 cm,总经根数 1 790。该织物适宜于做春、夏及秋季服装面料,是广西壮族自治区桂林绢麻纺织厂创制的一种新型麻纺织品。

(三)大麻麻织物

1. 大麻纤维的纺织工艺特性

目前大麻尚未成为我国纺织工业的主要纤维原料,在欧洲则视为亚麻的代用品,以亚麻的工艺设备生产较粗的大麻纺织品。

大麻是世界上较早被栽培利用的纺织纤维之一。我国早在公元前 1800 年就已将大麻用于捻绩、织布等活动。但大麻由于纤维较苎麻短且粗硬,同时加工较困难,织物较粗糙,不能做成较精细的麻布。因此,逐渐被苎麻取代。仅用半脱胶的大麻手工捻绩或土纺成纱织制的粗布,虽形似夏布,但比夏布粗糙。

随着麻纺织物的热销,为解决资源不足问题,国内正在开发大麻原料。可用脱胶后的大麻精干麻切段后与棉混纺,一般纺为 55.6 tex 的大麻棉混纺纱、线,用以织制大麻棉混纺布或作为棒针纱线,制成各种款式的棒针衣衫等,别具风格,热销国际市场。但是,大麻纤维的结构与苎麻不同,残胶较多,故大麻不宜混在苎麻内与其他纤维混纺,否则在染整时易形成色花、横档等疵点。

大麻纺织工艺路线基本参照苎麻纺、绢纺和毛纺。脱胶则采用苎麻的化学脱胶工艺,但只是部分脱胶,使大麻单纤维仍由部分残胶粘连成较长的纤维束,然后暂时套用绢纺的中切、小切和圆型梳麻工艺,梳理两道,以取得头、贰两道长麻纤维。经拣麻、称重配麻、延展、制条等工艺设备制成大麻麻条,再经针梳(并条)和粗纱、细纱纯纺成纯大麻纱。也可采用上述大麻麻条,用精纺毛纺的工艺设备,在针梳(并条)机上与其他纤维混并后经粗纱和细纱,纺制成精梳毛纺型的大麻、羊毛、涤纶混纺纱,供织制精梳毛纺型混纺织物,如派力司等。

大麻精干麻还可采用苎麻的开松、梳麻等工艺设备梳理成大麻散纤维[包括精(圆)梳落麻],利用粗梳毛纺等工艺设备,使其与羊毛及其他纤维混纺制成粗梳毛纺型大麻混纺呢绒。大麻与棉混纺的产品则是将大麻精干麻经苎麻的开松工艺设备后,再切段成棉型纤维[包括精(圆)梳落麻],用棉纺(或中长纺)工艺设备纺制麻棉混纺产品。

2. 正在开发的主要产品的品种和规格

(1)纯大麻交织细布类。

纯大麻交织细布类产品是坯布布幅为 80～107 cm;以 27.8 tex 棉纱为经与 33.3～27.8 tex 纯大麻纱为纬交织成平纹组织的细布。其经密一般为 195～205 根/(10 cm),纬密为 225～232 根/(10 cm。)

(2)涤毛大麻精纺呢绒类。

涤毛大麻精纺呢绒类产品主要有用作夏季西服或两用衫面料的凉爽呢和派力司等,其混纺比例一般为涤纶 45%～65%、羊毛 25%～45%、大麻 15%～25%,纺成线密度约 25～20 tex 的纱线。其布幅为 140～145 cm,经密为 220～240 根/(10 cm),纬密为 180～200 根/(10 cm),组织大多是平纹。也有涤纶大麻混纺织物,混纺比一般为涤纶 45%～65%,大麻35%～55%。

(3)毛黏锦大麻粗纺呢绒类。

毛黏锦大麻粗纺呢绒类织物主要用作春秋西服面料的女式呢和各种花呢。女式呢的混纺比例为羊毛 65%～78%、大麻 12%～25%和锦纶 10%。纺纱线密度为 125～100 tex,布幅为 143 cm,经密为 114～150 根/(10 cm),纬密为 109～144 根/(10 cm),品种有 $\frac{1}{1}$ 的杂色女式呢和 $\frac{2}{2}$ 斜纹女式呢、人字呢、星点呢等。另有 47%羊毛、30%黏胶、15%大麻和 8%锦纶混纺的板司呢、条纹呢、条花法兰绒等。纺纱线密度为 125 tex,布幅为 143 cm,经密为 124 根/(10 cm),纬密为

117 根/(10 cm)。

(4) 大麻棉混纺织物类。

大麻棉混纺织物的混纺物比为大麻 55％、棉 45％,混纺平布和斜纹布的经纬纱线密度均为 55.6 tex,坯布布幅为 98～123 cm,平布的经密为 200～206 根/(10 cm),纬密为 185～187 根/10 cm。$\frac{3}{1}$ 或 $\frac{2}{2}$ 组织的经密为 293～299 根/(10 cm),纬密为 155 根/(10 cm)左右。此外,还有用 55.6 tex×2 双股线织制的细帆布,经、纬密分别为 173、118 根/(10 cm),组织为平纹。

(四) 黄麻织物

黄麻织物有黄麻麻袋、黄麻麻布和地毯及其底布三大类,是以半脱胶的熟黄麻及其代用品熟洋麻或熟苘麻纤维为原料制成的织物。但苘麻因纤维粗硬,可纺性能较差,已趋于淘汰。黄麻织物能大量吸收水分,且散发速度快,透气性良好,断裂强度高,主要用作麻袋、麻布等包装材料和地毯的底布。由于织物粗厚,用作麻袋等包装材料时在储运中耐摔掷、耐挤压。在拖曳和冲击时不易破损,如搬运使用手钩时,当拔出手钩后,麻袋孔会自行闭塞,不致泄漏或洒散袋装物资。此外,黄麻麻袋盛装的粮食等物,临时受潮能很快散发,对物资起到保护作用。黄麻织物如长期受潮或经常洗涤,未脱尽的一部分胶质会分解殆尽,暴露出其长度仅为 2～5 mm 的单纤维性状,之后会全然失去其强度。所以,黄麻织物不宜做经常洗涤的衣着用织物。

第三节　麻织物的设计

一、纯苎麻布

纯苎麻布是指含苎麻量在 90％以上的织物。它包括变性与不变性各种苎麻长织物,主要用于服装面料及抽绣工艺品。按其纱线细度分,有轻薄型、中厚型和厚型纯麻布三种。我国规定纱线线密度 18.5 tex 以下的为轻薄型纯麻布,日本规定 20.83 tex 及以下的属于轻薄型纯麻布。中厚型、轻薄型纯麻织物采用长麻纺工艺生产,厚型织物则采用短麻纺工艺生产。长麻纺工艺系统在国内过去采用的是绢纺工艺系统,又称老工艺;新建厂都采用类似精梳毛纺工艺系统,称梳理新工艺。它们的梳理方式和工艺流程都不一样,成纱条干、织物风格也各有差异。短麻纺工艺系统在国内过去采用的是䌷丝纺工艺系统,新建厂都采用类似粗梳毛纺的工艺系统。

目前,中厚纯苎麻布常见品种的经纬纱线线密度为 36×36 tex,采用的纤维平均细度在 3.9 dtex左右。这类纤维占苎麻总产量的 50％左右,是一个大批量生产的品种,主要做服装面料及工艺品的抽绣装饰布等。纯麻单纱织物主要做衬衣面料,为了解决夏季外衣面料问题,又发展了纯麻股线织物,其经纬纱线密度为 20.83 tex×2～41.67 tex×2。采用平纹组织,经向紧度控制在 55％～60％,纬向紧度控制在 55％～65％。经向紧度小于纬纱紧度,是为了开口清晰,有利于织造。

也有的采用变化平纹组织,其经向紧度可控制在 60％～70％。为了突出麻织物的效果,采用人为加入亚麻、纱线染色、麻跟色短纤混纺形成点缀竹节。纯麻布作为夏季服装面料,具有挺括、透气、凉爽的性能,但其弹性较差,在脱胶、印染等后整理方面还需深入研究。

二、苎麻与化纤混纺织物

苎麻与化纤混纺织物以苎麻与涤纶混纺织物的品种最多,花色也最丰富。它透气吸汗、洗可穿性能优良,用于夏季衣料最合适。因此,近年来发展很快。

(一) 混纺比例的确定

在合成纤维中,涤纶纤维具有强度高、弹性好、耐热、耐晒、耐磨及耐腐蚀等优点,而且抗皱性好,不易变形。它与苎麻纤维混纺制成的织物能取长补短,不仅能使织物保持苎麻纤维凉爽、挺括、易洗快干、通风透气等优点,还能对纯苎麻织物弹性差、易起皱、不耐磨、缩水大等问题有所改善。涤麻织物是一种性能优良的夏季衣料。

苎麻与涤纶混纺的比例取决于产品的市场。对用于国外市场的涤麻织物,过去要求涤纶65%、苎麻35%的比例。但随着天然纤维热的出现及配额等因素的影响,逐渐要求涤纶45%、苎麻55%的比例。而国内市场的涤麻织物往往要求挺括滑爽、易洗快干、弹性好和洗免烫等特点,一般混纺比采取涤纶65%、苎麻35%的比例。目前,苎麻与涤纶混纺织物的品种单调、花色少,还需进一步进行产品的研究和开发。

(二) 苎麻与涤纶混纺的形式及涤纶、原麻的选用

苎麻纤维经脱胶后梳理成长麻与短麻。在工艺上要根据设备特点及纺织染可能性来制定工艺。首先按织物要求选择合乎细度要求的生苎麻,根据其细度、质量制定脱胶工艺及梳纺、混并工艺,并选用合适的涤纶。

目前在苎麻涤纶混纺织物生产中,一般采用长麻纺系统,混并的方式有三种。第一种是条混,苎麻经梳理成条,在并条机上与涤纶条进行条混。第二种是采用涤纶散纤单独梳理并精梳成条后再与苎麻条混,这种涤纶散纤的规格一般采用 0.33 tex×100 mm 或 0.17 tex×100 mm。对纺纱而言,采用 0.17 tex 涤纶混纺,由于成纱内纤维根数增加较采用0.33 tex纺纱顺利,但纱线较软,织物虽有丝绸感,麻风格却略差。第三种方法是苎麻与绢型涤纶散纤维混合梳理,俗称混梳。经生产实测,混梳后,梳成率接近 70%～74%,比两种纤维单独梳理制成率高,因而能够降低成本。虽然两种纤维细度、伸长、强力、抱合力大不相同,混梳工艺也不够合理,但由于纺制涤麻低线密度纱必须采用低线密度(细旦)涤纶,而国内没有绢型涤纶条供应,只能用散纤梳理。而混梳不但能顺利通过梳纺过程,而且从梳理开始混合,两种纤维混合效果好。而且,经合股制织的股线织物其布面疵点绝大部分为苎麻疵点。因此,混梳在工艺上有一定的优点。

近年来,通过研究认为落麻或切段呈中长型的精干麻,可采用化纤中长型纺纱的工艺和设备,与 2.7～3.3 dtex ×65 mm 的涤纶散纤维混纺,效果较好,其色织物具有毛型感。

三、苎麻与天然纤维混纺、交织织物

(一) 麻棉混纺交织布

苎麻纤维不论是采用绢纺式梳理,还是精梳毛纺式梳理,所得之长麻纤维平均长度都在85～100 mm 之间,与棉纤维长度差异很大,几乎不能与之混纺。我们用在长麻纺中纺制的纯麻纱与棉纱交织,采用棉纱做经纱,既避开了苎麻纱细节多、毳心长、织造开口不清晰和织机断头率高的缺点,又能用低线密度棉纱与麻纱做成轻薄织物,设计合理。纯麻经精梳毛纺式梳理后的精梳落麻平均长度约为 25 mm,较绢纺式梳理后的第二道落麻平均长度要低,单独纯纺,难度较大,由于其平均长度与棉接近,采用长度整齐度较好的棉在棉纺设备上进行混纺,制织麻棉混纺布,这两种产品各有特点。

1. 混纺比例的确定

目前设计麻棉混纺或交织布的含苎麻比例都超过 50% 以上。服装出口,连同口袋布、领口镶嵌布都计算含苎麻的比例,因此都用含麻织物缝制。

　　纯麻布或麻棉混纺交织布由于布面毛羽多而长,而且绝大部分是苎麻毛羽,经印染加工,表面毛羽去除,苎麻含量会降低。因此,在设计上苎麻原料配比时要相应提高,才能确保成品中的苎麻比例。如要求成品的苎麻含量为55%～60%、棉含量为40%～45%,则在确定苎麻原料配比时,要比设计值提高5%,才能保证达到设计比例。

2. 经纬纱细度的确定

　　麻棉交织布属于长麻纺织物,主要用于衬衣及内衣等夏季服用服装面料。其布料要求轻薄,经纬纱线密度要求较低,但苎麻纤维粗,刚性大。因此,纺纱难度较大,降低经纬纱线密度受到一定的限制。目前,在设计麻棉交织布时,首先根据麻纤维的细度确定纯麻纱的线密度,纯麻纺纱线密度一般是16.7～33.3 tex。

　　麻棉交织布中苎麻比例要达到55%,在经纬紧度相接近的条件下,作为经纱的棉纱线密度应略低于纯麻纬纱,这样就可以确保苎麻的含量。

　　短麻包括落麻与切段的长麻纤维与棉混纺可采用棉纺设备、中长纺工艺设备或绅丝纺设备纺纱。棉纺设备混纺比较均匀,成纱条干好,用它做经纱,织造效率高,但成纱麻粒较多。中长纺设备生产的质量次之,而绅丝纺设备纺麻棉纱更差。后者因工序少,混并道数少,混纺不够均匀,而且条干不匀率高,细节多,混纺纱细度受到限制,在相同的配比下,用棉纺设备纺麻棉纱一般为53 tex左右,绅丝纺设备只能纺64.8～72.9 tex。搭入等级高的棉纤维才能达到53 tex,做经纱断头率高30%(与棉纺设备比)以上,一般用于合股线制织或作为针织用纱。

3. 经纬向紧度的确定

　　麻棉交织布作为夏季衬衣面料,既要轻薄平整,又要求有一定的挺括度。经向紧度一般为45%～55%,纬向紧度为50%～60%。妇女裙衫料要求成纱线密度较小,织物密度较稀,采用类似巴里纱织物的紧度较合适,一般经向紧度为30%～35%,纬向紧度为35%～40%。麻棉混纺布由于采用纤维短、纱线线密度大、织物较厚,也可作为外衣及裤料用。该织物的经纬紧度要求较大,由于麻棉混纺纱毛羽长,织造困难,经密不宜过大。因此,一般经向紧度取50%～55%。麻/棉混纺(交织)织物应根据织物的用途及工艺可行性来选用合适的紧度。

4. 织物组织及花色的设计

　　麻棉交织布的织物组织多采用平纹,按织物要求也可做染色布、色织布及少量印花布。

　　对纯麻纱做成的色织物,必须在纤维脱胶过程的同时进行漂白,纺成纱后,白纱不经漂练,只须在松式络筒机上做成松式筒子,进行筒子染色。麻纱不能采用绞纱漂练及染色,因为麻纱毛羽又长又密,倒成绞纱后,互相缠绕,无法退绕,因此以采用筒子染色为宜。

(二)苎麻与绢丝混纺交织物

　　绢纺用的丝纤维主要是指疵茧、长吐、滞头等下脚丝,采用绢纺式梳理,分别获得绢丝(绢丝纺长纤维纱)和绅丝(落绵纺制的短绅丝纱)。也有采用精梳毛纺式梳理的方法取得绢丝。它们具有细度细,光泽好,手感柔软的特点,与苎麻纤维混纺后能改善麻织物手感,使其柔中带刚,并能使织物伸长率及弹性增加,同时提高苎麻纤维的可纺性,有利于纺低线密度纱,增加织物悬垂性。因此,苎麻纤维与绢丝混纺具有广阔的发展前景。这一类产品在国内试制很少,根据日本研究苎麻的方面资料介绍,采用丝纤维与苎麻混纺,织成织物后,再在印染中将丝纤维去除,从而达到织造低线密度的薄型苎麻织物。在国内由于绢丝纤维成本高于苎麻,其技术经济效益尚待通过实践验证。

　　苎麻和绢丝混纺包括了长麻纺和短麻纺两种织物,可分别向薄型织物及中厚型织物方向发展。其中,长麻纺可生产薄型织物,做成各类衬衣、裙衫轻薄面料及春夏季外衣面料;短麻纺可采用短麻与绢落绵混纺,生产各类休闲装外衣面料。

1. 绢麻混纺交织产品的混纺比例确定与织物的特点

长麻纺绢麻织物为突出丝绸感及苎麻的特点,可分别设计成绢丝与麻纱交织物或绢丝与苎麻混纺织物。绢麻交织物大部分用低线密度绢丝股线做经纱,一般纺制 5 tex×2~8.3 tex×2 的绢丝,苎麻纺 16.7~18.5 tex 的单纱做纬纱进行交织。绢丝股线做经纱,由于绢丝均经过丝烧毛,成纱光洁均匀,弹性好,伸长大,布机断头低,浆纱只须骨胶上浆,工艺简单成本低,织造效率高。纬纱采用低线密度麻纱,在织物上产生长片段粗细不匀和不规则的大小节。有麻织物的风格,织物轻薄滑爽,有丝绸的光泽和柔软的手感,还有一定的悬垂性,但又比纯绢绸有身骨和挺括,出汗不贴身,凉爽透气,这种织物同时具有两种纤维的特点。如果需要织物更轻薄,则经纱可采用桑蚕丝,纬纱采用 14~16.7 tex 麻纱。但此类产品必须由丝织机才能织造,因此,在数量上受到一定的限制,只能生产少量的高级时装面料。

绢丝与苎麻长纤维混纺,由于苎麻纤维较粗,加入丝纤维能提高其可纺性,但在细度上仍然有一定的限制,如要做股线织物则可作为春夏外衣面料。为了改善纯麻织物服用时的糙痒感,大部分采用绢麻混纺单纱织造,达到轻薄、滑爽的目的。而绢丝纤维伸长大,弹性好,绢丝与麻混纺较纯麻布无论织造、生产效率,还是在布面质量上都有明显的提高。其混纺比例的选择以突出纤维特点为准则,如要突出麻织物的风格,苎麻可采用高于 50% 以上的比例;若以突出丝绸感为主,绢的比例可超过 50%,目前常用的是绢丝含量 35%~45% 的比例。因为,丝织物在欧洲及美国以及世界上大部分地区无配额,混纺比例的选择以突出产品优点为主,如丝纤维含量低于 35%,优点不易突出。

2. 绢麻混纺织物的工艺特点及织物的选择

绢麻混纺织物的手感、光泽、悬垂性、服用舒适性等方面均较麻棉混纺布为优。由于长麻纺织物要求布面平整,必须采用电子清纱器来切除大粗节,这样才能符合织物的外观与市场要求。

短麻与绢落绵混纺可在䌷丝纺设备上混纺,也有用中长纺工艺设备混纺,其混纺纱细度视织物用途而定。如果做成妇女裙衫料,可用 40~100 tex 的纱进行织造。若要做成外衣面料,它要求布面平整丰满,以采用股线较好。根据绢绵绸在织物表面会产生疙瘩的特点,它采用绢落绵染色使织物形成疙瘩的感觉,具有特殊的风格。

䌷丝纺设备由于工序少,流程短,翻改品种快,也适合色纺色织。同时短麻与绢落绵混纺做成股线,可以改善成纱条干,做成针织物外观好,具有广阔的前景。

3. 绢麻混纺交织织物组织及紧度选择

绢麻织物组织按产品风格来进行设计,如果以突出麻风格为主,则采用平纹、重平、绉组织等为宜;如果以突出丝绸风格为主,则可采用以平纹为地组织的小提花组织,特别是绢麻交织织物还可通过染不同色而得到闪光的效果。

绢麻混纺织物的紧度,长麻纺织物经向控制在 55%~65%,纬向紧度一般为 50%~60%,纬向由于是苎麻单纱,在耐磨及强力上都比不上经纱。因此,可适当加大纬纱紧度,以使两种纤维的服用牢度相距不致太大。

短麻与绢混纺织物作为衬衣及裙衫料,也与长麻纺紧度设计相同。如做外衣面料,紧度可略大,但经向紧度最多不能超过 70%,以使织物有良好的挺括度。

(三) 苎麻与羊毛混纺织物

随着苎麻梳理工艺的改革及机械化程度的提高,已采用精梳毛纺的梳理工艺设备代替劳动强度大、劳动条件差的绢纺式梳理设备。在国内,毛纺设备已成为苎麻纺的定型设备,它能纺低线密度纱,成纱条干均匀度好,适宜做高档织物,这给苎麻与羊毛混纺创造了良好的条件。短毛与短麻又都可采用粗梳毛纺设备,或棉纺工艺设备来纺制短麻纱。因此,不论苎麻和羊毛纤维长短,采用混纺、合捻、交织等方法都可获得中高档织物。

1. 麻毛混纺织物品种及混纺比例的确定

麻毛混纺织物在长麻纺系统中主要用来制织低线密度薄型单纱或股线织物。由地苎麻纤维挺爽的手感,使麻毛织物服用时不粘身、吸湿性好,同时,苎麻纺有浆纱设备,低线密度单纱织造较之毛纺厂更具有利的条件,织物经特殊整理之后能使织物挺而不皱、爽而不粘,轻薄滑软、透气舒适。同时用合股线织成的面料做成的各类女套服、男猎装等,其布面平整疵点少,挺括、耐折皱、耐霉蛀,光泽柔和自然,如采用色纺,色织效果更好,更能体现和突出麻毛两种纤维的优点。

目前也有以毛纤维为主,加入少量苎麻(约 20%~30%)经缩绒后制织成海军呢,其手感比全毛或其他混纺海军呢硬挺,但外观缺少麻的风格。因此,在产品设计时应考虑这一点。短毛与短麻混纺可用单纱制织各类薄呢及各类时装面料。

麻毛制品的混纺比例根据产品的销售市场而决定。由于麻和毛两种纤维原料价格高、加工工艺复杂,且工序多、单纱织造难度大。因此,其成本较高,作为内销,目前还没打开市场,主要用于外销。一般采用麻 55%、毛 45%,或麻 60%、毛 40%,按织物性能来说,羊毛纤维含量不能低于 30%,否则织物的毛型感较差。

2. 麻毛混纺织物的原料、纺纱线密度及织物品种的确定

羊毛纤维与苎麻纤维在弹性、伸长、可纺性等方面性质差异很大。苎麻纤维弹性差,伸长率小,羊毛纤维卷曲度好,伸长率大,两种纤维混纺在工艺上难以控制。另一方面,织物布面上不允许有大节,只能有分散的不均匀的小节及长片段的条干不匀。因此,为了保证布面质量,就对苎麻纤维的脱胶要求高,不允许出现因脱胶不匀而产生大硬条和小硬条问题。有些企业在研究脱胶时,认为采用苎麻碱变性较好。这样,两种纤维性质较接近,纺成的纱抱合力好,伸长率增大,匀度好,布面疵点少。据毛纺厂使用对比,变性后的苎麻纤维与羊毛混纺在纺纱、织造方面断头率大大减少,纺织顺利。脱胶中的磺化变性又优于碱变性,处理后的织物弹性、伸长及染色鲜艳度等都有明显的改善。

麻毛混纺低线密度单纱薄型织物应选用细度较细的麻纤维。目前选用的是 3.2 dtex 以下的麻纤维与品质支数 70 支羊毛混纺制成 15.6~16.7 tex 单纱,再行织造。如制织外衣面料,可采用合股线制织,考虑采用品质支数 64 支或 66 支羊毛纺成 16.7 tex×2~20.8 tex×2 的股线,织物以滑、挺、爽风格为主,对缩绒性考虑较少。

3. 麻毛混纺织物紧度及织物组织的确定

麻毛混纺单纱薄型织物主要以春夏衬衣料或裙料为主,织物要求轻薄滑爽,不飘不粘,柔中带刚,布面丰满。因此,单纱捻系数要稍大,一般公制为 90~110。织物的经、纬密不宜过大、过密,覆盖系数较低。经向紧度一般与纬向紧度接近,或略大于纬向紧度,经向紧度取 50%~55%。

麻毛混纺外衣面料多采用平纹组织,也可采用平纹变化组织或平地小提花组织,其单纱公制捻系数为 80~90,股线公制捻系数为 100~120。这样的织物有良好的急弹性,经向紧度为55%~70%,纬向紧度为 50%~60%,织物布面紧密、挺括。

四、苎麻与桑蚕丝合捻织物

(一) 苎麻纱与桑蚕丝细度的选择

苎麻与桑蚕丝合捻主要用于春夏季服装面料。织物越轻薄越好,应纺制 13.9~18.5 tex 左右的低线密度苎麻纱,单纱平均强力必须在 105.6 cN 以上。桑蚕丝越细越好,捻合纱中苎麻比例占 90% 以上。

纺制 13.9～18.5 tex 苎麻纱的难度较大,必须选用 3.2 dtex 以下的纤维。为了减少大竹节疵点,要在煮练和拷麻上下功夫。为了保证成纱的强力,可不漂白,但要严格控制过酸浓度。也可采用变性处理和电子清纱器处理,苎麻纱须经上述处理,方能与丝进行合捻。由于桑蚕丝的细度较均匀,与麻合捻后,仍能保持苎麻布的风格特征。有些采用变性处理的苎麻纱可不经电子清纱器,因为变性处理后,大小竹节较少,不经电子清纱器已能保证质量。

目前也有采用纯涤纶长丝与苎麻合捻的,用细度较细的涤纶长丝来保证苎麻比例在 50% 以上。但是涤纶长丝受到设备的限制,目前不可能达到桑蚕丝的细度,选用时必须考虑麻纱的线密度。

(二) 混纺比例的确定与计算

1. 混纺纱的比例计算

首先假设两根纱或丝合捻,两者长度相等。

例 8-1　18.5 tex 纯麻纱与 23 dtex 桑蚕丝合捻,求它的混纺比。

解　假设无捻缩,18.5 tex 纯麻纱与 23 dtex 桑蚕丝合捻后的线密度为 20.8 tex,则:

$$苎麻含量 = \frac{苎麻线密度}{合股后线密度} \times 100\% = \frac{18.5}{20.8} \times 100\% = 88.94\%$$

故桑蚕丝含量 $= 100\% - 88.94\% = 11.06\%$

根据实际生产情况,纯麻纱粗,桑蚕丝细,这样的配合在合捻过程中,会出现桑蚕丝长度长于纯麻纱而形成毛圈的现象。因此,长度取值应加一修正系数,称之为长度修正系数。该值由合捻后两种纱耗用的质量求得。

例 8-2　18.5 tex 的纯麻纱 50 kg 与 23 dtex 的桑蚕丝合捻,桑蚕丝的实耗质量是 6.38 kg,求它的长度修正系数。

解　50 kg 苎麻纱的长度 $= \dfrac{50 \times 10^6}{18.5} = 2.702\,7 \times 10^6 \text{ m}$

6.38 kg 桑蚕丝的长度 $= \dfrac{6.38 \times 10^6}{2.3} = 2.773\,9 \times 10^6 \text{ m}$

两者长度差 $= 7.121\,3 \times 10^4 \text{ m}$

桑蚕丝与苎麻纱等长的质量 $= 2.702\,7 \times 10^6 \times \dfrac{2.3}{10^6} = 6.216 \text{ kg}$

实际捻线中桑蚕丝质量损耗 $= 6.38 - 6.216 = 0.164 \text{ kg}$

则　　　　　　　　　　$\dfrac{6.38}{6.216} = 1.026$

上述比值即桑蚕丝长度修正系数,表明桑蚕丝的捻缩是苎麻捻缩的 1.026 倍,

则　　　　　　$桑蚕丝混纺比例 = \dfrac{各原料质量}{并合后总质量} \times 100\%$

苎麻含量为 88.68%,桑蚕丝含量为 11.32%。

根据实际生产情况,桑蚕丝越细,长度修正系数越大,在 1.01～1.03。由于这个修正系数小,在计算混纺比例时可忽略,但是在确定合捻用桑蚕丝质量时应考虑。

2. 织物混纺比例的计算

织物混纺比例可由经、纬纱线密度、织物经纬密度、经纬缩率及合捻后的线密度进行计算。如果经纬都采用麻丝合捻丝，则织物的混纺比例就是合捻丝中两种纤维混纺的比例。但如经纱采用合捻丝，而纬纱采用纯麻单纱，则应先计算出经纬用纱量，再分别计算出其混纺的比例。

（三）合捻丝捻度的确定

合捻丝的捻度应该按织物的品种、组织来决定。麻纱刚性大，比较粗硬，合捻的捻度则不宜过大。否则，会引起织物手感的糙硬，捻系数一般选择在公制为 80～100 较合适。它与织物组织有关，平纹组织交织点多，捻系数可取较低值。如做成麻丝巴里纱织物，捻系数可以在公制为 100～120 内取值，以使织物有挺爽的手感。

如采用苎麻、涤纶混纺纱与桑长丝并捻，则麻涤纱弹性好，纱身柔软，其捻系数可比纯麻纱与长丝合捻的低。这样的合捻织物手感挺爽、服用舒适、麻风格突出。

（四）织物组织与紧度的决定

采用低线密度长丝与纯麻并捻，是制织薄型麻布的另一途径，必须保证苎麻纤维的比例在 50% 以上，在织物设计上应以突出麻风格为主，织物组织一般采用平纹。但考虑到低线密度长丝与纯麻纱在细度、弹性、伸长等方面差异很大，在合捻时，由于两种纱线张力很难控制一致，同时因为它们伸长率差异很大，在加捻后，长丝因弹性好、伸力大，在纯麻纱外易形成毛圈状花丝而影响布面质量。因此，在织物组织设计上应扬长避短，多采用绉组织。也可采取强捻纬纱，使织物形成羽状绉，再经印花，效果更为理想。平纹组织经、纬向紧度一般为 50%～55%，小提花绉组织经向紧度可适当增大，但织物作为夏季面料，紧度不宜过大，不能超过 65%，如做成羽状绉纱，应按绉纱紧度进行设计。

如采取高捻麻丝合捻丝制织麻丝巴里纱织物，可按巴里纱织物的紧度进行设计。麻丝巴里纱织物达到乔其纱风格的效果最为明显，较麻涤巴里纱外观效果好，服用舒适，挺爽感也好。

第四节　麻织物新品种及发展趋势

一、低线密度的薄型单纱织物

当今，致力于开发研制国内外市场的短缺的高精尖产品，提高加工深度，改变和扭转苎麻半制品和原料，是该产品的主要产品现状。

（一）发展低线密度的纯麻织物和阔幅麻织物

1. 服用麻织物

国内外市场上，低线密度纯麻织物比中高线密度纯麻织物的附加值高。纯麻织物中，纱线在 18.5 tex 以下者都作为低线密度织物。日本利用从中国购入的纤维细度为 3.2 dtex 左右的麻条，已制织出 12.5～18.9 tex 纯麻布，作为高级衬衣料和高级抽绣手帕用料。其中高线密度麻布应向阔幅方向发展，改变了目前麻织物幅宽还不能够满足成衣生产要求的被动局面。

2. 装饰用麻织物

在生产装饰用麻织物时，应做到厚、中、薄品种规格多样，使窗帘布、台布、茶巾、餐巾、床罩、贴墙布、沙发布在色泽、规格、款式等方面充分考虑配套化、系列化等问题。

（二）发展麻棉、麻丝、麻毛织物及麻与化学纤维混纺、交织、合捻等织物

1. 麻棉织物

麻棉织物已有交织及混纺两类织物。今后还应向绉类织物及色织、印花等织物方面发展，以增加花色品种，提高织物质量。

2. 麻丝织物

麻丝织物已有交织、混纺及合捻三类。不但可生产两种纤维的混纺、交织、合捻织物，还可进行三合一、四合一多种纤维混纺、交织、合捻，还可从花色线色织、提花等多方面着手，尽量发展巴里纱、绉纱及纱罗等花色织物。

3. 麻毛织物

麻毛织物不论是长麻纺还是短麻纺，都可进行混纺，可制织薄衬衣料和各类外衣面料。西装或女时装面料采取印花、色纺、花色纺纱、色织等措施，才能成为高档化织物。

4. 发展麻与化学纤维混纺、交织、合捻织物

采用化纤进行混纺、交织、合捻能克服纯麻织物弹性差、不耐磨、易起皱、着色困难及色泽鲜艳度差等缺点。混纺织物要向花色织物方向发展，要根据国内、外销售市场的不同要求确定混纺的比例、织物的工艺技术规格。

麻与各种化纤混纺不但要制织细支轻薄织物，还要大力研制开发各种色织外衣，如夏季西装面料、女套装裙料等。利用纤维染色性能的不同，可采用色纺、长短纤混纺、做成各类花色纱如竹节纱等，用色织的方法做成色织物。既要突出麻的风格，又要改善纯苎麻织物弹性差、不耐折皱的缺点。

（三）发展苎麻薄型织物在技术上进行研究和突破

1. 苎麻低线密度单纱织物

此织物的脱胶要均匀，可根据产品要求及原麻情况进行相应处理，提高麻纤维的可纺性、弹性及伸长率。麻纤维的碱变性处理目前还无定型设备，需自行设计和制造，烧碱的回收率需达到80%左右成本才能降低。

2. 轻薄单纱织物关键在于提高纱线条干均匀度和浆纱质量

提高成纱条干均匀度与梳纺工艺关系很大，可采取轻定量、小牵伸，还可采用复精梳、双头纺等工艺。浆纱工艺目前除了合理选择浆料配方外，还必须选择合适的上浆机械，现在采用热风烘筒浆纱机较多。它不但能起到披芯和渗透的作用，还有烫平毛羽的作用，有利于制织时开口清晰和减少或及早发现疵点。对阔幅麻布不能采取简单上浆方法，应采用以常规经轴上浆，然后在并轴机上以多只浆轴并合宽阔织机的织轴。还有采用单纱上浆的方法，虽然浆纱效率低，但能保证织机正常运行，达到方便织造的目的。

3. 加强印染后整理工艺的研究

低线密度麻布应向挺而不硬、滑而不烂、爽而不皱、轻而不飘的方向努力。从织物的练漂前处理、染色、印花以及树脂整理、柔软处理等工艺进行试验和研究，根据织物要求选择合适的工艺，以提高麻织物的服用效果。外衣面料要挺括、滑爽、易洗免烫性能好，服用无刺痒感等。

4. 加强对品种花色的研究

产品要有独创，要突出麻的风格。目前品种单调、花色少，应采用新技术、新工艺，大力发展花色强作的、装饰织物及旅游织物。

二、粗厚织物

麻纤维梳纺工艺必然有短麻(精梳落麻)产生,1 kg 原料麻脱胶后失重 0.35 kg 左右,梳出约 0.42 kg 的长麻,落下 0.2~0.25 kg 的短麻。过去长麻纺有利润,短麻织物只能保本,随着近年来麻棉混纺布的大量开发,短麻织物也有利润。目前,大批做成麻棉混纺的织物销往国内、外市场,但短麻织物花色较少,出口产品大多数还是坯布,因此经济效益并不显著。根据西欧等国的经验,用短麻生产花色织物、色织物以及各种装饰用织物利润高于长麻纺。因此,必须进行短麻品种的研制,采用色纺、色织以及花式纺纱等方法,依据世界的流行色、花型、款式等进行设计,从而使短麻这一低档原料能制织出高档织物,满足人们的生产生活需要。

(一) 发展粗厚外衣面料

试制疙瘩呢、雪花呢、劳动布、女式呢等具有独特风格的纯麻或混纺产品。对粗厚织物在印染后整理工艺上必须考虑手感、弹性、有洗免烫性能及舒适性等。对女式呢裙料还要做到有一定的悬垂性,色彩素雅大方,花式新颖。

(二) 向装饰用布方向发展

利用短麻制成竹节纱或线,发展高线密度家居布如沙发布、床罩等,也可发展无纺贴墙布,使装饰用布系列化。在花型设计上,要突出麻的特点,使织物不单是装饰品,而且是工艺品。

三、针织物

苎麻机织物手感粗硬,服用舒适性仍感不足,为了避免这一缺陷,可做成各种针织物。因针织物捻度小,制织工序较少,手感较柔软,可制成各种粗、中、厚内衣和外衣面料,提高麻织物服用舒适感。它的品种适应性较广,花色变换快,生产周期短,符合当前品种发展的要求。一般薄型针织物以纯麻、麻丝、麻毛、麻粘等天然纤维为主,外衣面料仅以麻混纺为主。

针织物制织对纱线提出了更高的要求,要求成纱匀净、条干好、无大小节和麻粒。因此,必须经电子清纱器切除大小节。

思考题:

1. 简述苎麻织物的风格特征。
2. 简述亚麻织物的风格特征。
3. 亚麻交织物的经纬纱是如何安排的?
4. 苎麻织物一般用于何种用途? 为什么?
5. 我国麻类作物分为哪几类?

第九章

化学纤维织物

第一节 概　　述

随着科学技术的进步以及人们对服装舒适度要求的提高,近几年来,纺织纤维领域得到了飞速发展,不仅传统纤维得到了进一步改进,许多新型纺织纤维携创新之风喷涌而出。这既迎合了消费者的要求,同时也促进了纺织服装业的发展,从功能、环保等方面为纺织行业带来了新的生命力。

新型纤维的特性主要表现在纤维材料的多元化和多样性;纤维原料取材于大量的农、牧、林业自然资源而不过度依赖石油;对人体皮肤有很好的舒适性。新型纺织纤维具有以下一些发展特点:

1. 多元化

新型纺织纤维的多元化主要表现为原料多元化,如再生纤维素纤维中的 Tencel 纤维、珍珠纤维、竹纤维、竹碳纤维、甲壳素纤维等;还有再生蛋白质纤维中的大豆蛋白纤维、牛奶蛋白纤维等;差别化合成纤维中的 PTT 纤维、异形纤维、高吸湿纤维、细特纤维、聚乳酸纤维、水溶性纤维等。其次表现在纺纱工艺多元化上,如各种新型纤维均可采用传统的短纤维纺纱系统,纺制纯纺纱和多种混纺纱,也可以将传统的短纤维纺纱系统整合来开发某种新型纤维产品,如将棉纺纺纱系统和毛纺纺纱系统整合后可纺制改性羊毛纤维和改性兔毛纤维。

2. 环保性

新型服用纺织纤维的环保型主要表现为原料来源的绿色环保、生产工艺的清洁环保以及使用过程中对人体无毒、无害、无副作用。

3. 功能性

新型纺织纤维的功能越来越多,因而使服装织物的功能越来越多,服用性能也越来越好,如有些纤维具有抗紫外线、抗电磁辐射、抗菌、防静电、护肤保健以及智能性等特征。

第二节　化学纤维织物的种类

一、纯化纤织物

纯化纤织物是指以化纤纯纺纱、化纤混纺纱或化纤长丝为原料,纯织或交织而成的织物,如尼龙绸、涤纶仿丝绸、涤/黏/锦仿毛花呢等。

二、化纤混纺织物

(一) 化纤混纺织物的范畴

化纤混纺织物包括化学纤维与天然纤维混纺的织物,以及不同种类的化学纤维混纺而成的织物。

（二）混纺织物的命名方式

（1）混纺原料比例不同时，按所占比例的多少、顺序排列，多者在前，少者在后。如：65％涤纶与35％棉混纺的府绸，称为涤/棉府绸；75％黏胶与25％锦纶混纺的花呢，称为黏/锦花呢。三种或三种以上纤维的混纺织物命名相同。

（2）混纺原料比例相同时，按天然纤维、合成纤维、人造纤维的顺序排列。如：50％羊毛与50％涤纶混纺的华达呢，称为毛/涤华达呢；50％涤纶与50％黏胶混纺的花呢，称为涤/黏花呢。

三、中长纤维织物

中长纤维织物是以长度和细度介于棉和毛之间(长度51～76 mm，细度2～3 D)的化学纤维纯纺或混纺织成的织物，如涤/黏中长织物、涤/腈中长织物等。

四、仿天然型化学纤维织物

天然织物具有自然柔和的外观，且每一类天然纤维织物都具有明显的特点。用纯化纤织制仿天然型织物，也就是仿真风格的织物，已成为当今面料发展的趋势。

（一）仿毛织物

1. 仿毛织物概念

化学纤维织制的具有天然毛型风格的织物，叫仿毛织物。

2. 获得毛型风格的因素

（1）纤维性能。

采用异形化纤、复合纤维、可缩纤维、变形纱、网络丝等取得膨松、丰满、光泽柔和的效果。

（2）织物组织。

仿毛织物的组织与所仿纯毛品种相同，也可开发新品种组织。

（3）整理加工。

为提高毛型感，可采取松式、蒸呢、树脂、定型等整理，使外观更接近纯毛织物。

（二）仿丝织物

1. 仿丝织物的概念

仿丝织物是化学纤维织制具有天然丝绸风格的织物，原料以涤纶丝为主。

2. 获得丝绸感的因素

（1）纤维性能。

采用三角形、四边形、五叶形、六边形、八边形等异形丝，能获得较好的光泽和悬垂性；使用细旦化纤丝，获得柔软、细薄的外观；对纤维进行化学改性，以改善吸湿性、染色性、抗静电性和光泽效果。

（2）整理加工。

运用仿丝整理，使织物具有真丝的手感和外观。如碱减量处理、酸减量处理，可使纤维的空隙增大，赋予织物柔软、光滑的手感。

（三）仿麻织物

1. 仿麻织物的概念

纺麻织物是以非麻原料(主要是化纤)所织制成的具有天然麻型风格的织物。

2. 获得麻织物风格的因素

获得麻织物风格取决于原料、纱线、组织、后整理等因素的共同作用。

（1）原料。

麻纺物纤维的原料运用异形纤维或改变纤维表面的形状，使纤维表面产生粗糙、凹凸感。

（2）纱线。

麻织物纤维的纱线运用粗特纱线、粗细纱搭配、竹节纱、疙瘩纱，再利用粗细不匀产生麻型感。

（3）组织。

运用平纹变化组织，产生高低、粗细不平的粗犷效果。

（4）整理。

增加硬挺度、干爽感。

第三节　人造纤维织物及其发展趋势

人造纤维织物是指以人造纤维纯纺或混纺交织而成的织物，主要指黏胶纤维织物（简称黏胶纤织物），也有少量醋酯纤维、富强纤维和铜氨纤维等织物。

近几年来，新型人造纤维素纤维如天丝（Tencel）、莫代尔（Modal）、Newcell等绿色环保纤维相继开发使用，也开发了大量的纺织产品，得到了广大消费者的青睐。其产品具有棉纤维的优良吸湿、涤纶的高强力和丝绸般的柔软滑爽等特点，利用生物工程技术研制生产的生物降解再生蛋白质纤维，主要有大豆纤维、玉米纤维及牛奶丝等。

一、黏胶纤维织物

（一）黏胶纤维织物的服用特性及风格特征

（1）质地柔软，滑爽，光泽较好，悬垂感强。

（2）吸湿性强，优于棉织物，穿着透气舒适，特别适宜于做夏季服装。

（3）染色性能较好，易于上色，颜色鲜艳，色谱齐全，但色牢度不够高。

（4）耐热性较好，但水洗温度不宜过高。

（5）弹性恢复能力较差，容易褶皱，且不易恢复，成衣挺括度和尺寸稳定性不佳。

（6）织物湿态强度远远低于干态强度，只有干态时的$50\%\sim70\%$。因此，不宜用力搓洗，以免受损。

（7）耐磨性不良，易起毛、破裂，特别是下水后。

（8）织物在水中变厚发硬，且缩水率较大，一般在$8\%\sim12\%$。

（9）耐酸碱性不如棉织物。

（二）黏胶纤维织物的分类及主要品种

1. 丝型黏胶织物

丝型黏胶织物是用黏胶长丝纯织或与其他长丝或短纤维交织而成，具有丝绸风格的织物，光泽明亮，滑爽，悬垂，不贴身。

（1）纯黏胶人造丝织物。

纯黏胶人造丝织物如有光纺、无光纺、美丽绸等织物。

227

（2）黏胶人造丝交织物。

富春纺、缎条青年纺、羽纱、葛、绨是黏胶人造丝与棉纱的交织物。此外，还有黏胶人造丝与桑蚕丝交织的缎类、丝绒类等织物。

2. 棉型黏胶织物

以棉型黏胶短纤维（又称人造棉纤维）为原料纯纺或混纺织制而成的具有棉布风格的织物。人造棉纤维长度为 33～38 mm，细度为 0.132～0.165 tex（1.2～1.5 D）。棉型黏胶织物的光泽较纯棉织物稍好，柔软舒适，悬垂感强。

（1）人造棉。

人造棉是以黏胶短纤维纱制织的平纹布，光泽感和悬垂感有点像丝绸，故又称棉绸。布面洁净，光滑而柔软，密度中等，吸湿透气，但易褶皱，不耐水洗，保型性差，易缩水。品种有漂白、什色人造棉，印花人造棉，色织条格黏纤布及新型后整理的人造棉等。人造棉是较好的夏季服装和春秋衬衫面料，亦可做被面、装饰布等。

（2）黏/棉平布。

以黏胶短纤维和棉混纺织制的平纹布，手感柔软，质地细洁，具有棉织物和黏胶织物的优点，耐磨性、湿强度比人造棉好，最适宜做夏季的衬衫、裙子等。除平纹外，还有黏胶与棉混纺的细布、纱卡其、华达呢等品种，与纯棉织品相似。

3. 毛型黏胶织物

以毛型黏胶纤维即人造毛纤维为原料纯纺或混纺织制而成的织物，叫作毛型黏胶织物，外观颇似羊毛织物。人造毛纤维长度为 76～120 mm，细度为 0.33～0.66 tex（3～5 D）。毛型织品吸湿性好、透气性好、色泽鲜艳、不蛀虫、价格便宜，适宜制作春秋外衣、职业服、学生装等。但织物弹性小、易褶皱、耐磨性不佳，缩水率为 5% 左右，一般多用人造毛纤维与羊毛或合成纤维混纺，以改善服用性能。

（1）羊毛与人造毛混纺织品。

羊毛与人造毛混纺织品是羊毛含量在 70% 以上的织品，手感、光泽、弹性与羊毛织物近似。若羊毛含量在 30% 以下，织品光泽较呆板，弹性、抗皱性、丰满性较差，缩水也较大。常见的品种有羊毛、人造毛混纺的花呢、华达呢、哔叽、啥味呢及女衣呢等精纺产品。还有羊毛、人造毛混纺的大众呢、海军呢、麦尔登、法兰绒等粗纺产品。

（2）人造毛与合成纤维混纺织品。

这类纺织品的耐磨性、强度较纯人造毛织品要好，但摩擦后易起毛、起球，水洗时仍发硬。主要品种有黏胶 75%、锦纶 25% 的黏/锦华达呢，黏胶 70%、锦纶 30% 的黏/锦啥味呢，黏胶 60%、锦纶 40% 的黏/锦花呢，涤纶 55%～75%、黏胶 25%～45% 的涤/黏啥味呢，黏胶 50%、腈纶 30%、羊毛 20% 的黏/腈/毛花呢，黏胶 50%、锦纶 30%、腈纶 20% 的黏/锦/腈三合一纯化纤薄花呢等。

4. 中长型黏胶织物

用长度和细度介于棉、毛之间的中长黏胶纤维为原料织成的织物。一般用黏胶中长纤维与合成中长纤维混纺织制的中长织物。这类织物在染整时采用仿松式加工，具有类似毛织物的外观，手感丰厚，抗褶皱性能较好，易洗、免烫，价格低廉，坚牢耐用。主要品种有 65% 的中长涤纶与 35% 中长黏纤混纺的中长平纹呢、中长啥味呢、中长板司呢、中长隐条呢、中长法兰绒等。

二、Tencel 纤维(天丝)织物

(一) 概述

Tencel 是 Lyocell 纤维的商标名称,在我国注册中文名为天丝,俗称天丝棉,它与黏胶纤维同属再生纤维素纤维,被称为继棉、毛、丝、麻之后的第五种纤维。它的主要成分是自然界森林中的纤维素,并利用对人体和环境无害且可回收利用的胺氧化物作溶剂来溶解纤维素浆粕,进行纺丝生产。

(二) Tencel 纤维的服用特性及风格特征

1. Tencel 纤维具有的优点

(1) Tencel 纤维具有纤维素纤维所有的天然性能,包括吸湿性好、穿着舒适、光泽好,以及极好的染色性能和可生物降解性能,可在较短的时间内完全生物降解,不会造成环境污染。

(2) Tencel 纤维具有较高的干强和湿强。

(3) Tencel 纤维可与其他纤维进行混纺,从而提高黏胶、棉等混纺纱线的强度,并改善纱线条干均匀度。

(4) Tencel 纤维织物的缩水率很低。由它制成的服装尺寸稳定性较好,具有洗可穿性。

(5) Tencel 纤维的截面呈圆形,表面光滑。其织物具有丝绸般的光泽。

(6) Tencel 纤维织物的后处理方法比黏胶纤维更广,可以得到各种不同的风格和手感。但 Tencel 纤维也存在一定的缺点,即易原纤化、摩擦后起毛,呈现出桃皮绒感。目前,正在进一步研究改进中。

2. Tencel 纤维与黏胶纤维、棉、涤纶纤维性能比较

四者的性能比较如表 9-1 所示。

表 9-1 Tencel 纤维纱与其他纤维纱物理性能比较

项目		Tencel 纤维纱	黏胶纤维纱	棉 纱	涤纶纱
细度	tex	19.4	19.4	19.4	19.4
	英支	30	30	30	30
单纱强力	cN	546.9	257.0	300.9	633.9
伸度	%	8.2	12.1	6.0	12.8
不匀率	%	10.4	12.3	11.6	11.9
IPI 值 [个/(1 000 m)]	细节	1	15	5	18
	粗节	10	60	22	27
	棉结	8	54	25	29

由上表可见,Tencel 短纤维纱的物理性能与棉纱基本相同,与其他纤维纱相比,显著特点是强力高、伸度稍低,但纱线条干均匀。

(三) Tencel 纤维纱的主要品种及用途

1. 纯 Tencel 纱

(1) 棉型纱。

纤维线密度为 0.17 tex(1.5 D),目前可纺纱的线密度有 58.3 tex(10 英支)、29.2 tex(20 英支)、19.4 tex(30 英支)、14.6 tex(40 英支)、11.7 tex(50 英支);纤维线密度为 0.11 tex(1.0

且),目前可纺纱的线密度有 9.7 tex(60 英支)、7.3 tex(80 英支)、5.8 tex(100 英支)。

（2）精纺毛型纱。

纤维线密度为 0.24 tex(2.2 D),目前可纺纱的线密度有 29.4～19.2 tex(34～52 公支)。

（3）气流纱。

纤维线密度为 0.17 tex(1.5 D),目前可纺纱的线密度有 83.3 tex(7 英支)、58.3 tex(10 英支)、36.4 tex(16 英支)、29.2 tex(20 英支),皆作为牛仔布、针织布用纱。

2. 与其他纤维混纺纱

（1）棉纺纱。

与棉混纺,可纺 19.4 tex(30 英支)、14.6 tex(40 英支)的纱。

（2）精纺毛纱。

与毛混纺,可纺 29.4 tex(34 公支)、19.2 tex(52 公支)的纱。

（3）包芯纱。

芯纱用强力丝,可纺 19.4 tex(30 英支)、14.6 tex(40 英支)的纱。

（4）粗纺毛纱。

与安哥拉毛、羊毛混纺,可纺 62.5 tex(16 公支)、41.7 tex(24 公支)的纱。

3. 其他纱

可纺各种花式纱线、精纺交捻纱、麻混纺纱、腈纶混纺纱、涤纶混纺纱等。

Tencel 纤维的用途较为广泛,可加工成机织物、针织物和非织造布,不仅有纯纺织物,还可与棉、麻、丝交织,主要用于做牛仔裤、男衬衫、夹克衫、套装、连衣裙、高尔夫球裤、窗帘、被单、睡衣裤;平针针织物主要用于做套衫、运动衫、各种内衣等,在工业和非织造布中主要用于特种纸张、过滤纸、工业过滤布、帘子线、高档抹布、人造麂皮、涂层基布、医用药签、医用材料基布、香烟过滤嘴芯以及纱布、用即弃织物等。

三、竹纤维织物

(一) 竹纤维

竹纤维有别于竹浆纤维,属于纯天然纤维,没有添加任何化学成分。竹纤维面料一经问世即受到市场追捧,用竹纤维面料做成的服装已成为消费者的新宠。

(二) 竹纤维织物的特点

1. 绿色环保

生产竹纤维的竹子生长在远离使用农药的山区环境,竹纤维能够 100％降解,是无污染的环保型纤维。在生产竹纤维过程中,人们采用高科技手段使其成为无任何化学助剂残留的天然纤维。它是一种可降解的纤维,在泥土中能完全分解,不会对周围的环境造成任何损害。因而,它的市场前景相当好。

2. 凉爽型纤维

竹纤维为天然中空物,横截面为梅花型,透气性强,保暖性好,避免了传统圆柱型纤维透气性差的弊端,填补了天然凉爽型纤维的空白。

3. 保健功能

竹纤维天然含有竹蜜和果胶的成分。该成分对皮肤是健康有益的,且抗紫外线能力强。因此,由纤维生产的春夏装对皮肤有较好的抗紫外线保护作用。

4. 可恢复、可机洗、免熨烫、纤维染色性好

由于竹子的天然韧性,以竹纤维生产的织物具有较强的稳定性和防皱性,也具有可机洗和免熨烫的良好效果,极大地方便了消费者。竹纤维的染色性能好,易着色,色牢度在 3.5 级以上。

5. 与丝绸完美组合,使丝绸更加时尚化

竹纤维具有天然挺括、抗皱防缩、吸湿凉爽、可机洗、易染色等特性,与丝绸交织或混纺后,极大地改善了丝绸产品的自身缺陷,使丝绸产品更加时尚化。这将进一步扩大丝绸在中高档时尚服饰领域的消费。

6. 天然抗菌性

竹子在自然的环境中能保持无虫蛀、不霉烂的效果,是因为竹子中存在天然的抗菌成分——竹醌。而竹纤维在生产过程中,采用高新技术处理,保持了竹子的天然抗菌性,让抗菌物质始终结合在纤维素大分子上。所以,即使竹纤维织物经过反复洗涤、日晒也不会失去其独特的抗菌性能。

(三) 竹纤维织物的主要品种

竹纤维的纤度一般为 1.5~5 旦,长度为 38~86 mm。其纱线品种有 100%竹纤维纱、竹棉混纺纱、竹天丝混纺纱及竹丝混纺纱等。

竹纤维既可以纯纺也可以与棉、丝及合成纤维混纺或者交织生产或各种机织物、针织物。其产品可以广泛用于内衣裤、衬衫、运动装和婴儿服装,也是制作夏季各种时装及床单、被褥、毛巾、浴巾等织物的理想面料。竹纤维良好的吸湿性和天然抗菌性,故其特别适合制作毛巾、浴巾等家纺产品。在竹纤维制作的毛巾产品中,其吸湿性能良好、凉爽、柔滑的特点得到了充分体现。更重要的是,竹纤维毛巾的天然抗菌性是普通的纯棉毛巾无法比拟的。

将真丝和竹纤维混纺生产的高档纺织品也是一个很好的设计思路。用竹纤维与真丝混纺织成的面料,不仅可以弥补纯真丝绸抗皱性差、不挺括、不能机洗的缺憾,还可加强其吸湿、导湿性和透气性。采用真丝(绢丝)与竹纤维混纺,因各种纤维所占比例的不同而使织物的手感有所区别。竹纤维含量高,手感爽滑、质感较硬;竹纤维含量低,手感比较柔软。竹纤维和真丝混纺而成的丝竹面料不仅可以改善传统真丝绸产品的性能,提高其档次,同时也可顺应消费者回归自然、追求绿色的消费思想。目前,已经有多种由真丝和竹纤维混纺制成的产品面世。如江苏吴江健丰丝纺厂生产的 30%~40%竹纤维与 60%~70%真丝混纺而成的丝竹面料。其面料被浙江雅尔集团股份有限公司慧眼相中,用于西服生产。另已开发的品种有丝竹花绸、丝竹缎、丝竹绉、丝竹弹力绉等,产品多样,可制成西装(裤)、衬衫、袜子、针织内衣等产品。

四、聚乳酸纤维

聚乳酸纤维是一种新型的生态环保型纤维。它以玉米淀粉等含淀粉的农产品为原料,发酵生成乳酸,后经缩合、聚合反应得到聚乳酸,再经纺丝而制成。由乳酸制得的聚乳酸作为一种生物原料制品,具有很好的生物降解性、相容性和可吸收性,从原料到废弃物都可以再生利用。用该纤维开发制成的织物具有优良的形态稳定性、回弹性和悬垂性,手感柔软并有真丝般的触感,而且具有良好的生物降解性。聚乳酸纤维能够满足人们追求自然、绿色、环保的要求,适于各种时装、休闲装、体育用品和卫生用品等。

聚乳酸纤维易染色,可用分散染料在常温下染色。在所有湿处理阶段,pH 值应控制在 4~7,以减少水解,同时染色温度尽可能低,确保染品的良好匀染性、渗透性。聚乳酸纤维比聚酯纤维具有较好的亲水性和较低的密度,并且具有良好的弹性、卷曲性和记忆能力,可燃性低。它的悬垂性、卷曲性及卷曲稳定性能良好,手感好,抗紫外线能力也良好,所制成的服装具有优异的吸湿性和抗皱性,织物品质高。

聚乳酸纤维具有合成纤维和天然纤维的特性以及特殊的优点。它具有很好的悬垂性、手感和舒适性,并拥有很好的回弹性、较好的卷曲性和卷曲持久性。目前,国内外多家公司都竞相开发和生产聚乳酸纤维及其制品,在纺织服装工业中已经得到了广泛的应用。用聚乳酸纤维制成的服装面料织物穿着舒适性、很好的定形性和抗皱性,具有较好的光泽、优雅的真丝观感、丝绸般舒适的手感,良好的吸湿性和快干效应。该纤维是以人体内含有的乳酸做原料合成的乳酸聚合物,对人体安全。经测试,其面料对人体皮肤无任何刺激性,且对人体健康有益,产品可为针织或梭织,尤其适合做婴幼儿贴身服装。用聚乳酸纤维制成的针织面料有着极好的悬垂性、滑爽性、吸湿透气性、良好的耐热性及抗紫外线功能,并有光泽和弹性,同时,还拥有良好的水扩散性。它与棉混纺做内衣,有助于水分的转移,接触皮肤时有干燥感,织物的形态稳定性和抗皱性都较好,还可做运动衣、时装等。另外,聚乳酸纤维柔软、色泽艳丽,特别适合做女装。

聚乳酸纤维具有抗紫外、密度小、可燃性差、燃烧热低、发烟量小等特性。这些特性加上优异的弹性使聚乳酸纤维在家用装饰领域有广阔的市场空间,多在悬挂物、室内装饰品、面罩、地毯和填充件等织物中运用。

聚乳酸纤维稍呈酸性的 pH 值,与人体皮肤相同,具有优良的生物相容性。同时,它还有生物降解性和安全性(低毒性),在医疗、医学领域具有广泛的应用前景。如人们将非织造布用于手术衣、手术芯盖布、口罩等织物的制作,将纤维用于手术缝合线、纱布、绷带等产品的生产。

五、大豆蛋白纤维织物

大豆蛋白纤维是以榨掉油脂的大豆豆粕为原料制成的纤维。大豆蛋白纤维既具有天然蚕丝的优良性能,又具有合成纤维的力学性能。它的出现满足了人们对穿着舒适性、美观性的追求,同时又符合服装免烫、洗可穿的潮流。

(一) 大豆蛋白纤维的服用特性及风格特征

1. 外观华贵

大豆纤维面料具有真丝般的光泽,悬垂性极佳,给人以飘逸脱俗的感觉。用高支纱织成的织物,表面纹路细洁、清晰,一般用来制作高档衬衣。

2. 舒适性好

以大豆蛋白纤维为原料的针织面料手感柔软、滑爽、质轻,像真丝与山羊绒混纺感觉。其吸湿性与棉相当,而导湿透气性远优于棉,保证了穿着舒适与卫生。

3. 染色性能好

大豆蛋白纤维制品的颜色鲜艳、有光泽,而且染色牢度好,不易褪色。

4. 物理力学性能好

大豆蛋白纤维的单纤断裂强度在 3.0 cN/dtex 以上,比羊毛、棉、蚕丝的强度都高,仅次于涤纶等高强度纤维。大豆蛋白纤维在常规的洗涤条件下不缩水,抗皱性也非常出色,且易洗快干。

5. 保健功能性

大豆蛋白纤维与人体皮肤接触的亲和性能好,含有多种人体所必须的氨基酸,具有良好的保健作用。

(二) 大豆蛋白纤维的主要品种

1. 大豆蛋白纤维的纯纺面料

用大豆纤维纯纺纱或加入极少量氨纶的大豆纤维纱制作的针织面料,手感柔软舒适,用于制作内衣、T恤、沙滩装、休闲服、运动服、时尚女装等,极具时尚休闲风格。

2. 大豆蛋白纤维与羊毛的混纺面料

大豆蛋白纤维与羊毛混纺生产的精纺类毛织物,能保留精纺面料的光泽和细腻感,增加滑糯的手感,是生产时尚的轻薄柔软型高级西装和大衣的理想面料。

3. 大豆蛋白纤维与羊绒的混纺面料

大豆纤维的手感与羊绒非常接近,用50％以上的大豆纤维与羊绒混纺成高支纱,用于春、夏、秋等不同季节的薄型绒衫。其效果与纯羊绒一样滑糯、轻盈、柔软,比纯羊绒产品更易护理。其产品极具新颖性和价格竞争优势。

4. 大豆蛋白纤维与真丝产品的混纺面料

大豆蛋白纤维具有桑蚕丝的柔亮光泽,用大豆蛋白纤维与真丝交织或与绢丝混纺制成的面料,既能保持亮泽、飘逸的特点,又能改善其悬垂性,并能消除因它产生汗渍而吸湿后产生的贴肤缺点,是制作睡衣、衬衫、晚礼服等高档服装的理想面料。

5. 大豆蛋白纤维与麻纤维的混纺面料

大豆蛋白纤维具有较强的抗菌性能,经上海市预防医学研究院检验,大豆蛋白纤维对大肠杆菌、金黄色葡萄念珠菌等致病细菌有明显的抑制作用。用大豆蛋白纤维与亚麻等麻纤维制成的面料,是制作功能性内衣及夏季服装的理想面料。

6. 大豆蛋白纤维与棉纤维混纺面料

大豆蛋白纤维能有效改善棉织物的手感,增加织物的柔软和滑爽,提高舒适度。用大豆蛋白纤维/棉混纺的高支纱面料,是制作高档衬衫、高级床上用品、内衣、毛巾、婴幼儿服饰的理想材料。

7. 大豆纤维与化纤的混纺面料

大豆纤维能与氨纶、涤纶、锦纶等纤维混纺生产各种组分面料,提高织物的舒适性、透气性和抗皱性,可制作运动服、T恤、内衣、休闲服装、时尚女装等产品。此类面料保留了大豆纤维柔软、舒适及亲肤的特点,利用化纤的不同特性突出面料的不同风格。

六、牛奶纤维的织物及用途

100％牛奶纤维织造的针织面料,质地轻盈、柔软、滑爽、悬垂,穿着透气、导湿,外观光泽优雅、色彩艳丽。同时具有生物保健和抑菌消炎功能,贴身穿着,犹如牛奶沐浴,起到润肌养肤、滋滑皮肤和抑菌消炎、洁肤的功效。十分适宜制作男女T恤、内衣等休闲家居服装。

由牛奶纤维和真丝交织而成的系列牛奶纤维真丝缎、牛奶纤维真丝纺、牛奶纤维真丝绢、牛奶纤维真丝绉,集牛奶纤维和真丝的优点于一体,既有牛奶纤维厚实、爽滑、悬垂感好的特性,又具有真丝柔中带韧、光洁艳丽的风格。特别适宜制作唐装、旗袍、晚礼服等高级服装。

牛奶纤维中加入氨纶(莱卡)织造的系列牛奶纤维弹力面料,是特殊的复合型面料。其柔软、弹力适度、兼具牛奶纤维独有的特性,非常适合针织运动上衣、韵律健身服和一般美体内衣等产品,穿着柔软、舒适。

牛奶纤维与羊绒混纺,既解决了羊绒纤维的强力,又减轻了织物掉毛起球的现象,同时又保持了羊绒的手感和保暖性。色泽更牢固,形成的织物可与羊绒衫相媲美。它大大降低了产品的成本,扩大了产品的消费人群。

与麻纤维混纺或交织:麻纤维属于天然的最佳透气性纤维,缺点是纤维粗、柔性差、抗皱性能差,将牛奶纤维切割成的中长纤维,可直接与麻纤维混纺后织造成各种织物。既有麻纤维良好的透气性,又具有牛奶纤维的绒性特征。可开发的织物如有T恤衫、床上用品、布艺沙发面料、外衣面料、衬衣面料等。

与棉纤维混纺或交织:棉纤维是产量最大的天然纤维,优点是价格低,保暖性、吸湿、透气性好,缺点是柔软性稍差,着色不鲜亮。它与牛奶短纤维混纺后可提高织物的柔软性和亲肤性,增加悬垂性和织物光泽。牛奶纤维也适合与天丝、竹纤维、黏胶纤维(蒙代尔)混纺。可开发的织物有混纺针织内衣、梭织内衣系列、床上用品系列,休闲服饰系列等。

第四节　合成纤维织物及发展趋势

一、常用的合成纤维及织物

(一) 涤纶织物

涤纶织物在化纤织物中占有相当的比重,是常用的服装面料和装饰面料。涤纶织物包括涤纶纯纺织物、涤纶混纺和交织织物,种类多样,风格复杂。

1. 涤纶织物的服用特性及风格特征

(1) 涤纶织物的强度高,且干湿强度相同,耐冲击力好,织物耐穿耐用。

(2) 涤纶织物的耐磨性仅次于锦纶织物而优于其他织物,且干湿状态基本相同。

(3) 涤纶织物的弹性恢复力强,挺括、不易皱折、保形性好,褶皱持久。

(4) 涤纶织物的洗可穿性能良好,织物洗后不需熨烫即可穿着,且易洗快干。

(5) 涤纶织物的耐日光性、耐热性和热稳定性好。

(6) 涤纶织物的耐腐蚀性好,具有良好的化学稳定性,不虫蛀,不发霉。

(7) 涤纶织物的吸湿性差,涤纶织物穿着时有闷热感,不够舒适,且易带静电,易吸附灰尘而沾污,但与天然纤维混纺后可得到改善。

(8) 涤纶织物的染色困难,但色牢度好,不易褪色。

2. 涤纶织物的主要品种

(1) 棉型涤纶织物。

棉型涤纶织物包括涤/棉府绸、涤/棉细纺、涤/棉麻纱、涤/棉卡其、涤/棉泡泡纱、涤/棉烂花布等种类。

(2) 毛型涤纶织物。

毛型涤纶织物包括纯涤纶毛型织物、涤纶网络丝毛型织物、涤纶短纤维精纺毛型织物、涤纶混纺毛型织物、涤纶羊毛混纺的织物。

(3) 中长型涤纶织物。

即以中长型涤纶纤维与其他中长纤维混纺的织物。如涤/黏(65/35)或涤/腈(65/35)的中长平纹呢、中长哗味呢、中长派力司、中长华达呢、中长板司呢、中长绉纹呢、中长花呢、中长法兰绒、中长大衣呢等。这类织物具有毛织物的外观和手感,可制作春秋季外衣。

(4) 丝型涤纶织物。

它是以涤纶长丝纯织或与其他长丝或短纤维纱交织的具有丝绸风格的织物。光泽明亮、轻薄滑爽、飘逸悬垂,具有耐磨、抗皱、易洗快干、免烫等特点,但吸湿透气性和柔软性不如天然丝绸,带静电较大。

① 纯涤纶丝绸。常见品种有涤丝纺、涤丝绫、涤纶花缎、涤纶乔其纱、特纶绉、弹涤绸、涤纶塔夫绢、涤纶纱等。各类涤纶丝绸与相应种类的真丝绸组织结构和外观相似,手感偏硬、光泽欠柔和、抗皱性较好、不缩水。缺点是穿着有闷热感,遇火星易熔融。可用于制作男女衬衫、夏季套装、裙子等。

②涤纶交织织物。主要品种有涤纶丝与桑蚕丝交织的条春绉、点点绉；涤纶丝与绢丝交织的涤绢绸；涤纶丝与涤棉纱交织的涤纤绸、涤棉绸、涤闪绸、涤爽绸；涤纶丝与涤粘纱交织的华春纺、华格纺；涤纶丝与锦纶丝交织的涤尼绸；涤纶、黏胶与绢三合一的涤欢绸。薄型可做夏季衬衫、童装、枕套，中厚型可做春秋季外衣。

③涤棉纬长丝织物。经向用涤棉混纺纱，纬向用三叶型涤纶长丝。用平纹与小提花组织织制，纬向长丝在布面的纬浮长构成明亮突出的小花纹，与平纹地形成明暗对比。也可采用平纹绉地和经纬缎纹联合组织得到明暗条格或网格。纬长丝织物光泽好、轻薄滑爽、丝型感强，是较好的男式衬衫面料。

（5）麻型涤纶织物。

①纯涤纶麻型织物。用涤纶仿麻变形丝可织制麻型织物，与纯麻织物相比其强力高、弹性大，不起皱，洗可穿，不缩水。它有薄型、中型、厚型等品种。正面粗犷如麻，反面光滑如丝，贴身穿无粗糙感。

②涤纶与麻混纺织物。涤麻混纺织物具有爽、挺、牢的特点，即有麻织物吸湿、散热、不沾身的优点，又有涤纶织物弹性好、挺括、抗皱折、免烫的长处，服用性能较好。厚型有70％涤纶与30％亚麻的涤麻平纹布，布面有粗节疙瘩，风格粗犷，可做外衣面料。薄型有涤麻纬长丝布，用84％涤纶与16％苎麻混纺纱做经，涤纶长丝做纬。布面较光洁，有提花图案；涤麻派力司，采用65％涤纶与35％苎麻混纺、混色纱织制，具有毛、麻双重风格，雨丝清晰，挺括凉爽。涤麻布是65％涤纶与35％苎麻或70％涤纶与30％苎麻混纺织制而成的平纹织物，有漂白、染色、印花、色织等品种。涤麻布的纱线较细，吸湿透气，易于散热。薄型涤麻织物是较好的夏季面料。

（二）锦纶织物

1. 锦纶织物的服用特性及风格特征

（1）锦纶织物的强度和耐磨性居天然纤维和普通化纤织物之首。锦纶与其他纤维混纺可大大提高织物的耐磨性和强度，其湿态强度下降10％～15％。

（2）锦纶织物的弹性回复能力和延伸性好。它能耐多次变形（抗疲劳性高），抗皱性低于涤纶织物。

（3）锦纶织物的挺括感和保形性不佳，穿着易变形。

（4）锦纶织物的吸湿性能在合成纤维织物中较好，因而染色性较好，色谱较全。

（5）锦纶织物的比重小。织物轻盈，穿着轻便。

（6）锦纶织物的耐腐蚀性较好。它不发霉、不腐烂、不虫蛀、耐酸不耐碱。

（7）锦纶织物的耐热性不良。随着温度的升高，织物的强度和延伸度下降，收缩率增大。故洗涤、熨烫时温度不宜过高。

（8）锦纶织物的耐日光性较差。曝晒会使织物强度大大下降，易破损且颜色泛黄。

（9）锦纶织物易起毛起球，静电大，易沾污。

2. 锦纶织物的主要品种

（1）丝型锦纶织物。

纯锦纶丝绸，如尼龙绸、锦纹绉、尼丝绫、隐光罗纹绸、锦纶塔夫绸等。锦纶丝交织物，如锦益缎、锦合绉。还有锦纶丝与涤纶丝交织的环涤绸，锦纶丝与黏胶人造丝交织的锦绣绸、锦艺绸、青云绸，锦纶丝、金银线和棉纱交织的色织提花绸、锦云绸等。

（2）毛型锦纶织物。

锦纶短纤维多与羊毛或其他化学纤维混纺织制毛型织物，强度高，耐磨，吸湿性较好，价格便宜。主要品种有羊毛 50％、黏胶人造毛 37％、锦纶 13％混纺的毛/黏/锦华达呢,锦纶 40％、黏胶人造毛 40％、羊毛 20％混纺的锦/黏/毛哔叽,羊毛 70％、黏胶人造毛 15％、锦纶 15％混纺的毛/锦/黏海军呢,黏胶人造毛 75％、锦纶 25％混纺的凡立丁等。这些织物的规格与纯毛织品相同,手感和光泽有所差异,可用作春、秋、冬季外衣、裤面料。

(三) 腈纶织物

1. 腈纶织物的服用特性及风格特征

(1)腈纶有"合成羊毛"之称。腈纶织物外观丰满,手感蓬松、柔软,温暖感强,色泽鲜艳明快。

(2)腈纶织物的保暖性优于羊毛织物,且质地轻便,是较好的冬季防寒衣料。

(3)腈纶织物的弹性回复率和抗皱折性较好。腈纶织物去除外力重压后,仍能恢复原蓬松丰厚状态。

(4)腈纶织物的强度比锦纶和涤纶织物低,但高于羊毛织物。

(5)腈纶织物的耐晒性能优于所有的纺织纤维织物。因此,腈纶织物适宜做户外运动服装及帐篷、车衣、炮衣等。

(6)腈纶织物的化学稳定性较好,对酸和氧化剂较稳定,但耐碱性较差。不虫蛀、不发霉、不腐烂,易于保养。

(7)腈纶织物的洗可穿性好,易洗快干,免烫,但保型性不如涤纶织物。

(8)腈纶织物的吸湿性不如锦纶织物,但较涤纶织物要好,穿着有闷热感,静电较大,易吸附灰尘。

(9)腈纶织物的耐磨性较差,易起毛起球,影响外观。

2. 腈纶织物的主要品种

(1)腈纶纯纺织物。

腈纶膨体女衣呢是以腈纶膨体纱为原料织制的仿毛女衣呢。色泽鲜艳、丰富,手感柔软蓬松、干爽,比较挺括,毛型感强,适宜做春秋季女式上衣、连衣裙、童装等。腈纶精纺花呢,以腈纶纤维为原料织制的精纺花呢,组织规格与全毛花呢相仿,色彩较鲜明,弹性和抗皱性较好,洗后免烫,但手感较全毛花呢呆板,耐磨性不佳,穿着中易起毛起球和磨损。由于腈纶纯纺织物的吸湿性较差,易带静电,易沾污,可用于各类便装、套装。腈纶膨体粗花呢是用腈纶膨体纱织制的仿毛粗花呢,手感蓬松柔软,质地厚实丰满,保暖性和装饰性都较好,且防蛀耐晒,价格适中,适合做外套、大衣、裙装、套装、童装等。一般膨体粗花呢以平纹、套格为主。花式膨体粗花呢以斜纹变化组织、提花组织为主。膨体粗花呢采用各种花式线以丰富表面肌理,如用结子线、波形线、毛茸线、彩点线等,并以织物组织与色纱相搭配,织制各种条格花纹。腈纶膨体大衣呢用腈纶膨体纱织制的仿毛大衣呢,以平纹、斜纹色织套格和提花组织为主,后整理工艺较为复杂。需反复拉绒并起绒、剪毛等,使织物表面有一层丰满整齐的绒毛,手感蓬松、温暖,质地丰厚、有弹性。花式线的运用更增添了织物的装饰效果,如毛圈套格提花膨体大衣呢、双色毛圈彩星膨体大衣呢等。可制作女式秋、冬大衣、外套、套裙等。

(2)腈纶混纺织物。

腈纶与棉混纺织物主要是 50％腈纶与 50％棉花混纺的棉/腈细布。它是平纹组织,布面细洁平整,挺括免烫。腈纶与羊毛混纺织物主要品种有哔叽、啥味呢、凡立丁、花呢等,一般腈纶 50％～70％,羊毛 50％～30％,织物挺括、抗皱,强度好,轻柔保暖,色泽新鲜明亮,较纯毛织物耐晒,适宜做春秋季外衣、西装、运动服等。

采用50％腈纶中长纤维与50％涤纶中长纤维混纺织制的具有毛型感的织物,外观挺括,手感丰满,富有弹性,尺寸稳定性较好,抗皱免烫,缩水小,主要品种有涤/腈华达呢、平纹呢、隐条呢等,适合做男女外衣。以50％腈纶与50％的黏胶纤维混纺织成的毛型产品,如腈/黏华达呢、女衣呢、花呢等,色彩鲜艳,质地柔软,保暖性好,但耐磨性稍差,易起毛起球。可做外衣、长裤等。

（3）腈纶毛皮。

以腈纶纤维织制的人造毛皮,外观与天然毛皮相似。腈纶毛皮以棉纱做地,腈纶做绒毛,针织而成。质地柔软,轻便保暖,绒毛不蛀。但绒毛易打结,易沾污,多用于大衣、防寒服里胆,也可做大衣、童装、帽子等面料。

（4）腈纶驼绒。

以腈纶为原料的针织驼绒产品,手感丰满柔软,轻暖舒适,伸缩性好,色泽鲜艳。有素色和条子驼绒,主要用于冬装里胆及领口、袖口、帽子等面料。

(四) 维纶织物

1. 维纶织物的服用特性

（1）维纶织物的吸湿性较其他合成纤维织物都好,且接近棉织物,外观也与棉织物相似。因而,维纶纤维大量用做棉花的代用品或与棉花混纺,制作内衣等产品无闷热感。

（2）维纶织物的强度较高,耐磨性较好,坚牢度优于棉织物。

（3）维纶织物的保暖性与羊毛接近。

（4）维纶织物的耐晒性较好。

（5）维纶织物的化学稳定性好,不虫蛀,不腐烂,不发霉。

（6）维纶织物的尺寸稳定性不好,织物不够挺括,易皱折、起毛。

（7）维纶织物的染色性能差,不易染出鲜艳色彩。

（8）维纶织物的耐热性差,喷湿熨烫或热水泡会发生收缩。

2. 维纶织物的主要品种

（1）维纶与棉混纺织物。

维纶与棉混纺织物主要有维纶50％与棉50％的棉/维细布、平布、府绸、卡其、灯芯绒等。它们的特点是耐磨性和强度比纯棉布好,吸湿透气性也较好。布身较细洁,光泽好于纯棉布,但颜色不如纯棉布鲜艳,弹性不佳,易起皱、沾污,属中档产品,多用于衬衫、内衣、被单布及童装等产品的制作。

（2）维纶与黏胶混纺织物。

这类织物大多采用50％维纶与50％黏胶纤维混纺织制,比较细薄。主要有:维/黏华达呢,又称维/黏东风呢,用$\frac{2}{2}$加强斜纹组织,质地紧密厚实,光泽较好,可做外衣裤;维/黏凡立丁,平纹组织,纱线细,捻度和密度较大,质地轻薄,手感较柔软,可做衬衫、外衣裤等。这类织物的缺点是缩水率较大,易皱折变形,影响织物外观。

(五) 丙纶织物

1. 丙纶织物的服用性能

（1）丙纶织物具有很好的强度,可与涤纶、锦纶织物媲美,在湿态下,丙纶织物强度无大损失,这点优于锦纶织物。

（2）它的耐磨性仅低于锦纶织物,弹性回复率较高。

（3）它的比重小,可做救生用具和军用服装。

（4）它具有良好的耐腐蚀性，不虫蛀、不腐烂，不霉变，适合做工业用布和劳保服装。

（5）它的吸湿性极小，几乎不吸湿，故穿着丙纶服装有闷热感，不舒适。丙纶织物做医用纱布时有不粘伤口的特点。

（6）丙纶织物易洗快干，不缩水，尺寸稳定性好。

（7）丙纶织物染色困难，很少有鲜艳的色彩，应用局限性较大。

（8）丙纶织物耐热性和热稳定性较差，受热易软化收缩。因此，丙纶织物的熨烫温度不可高于100℃。因长时间受阳光照射，丙纶织物易老化受损，强度明显下降。目前，人们在丙纶丝中加入热、光稳定剂，可改善耐热耐光性。

（9）丙纶织物的手感不佳。

2. 丙纶织物的主要品种

丙纶织物的服用性能不良，多用于工业和室内装饰，少量用于服装材料。纯纺丙纶织物主要是毛巾、毛毯、蚊帐、装饰布。丙纶短纤维多与棉花和黏胶混纺。

（1）色织丙纶吹捻丝粗纺呢绒。

该织物是化纤粗纺毛织物的一种，采用丙纶吹捻丝为原料。色织丙纶吹捻丝织物手感粗涩、风格粗犷、仿毛效果效强，只是不够柔糯。主要品种有法兰绒、钢花呢、银枪大衣呢、条格花呢等。

（2）棉/丙细布、棉/丙平布、棉/丙麻纱。

这类棉型织物的混纺比一般为棉50%、丙纶50%，织物具有质地轻盈、耐磨性好、尺寸稳定、弹性良好、易洗快干等特点，与涤/棉品相似，价格便宜，可制作衬衫及军需用品。

（3）丙/棉烂花布。

该织物是采用丙纶包芯纱织制的烂花布，与涤/棉烂花布效果相似，主要用作装饰布，如窗帘、台布、床罩等。

（4）超细丙纶丝织物。

该织物采用细旦、超细旦的丙纶长丝织制而成，具有疏水导湿、手感柔软、滑爽、透气、速干的特点，改善了普通丙纶织物的舒适性和卫生性，宜做运动服和内衣等产品。

（六）氯纶织物

1. 氯纶织物的服用性能

（1）氯纶织物的保暖性优于羊毛织物，可用作冬季防寒衣料、絮料，轻暖舒适。

（2）氯纶织物的耐磨性较好，接近维纶织物，强度与棉织物接近。

（3）该织物具有良好的阻燃性，多用于室内装饰和军需品。

（4）该织物有很强的耐酸、耐碱和耐氧化剂性。因此，大量用于做救火衣、化工厂工作服、工业滤布等材料。

（5）氯纶织物的电绝缘性很强。

（6）氯纶织物的吸湿性极小，几乎为零，穿着有闷热感，不舒适。染色困难。

（7）氯纶织物的弹性较差，手感不活络，有板结感。

（8）氯纶织物的耐热性差，60～70℃时开始软化收缩，故氯纶织物不能熨烫，不能用热水洗涤，穿着时应避免接触高温物体。

2. 氯纶织物的主要品种

氯纶纤维可纺制成绒线用于编织，由氯纶纤维制成的毛毯、地毯不吸水，但阻燃性好。氯纶织物多用于工作服和安全帐篷、救火衣等。氯纶服装衣料主要是70%黏胶与30%氯纶混纺的黏/氯绒布,质地丰满,手感柔软平滑,耐磨、耐腐蚀,保暖性好,可做内衣布料和室内装饰布料。

(七) 氨纶织物

氨纶也称弹性纤维,氨纶织物最大的特点是在室温条件下具有极高的弹性伸长和弹性回复能力。拉伸外力去除后,织物仍可恢复到原形,保形性好。氨纶的断裂伸长率可达 500%～700%。当变形 200%时,弹性回复率可达 95%～99%。因此,穿着氨纶织物既合身贴体,又能运动自如,且服装不变形。氨纶织物染色性和色牢度较好、耐腐蚀、耐汗、耐海水,但强度低、吸湿性差。

氨纶纤维一般不单独使用,而是少量掺入到纱线中,起到弹性作用。通常用棉、毛、人造丝、锦纶丝包芯氨纶制成包芯纱。织制的弹性织物,即具有外层纤维的吸湿性、染色性、耐磨性和强度等,又具有高弹性、舒适合体,适用于弹性胸衣、内衣、运动装、泳装、紧身衣裤、牛仔裤、袜类等。

二、差别化纤维及织物

差别化纤维通常是指在原来纤维组成的基础上进行物理或化学改性处理,使性能上获得一定程度改善的纤维。纤维的差别化加工处理是化学纤维发展的需要。随着化纤和纺织工业的发展,化纤产品在服装及其他领域得到越来越广泛的运用。在人们充分欣赏合成纤维的许多优良性质的同时,合成纤维在使用中,尤其是当衣用、装饰用时的一些不足也暴露出来了。这就促使人们要对化学纤维尤其是合成纤维进行必要的改性。衣着用合成纤维改性主要目的是改善其与天然纤维相比较的一些不良性能,同时赋予化纤产品的高附加价值。因此,纤维改性总的一条原则是要在保持在原有优良性能的前提下,提高或赋予纤维新的性能。

差别化纤维的品种很多,主要用于服装及装饰织物。可以按照差别化纤维力求改善的性能,或者纤维经改性后所具有的性能进行分类,同时也可结合纤维的改性方法进行分类。在现有各种纤维中,改性处理主要针对合成纤维中应用广泛的几种纤维进行,如聚酯纤维(涤纶)、聚丙烯腈纤维(腈纶)、聚酰胺纤维(锦纶)等。随着聚丙烯纤维(丙纶)地位的日益提高,也出现了一定数量的聚丙烯纤维的改性品种,并有不断增多的趋势。一般说来,改性处理主要是为了改善纤维性能中的某一项或几项,包括原始色调、上染性能、光泽与光泽稳定性、热稳定性能、抗静电性、耐污性、抗起球性、收缩性、吸湿性能和芯盖性能(卷曲性)等。因此,结合纤维改性方法的某些特征,可以将差别化纤维分为以下几类:

(一) 异形纤维

异形纤维是指用非圆形喷丝板加工的非圆形截面化学纤维。按照纺丝时喷丝板孔和纤维的截面形状,异形纤维可分为三角形(三叶形、T形)、多角形(五星形、五叶形、六角形、支形)、扁平带状(狗骨形、豆形)和中空(圆中空、三角中空)纤维等几种。

1. 异形纤维的性质

同普通纤维相比,异形纤维的化学组成和结构并未发生改变。因而,异形纤维总体上具有与普通化学纤维最相似的一些物理力学性质。但是,由于截面形态的变化,异形纤维与一般化学纤维相比,在某些方面又具有独特的特点。异形纤维所具有的独特性质主要体现在以下几个方面:

(1) 异形纤维具有优良的光学性能。纤维无金属般炫目的极光,而具有柔和、素雅、真丝般的光泽。

(2) 因丝条的表面积增大,故相应增加了异形纤维的芯盖能力,并使透明性减小。

(3) 由于截面的特殊形状,增加了异形纤维间的抱合力、蓬松性、透气性和丝条的硬挺性。

(4) 由于减少了合成纤维的蜡状感,故异形纤维的手感更加舒适。

(5) 异形纤维能提高染色的深色感和鲜明性,使所染颜色更加鲜艳。

2. 异形纤维的应用

目前异形纤维仍主要用在民用纺织品领域,尤其是涤纶、锦纶仿真丝,涤纶仿毛等产品的运用。从品种上看,以涤纶异形纤维的种类最多,其次是锦纶和腈纶异形纤维。目前,聚丙烯纤维还用得较少。异形纤维的截面形状多以三角形和三叶形、五叶形、六叶形、豆形和中空纤维为主,且有向异形中空化组合等方向发展的趋势。在涤纶仿真丝绸产品中,多采用三角形、三叶形、四叶形、五角形、五叶形、六边形、八边形等异形长丝,通过纤维假捻变形或碱减量处理等后加工、后整理措施来提高涤纶仿真丝产品的光泽、手感等方面的仿真效果。其产品可以用于女裙料、和服、衬衫、晚礼服等高级服装面料。

异形变形丝经编针织物、异形锦纶丝袜等织物也是异形纤维的一大应用领域。通过异形丝进行变形、针织加工,可以用于制织外衣和窗帘等衣着和装饰用产品。多叶形的锦纶异形丝是丝袜的一种高级原料,由它制成的袜子不仅耐磨性好、使用寿命长,而且具有抗钩丝性能好、透气透湿的特点。

此外,异形、中空纤维也在仿毛、仿麻产品中得到了较广泛应用。由三角形或三叶形等涤纶异形纤维与毛混纺制织毛毯、粗纺呢绒和闪光毛线等产品。在国内,就有厂家将螺旋形三维卷曲中空涤纶短纤维用于粗梳毛织品和仿羊绒高档阔幅绒面毯中。如将 3.63 dtex×65 mm 的中空涤纶与品质支数为 60~66 支的澳毛及 3.3 dtex×65 mm 的黏胶纤维混纺,制成轻缩、轻拉毛、轻薄飘逸感强的粗纺产品,中空涤纶纤维的混纺比可达 30% 或更高些。

美国杜邦公司开发有一种特殊的四孔中空纤维(Antron)还被作为地毯的原料。据说由它制成的地毯具有抗静电性、阻燃性高、强力高、色牢度高、表面光滑、不易藏垢等特点。

同时,异形、中空、异形中空纤维又是很好的絮类仿羽绒产品的原料。国内已将异形仿羽绒纤维用于生产室内床上用品和时装,如踏花被、睡袋、床罩、靠垫、羽绒服等产品。其性能与天然羽绒相仿,但价格又较天然羽绒低。杜邦公司开发了一种聚酯中空纤维(Dacron),被用作枕头芯、被子的填料它的蓬松、柔软、保暖、舒适被誉为会吸收的床上用品,具有防霉、防菌、防过敏等优点,深受人们喜爱。

(二) 超细纤维

1. 超细纤维的分类

(1) 按合成纤维与蚕丝细度接近或超细的程度分类,可以分为:

① 细特纤维。线密度大于 0.44 dtex 而小于 1.1 dtex 的纤维,称为细特纤维或细旦纤维。细特纤维组成的长丝称为高复丝。细特纤维大多用于纺丝绸类织物。

② 超细纤维。单纤维密度小于 0.44 dtex 的纤维称为超细纤维。超细纤维组成的长丝称为超复丝。超细纤维主要用于人造麂皮、仿桃皮绒等产品。

(2) 按现有的化纤生产技术水平,并结合丝的基本性能和大致应用范围进行划分,可分为以下四类:

① 细特丝。单丝线密度为 0.55~1.4 dtex 的丝,属于细特丝。以涤纶丝为例,其单纤维的直径在 7.2~11.0 μm。细旦丝的细度和性能与蚕丝比较接近,可用于传统的织造工艺进行加工,产品风格与真丝绸也比较接近,所以细旦丝在仿真丝织物中获得了广泛的应用。

② 超细特丝。单丝线密度为 0.33~0.55 dtex 的丝,属于超细特丝。以涤纶丝为例,其单纤

维直径在 5.5~7.2 μm。超细旦丝主要用于高密度防水透气织物,以及一般的起毛织物和高品质的仿真丝织物。

③ 极细特丝。极细特丝的单丝线密度为 0.11~0.33 dtex。它可以用于人造皮革、高级起绒织物、擦镜布、拒水织物等高新技术产品。

④ 超极细特丝。单丝线密度在 0.11 dtex 以下的纤维为超极细特丝,现已有单丝线密度为 0.000 01 dtex 的超极细特丝实现了工业化生产。产品主要运用于仿麂皮、人造皮革、过滤材料和生物医学等领域。

2. 超细纤维的性能特点

(1) 超细纤维的手感柔和、细腻。当纤维细度变细时,纤维的抗弯刚度会迅速减小。尽管丝的总线密度可能不变,但纤维及其产品的柔软度仍然大大地增加。

(2) 由于纤维的弯曲强度和重复弯曲强度提高,因而超细纤维具有柔韧性高的特点。

(3) 超细纤维的光泽柔和。

(4) 超细纤维具有高清洁能力。

用超细纤维制成的织物擦拭物体时,由于单纤维很细,一根根纤维就像一把把锋利的刮刀,它本身就易将污物刮去。而纤维的根数众多,与细小的污物接触面大,接触容易,且具有很强的毛细芯吸作用,可将附着的油污吸进布内,避免污物散失再次污染物体。

(5) 超细纤维具有高吸湿性和高吸油性。

纤维表面积的增加,一方面可使用材料的吸湿性提高,但更主要的是使超细纤维织物的毛细芯吸能力大大提高,能吸收和储存更多的液体——水或油。

(6) 超细纤维具有高密结构。

超细纤维的经纬丝在织物中比粗纤维更易被挤压变形和贴紧。因此,它可形成密度更高的织物结构。使用微细长丝进行高密度织造,并进行收缩处理,可得到不需任何涂层即可防水的织物。

(7) 超细纤维具有高保暖性。超细纤维体内有更多的静止空气,所以微细纤维又是很好的保暖材料。

(8) 超细纤维具有化学稳定性、抗贝类及海藻类性能良好,可用于酶支持物、渗透膜、人造血管、人造皮肤等生物医学领域。

(9) 因单纤维的强度变小,摩擦系数会增大。所以,在加工中易出现毛丝、断丝等现象,造成加工困难。

(10) 超细纤维的抗弯刚度变小,织物的挺括性变差。

(11) 卷曲性下降、蓬松性降低。

超细纤维的抗弯刚度小,影响了其变形纱的卷缩率,蓬松性会下降。

(12) 超细纤维的比表面积增大,上油率、上染率增加。

3. 超细纤维的应用

超细纤维是一种高品质、高技术含量的纺织原料。它独特的性能特点使它不仅在衣用纺织品领域,而且在生物、医学、电子、水处理等行业都得到了广泛的应用。归纳起来,其应用领域主要包括以下方面:

(1) 仿真丝织物。

微细纤维技术是合成纤维仿真丝的重要手段之一。随着合成纤维纺丝及加工技术的发展,合成纤维仿真丝及仿其他天然丝的水平越来越高,仿真效果越来越逼真。进入 20 世纪 80 年代后开发的所谓的"新合纤",甚至达到了超天然纤维材料,具有天然纤维所不能达到的质地、手感和风格的效果。

（2）高密度防水透气织物。

使用微细纤维可以织成供雨衣等使用的高密织物。这种织物既有防水，又有透气、透湿和轻便易折叠、易携带的性能，是一种高附加值的纺织产品。

（3）仿桃皮织物。

所谓仿桃皮织物，是指轻起绒的微细纤维织物。它上面极短而手感很好的微细纤维绒毛，构成犹如桃子外表皮的细短绒毛，柔软、细腻、温暖。桃皮绒织物具有很好的外观和手感，是一种品质优良、风格独特的服装面料。

（4）洁净布、无尘衣料。

超细纤维制成的洁净布具有很强的清洁性能，除污快而彻底，不掉毛。洗涤后可重复使用，在精密机械、光学仪器、微电子、无尘室乃至家庭等方面都具有广阔的用途。

（5）高吸水性材料。

高吸水性材料，如高吸水毛巾、纸巾、高吸水笔芯、卫生巾等。例如，日本小材制药公司推出的一种由 20% 锦纶和 80% 的涤纶超细纤维织成的高吸水毛巾，其吸水速度比普通毛巾快 5 倍以上，吸水快且彻底，非常柔软舒适。

（6）仿麂皮及人造皮革。

用超细纤维做成针织布、机织布或非织造布，经过磨毛或拉毛再浸渍聚氨酯溶液，并经染色和整理，即可制得仿麂皮及人造皮革。超细纤维人造麂皮和人造皮革同天然皮革相比，具有强度高、质量轻、色泽鲜艳、防霉防蛀、柔韧性好等特点，其仿真效果也远远超出以前的人造皮革。

此外，超细纤维也在保温材料、过滤材料、离子交换、人造血管等医用材料、生物工程等领域得到了应用。可以预计，随着国内化纤生产技术水平的提高，超细纤维在国内也将得到更好地开发和利用。

（三）易染色纤维

合成纤维一般很少或没有可与染料易于结合的官能团，而且纤维结构也较致密，染料不易进入纤维内部。因此，除聚酰胺纤维和共聚丙烯腈纤维较易染色外，大部分合成纤维染色都很困难。

1. 易染纤维的制取

易染纤维也可称为差别化可染纤维。所谓纤维易染色是指它可用不同类型的染料染色，且染色条件温和、色谱齐全、色泽均匀及色牢度好。要达到以上的要求，须从改变合成纤维的化学组成和纤维内部结构入手。为此，可采用单体共聚、聚合物共混或嵌段共聚的方法。例如，由对苯二甲酸二甲酯、乙二醇和 2%（摩尔分数）3,5-间苯二甲酸二甲酯磺酸钠共缩聚制得改性涤纶。经过良性后，涤纶的染色性有了提高，同时又不影响原有的优良的物理性能。

2. 易染合成纤维的主要品种

改善染色性是民用合成纤维改性的一项重要内容。因此，它一直受到重视，多年来已开发了不少易染合成纤维品种。

（1）常温常压无载体可染聚酯纤维。

这种易染纤维采用共聚或嵌段共聚、共混等方法，使聚酯纤维在不用载体、染色温度低于100℃的情况下可用分散染料染色，使聚酯纤维对分散染料的吸湿能力大大提高。

（2）阳离子染料可染聚酯纤维。

阳离子染料可染聚酯纤维是聚酯纤维的一个重要改性品种。它自 1958 年由美国杜邦公司研制成功以来，在世界各国已得到长足的发展。各种类型的阳离子染料可染聚酯纤维已有数十种之多。

(3) 酸性染料可染聚酯纤维。

日本东洋纺制造的酸性染料可染聚酯纤维 Ceres,就是一种由含叔胺基的聚酯和普通聚酯共混纺丝制成的纤维。Ceres 纤维的染色很好,它不仅对酸性染料有亲和力,而且也易于用分散染料染色。

(4) 酸性染料可染聚丙烯腈纤维。

普通腈纶是一些种阳离子染料可染纤维,若在合成聚丙烯腈时,不用酸性单体而及碱性单体作为第三单体,如乙烯基吡啶与丙烯腈共聚,则纤维可用酸性染料染色。将这种酸性染料可染聚丙烯腈纤维与普通腈纶混纺后,用阳离子染料染色,酸性染料可染聚丙烯腈纤维较难着色,因而产生一种特殊的混色效果。

(5) 可染深色的聚酯纤维。

通过改变纤维表面的结构和状态,例如采取纤维表面粗糙化、低折射率树脂表面披芯和接枝等方法,可以降低表面光线的反射率,提高聚酯纤维发色性,使颜色变深。例如,日本研制的一种发色性极佳的聚酯纤维品种 SN2000,就具有许许多多超微细不平的凹凸表面。这种超微细凹凸纤维独特之处在于发色性优良,可得到深而鲜艳的颜色。其染色性能与羊毛、真丝或醋酸纤维几乎相同,又有独特的手感。用 SN2000 制成的织物,既挺括,又柔软,有呢绒般的风格,吸湿性、吸汗性、透湿性比普通聚酯纤维高三倍,保持了聚酯纤维原有的特性,如强韧性、洗可穿性等,后加工性也良好,可制成强捻丝,织造性能良好。

(四) 阻燃纤维

能满足某些应用领域所规定的特定燃烧试验标准的纤维称为阻燃纤维。大家知道,多数纺织品是会燃烧的,有的燃烧和传播速度很快,使火势迅速蔓延,造成人身和财产的巨大损失。为此,世界上一些发达国家自 20 世纪 60 年代起就相继对纺织品的阻燃性提出了要求,并广泛地制订了有关的法令法规,明令装饰用、衣着用的一些纺织品,其阻燃性能都应达到规定的阻燃标准。

阻燃纤维主要品种及用途如下:

(1) 阻燃黏胶纤维。

该纤维主要用于内衣、睡衣、床上用品、工业防护服、工作服等产品的制作。

(2) 阻燃聚丙烯腈纤维。

该纤维主要用于有特殊要求的民用及工业用产品领域,如制作华贵裘皮服装、高级绒毛玩具、窗帘、地毯、墙布、毛毯、被褥、床单床罩等用品,以及围巾、长毛绒、普通衣料、假发和耐酸工作服、空气过滤布等产品。

(3) 阻燃聚酯纤维。

该纤维主要用于家具布、帷幔、窗帘、地毯、汽车沙发布、儿童睡衣、睡袋、工作服和床上用品等领域。

(4) 阻燃聚丙烯醇纤维。

该纤维主要用于室内装饰,如可以做针刺地毯、壁毯、沙发窗帘和床上用品等的材料,也可以把它用于工业用途,如阻燃过滤布、滤油毡、绳索和缆绳等产品的加工。

(5) 阻燃聚乙烯醇纤维。

改性后的维纶和维氯纶主要用于对阻燃性有特殊要求的产业领域,如船舶、车辆、军事装备等所用的篷盖布、防火帆布工作服及劳保用品等。此外,由于维氯纶和阻燃改性维纶具有柔软的手感、良好的吸湿性和染色性。因而,可用于童装、毛毯、卧具、地毯、椅套、窗帘等衣用和装饰织物领域。

(五) 抗起球型纤维

合成纤维具有很多优良的性能,如强度高、韧性好、耐疲劳性好等,但有时也正是这样一些优良的性质带来了诸如易起球、形成的球粒不易脱落等负面影响。为消除或减少合成纤维纺织品在使用过程中起毛和起球现象,开发的具有一定抗起球性能的纤维品种即是抗起球型纤维。

(1) 抗起球型聚丙烯腈纤维。

该纤维可以用于与纯纺,或与细羊毛、特别是羔羊毛、棉、普通腈纶等混纺。产品的手感蓬松柔软、染色性好,可作为高级时装的面料。

(2) 抗起球型聚酯纤维。

这种抗起球型聚酯纤维可以用在棉、毛织物上,而且它的染色性能也比常规涤纶好,上染率高、染深色性好,适用于中厚型毛涤花呢及薄型产品。

(六) 抗静电纤维

大多数合成纤维的吸湿性差,纤维间的摩擦系数较高,极易在纤维上积聚静电荷,使纤维之间彼此排斥或被吸附在机械部件上,造成纺织加工困难。虽然在化纤纺织加工中可以采用上抗静油剂等方法来部分消除静电的危害,但根本解决合成纤维静电问题的办法还是要提高合成纤维的抗静电性能,即开发具有抗静电性能的涤纶、丙纶、腈纶和锦纶等产品。抗静电纤维能够避免纺织染整加工的一些困难,使穿着使用纺织品更安全可靠,尤其在精密电子、易燃易爆化学品等部门应用的更广泛且具有更大的意义。

(七) 高收缩性纤维

纤维的收缩给纱线和织物带来重要的变化,是化纤织物获得蓬松、柔软、丰满的效果,同时也是织物改善光泽、外观,提高吸湿性,实现自然化、短纤化、仿真化的重要途径。收缩纤维的问世与应用仅有十余年的历史,是一种新型合成纤维,不少人对它尚缺乏应有的认识,甚至误认为它是一种高弹纤维。其实,它与高弹性纤维是两种性质截然不同的纤维。沸水收缩率在20%左右的纤维称为一般收缩纤维,而沸水收缩率为35%~45%的纤维称为高收缩纤维。目前,常见的有高收缩型聚丙烯腈纤维(腈纶)和高收缩型聚酯纤维(涤纶)两种。

高收缩纤维在纺织产品中的用途中应用十分广泛。它可以与常规产品混纺成纱,然后在无张力的状态下经水煮或汽蒸,产生卷曲现象。而常规纤维由于受高收缩纤维的约束而卷曲成圈,则纱线蓬松圆润如毛纱状。高收缩腈纶就采用这种方法与常规腈纶混纺制成腈纶膨体纱(包括膨体绒线、针织绒和花色纱线),或与羊毛、麻、兔毛等混纺以及纯纺,做成各种仿羊绒、仿毛、仿马海毛、仿麻、仿真丝等产品。这些产品具有毛感柔软、质轻蓬松、保暖性好的特点。另外,也有利用高收缩纤维丝与低收缩及不收缩纤维丝织成织物后,再经沸水处理,纤维产生不同程度的卷曲使织物呈主体状蓬松的方法。还可用高收缩纤维丝与低收缩丝交织,以高收缩纤维织底或织条格,低收缩纤维丝提花织面,织物经后处理加工后,则产生永久性的泡泡纱或高花绉。高收缩涤纶一般是采用这种方法与常规涤纶、羊毛、棉花等混纺或与涤棉、纯棉纱交织,生产具有独特风格的织物。高收缩纤维还可用于制造人造毛皮、人造麂皮、合成革及毛毯等产品,具有毛感柔软、绒毛密致等特点。

(八) 水溶性纤维

水溶性纤维,即水溶性聚乙烯醇,是一种很有价值的功能性差别化纤维。在20世纪30年代,最初被开发出来的聚乙烯醇纤维,是利用它能溶于水这个特点,被开发为外科用缝合线。

由于聚乙烯醇的水溶液属生物可降解产品,因此水溶性纤维的水溶液在普通水处理的活性污泥中可被生物降解,对环境无任何污染,是一种符合环保的产品。人们可利用水溶性纤维的不同特性,在不同行业得到较广泛的应用。

把水溶性纤维作为中间纤维与其他纤维混纺,纺织加工后溶出水溶性纤维,可得到高支高档纺织品。1997年4月,国际羊毛局(IWS)与日本可乐丽公司合作利用新型水溶性聚乙烯醇纤维K-Ⅱ在常温下水溶的优异性能,向世界羊毛工业推出"羊毛/聚乙烯醇"的羊毛制造技术并已进入市场。它是利用支数不是很高的羊毛与水溶性聚乙烯醇纤维混纺,经纺纱、织造织成坯布后,再在后整理过程中除去聚乙烯醇纤维,从而制得高支、轻薄的高档毛料面料,开创了低成本高品质纯毛面料新纪元。我国也已采用国内水溶性聚乙烯醇纤维生产成批高档麻织品和高支轻薄纯毛面料。

(九) 有色纤维

一般来说,凡在化学纤维生产过程中,加入染料、颜料或荧光剂等进行着色的纤维,都称为有色纤维。

有色纤维主要用于比较难染色的涤纶、丙纶、芳纶的生产中。目前,比较普遍的颜色主要有黑、红、黄、绿和棕色等。并可结合细旦、高收缩、高强等纤维生产一起进行。在纺织产品中,有色纤维的主要品种为有色涤纶、有色腈纶和有色丙纶等,主要用于公共场所及交通工具的装饰材料,如汽车内装饰材料、地毯,以及缝纫线、渔网、带子、防水衣、篷布等。

三、功能纤维及功能性织物

功能纤维及功能性织物的发展是现代纤维科学发展的标志。功能纤维及功能性织物是指除一般纤维及织物所具有的物理力学性能外,还具有某种特殊功能的新型纤维及织物。如卫生保健功能性织物(抗菌、杀螨、理疗及除异味等)、防护功能性织物(防辐射、抗静电、抗紫外线等)、舒适功能性织物(吸热、放热、吸湿、放湿等)、医疗和环保功能性织物(生物相容性和生物降解性)等。

(一) 防护性功能纤维及织物

1. 阻燃纤维及织物

合成纤维阻燃织物可以通过使用阻燃纤维或通过织物阻燃整理来获得,而天然纤维的阻燃只能通过纤维、纱线或织物的阻燃整理来实现。阻燃纤维的生产方法有化学改性法和物理改性法。前者包括共聚、接枝阻燃单体、表面与阻燃剂反应;后者包括共混添加阻燃剂和表面涂敷阻燃剂。纤维、纱线或织物的阻燃整理可以通过喷雾、浸渍、浸轧或涂层等方式来实施。

2. 抗菌防臭纤维及织物

随着人们生活水平的不断提高,人们开始研制能抑制微生物繁殖或杀死细菌的功能性制品,即能抗菌防臭的纤维与织物。目前,抗菌纤维的加工主要有两种方法:后整理法和纤维改性法。

抗菌纤维可以广泛用于针织内衣裤、运动服、袜子、各种装饰织物、针织类面料、过滤织物、地毯、运动鞋内衬材料等。抗菌短纤维可以与天然纤维混纺或纯纺生产各种床上用品、家具布、装饰织物、卫生敷料、医院专用床单、被褥、手术衣、医生工作服、病员服、食品行业专用服装、鞋用材料、手套以及各种内裤及服装等。随着社会的发展,人们生活水平的提高,抗菌素、防臭纤维和纺织品大有发展前途。

3. 抗静电、导电纤维及织物

目前合成纤维的使用相当普遍,而合成纤维易产生静电现象。如何消除静电给人们生活及工作带来的不便成为一个新的研究课题。目前,抗静电织物的抗静电特性通常由以下途径获得:第一,织物中含有抗静电纤维;第二,导电纤维与其他纤维进行混纺或交织;第三,普通织物的抗静电剂整理。抗静电织物可用于人们日常穿着,也可制作成劳保防护用服,在条件要求较为严格的工作场合使用。抗静电织物的发展十分迅速,各国在这方面的研究都取得了不同程度地进展。

4. 抗紫外线纤维及织物

抗紫外线纺织品应具有抗紫外线辐射的能力,其关键技术是如何阻碍紫外线与人体皮肤的接触。纺织品抗紫外线技术目前主要有两大类,一是在加工生产化学纤维时,将紫外线屏蔽剂加入,即采用熔融法纺丝时,加入紫外线屏蔽剂,使生产出的化纤长丝或短纤维本身就具有屏蔽紫外线的功能;二是采用表面涂层法,即采用抗紫外线物质均匀地分散于黏合剂中,涂在织物上形成屏蔽薄膜,阻碍紫外线与人体皮肤接触。紫外线屏蔽剂的主要作用是反射或散射紫外线。目前,常用的紫外线屏蔽材料主要以氧化锌和二氧化钛为主。为保证屏蔽紫外线的效果,其粉末颗粒直径 $d \geqslant \lambda/2$(λ 为波长),但颗粒直径过大,会影响纺丝的质量,织物的手感也会受到影响,一般要求颗粒直径 $d < 0.01~\mu m$。

抗紫外线纤维和纺织品在户外纺织品和外衣服装等领域具有很好的发展前景。

5. 电磁波屏蔽纤维及织物

随着家用电器、手机、计算机以及微波炉的普及,电磁波辐射的危害也日益突出。为保护人体不受或尽量少受电磁波的危害,可对电磁波射源进行屏蔽,减少其辐射量。同时人们还可穿着有效的有防电磁波辐射的防护织物进行自我保护。电磁波辐射防护织物所用的材料可分为导电型和导磁型两类:导电型材料是指当材料受到外界磁场作用时产生感应电流。这种感应电流产生与外界磁场反方向的磁场,从而与外界磁场相抵消,达到对外界电磁场的屏蔽作用;导磁型材料则是通过磁滞损耗和铁磁共振损耗而大量吸收电磁波的能量,并将电磁能转化成为其他形式的能量,以达到吸收电磁辐射的目的。电磁辐射防护纤维和织物的制备方法有电镀法、涂层法、共混纺丝法、复合纺丝法等四种。

(二) 保健功能纤维及织物

1. 医用功能纤维及织物

目前,医用纤维正在发展成为一个新兴的产业。医用纤维材料和制品主要用于治疗人体器官衰竭和组织缺陷。由于这些纤维制品与人体密切接触并起治疗作用,因此,必须具有一定功能性、生物相容性、耐生物老化性、可生物降解性和可消毒性。所以,这是一个具有高附加值的产业,且具有强大潜力的市场。

医用功能纤维及织物主要有外科移植用纺织品(人造血管、人造皮肤、人造骨、人造关节、软组织修补、外科缝纫线等)、体外人工器官(人工心肺、人工肾、人工肝等)和医用辅料(纱布、绷带、药棉、手术巾、手术服等)等三种。

2. 磁性功能纤维及织物

人体细胞是具有一定磁性的微型体。人体有生物磁场,因此,外磁场影响人体的生理活动。通过神经、体液系统,人体发生电荷、电位、分子结构、生化和生理功能的变化,可以起到调整人体机体和提高人体抗病能力的功能,具有医疗保健作用。

磁性纤维是纤维状的磁性材料,可以分为磁性纺织纤维和非纺织纤维。磁性非纺织纤维早在十几年前已有报道,如磁性合金纤维用于制造磁性复合材料、磁性涂层材料,磁性木质纤维素纤维用于制磁性纸等,用它们做成的磁制品可在磁记录、记忆、电磁转换、屏蔽、防护、医疗和生物技术、分离纯化等诸多方面予以应用。

对于磁性功能织物来说需要的是磁性纺织纤维。它应是一种兼具纺织纤维特性和磁性的材料。它具有其他纺织纤维所没有的磁性,又具有一些以往其他磁性材料所没有的物理形态(直径几微米到几十微米,长度一般大于 10 mm)及性能,诸如柔软、有弹性等,还可通过纺织加工做成纱线、织物或加工制成非织造布及各种形状的制品。

3. 远红外功能纤维及织物

远红外纤维是一种经过物理改性后具有吸收并反射远红外线的新型功能性纤维,具有优良保健的理疗功能。在常温下具有远红外发射功能的陶瓷粉(二氧化钛、二氧化锡、氧化铝等)作为添加剂与聚酯、聚酰胺等切片共混,纺制成远红外功能纤维。远红外功能纤维织物具有优良的保健理疗、热效应、排湿透气和抑菌功能。它能吸收人体自身向外散发的热量,吸收并发射回人体最需要的 $4 \sim 14$ μm 波长的远红外线,促进血液循环并有保暖作用。理想的远红外织物具有良好的保温、抗菌和理疗功能。目前,国内外开发的远红外纺织品主要有内衣、被子、垫子等。

(三) 其他功能纤维及织物

1. 拒水拒油织物

拒水拒油织物是纺织产品不断向高性能、多功能发展的一种功能化织物。织物接触水或油类液体而不被水或油润湿,则称这些织物具有拒水性或拒油性。织物具有一定的防水、防污、易去污或拒水拒油等功能,即可减少服装的洗涤次数,又能减少洗衣的时间,对服装寿命、服装保洁和整体形象都是非常有益的。

这种织物在服装、家用纺织品、汽车装饰织物、军用织物、油田工作服等领域应用的重要性已被人们逐渐所熟知。它作为服装既能抵御雨水、油迹、寒风的入侵,又能保护肌体,让人体的汗液、汗气及时排出。

2. 防水透湿织物

防水透湿织物是近年来逐步开发的新型功能性纺织品之一。它是集防水、透湿、防风和保暖性能于一体的功能织物,要求织物在一定的水压下不被水润湿,但人体散发的汗液蒸汽却能通过织物扩散传递到外界,不在体表和织物之间积聚冷凝。防水织物可制造休闲服、雨衣、航海和水上作业服等服饰。该类服装具有防雨、挡风、保暖、透湿、透气、轻便和舒适等功能,并能随着环境和改变面料会自动调节热量的散发。

3. 吸水性纤维及织物

吸水性纤维是指具有吸收液相水分和气相水分性质的纤维。随着细旦、超细旦复合纤维和收性合成纤维研究的不断深入,吸水性纤维的吸水速度、吸湿性以及保湿性等性能不断提高。提高合成纤维的吸水、吸湿性能一直是功能纤维研究的重要的内容之一。对疏水性纤维进行的亲水改性的方法有化学和物理两种。化学法主要是用纤维与亲水性物质反应抽取亲水性纤维;而物理法则是对纤维进行物理处理,促进毛细现象,提高吸水性。高吸水性纤维目前主要用于运动服、功能性内衣及浴巾一类纺织产品的制造。

4. 智能纤维及织物

智能纤维是集感知、驱动和信息处理于一体,类似生物材料,具备自感知、自适应、自诊断和自修复等智能性功能的纤维。智能纺织品是指对环境有感知和反应功能的纺织品。智能纤维及其纺织品不仅具有对外界刺激(如机械、光、化学、应力、电磁等)有感知和反应能力,还具有适应外界环境的能力。其主要种类有高温纺织品、形状记忆纺织品、积极保暖功能智能纺织品、智能抗菌纺织品、智能 T 恤衫、智能变色纺织品、pH 响应性凝胶纤维及电子智能纺织品。

智能纤维是高新技术与传统的纺织技术有效结合的产物,有着广阔的市场前景,在服装、建筑、军事等领域都有很大的潜力,许多新的品种尚在开发中。未来的智能纺织品将向多功能化、低成本、易穿着、美观、绿色、环保等方向发展。

(四) 纳米纤维在功能纺织品上的应用

纳米纤维及纳米纺织品是纳米技术在纤维和纺织品领域应用的简称。纳米纤维主要包括两个概念:一是严格意义上的纳米纤维,即纳米尺度的纤维,一般是指纤维直径在 $1 \sim 100$ nm 尺度范围内的纤维。另一概念是将纳米微粒填充到纤维中,对纤维进行改性,采用性能不同的纳米微粒,可开发抗菌、阻燃、防紫外线、防红外线、电磁屏蔽等各种功能纤维。目前,国内对纳米纤维的研究多集中于在纤维中加入纳米粉体制备功能化纤维的思路。

纳米纤维功能纺织品的应用主要有抗紫外线纺织品、抗菌除臭织物、远红外反射功能化纤、抗红外线纤维等。利用纳米纺织纤维的低密度、高孔隙度的大的比表面积做成多功能防护服。

纳米技术在纺织行业中的应用,通过对纤维进行改性给纺织品赋予新功能,即可改善纺织品的适用性,提高产品的品质,又可较大地提高产品的附加值。

第五节　化学纤维织物的重要新领域

一、新型化学纤维织物在汽车内装饰材料中的应用

汽车工业作为当今世界的主要支柱产业,相关的汽车用化学纤维工业技术也一起共同发展。一辆普通的中型轿车,车里的纺织品将达到 35 kg,其中功能性纤维占主体地位。汽车装饰材料包括座椅面料、车顶篷、车门护壁材料、地毯、隔音隔热垫、安全带、安全气囊等。随着科学技术的进步、人民生活水平的不断提高,人们对汽车内装饰用的纤维材料和纺织面料从经济实用型向功能性、时尚化、轻量化、以及绿色环保型的方向发展。

(一) 功能性纤维

汽车装饰纺织品对新型的功能纤维原料有很高的要求,其加工及后整理工艺也十分复杂。这些纺织品除了满足纺织品的常规要求外,还具有特殊的对材质的阻燃、拒水、抗静电、防污、色牢度、耐光照、耐清洗性、抗菌防霉等特性的要求。其中,织物的阻燃、拒水、耐清洗等特点已作为汽车内饰面料的普遍标准要求。另外,细旦化、高蓬松、高收缩、高强力、各类异形截面及导湿、保温等常用功能化和差别化的性能可以使轿车提供给乘客更多舒适驾乘感受。新型的涤纶弹性纤维作为尼龙的替代品在汽车内部装饰上也得到了广泛地应用。高强涤纶纤维作为安全性优先考虑应用在安全气囊及安全带上。近期推出用超细涤纶纤维制作的纺革织物,由于使用了相变材料(PCM),故夏季汽车内部的温度至少降低 $2 \sim 4$ ℃。它在欧美市场非常热销。

丙纶纤维材料在轿车中的使用日渐广泛,特别在地毯材料和内饰件塑性骨架材料(如玻璃纤维、天然纤维增强塑性毡材)上。由于其较小的密度(0.91 g/cm³),同样面密度的产品绒面比涤纶、尼龙均较丰满。其良好的回收利用性能满足了欧洲日益严格的汽车回收法规。但是,普通丙纶由于耐老化、抗紫外线性能较差,不能达到轿车内部装饰的严格物理指标。因此,阻燃、高色牢度和抗老化的丙纶纤维得到大力发展。在欧洲生产的轿车地毯用抗老化、抗紫外线、阻燃的簇绒地毯丙纶长丝的用量已经超过了尼龙长丝的用量。尼龙纤维在中高档轿车地毯中的应用也比较广泛。尼龙 6 纺前染色 BCF 长丝在中高档轿车中的应用成为一种趋势。由于人们对车内环境的要求越来越高,不加或少加助剂且易加工成型的纤维(如细旦纤维、高蓬松及异形纤维等),被广泛应用于新车型的内饰面料开发。

(二) 复合纤维

复合纤维技术在汽车中的应用越来越广泛,如作为取代黏合剂使用的 PP/P、PET/PA、PET/CO-PET 组分的复合纤维,在轿车内饰用非织造材料中作为骨架纤维和热黏合材料和使用越来越广泛,现在黏合增强作用的双组分纤维在非织造布车顶内饰(与涤纶纤维混合使用)、轿车地毯(与涤纶纤维混合使用或制成基布作为簇绒地毯底布)、非织造布声学件(与涤纶、棉、丙纶纤维混合使用)中的应用日益广泛。

其他功能性复合纤维,如采用添加有其他功能性成分(如碳黑或碳纳米管)的高聚物或其他本身具有吸湿性共聚酯为芯层和常规纤维(如 PET 或 PBT 或 PA、PP)的复合纺丝,制成 3 点式、4 点式、皮芯式或"三明治"式的抗静电纤维,高吸湿性涤纶纤维或制成偏心型复合纤维。通过两种不同性质的树脂制成的偏心型复合纤维,还具有三维永久卷曲性能,增加纤维的弹性和耐用性能。它在提高汽车舒适性、功能耐久性方面比较好,但是由于性能价格比等方面的劣势,故其在轿车装饰纤维方面还处在推广和试验阶段。双组分熔喷法可生产超细且复合纤维,该方法制成的非织造布可达到普通单组分纤维无法达到的性能,如 PP/PET 双组分纤维熔喷棉在经过后道热处理后可形成强度高、吸音性能好的车用声学絮状材料或过滤材料。

(三) 碳纤维

人类在材料应用上正从钢铁时代进入到复合材料广泛应用的时代。它的应用主要是利用碳纤维"轻而强"和"轻而硬"的力学特性,广泛应用于各种结构件上,是适合制造汽车车身、底盘等主要结构件的最轻材料。预计碳纤维复合材料的应用可使汽车车身、底盘减轻质量40%～60%,相当于钢结构质量的 1/3～1/6。在汽车中的应用范围中,除了应用其耐高温性生产刹车片和将其高强的力学特性应用于汽车的结构件外,已经有汽车厂商尝试使用碳纤维复合材料生产仪表板。我们可以预测,在将来轿车内部装饰材料的结构件均可以使用碳纤维的复合材料制造。随着外部结构件碳纤维的应用趋势,轿车的轻量化、安全化将达到新的境界。

聚丙烯腈预氧化丝(PANox)是在用丙烯腈系纤维制造碳纤维过程中的中间产品,可以以短纤维形式制成无纺布等材料加以应用。近年来,它作为一个独立的阻燃纤维新品种在轿车耐热隔音等部件上普遍应用。如使用混有聚丙烯腈预氧化短纤维的无纺布面料作为引擎盖隔音、隔热垫和引擎仓与驾驶舱之间隔音、隔热垫的表面材料使用。

(四) 纳米技术

用纳米光触媒在织物上的应用主要是为了赋予织物具有光催化的功能以获得降解 VOC、除异味、抗菌、防污或自清洁的性能,可应用于汽车车内所使用的各种纤维织物上。

二、新型化学纤维在功能性运动服装方面的应用

运动服装仅是服装商品中的一类。随着人们生活质量的提高、生产结构的调整和生活态度的改变,运动服装消费已发生了深刻的变化,也给纺织服装加工业带来了无限的商机。而纺织技术的进步对运动服装发展更是起到有效地推动作用。运动服装已不再仅是单一的蔽体功能,在提高运动成绩、减少运动伤害、提高运动舒适性等方面都有很大的改观。世界知名的功能纤维供应商(如美国杜邦等)都致力于功能性纤维的开发,并已经被阿迪达斯(Adidas)、耐克(Nike)等世界知名运动服装品牌广泛应用。功能各异的高科技纤维在现代运动装中的广泛应用,更是给运动衣带来了神奇的变化。

(一) 莱卡纤维

莱卡纤维是杜邦公司于 1958 年研制成功、1962 年大规模工业化生产的一种人造弹力纤维,

化学名称是链段聚氨基甲酸酯。结构中不含任何天然乳胶或橡胶成分,对皮肤无刺激作用。承受拉力时可延伸4～7倍,在拉力释放后,可完全回复到原来的长度。它具有良好的耐化学药品、耐油、耐汗渍、不虫蛀、不霉变、在阳光下不变黄等特性。

1974年莱卡解决了泳装湿重的问题,提高了承托力和修饰曲线的功能。1985年成为运动类服装的标准成分。目前广泛应用于各类运动服装,如泳装、滑雪服、赛车服、体操服、健美服等。含莱卡的滑雪服具有较小的空气阻力;Speedo泳装具有较小的水阻力;赛跑运动员的弹性短裤具有一定的服装压迫力,能大大改善肌肉状态;健美服贴身舒适、柔软光滑。阿迪达斯、耐克等著名运动服装品牌已经在其专业及业余类的服装产品中大量采用莱卡弹性纤维。

杜邦公司推出的新型舒丝莱卡(Lycra Soft)不仅具备了莱卡的优越特点,而且具有更佳的舒适感、更高的延伸性、更好的回复性和很强的耐水解、防霉性,给身体以柔软的承托,真正兼备舒适和修饰体形的作用。1996年问世的强力莱卡(Lycra Power™)弹性纤维可提升运动服装的功能性和透气性,降低运动员肌肉的疲劳感,使运动员的成绩大大提高。穿含强力莱卡的服装可提高运动员的体力和耐力,明显减少引起肌肉疲劳的颤动,在整个比赛过程中都能保持最佳状态。另外,穿着强力莱卡服装可使运动员集中注意力,提高运动的准确性和效率。

(二) CoolMax 纤维

CoolMax纤维是杜邦公司独家研究开发的功能性纤维,中文名为酷美丝。它设计时融合了先进的降温系统,其表面独特的四道沟槽,有良好的导湿性能,在身体开始发汗时,湿气能在最短的时间内自皮肤排到织物表层,降低身体温度,显现出超强的排汗导湿功能。同时,它还可以增强透气性,有"会呼吸的纤维"的美誉。

(三) Coolplus 纤维

Coolplus纤维是我国台湾省开发的一种具有良好的吸湿、导湿和排汗功能的新型纤维,中文名为酷帛丝。纤维表面有细微沟槽,可将肌肤表层排出的湿气与水经过芯吸、扩散、传输,瞬间排出体外,使人体表面保持干爽、清凉、舒适,具有调节体温的作用。Coolplus纤维应用广泛,能纯纺,也能与棉、毛、丝、麻及各类化纤混纺或交织;既可梭织,也可针织。现已较为广泛地被美国、欧洲和日本的名牌运动服饰所采用,如耐克、飘马等。

(四) Thermolite 纤维

Thermolite纤维是杜邦公司仿造北极熊的绒毛而生产出来的保温性能特别出色的中空纤维。它每根纤维都含有很多空气,犹如一道空气保护层,既可防止冷空气进入,又能把湿气排出,使身体保持温暖、干爽、舒适和轻盈。据有关数据表明,含Thermolite纤维的功能性面料的干燥速率是丝质或棉质面料的2倍左右,且具有机可洗穿功能,适用于登山服、滑雪服和睡袋等。

(五) 其他类型纤维

Sensura纤维是美国Wellman公司新近开发的一种新型合成纤维,柔软、舒适、染色牢固且防缩,手感与精梳棉织物相似。由于纤维突出的透湿性,根据需要可提供凉爽或隔热性能。因此,该纤维广泛应用于运动服装。

T-400纤维是杜邦公司的一种新型弹性纤维,能满足运动所需的舒适性,用在轻薄机织物和针织物中都很理想。在机织物中,它赋予织物比变形纱更平滑的纹理和更柔软的手感,具有缩水小、防皱、耐氯、舒适、合身、运动自如的特点。

杜邦公司开发的Tactel纤维在尼龙原有的特性基础上提供了美观及舒适的特性,从而引发了尼纶在成衣业的革命。根据最新的欧美服装零售调查数据显示,许多著名的服装厂家,尤其是运动服装品牌如耐克等,都已经与杜邦合作,采用 Tactel 纤维开发具有原创性的新产品。如 Tactel HT 织成的超高强度布料,与相同面密度的一般尼纶布料相比强度高 10%～35%,质量轻 10%～35%,耐磨性高 50%～250%,适合制成有高度抗磨需求的专业运动服装,如滑雪服、滑雪板运动服、高山登山服及一般户外活动运动服等。

思考题:

1. 解释下列概念:
   纯化纤织物、中长纤维织物、仿毛织物、仿麻织物、仿丝织物、异形纤维、超细纤维、易染纤维、阻燃纤维、高吸湿性纤维、抗起球纤维、抗静电纤维、高收缩纤维、有色纤维、纳米纤维。
2. 人造纤维织物有哪些品种? 各有何特点?
3. 涤纶织物有哪几类? 各有怎样的服用特性和风格特征?
4. 腈纶织物有什么特点? 它与羊毛织物相比有何缺点?
5. 锦纶织物有什么特点? 其突出的优点是什么?
6. 维纶、丙纶、氯纶、氨纶织物各有何特点?
7. 差别化纤维主要有哪些种类?
8. 简述异形纤维的主要品种及应用场合。
9. 阻燃纤维有哪些种类?
10. 什么是有色纤维?
11. 改进合成纤维抗静电性的主要途径有哪些?
12. 提高合成纤维抗起球性的措施有哪些?
13. 高收缩性纤维的主要用途是什么?
14. 纳米纤维主要应用在哪些领域?

主要参考文献

[1] 谢光银. 纺织品设计[M]. 北京:中国纺织出版社,2005.
[2] 杨静. 服装材料学[M]. 北京:中国纺织出版社,1994.
[3] 陈运能,范雪荣,高卫东. 新型纺织原料[M]. 北京:中国纺织出版社,2001.
[4] 上海市纺织工业局. 纺织品大全[M]. 北京:中国纺织出版社,1992.
[5] 钱宝钧. 纺织词典[M]. 上海:上海辞书出版社,1991.
[6] 王扶伟. 汉英纤维及纺织词典[M]. 北京:化学工业出版社,1997.
[7] 张技术. 新型环保纤维——玉米纤维[J]. 毛纺科技,2006 年第 5 期.
[8] 朱平. 功能纤维及功能纺织品[M]. 北京:中国纺织出版社,2006.
[9] 蔡黎明. 纺织品大全[M]. 北京:纺织工业出版社,1992.
[10] 濮美珍. 苎麻织物的设计与生产[M]. 北京:纺织工业出版社,1988.